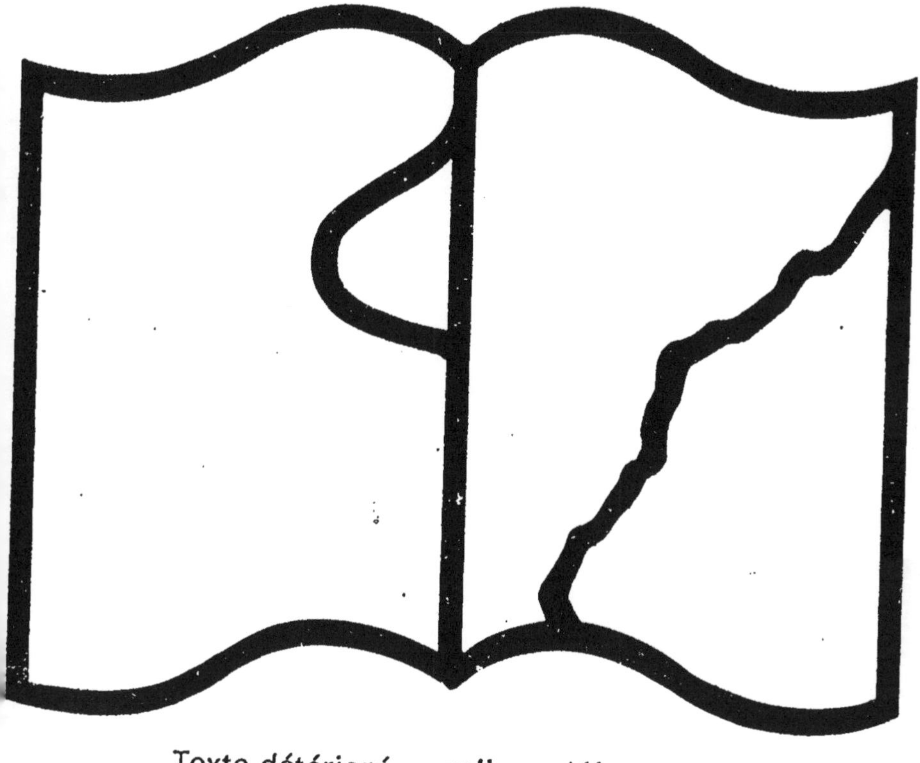

Texte détérioré — reliure défectueuse

NF Z 43-120-11

Symbole applicable
pour tout,ou partie
des documents microfilmés

ERNEST HAECKEL

Les Merveilles de la Vie

Qu'est-ce que la vérité ? — Observation et expérience. — Conception de la vie. — Miracle et loi naturelle. — Immortalité de l'âme. — Vie et mort. — Causes de la mort. — Optimisme et pessimisme. — Suicide. — Sélection spartiate. — Origine de la vie. — L'inconnaissable. — Transformisme. — But de la vie. — Progrès. — Mœurs et religion. — Selection sexuelle. — Mode et pudeur. — Le papisme est une caricature du christianisme. — Justification du monisme. — Réforme de l'enseignement.

LES
MERVEILLES DE LA VIE

ÉTUDES DE

PHILOSOPHIE BIOLOGIQUE

Pour servir de complément

AUX

ÉNIGMES DE L'UNIVERS

PAR

Ernest HAECKEL

PROFESSEUR A L'UNIVERSITÉ D'IÉNA

PARIS

LIBRAIRIE C. REINWALD

SCHLEICHER FRÈRES, ÉDITEURS

61, Rue des Saints-Pères, 61

PRÉFACE

L'idée d'écrire le présent livre sur les *Merveilles de la Vie* m'a été donnée par le succès de mes *Enigmes de l'Univers* dont dix mille exemplaires se vendirent en quelques mois après leur publication en automne 1899. Et lorsque l'éditeur, Emile Strauss, de Bonn, mort depuis, se résolut, après des demandes répétées, à en donner une édition populaire à bon marché, il s'en écoula plus de cent mille en une année. Ce succès, inattendu même pour moi, d'un traité philosophique, de lecture difficile et d'une exposition nullement littéraire, prouve le vif intérêt que porte aux sujets que j'y avais traités le public instruit, et son désir d'acquérir une conception de l'univers fondée sur la *connaissance de la vérité*.

L'attitude très nette de ma philosophie moniste, fondée tout entière sur le progrès des sciences naturelles, vis-à-vis de la tradition créatiste a soulevé des polémiques nombreuses et ardentes. L'année consécutive à la publication de mon livre n'était pas écoulée que déjà en une centaine de critiques et en une douzaine de brochures se manifestaient les opinions les plus diverses et les logiques les plus étranges. Elles furent analysées critiquement et comparées fin 1900 par l'un de mes élèves, Heinrich Schmidt, dans une brochure *Le combat pour les Enigmes* (Bonn, E. Strauss). Ce combat se développa dans des proportions énormes après que la publication de douze traductions des *Enigmes* eût excité l'émotion dans les pays civilisés du Vieux Monde et du Nouveau.

Je répondis brièvement aux critiques les plus violentes

dans un Annexe à l'édition populaire de 1903. Rien ne servirait maintenant d'entrer dans le détail de cette polémique et de combattre les critiques parues depuis. Car il s'agit en réalité de l'antagonisme profond de la science et de la foi, de la connaissance de la nature et de la révélation supposée, qui depuis des milliers d années agitent l'esprit pensant et investigateur des hommes. Je ne fonde toute ma philosophie moniste que sur les convictions que m'a données un demi-siècle de recherches actives et infatigables sur la *Nature* et ses lois. Mes adversaires dualistes n'accordent à cette expérience qu'une importance restreinte et veulent la soumettre aux fantômes qui leur fournit leur croyance à un monde *surnaturel*. Il n'est honnêtement point de compromis possible entre ces deux conceptions contradictoires : soit la connaissance de la nature, et l'expérience — soit la foi et la révélation !

C'est pourquoi je juge inutile d'examiner de plus près les critiques violentes qu'ont subies mes *Enigmes* ; d'autant moins encore répondrai-je aux attaques personnelles par lesquelles plusieurs ont jugé bon de me combattre. J'ai appris à connaître les moyens répugnants qu'emploient les croyants fanatiques pour tâcher d'assommer un libre penseur haï : altérations et paralogismes, sophismes, diffamations, calomnies. Les philosophes « critiques » du néo-kantisme rivalisent sur ce terrain avec les théologiens orthodoxes les plus modernes. Ce que j'ai dit, dans mon *complément* aux *Enigmes*, du théologien Loofs de Halle, du philologue Dennert de Godesberg et du métaphysicien Paulsen de Berlin vaut aussi pour d'innombrables adversaires de même acabit. Que ces fanatiques continuent en paix à m'injurier et à me calomnier : la cause de la vérité, pour laquelle je lutte, n'y perdra rien.

D'un bien plus grand intérêt pour moi furent les nombreuses lettres que m'écrivirent ces cinq dernières années, surtout après la publication de l'édition populaire, des lecteurs réfléchis ; leur nombre se monte à environ cinq mille. Au début je répondis consciencieusement à la plupart de ces lettres ; plus tard je dus me contenter d'envoyer en guise de réponse une circulaire imprimée, avec cette excuse réelle que je n'avais ni le temps ni la force pour répondre en détail. Cette correspondance me prit beaucoup de temps et me fatigua ; mais elle me démontra d'une part combien vif était l'intérêt porté par le public à ma philosophie moniste ; puis elle me fut comme un tableau de la vie intellectuelle de cercles les plus divers. Remarquable surtout fut ce fait, que dans un grand nombre de ces cinq mille lettres se retrouvèrent les mêmes questions et demandes d'éclaircissements formulées en des termes presque identiques. Ces questions étaient surtout d'ordre biologique et se rapportaient à des passages de mes *Enigmes* et de ma *Création naturelle* où elles se trouvaient traitées rapidement ou d'une manière insuffisante. Le désir de combler ces lacunes de mes écrits antérieurs et de donner encore une fois à tous ceux qui les réclamaient des éclaircissements détaillés : tel fut le motif principal de la publication des présentes *Merveilles de la Vie*.

Et je m'y vis porté d'autant plus qu'entre temps un naturaliste connu, le botaniste Johannes Reinke de Kiel avait publié deux livres, *Die Welt als That* (1899) *(Le Monde comme acte)* et *Einleitung in die theoretische Biologie* (1902) *(Introduction à la biologie théorique)* dans lesquels il interprétait les problèmes généraux de l'histoire naturelle, et spécialement de la biologie, d'un point de vue purement dualiste et téléologique. Comme ces livres sont bien écrits et que le principe dualiste et téléologique s'y trouve défendu avec logique (dans la mesure du possible !), il me sembla nécessaire de définir nettement les bases fondamentales de mon point de vue moniste et causal.

Le présent ouvrage constitue donc un complément à mes *Enigmes de l'Univers*, qui avaient pour objet de présenter les problèmes généraux de l'univers, en tant que problèmes *cosmologiques*, du point de vue de la philosophie moniste. Par contre mon volume complémentaire ne s'occupe que de la science de la vie. Les problèmes *biologiques* généraux sont exposés dans leur complexité et leur rapport en prenant pour bases les principes monistes et mécaniques formulés par moi dès 1866 dans ma *Generelle Morphologie*. J'attire spécialement l'attention sur la portée universelle de la loi de substance et sur l'unité principielle de la nature, dont j'ai traité dejà dans les chapitres XII et XIV de mes *Enigmes*.

L'ordonnance et l'exposition des sujets est ici analogue à celles des *Enigmes*. J'ai conservé la répartition en paragraphes plus ou moins étendus, avec mise en vedette, à l'aide de caractères différents, de l'idée principale. Toute la matière se trouve divisée en quatre sections comprenant vingt chapitres, chacun desquels est précédé d'un sommaire et d'une bibliographie. Celle-ci ne prétend nullement être complète : car la production dans les divers branches de la biologie est telle qu'il m'a fallu ne citer que les travaux de toute première importance d'une part et de l'autre des publications récentes permettant au lecteur désireux de poursuivre ses études de s'orienter en ce qu'elles lui fournissent des bibliographies spéciales.

J'aurais désiré illustrer par des figures certains passages de ce livre et surtout les chapitres VII, VIII, XI et XVI : mais c'eut été en augmenter le volume et en hausser le prix. D'ailleurs il ne manque pas de traités et de manuels qui pourront faire connaître de plus près au lecteur les merveilles de la vie, tels l'*Allgemeine Physiologie* de Max Verworn (1894; 4ᵉ éd. 1903); le *Lehrbuch der Zoologie* de Richard Hertwig (1891 ; 6ᵉ éd. 1903); le *Lehrbuch der Botanik* d'Eduard Strassburger (1894 ; 6ᵉ éd. 1904) ; le *Lehrbuch der Vergleichenden Anatomie der Wirbellosen Thiere* d'Arnold Lang (1888 ; 2ᵉ éd. 1901) ; la *Vergleichende Anatomie der Wirbelthiere* de Carl Gegenbaur (1898) ; on pourra de même compléter mes *Merveilles de la Vie* par mon *Histoire naturelle de la Création* (1868 ; 10ᵉ éd. 1902) et par mon *Anthropogénie* (1874 ; 5ᵉ éd. 1903). Enfin le lecteur trouvera de nombreuses illustrations dans mes *Kunstformen der Natur* (10 livr. avec 100 planches 1899-1904) (*Formes artistiques de la Nature*); les renvois à cet ouvrage sont indiqués dans le texte par l'abréviation *Kf.* suivie du numéro de la planche.

J'avais dit en 1899, dans la Préface de mes *Enigmes*, que je pensais finir par ce volume mes études dans le domaine de la philosophie moniste et que « me considérant comme un enfant du XIXe siècle, je désirais terminer en même temps que lui l'œuvre de ma vie ». Si donc je semble revenir sur mes intentions, c'est sous la pression même de mes nombreux lecteurs. D'ailleurs, ce tableau que je donne ici de la philosophie moniste n'est pas autre chose que l'aboutissement logique de tout le travail élaboré au cours du XIXe siècle. Un tel tableau d'ensemble ne saurait être ni complet objectivement ni valable absolument. Ce que je sais n'est qu'une parcelle, tout comme les connaissances de tout autre homme. Je ne saurais donc dans le présent « livre d'esquisses biologiques » présenter que des études de valeur très différente et nullement parfaites. Mais ce n'en est pas moins une *tentative* consciencieuse de présenter toutes les manifestations de la vie organique sous forme d'un tout et d'expliquer toutes les « merveilles de la vie » d'un point de vue moniste, c'est-à-dire comme les formes phénoménales d'un univers unique, immense et parfaitement homogène, qu'on nommera si l'on veut « Nature » « Kosmos » « Monde » ou « Dieu ».

Les vingt chapitres du présent livre furent écrits d'un trait en quatre mois à Rapallo, sur la Méditerranée. Le calme monastique de cette petite ville de la Rivière du Levant me permit de réfléchir une fois de plus sur les opinions concernant la nature organique que je m'étais faites depuis le début de mes études universitaires (1852) et de mon professorat à Iéna (1861) par la vie et l'étude. Je me reposais en regardant les flots bleus dont les habitants, de mille formes diverses, m'ont fourni tant de matériaux pendant cinquante années de recherches biologiques ; et mes promenades solitaires dans les gorges sauvages des Apennins ligures, les panoramas merveilleux, les forêts, renforcèrent en moi le sentiment de l'*unité de la nature*, sentiment que l'on perd trop facilement dans les passionnantes recherches de laboratoire. Mais je ne pus ainsi consulter les ouvrages innombrables qui traitent de biologie, travail nécessaire pour un livre qui prétend être un « Manuel de Biologie générale ». Ce travail je l'accomplis l'été suivant, à Iéna, en revoyant mon texte et je fus aidé en ceci par mon excellent élève le Dr Heinrich Schmidt (Iéna) aux remarques critiques duquel je dois des remerciements publics ; je lui dois aussi la correction des épreuves.

Lorsque, le 16 février de la présente année je terminai à Rapallo ma soixante-dixième année je reçus de toutes parts une masse énorme de lettres, et de télégrammes, des fleurs et toutes sortes de cadeaux, dont la plupart me vinrent de lecteurs inconnus de mes *Enigmes*. Si quelques-uns d'entre eux n'ont pas reçu les remerciements que je leur adressai, je les prie de les recevoir de nouveau ici. Et surtout je leur serais reconnaissant de considérer comme tels le présent livre même sur les *Merveilles de la Vie* et de l'accepter comme un don littéraire. Puissent mes lecteurs être entraînés ainsi à s'intéresser directement à la merveilleuse Nature et aboutir à la conception du plus grand philosophe naturaliste allemand, de Gœthe :

> « Que peut obtenir de plus l'homme dans sa vie
> Sinon, de voir se révéler à lui le Dieu-Nature ?
> Comment elle transforme la matière en esprit
> Comment elle conserve fortement ce que l'esprit a créé. »

ERNEST HAECKEL.

CHAPITRE PREMIER

Vérité.

Théorie de la Connaissance. — Expérience et pensée.
Organe de l'ame, phronema

L'erreur ne nous quitte jamais
Mais un désir ardent attire,
Progressivement l'esprit,
Plus haut, — vers la vérité.

Gœthe.

Toute connaissance des choses par la raison seule ou l'intelligence pure n'est qu'une simple apparence : dans l'expérience seule réside la vérité.

Emmanuel Kant (1783).

SOMMAIRE DU PREMIER CHAPITRE

Vérité et énigmes de l'univers. — Expérience et pensée. — Empirisme et spéculation. — Philosophie naturelle. — Science. — Science expérimentale. — Science descriptive. — Observation et expérience. — Histoire et tradition. — Science philosophique. — Théorie de la connaissance. — Connaissance et cerveau. — Esthètes et phronètes. — Siège de l'âme ou organe de la pensée : phronéma. — Anatomie, physiologie, ontologie et phylogénie du phronéma. — Métamorphoses psychologiques. — Développement de la conscience. — Théories moniste et dualiste de la connaissance. — Opposition des deux voies de recherche de la vérité.

BIBLIOGRAPHIE

BACON DE VERULAM, 1620. — *Novum Organum*. Londres.

BARUCH SPINOZA, 1677. — *Ethica ordine geometrico demonstrata*. Amsterdam.

EMMANUEL KANT, 1781. — *Critique de la raison pure*. Heidelberg.

JEAN LAMARCK, 1809. — *Philosophie zoologique*. Paris.

HERBERT SPENCER, 1860. — *System der syntetischen Philosophie. Traduction allemande de B. Vetter*, 1875. Stuttgart.

ALBERT LANGE, 1865. — *Geschichte des Materialismus 7. Aufl.* 1902. Leipzig.

ERNST HAECKEL, 1866. — *Generelle Morphologie der Organismen. Erstes Buch : Kritische und methodologische Einleitung*. Berlin.

FRIEDRICH UEBERWEG, 1870. — *Grundriss der Geschichte der Philosophie. 9. Aufl., bearbeitet von Max Heinze*, 1903. Berlin.

EDUARD HARTMANN, 1889. — *Das Grundproblem der Erkenntnisstheorie*. Leipzig.

FRITZ SCHULTZE, 1890. — *Stammbaum der Philosophie. Tabellarisch-Schematischer Grundriss der Geschichte der Philosophie von den Griechen bis zur Gegenwart*. 2. *Aufl.* Leipzig, 1899.

RICHARD AVENARIUS, 1891. — *Der Menschliche Weltbegriff. Kritik der reinen Erfahrung*. Leipzig.

WILHELM OSTWALD, 1901. — *Vorlesungen über Naturphilosophie*. Leipzig.

PAUL RÉE, 1903. — *Erkenntnisstheorie (Philosophie)*. Berlin.

HERMANN KROELL, 1901. — *Die Grundzüge der Kantischen und der Physiologischen Erkenntnisstheorie*. Strassburg.

HEINRICH SCHMIDT, 1900. — *Der Kampf um die Welträthsel*. Bonn.

ERNST HAECKEL, 1899. — *Die Welträthsel. Gemeinverstandliche Studien über monistische Philosophie*. Bonn. (Volksausg. 150 Tausend, 1904, Stuttgart).

Qu'est-ce que la vérité ? — Telle est la grande question qui préoccupe depuis des milliers d'années l'humanité pensante, qui a provoqué des milliers de tentatives de solution, des milliers de croyances et d'erreurs. Toute « histoire de la philosophie » donne un exposé de ces tentatives de l'esprit humain pour expliquer l'univers et l'homme. La philosophie elle-même, au sens propre, n'est qu'un essai de synthèse des résultats des recherches et des observations, des réflexions et des connaissances de l'humanité. La philosophie, sans préjugés et sans crainte, veut soulever le voile de Saïs et contempler la vérité en face. A ce titre, la vraie philosophie peut à bon droit et avec fierté s'appeler la reine des sciences.

Vérité et Enigmes de l'univers. — En tant que « recherche de la vérité », la philosophie réunit les innombrables connaissances [illegible]s et en fait un tableau d'ensemble de l'univers. Elle arrive [illegible] poser un petit nombre de questions fondamentales ou « problèmes » dont la solution varie suivant le degré de culture et le point de vue du philosophe. C'est à ces problèmes de l'ordre le plus élevé qu'on a donné récemment le nom « d'énigmes de l'univers », et c'est à dessein que j'avais donné, en 1899, ce titre au livre qui s'occupe de leur solution, de façon à bien établir son but. Dans le premier chapitre de ce livre, j'avais soumis à une critique impartiale les « sept énigmes de l'univers » et dans le douzième, cherché à démontrer qu'il faut les ramener à une seule grande énigme fondamentale, le « problème de la substance ». Je pus le formuler d'une façon précise en fusionnant les deux grandes lois cosmologiques fondamentales, la loi chimique de la « conservation de la matière » (Lavoisier, 1789), et la loi physique de la « conservation de l'énergie » (Robert Mayer, 1842). Cette union monistique des deux lois fondamentales et l'énoncé de la « loi de la substance » ainsi établie a rencontré de nombreuses approbations et quelques contradicteurs. Les attaques les plus vives se dirigèrent contre ma théorie moniste de la connaissance, contre les méthodes que j'avais employées pour résoudre les énigmes de l'univers. J'avais désigné comme les deux seules voies sûres, l'*expérience* ou empirisme, et la *réflexion* ou speculation. J'avais déclaré que ces deux méthodes se complètent réciproquement, et qu'elles seules peuvent nous conduire à la vérité. D'autre part, j'avais rejeté deux autres voies que certains pensent conduire directement à une connaissance plus profonde, le *sentiment* et la *révélation*. Toutes deux sont en opposition avec la raison pure, car elles exigent la croyance au miracle.

Philosophie naturelle. — « Toute science de la nature est de la philosophie et toute vraie philosophie est une science naturelle ». C'est en ces termes qu'en 1866 (dans le XXIXe chapitre de ma *Generelle Morphologie*, t. II, p. 447), j'exposais le résultat le plus général de mes études monistes. J'avais posé comme principe fondamental moniste, que l'unité de la nature et l'unité de la science sont données avec certitude par l'étude philosophique moderne de la nature, et j'avais exprimé cette certitude dans les termes suivants : « Toute science humaine est une connaissance qui repose sur l'expérience ; c'est de la philosophie empirique, ou si l'on veut, de l'empirisme philosophique. L'expérience réfléchie ou la pensée expérimentale sont les seules voies et méthodes pour arriver à la vérité ». J'avais cherché à fonder cette conception moniste dans le premier livre de la *Morphologie générale* qui, en 108 pages, donnait une introduction critique et méthodique dans cette science ; c'est surtout dans le chapitre IV que je soumettais sa méthode à un examen critique. J'y étudie d'une part les méthodes qui « doivent nécessairement se compléter l'une l'autre » (I. Expérience et philosophie, II. Analyse et synthèse, III. Induction et déduction), d'autre part, celles qui « s'excluent réciproquement » (IV. Dogmatique et critique, V. Téléologie et causalité ou Vitalisme et mécanisme, VI. Dualisme et Monisme). Les principes monistes que j'ai développés il y a 38 ans, ont été corroborés par mes recherches subséquentes ; je renvoie à ce livre les lecteurs qui s'y intéressent. Les « Enigmes de l'Univers » sont essentiellement une tentative pour exposer à un public plus étendu les propositions les plus importantes du monisme. Mais les contradicteurs qu'ont rencontrées les considérations générales des énigmes de l'univers m'obligent à discuter encore une fois ici quelques-unes des questions les plus considérables de la théorie de la connaissance.

Science. — Toute science qui mérite ce nom repose sur des expériences accumulées et se compose de conclusions auxquelles on arrive par la combinaison rationnelle de ces expériences. « Dans l'expérience seule réside la vérité », dit Kant. Le monde extérieur est l'objet qui agit sur les organes des sens ; dans les centres sensoriels de l'écorce cérébrale, cette action est transformée en représentations. Les foyers de la pensée ou centres d'association de l'écorce cérébrale (quelle que soit la façon dont on les sépare des centres sensoriels) sont à proprement parler les organes de l'esprit, qui relient ces représentations et en tirent des conclusions. L'activité cérébrale de la raison est constituée par ce double mode, induction et déduction, par la formation de chaînes de conclusions et d'idées, par la pensée et la conscience. Ces vérités fondamentales que je recommande depuis 38 ans, comme indispensables pour la solution des énigmes de l'univers, sont encore loin d'être universellement reconnues. Elles sont encore combattues par les représentants extrêmes des deux tendances scientifiques. D'une part la description empirique de la nature veut tout ramener à l'expérience seule, sans tenir compte de la philosophie. D'autre part, la spéculation philosophique croit pouvoir se passer de l'expérience et construire le monde par la pensée seule.

Science empirique. — Partant de l'idée juste qu'au début, toute science a sa source dans l'expérience, les représentants de la « Science expérimentale » déclarent qu'avec l'observation exacte des faits et leur description, leur rôle est terminé, et que la spéculation philosophique n'est qu'un jeu d'esprit. Le sensualisme pur, représenté surtout par Condillac et Hume, affirmait en conséquence que toute notre activité psychique repose sur le jeu des sensations. Cette conception simpliste s'est largement répandue au cours du XIXe siècle et surtout dans sa seconde moitié, grâce aux progrès des sciences naturelles ; elle a été favorisée par la spécialisation due à la division forcée du travail dans un domaine aussi vaste. La grande majorité des naturalistes est encore aujourd'hui convaincue que tout leur rôle consiste à observer exactement les faits et à les décrire scrupuleusement ; tout ce qui dépasse ce but, et surtout les conclusions philosophiques tirées de la combinaison des observations, tout cela est d'après eux superflu et sans certitude. C'est Rudolphe Virchow qui a donné, il y a dix ans, l'expression la plus nette de cette tendance empirique pure ; dans son discours pour la fondation de l'Université de Berlin, il a discuté le « passage de l'ère philosophique au stade des sciences naturelles. » Le seul but de la science est, d'après lui, « la connaissance des faits, l'étude objective de chaque phénomène naturel. » Ayant vieilli, il oubliait que, quarante ans auparavant, à Wurzbourg, il avait défendu des vues tout opposées et que son travail le plus important, la « Pathologie cellulaire » est une œuvre philosophique, puisque c'est la création d'une nouvelle « théorie de la maladie », par la combinaison d'innombrables observations et de conclusions basées sur elles.

Science descriptive. — Aucune science ne consiste en la description pure et simple des faits observés. Il faut déplorer qu'aujourd'hui encore on fasse, même dans les pièces officielles, de la biologie une « science naturelle descriptive » et qu'on l'oppose à la physique, « science explicative. » Dans l'une comme dans l'autre, il faut d'abord décrire les phénomènes observés, puis les ramener à leurs causes par le raisonnement, c'est-à-dire les expliquer. Il est encore plus regrettable de voir récemment un de nos naturalistes les plus distingués, Gustave Kirchhoff, faire de la description la fin dernière et la plus élevée de la science. Dans ses « Leçons de physique et de mécanique mathématiques », 1877, page 1, le célèbre inventeur de l'analyse spectrale s'exprime ainsi : « Le but de la science est de décrire les mouvements qui se passent dans la nature, de les décrire entièrement et de la façon la plus simple. » Cette proposition n'a de sens que si on donne au terme « description » une tout autre signification que l'usuelle, c'est-à-dire si la « description complète » renferme aussi l'explication. Car, depuis des milliers d'années, toute vraie science ne poursuit pas seulement la description des phénomènes isolés, mais leur interprétation causale. La connaissance des causes reste, à la vérité, toujours plus ou moins incomplète, ou même hypothétique, mais il en est de même de la description des faits. Cette proposition de Kirchhoff est en contradiction avec sa propre œuvre, la fondation de l'analyse spectrale. Car la signification de celle-ci ne repose pas sur la découverte des faits surprenants de l'optique spectrale, et sur la « description complète » de chaque spectre en particulier, mais sur leur combinaison et leur interprétation rationnelle. Les conclusions philosophiques qu'il en a tirées ont ouvert à la chimie et à l'astrophysique des voies toutes nouvelles.

Avec cette dangereuse proposition, Kirchhoff se trouvait dans la même posture fâcheuse que Virchow. Les déclarations de ces deux hommes célèbres ont fait le plus grand mal, car elles élargissent à nouveau le profond fossé qui sépare les sciences naturelles et la philosophie Il peut être utile que des milliers d'aides sans idées apportent aux sciences naturelles des descriptions sans tentative d'explication. Mais les architectes proprement dits de la science ne sauraient se contenter de collectionner ces matériaux; ils doivent les assembler par la pensée et aboutir à la connaissance des causes.

Observation et expérience. — L'observation exacte et critique des faits réels et sa vérification par l'expérience constituent le grand avantage de la science moderne par comparaison à toutes les tentatives anciennes pour connaître la vérité. Les grands penseurs de l'antiquité classique étaient, au point de vue du développement du jugement et du raisonnement, bien supérieurs à la plupart des naturalistes et philosophes modernes; mais c'étaient des observateurs superficiels et maladroits, et ils connaissaient à peine l'expérience. Au moyen âge, ces deux tendances scientifiques entraient en même temps en régression; car le christianisme tout-puissant ne permettait que sa «croyance» et la reconnaissance de sa « révélation » surnaturelle, et il dédaignait l'étude de la nature. La haute signification de celle-ci, comme base du vrai savoir, fut d'abord reconnue par Bacon de Verulam, dont le « *Novum Organum* » (1620) établit les bases des sciences naturelles, en opposition avec la scolastique traditionnelle d'Aristote et avec son «Organon». Bacon est le fondateur de la méthode de recherche moderne, non seulement parce qu'il a mis à la base de toute philosophie l'observation exacte et scrupuleuse des phénomènes réels, mais parce qu'il a demandé qu'on complète celle-ci par l'expérimentation. C'est là une question posée à la nature, à laquelle celle-ci doit donner réponse, une observation faite dans des conditions déterminées, posées artificiellement.

Observation. — La méthode de «l'observation exacte», à peine âgée de trois cents ans, a énormément profité de l'invention des instruments qui permettent au regard de pénétrer les immensités des espaces célestes et les profondeurs les plus cachées des objets les plus petits : le télescope et le microscope. Le perfectionnement de ces instruments au XIXe siècle et l'aide qu'ils ont trouvée dans d'autres inventions de cette ère scientifique, ont permis le triomphe de la méthode d'observation, à un point qu'on ne pouvait même soupçonner. Mais justement ce développement raffiné de la technique a eu aussi des inconvénients et a souvent conduit à l'erreur. La recherche de l'exactitude minutieuse et de l'objectivité de l'observation fait souvent oublier la part importante jouée par l'activité subjective de l'esprit de l'observateur. Le jugement et la pensée sont dédaignés pour la sûreté du coup d'œil. Dans la reproduction des observations, on préfère souvent la photographie, qui rend également toutes les parties de l'image, au dessin qui fait ressortir l'essentiel et laisse le reste dans l'ombre. Cependant dans bien des cas (par exemple dans les observations histologiques), le dessin est plus instructif et plus exact que la photographie. Les plus grandes erreurs proviennent de ce que beaucoup d'observateurs prétendument exacts renoncent à toute réflexion, à tout jugement sur les phénomènes aperçus et négligent de se critiquer eux-mêmes ; de là provient que très fréquemment plusieurs observateurs du même phénomène se contredisent directement et que cependant chacun d'eux vante « l'exactitude » de ses observations.

Expérimentation — De même que l'observation, l'expérimentation a été récemment perfectionnée d'une façon surprenante. Les plus grands succès lui sont dus notamment dans les sciences dites expérimentales : physique, chimie, physiologie, pathologie expérimentale, etc. Mais il faut également que l'expérience, — c'est-à-dire l'observation faite dans des conditions déterminées d'avance, — soit entreprise et exécutée d'une façon rationnelle, tout comme l'observation simple. La nature ne peut donner une réponse exacte et claire que si la question a été posée de façon précise. Il n'en est pas toujours ainsi et l'expérimentateur s épuise en tentatives vaines, avec l'espérance folle « qu'il en sortira toujours quelque chose ». La science toute moderne de l'embryologie et de la mécanique du développement expérimentales est particulièrement riche en expériences inutiles et sans raison d'être. Toute aussi folle est la conduite de ces biologistes qui veulent transporter l'expérimentation dans le domaine morphologique, où elle peut rarement être utile. Dans la lutte à propos de la théorie de la descendance, on a souvent tenté de démontrer ou de réfuter par l'expérience la production des espèces nouvelles. En le faisant, on oubliait que la notion d'espèce n'est que relative, et qu'aucun naturaliste ne peut en donner une description absolument satisfaisante (V. *Histoire de la création naturelle*). Il n'est pas moins erroné de vouloir appliquer l'expérimentation à des problèmes historiques, où toutes les conditions de réussite font défaut.

Histoire et tradition. — La sûreté des connaissances que nous acquérons empiriquement par l'observation et l'expérience n'est possible que dans le présent. Pour l'étude du passé, il faut employer d'autres méthodes moins sûres, les documents historiques et la tradition. Ce domaine scientifique est déjà exploré depuis des milliers d'années, en ce qui concerne l'histoire de l'homme et de sa civilisation, l'histoire des peuples et des États, de leurs mœurs et de leurs lois, de leurs langues et de leurs transformations. Comme on le sait, la tradition orale et écrite, les œuvres d'art et documents, les antiquités et les monuments, les armes et les ustensiles, fournissent d'abondants matériaux empiriques qui permettent des conclusions intéressantes, à condition d'être employés avec discernement. Cependant il y a d'innombrables portes ouvertes à l'erreur, car les documents sont d'ordinaire incomplets, et leur interprétation subjective est souvent tout aussi douteuse que leur vérité objective.

L'histoire naturelle proprement dite, l'étude de l'origine et du passé de l'univers, de la terre et de ses habitants, est bien plus récente que l'histoire de l'homme. C'est Kant qui, dans son « *Histoire naturelle du ciel* » (1755) a posé le premier les fondements d'une cosmogonie mécanique, qui a reçu de Laplace sa structure mathématique (1796). (Voir *Enigmes de l'Univers*, chap. XIII).

La géologie, en tant qu'histoire du développement de la terre, a débuté à la fin du XVIIIe siècle. Mais c'est seulement Hoff et Lyell (1830) qui en firent une science organisée. Plus tard encore (1860), on eut les premières bases de l'évolution des organismes, lorsque Darwin (1859) eut, par sa théorie de la sélection, donné un fondement solide à la doctrine de la descendance, établie cinquante ans plus tôt par Lamarck.

Science philosophique. — En opposition absolue avec cette tendance purement empirique, qui est encore aujourd'hui celle de la majorité des naturalistes, nous voyons la tendance purement spéculative dominer dans les cercles de la philosophie d'école. On sait que Kant affirmait qu'une partie seulement de nos connaissances est empirique et donnée *a posteriori* par l'expérience, tandis qu'une autre partie (par exemple les propositions mathématiques) est *a priori*, c'est-à-dire qu'elle prend naissance dans la raison pure, indépendamment de toute expérience. Cette erreur conduisit à déclarer que les fondements des sciences naturelles sont métaphysiques, et que l'homme, au moyen des notions innées d'espace et de temps, peut connaître une partie des phénomènes, mais ne saurait comprendre la « chose en soi », cachée derrière eux. La métaphysique purement spéculative qui se développe à la suite de l'apriorisme fondé par Kant, et qui eut son représentant extrême en Hegel, en arriva à rejeter l'expérience et déclara que toute connaissance est acquise par la raison pure, indépendamment de toute expérience.

La grande erreur de Kant, qui a été si funeste à toute la philosophie subséquente, provient de ce qu'à sa théorie de la connaissance manquent les bases physiologiques et philogéniques, qui n'ont été découvertes que soixante ans après sa mort grâce à la réforme de l'évolutionnisme par Darwin et au développement de la physiologie cérébrale. Il considérait l'âme humaine avec ses qualités innées comme un être donné complet, et ne se demandait pas qu'elle est son origine historique. Il défendait son immortalité comme un postulat pratique qui échappe à la démonstration. Il ne réfléchissait pas que cette âme a eu un développement philogénique et provient de l'âme des mammifères voisins de l'homme. Sa faculté remarquable des connaissances *a priori* a pris naissance par *hérédité* de structures cérébrales, qui se sont constituées lentement et progressivement chez les ancêtres des vertébrés par adaptation à des associations synthétiques d'expériences et de connaissances *a posteriori*. Les données absolument certaines des mathématiques et de la physique que Kant déclare des jugements synthétiques *a priori*, ont pris naissance au début par le développement phylétique du jugement et se ramènent à des expériences répétées et à des conclusions *a posteriori* basées sur elles. La « nécessité » que Kant attribuait en propre à ces jugements *a priori* appartiendrait aussi à tous les autres jugements, si les phénomenes et leurs conditions nous étaient entièrement connus.

Théorie biologique de la connaissance. — Parmi les reproches que les métaphysiciens et spécialement les philosophes d'école allemands ont faits à mes « *Enigmes de l'Univers* », le plus grave est que je ne comprends rien à la théorie de la connaissance, et que je n'en ai même aucune idée. Ce reproche est jusqu à un certain point justifié; car je ne comprends rien à la théorie dualiste de la connaissance, qui appartient à cette métaphysique kantienne. Je ne puis saisir comment ses méthodes psychologiques introspectives (dédaignant toutes les données de la physiologie, de l'histologie et de la phylogénie) peuvent satisfaire aux besoins de la « raison pure. » Ma théorie moniste de la connaissance en est tout à fait différente, car elle s'appuie sur les données de la physiologie, de l'histologie et de la phylogénie. Les conquêtes merveilleuses de ces sciences dans les quarante dernières années sont généralement ignorées de la métaphysique régnante. Me basant sur ces faits d'expérience biologique, je suis arrivé aux convictions sur la nature de l'activité psychique de l'homme, que j'expose dans la seconde partie des « *Enigmes* » (chap. VI-XI). Les propositions suivantes sont fondamentales.

Connaissance et cerveau. — 1. L'âme ou psyché de l'homme est, — objectivement — semblable par essence à celle des autres vertébrés : elle constitue le travail physiologique ou fonction de son cerveau. — 2. Comme les fonctions de tous les autres organes, celles du cerveau sont exécutées par les cellules qui composent l'organe. — 3. Ces cellules cérébrales que nous pouvons appeler cellules psychiques, cellules ganglionnaires ou neurones sont de véritables cellules à noyau, de structure très complexe. — 4. Le nombre de ces cellules psychiques, renfermées dans le cerveau de l'homme et des autres mammifères, est de beaucoup de millions. Leur disposition et leur groupement sont soumis à des lois, et présentent des caractères qui s'expliquent parce que tous les mammifères descendent d'un ancêtre commun (un promammifère, qui vivait à l'époque triasique). — 5. Les groupes de cellules psychiques qu'on doit considérer comme les facteurs des activités spirituelles les plus élevées ont leur origine dans le cerveau antérieur, c'est-à-dire la première et la plus antérieure des vésicules cérébrales embryonnaires ; elles sont limitées à cette partie superficielle du cerveau antérieur, que les anatomistes appellent écorce grise. — 6. Dans l'écorce un grand nombre de facultés psychiques sont localisées, c'est-à-dire liées à un territoire déterminé; si celui-ci est détruit, si ses neurones sont frappés de mort, ces facultés disparaissent. — 7. Ces territoires sont distribués de telle sorte qu'une partie d'entre eux est en rapport direct avec les organes des sens, reçoit les impressions qu'ils ont subies et les élabore : ce sont les foyers sensitifs internes (*sensoria*). — 8. Entre ces organes sensoriels centraux sont placés les organes intellectuels ou organes de la pensée, du jugement, de la raison : ce sont les foyers de la pensée ou centres d'association. Les sensations reçues par les foyers sensitifs sont associées par elles de façon à devenir des pensées (1).

Esthètes et phronètes. — Il est de la plus haute importance de faire la distinction anatomique des deux genres de territoires de l'écorce cérébrale que nous appelons centres sensoriels et centres d'association. Des données physiologiques avaient depuis longtemps rendu cette distinction probable; mais la démonstration anatomique n'en a été faite qu'il y a dix ans. C'est en 1894 que Flechsig a montré qu'il y a dans l'écorce grise des hémisphères cérébraux quatre foyers sensoriels centraux (sphères internes de sensations ou esthètes) et entre eux quatre foyers de la pensée (centres d'association ou phronètes). Le plus important de ceux-ci, au point de vue psychologique, est le « cerveau principal » ou grand centre d'association occipito-temporal. Les limites anatomiques des deux territoires psychiques, établies par Flechsig, ont été plus tard modifiées par lui-même et par d'autres. Les travaux d'Edinger, Weigert, Hitzig, etc., conduisent à des résultats parfois divergents. Mais pour la conception générale de l'activité psychique, et surtout des fonctions de connaissance, qui nous intéresse ici, la détermination exacte de ces limites est indifférente. L'essentiel est que nous savons maintenant distinguer anatomiquement les deux plus importants organes de la vie psychique, que les neurones qui les composent se comportent différemment aux points de vue histologique et ontogénique, et qu'ils présentent même des différences chimiques (dans leur réponse à certains réactifs colorés). Nous pouvons en conclure que les neurones qui composent les deux organes sont aussi différents dans leur struc-

(1) On trouvera des détails sur les relations des foyers sensitifs et des centres d'association dans le chap. X des *Enigmes de l'Univers*.

ture intime : les voies fibrillaires complexes qui parcourent leur cytoplasma, doivent être différentes, quoique nos moyens d'investigation ne nous permettent pas encore de constater ces différences. Pour distinguer ces deux genres de neurones, je propose d'appeler cellules esthétales les cellules des foyers sensoriels et cellules phronétales celles des foyers de la pensée. Les premières constituent, anatomiquement et physiologiquement, la voie de passage entre les organes des sens et les organes de la pensée.

Sensorium et phrouéma. — A la délimitation anatomique des foyers sensoriels et de la pensée correspond aussi leur différenciation physiologique. Le sensorium ou centre des sensations travaille sur les impressions venues du dehors par les organes des sens périphériques et par leurs nerfs spécifiques. Les esthètes qui le composent et leurs organes histologiques élémentaires, les cellules esthétales, font le travail préparatoire pour la pensée et le jugement proprement dits. C'est le phronéma des centres de la pensée qui exécute le travail de la « raison pure » ; les phronètes qui le composent et leurs agents histologiques, les cellules phronétales associent ces matériaux. Cette importante distinction permet de corriger l'erreur de l'ancien sensualisme (Hume, Condillac, etc.) d'après lequel la connaissance repose sur l'activité des sens seules. Il est exact que les sens sont la source originaire de toute connaissance ; mais aux notions venues du monde extérieur par les organes des sens, leurs nerfs et leurs foyers centraux, doit s'appliquer le travail d'assemblage exécuté par les centres d'association, et la réflexion des images ainsi obtenues dans la conscience des centres de la pensée. De la sorte seulement peuvent s'expliquer la pensée et le raisonnement. Il ne faut pas oublier, comme on le fait d'ordinaire, que dans les cellules phronétales de l'homme cultivé, il y a déjà une provision d'énergie nerveuse héréditaire (accumulée par la phylogénie), qui a été acquise à l'origine (ontogénétiquement) par l'activité des cellules esthétales au cours de nombreuses générations.

Antagonisme des esthètes et des phronètes. — Une comparaison critique et sans parti-pris de l'activité cérébrale chez les divers représentants de la science montre qu'en général il y a une certaine opposition ou une corrélation antagonique entre les deux domaines de l'activité psychique la plus élevée. Les représentants empiriques des sciences naturelles, ceux qui font progresser les sciences physiques, ont un développement prédominant du sensorium, une plus grande tendance et plus de facilité à observer des phénomènes. Les représentants des sciences spéculatives et de la philosophie, les amateurs d'études métaphysiques présentent un développement plus considérable du phronéma, une faculté de saisir ce qu'il y a de général dans les phénomènes. C'est pourquoi les métaphysiciens regardent le plus souvent avec dédain les spécialistes « matérialistes » et les observateurs de la nature ; ceux-ci à leur tour méprisent les envolées des premiers et les traitent de jeux, sans valeur scientifique. Cet antagonisme physiologique a sa racine dans la différenciation plus marquée des cellules esthétales et phronétales. Ce n'est que chez les philosophes de la nature de premier rang, comme Copernic, Newton, Lamarck, Darwin, Johannes Müller que les deux domaines sont également et hautement développés et les rendent capables des travaux les plus géniaux.

Siège de l'âme (Phronéma). — Si nous prenons au sens étroit la conception si variable d'âme *(psyché, anima)* et que nous comprenions sous cette appellation la plus haute activité de l'esprit, nous pouvons considérer comme siège de l'âme (ou mieux organe de l'âme), chez l'homme et les autres mammifères, cette partie de l'écorce cérébrale qui renferme les phronètes et qui est composée de cellules phronétales. Nous la nommerons *Phronéma.* D'après notre théorie moniste, le phronéma est au même sens l'organe de la pensée, que l'œil est l'organe de la vue ou le cœur l'organe central de la circulation. Avec la destruction de l'organe, son activité disparaît. A l'opposé de cette conception biologique, reposant sur l'observation, la psychologie métaphysique régnante considère bien le cerveau comme le siège de l'âme, mais dans un sens tout différent. Elle prend l'âme humaine comme une entité distincte, qui n'habite que momentanément le cerveau. Après la mort de celui-ci, elle doit continuer à vivre indépendante, pendant l'éternité ! L'âme immortelle est, d'après cette conception datant de Platon, un être immatériel qui sent, pense et agit d'une façon indépendante et qui n'utilise le corps matériel que comme un outil. Une théorie en vogue compare l'âme à un virtuose qui exécute sur l'instrument du corps un morceau intéressant (la vie individuelle de la personne), pour l'abandonner ensuite et vivre seul pendant l'éternité. D'après Descartes, qui a donné au dualisme mystique de Platon la plus grande extension, le siège cérébral de l'âme serait la glande pinéale ou épiphyse, qui se trouve sur la partie dorsale du cerveau intermédiaire (seconde vésicule cérébrale embryonnaire). Cette glande célèbre a été reconnue récemment par l'anatomie comparée comme le rudiment d'un œil impair (qui existe encore aujourd'hui chez certains reptiles). D'ailleurs, aucun des innombrables psychologues qui, suivant l'exemple de Platon, cherchent quelque part dans le corps le « siège de l'âme », n'a pu présenter une hypothèse présentable sur le rapport entre l'âme et le corps, ni sur le mode de leur action réciproque. Dans notre conception moniste cette question fondamentale trouve une réponse très simple, conforme à l'expérience. Son importance nous engage à jeter un coup d'œil sur le phronéma aux points de vue anatomique et physiologique, ontogénique et phylogénique.

Anatomie du phronéma. — Si nous considérons le phronéma comme l'organe proprement dit de l'âme, au sens étroit, c'est-à-dire comme l'instrument central de la pensée et de la connaissance, de la raison et de la conscience, nous pouvons placer à la base de nos considérations que, à l'unité physiologique universellement admise, de la pensée et de la conscience, correspond aussi une unité anatomique de son organe. Comme nous attribuons au phronéma une constitution anatomique très complexe, il est permis de le considérer comme un appareil psychique au même titre que l'œil est un appareil visuel constitué suivant un plan déterminé. Il est vrai que nous ne sommes qu'au début de l'analyse anatomique du phronéma et que nous ne pouvons encore tracer exactement les limites entre son domaine et les territoires sensoriels et moteurs avoisinants. La technique histologique moderne, les perfectionnements du microscope et des méthodes de coloration ont permis de pénétrer à un faible degré les délicatesses de structure des cellules phronétales et leur groupement compliqué. Nous en savons déjà assez pour pouvoir affirmer que le phronéma est le mécanisme cellulaire le plus parfait, le produit le plus remarquable de la vie organique. Des millions de cellules phronétales extrêmement différenciées constituent les diverses stations de ce système télégraphique, dont des milliards de fibrilles nerveuses très fines sont les fils conducteurs. Ceux-ci relient les stations entre elles et avec les foyers sensoriels d'une part, les centres moteurs d'autre part. L'anatomie comparée nous fait connaître la longue série de formes que le phronéma a parcourues à l'intérieur des classes les plus élevées des vertébrés, des amphibiens et reptiles aux oiseaux et mammifères, et dans cette dernière classe, des monotrèmes et marsupiaux aux singes et à l'homme. Le cerveau humain nous apparaît comme la plus grande merveille de la vie, que le plasma, la substance vivante, a exécutée au cours de millions d'années.

Les remarquables progrès de l'étude anatomique et histologique du cerveau ne nous ont pas encore conduits à tracer les limites précises du phronéma et à établir le détail de ses relations avec les territoires sensitifs et moteurs voisins. Nous devons admettre que dans les stades inférieurs de l'âme des vertébrés, il n'y a pas encore de délimitation précise. Dans les stades phylogénétiquement les plus anciens, ces centres n'étaient pas encore différenciés. Actuellement encore, il y a des passages entre les cellules esthétales et phronétales. Mais nous pouvons être assurés que les progrès de la morphologie comparée du cerveau expliqueront de mieux en mieux ces relations structurales complexes, en s'aidant de leur histoire embryonnaire. En tout cas le fait fondamental est maintenant établi par l'expérience : le phronéma, ou organe de l'âme, forme un territoire déterminé de l'écorce cérébrale, et sans lui, il n'y a ni raisonnement, ni vie intellectuelle, ni pensée, ni connaissance possibles.

Physiologie du phronéma. — Nous considérons toute la psychologie comme un chapitre de la physiologie, et nous étudions toutes les manifestations de la vie psychique au même point de vue moniste que les autres activités vitales. Aussi ne faisons-nous pas d'exception pour l'intelligence et la raison. Nous nous mettons ainsi en opposition formelle avec l'école psychologique en vogue, qui ne considère pas la psychologie comme une science naturelle, mais comme une science de l'esprit. Nous montrerons dans le chapitre suivant que cette manière de voir n'est pas du tout justifiée. Malheureusement certains physiologistes modernes de grand renom, qui pour le reste adoptent le point de vue moniste, conservent encore cette conception dualiste, et regardent l'âme au sens de Descartes comme une entité surnaturelle. Chez Descartes, élève des jésuites, ce dualisme pouvait encore se justifier ; car il ne l'affirmait que pour l'homme, considérant les animaux comme des machines sans âme. Mais il paraît tout à fait absurde chez les physiologistes modernes, auxquels d'innombrables observations et expériences ont montré que le cerveau se comporte comme organe de l'âme, chez l'homme exactement de même que chez les autres mammifères, et notamment les primates. Ce dualisme paradoxal de certains physiologistes et psychiâtres s'explique d'une part par la fausse théorie de la connaissance à laquelle ils ont été amenés par la haute autorité de Kant, Hegel, etc., d'autre part par leur respect pour l'athanisme régnant, et la crainte d'être décriés comme des « matérialistes », faute de croire à l'immortalité de l'âme. Comme nous ne partageons pas cette crainte, nous étudions et nous jugeons l'activité physiologique des phronètes avec autant de liberté que celle des organes des sens et des muscles ; nous constatons que les premiers sont, tout aussi bien que les derniers, soumis à la loi toute-puissante de la substance. Nous sommes dès lors amenés à prendre pour facteurs de toute activité psychique, les phénomènes chimiques qui se passent dans les cellules ganglionnaires de l'écorce cérébrale. La chimie du neuroplasma est la condition de l'activité vitale du phronéma. Il en est de même aussi pour sa fonction la plus parfaite et la plus mystérieuse, la conscience. Quoique ce phénomène ne nous soit connu immédiatement que par la méthode d'introspection, la psychologie comparée nous amène cependant à la conviction que la conscience si développée chez l'homme diffère quantitativement et non qualitativement de celle des singes, des chiens, des chevaux et des autres mammifères.

Pathologie du phronéma. — Notre conception moniste de la nature et du siège de l'âme reçoit l'appui le plus sérieux de la psychiâtrie, c'est-à-dire de la science des maladies de l'esprit. Une ancienne proposition médicale dit : « *Pathologia physiologiam illustrat* », c'est-à-dire la connaissance des maladies permet de comprendre l'activité vitale normale. Cette proposition a toute sa valeur pour les affections mentales : en effet, toutes peuvent être ramenées à des modifications de parties du cerveau qui, à l'état normal, remplissent des fonctions déterminées. La localisation de la maladie à un territoire déterminé du phronéma amoindrit ou anéantit l'activité intellectuelle normale, qui s'exerçait dans ce territoire. C'est ainsi que le langage est troublé par les affections du centre correspondant, qui est situé dans le lobe insulaire et son voisinage : la destruction de la région optique (dans le lobe occipital) anéantit la vision ; celle du lobe temporal fait disparaître l'audition. La nature elle-même exécute ces expériences délicates, que le physiologiste ne serait pas toujours capable de reproduire artificiellement. S'il a été possible jusqu'à présent de rattacher par cette voie une partie seulement des facultés mentales à des territoires cérébraux distincts, cependant aucun médecin libre de préjugés ne doute plus aujourd'hui qu'il en est de même des autres. Toute fonction intellectuelle a pour condition l'état normal de la partie correspondante du cerveau, c'est-à-dire d'un territoire du phronéma. Des démonstrations frappantes en sont fournies par les crétins et les microcéphales, chez qui le cerveau est plus ou moins atrophié, et dont l'activité intellectuelle reste tout à fait rudimentaire. Ces malheureux seraient dignes de pitié, s'ils avaient la notion précise de leur état ; mais il n'en est pas ainsi. Ils ressemblent à des vertébrés auxquels on a partiellement ou totalement extirpé le cerveau dans un but expérimental ; ces animaux peuvent rester en vie longtemps, être nourris artificiellement et exécuter des mouvements automatiques ou réflexes, qui répondent souvent à un but, sans présenter trace de conscience, de raison ou de toute autre activité mentale supérieure.

Ontogénie du phronéma. — Le développement de l'âme chez l'enfant est connu depuis longtemps ; il excite toujours l'intérêt des parents, des maîtres et des pédagogues. Mais ce n'est que depuis une vingtaine d'années qu'on s'est mis à étudier scientifiquement ce phronéma si remarquable. En 1884, Kussmaul a publié ses « *Recherches sur la vie psychique du nouveau-né humain* », et en 1882 a paru le livre de W. Preyer sur « *L'âme de l'enfant: observations sur le développement intellectuel de l'homme dans les premières années de la vie* » (4e édition, 1895). Des recherches de ces observateurs et d'autres plus récents, il ressort que non seulement l'enfant nouveau-né n'a ni conscience ni raison, mais en outre qu'il est sourd et que l'activité des sens et des foyers de la pensée ne se développe que progressivement. C'est grâce aux relations avec le monde extérieur que, l'une après l'autre, chacune de ces facultés commence à se montrer ; il en est ainsi de la parole, du rire, etc. ; plus tard seulement apparaissent les associations, la formation d'idées et de mots, etc. A ces données physiologiques, correspondent les observations anatomiques récentes; leur ensemble nous montre que chez le nouveau-né le phronéma n'est pas encore développé. On ne saurait donc parler ici d'un « siège de l'âme », ni d'un « esprit humain », comme substratum de la pensée, de la connaissance, de l'idéation et de la conscience. Aussi la mise à mort des nouveau-nés infirmes, telle que la pratiquaient les Spartiates dans un but de sélection, ne saurait, rationnellement, compter comme un assassinat, ainsi que le veulent nos lois modernes. Il faut au contraire la considérer comme une mesure bienfaisante à la fois pour la victime et la société. D'après notre loi biogénique fondamentale, toute l'embryologie est une répétition abrégée de la phylogénie; il en est de même de la psychogénèse, c'est-à-dire du développement de « l'âme » et de son organe, le phronéma.

Phylogénie du phronéma. — Lorsqu'on veut connaître l'origine de l'âme, il convient, après l'embryologie, de s'attacher à la psychologie comparée. Car dans la série des vertébrés nous trouvons encore aujourd'hui une longue suite de formes qui nous conduisent des acraniens et des cyclostomes les plus inférieurs, aux poissons et aux dipneustes, de ceux-ci aux amphibiens et de là aux amniotes. Parmi ces derniers, les divers ordres de reptiles et oiseaux d'une part, de mammifères de l'autre, nous montrent comment les facultés psychiques les plus élevées se sont développées pas à pas en partant des manifestations les plus simples. A cette échelle physiologique en correspond une morphologique que nous fait connaître l'anatomie comparée du cerveau. Sa partie la plus intéressante concerne la classe des mammifères; car à l'intérieur de celle-ci, nous rencontrons de nouveau une longue série ascendante. A son sommet se trouvent les primates (homme, singes et lémuriens), puis viennent les carnassiers, une partie des ongulés et des autres placentaires. Un intervalle plus grand semble séparer ces mammifères intelligents des placentaires inférieurs, les marsupiaux et les monotrèmes. Chez ceux-ci fait encore défaut le développement quantitatif et qualitatif du phronéma que nous observons chez les premiers; cependant tous les degrés intermédiaires se rencontrent. La formation progressive du cerveau et de sa partie la plus importante, le phronéma, a eu lieu à l'époque tertiaire, dont certains géologues modernes estiment la durée à 12-15 (ou tout au moins à 3-5) millions d'années.

Comme j'ai discuté en détail les résultats les plus importants de l'étude moderne du cerveau, et leur signification fondamentale pour la psychologie, dans les chapitres VI à IX des *Enigmes de l'Univers*, je peux me borner à y renvoyer le lecteur. Je voudrais seulement m'attacher à un point qui a fait l'objet des attaques les plus vives de la part de mes adversaires. Je m'étais reporté à diverses reprises aux ouvrages du zoologiste anglais John Romanes, qui comparent objectivement le développement intellectuel chez l'homme et les autres animaux, et qui se basent sur les travaux correspondants de Darwin. Or, peu avant sa mort, Romanes a renié partiellement ses convictions monistes si conséquentes et si claires, pour se convertir à des idées mystiques et religieuses. Lorsqu'on apprit par un de ses amis, un théologien anglais, cette conversion, on put d'abord penser à une mystification de la part de celui-ci, car on sait que les défenseurs fanatiques des superstitions religieuses n'ont jamais hésité à retourner la vérité, lorsque l'intérêt de leur dogme était en jeu. Le mensonge conscient et la tromperie intentionnelle sont considérés comme sacrés et méritoires, lorsqu'ils ont lieu « pour la gloire de Dieu. » On a su cependant plus tard que, dans ce cas (comme dans celui de Baer, à ses derniers moments), il s'agissait réellement d'une de ces intéressantes métamorphoses psychologiques que je décris dans le chapitre VI des *Enigmes*. Romanes était maladif dans ses dernières années, très souffrant à la fin, et profondément attristé par la mort de parents aimés. Dans cet état de dépression profonde et de mélancolie, il succomba à des influences mystiques qui lui promettaient la consolation et le calme par la croyance à des merveilles transcendantes. Les lecteurs d'esprit critique et sans parti-pris comprendront que cet affaiblissement pathologique et la conversion qui en est résultée n'ébranlent pas ses enseignements monistes antérieurs. Comme dans les cas analogues, où de vives émotions, des événements douloureux et des espoirs en un sort meilleur troublent le jugement et la raison, il faut rester convaincu que la vérité peut être connue par l'intelligence seule et non par une révélation surnaturelle. Mais pour cette connaissance par la voie de la raison, l'intégrité de son organe, le phronéma, est la première condition.

Développement de la conscience. — Parmi toutes les merveilles de la vie, la conscience est certainement la plus surprenante. A la vérité, la plupart des physiologistes actuels sont convaincus que la conscience de l'homme, est comme toutes les manifestations psychiques, une fonction du cerveau, et doit être ramenée à des phénomènes physiques et chimiques qui se passent dans les cellules de l'écorce cérébrale. Néanmoins, quelques biologistes partagent encore la conception de la métaphysique régnante, d'après laquelle ce « mystère psychologique central » reste une énigme insoluble, et n'est pas un phénomène naturel. Je rappelle en revanche la théorie moniste de la conscience, que je développe dans le chapitre X des *Enigmes*, et j'insiste tout particulièrement sur ce point, que là aussi l'évolution est le flambeau qui éclaire ce phénomène. Parmi toutes les merveilles de la vie, la vision se rapproche à maints égards de la conscience. Le développement bien connu de l'œil nous montre comment la vision, c'est-à-dire la perception d'images du monde extérieur, s'est développée par degrés à partir de la simple sensation lumineuse des animaux inférieurs (et cela par la formation d'une lentille réfringente). De même l'âme consciente, ce miroir où se réfléchit le travail psychique, a eu pour origine les phénomènes inconscients d'association qui se passaient dans le phronéma de nos ancêtres vertébrés les plus anciens.

Théorie moniste de la connaissance. — La biologie du phronéma, que je viens d'exposer, nous montre que la connaissance de la vérité, ce but de toute science, est un phénomène naturel physiologique, et que, comme tous les autres, il ne saurait avoir lieu sans ses organes. Les progrès de la biologie nous ont assez bien fait connaître ces derniers pour que nous puissions nous représenter en général d'une façon satisfaisante leur organisation et leur fonctionnement, quoique nous soyons encore bien éloignés d'une connaissance anatomique et physiologique de leurs détails. Le résultat le plus important de nos études est la conviction que toutes nos connaissances ont été acquises originellement *a posteriori* et qu'elles proviennent de l'expérience ; leurs sources sont les perceptions provenant de nos organes sensoriels. Ceux-ci, organes psychiques périphériques, sont soumis à la loi de la substance ; il en est de même du phronéma, organe central de l'âme : son activité doit, comme celle des organes des sens, toujours être ramenée à des phénomènes physiques et chimiques qui se passent dans la substance.

Théorie dualiste de la connaissance. — En opposition avec notre théorie moniste, basée sur les lois naturelles, la métaphysique dualiste régnante admet que nos connaissances ne sont que partiellement acquises *a posteriori* par l'expérience, mais que, pour une autre partie, elles en sont indépendantes et ont pour origine la constitution même de notre esprit « immatériel ». La puissante autorité de Kant a donné à cette conception mystique la plus grande influence, et actuellement encore les philosophes d'école s'efforcent de lui conférer une force durable. Le « retour à Kant » est préconisé comme le seul moyen de sauver la philosophie, tandis que, d'après notre conviction, la seule ressource est le « retour à la nature ». En réalité, le retour à Kant et sa théorie dualiste de la connaissance sont les maladies dont se meurt la philosophie. Pour nos métaphysiciens actuels, comme pour Kant, le cerveau est une masse énigmatique, blanche et grise, de consistance molle, dont la signification comme « instrument de l'esprit » est mystérieuse et inconnue. Pour la biologie moderne, au contraire, le cerveau est la plus grande merveille de la nature; il est composé d'innombrables cellules psychiques ou neurones. Ceux-ci ont une structure extrêmement complexe, ils sont reliés par des voies nerveuses mille fois entre-croisées, de façon à constituer un « appareil psychique » capable d'exécuter les travaux intellectuels les plus considérables.

PREMIER TABLEAU

OPPOSITION DES DEUX VOIES POUR LA CONNAISSANCE DE LA VÉRITÉ

Théorie moniste de la connaissance.	*Théorie dualiste de la connaissance.*
1. La connaissance est un phénomène naturel.	1. La connaissance est un phénomène surnaturel, ou miracle.
2. Comme phénomène naturel, la connaissance est soumise à la loi universelle de la substance.	2. Comme phénomène transcendant, la connaissance est indépendante de la loi de la substance.
3. La connaissance est un phénomène physiologique, dont l'organe anatomique est le cerveau.	3. La connaissance n'est pas un phénomène physiologique, mais un processus tout spirituel.
4. La seule partie du cerveau humain où la connaissance a lieu	4. La partie du cerveau qui semble fonctionner comme organe de la

est un territoire limité de l'écorce, le phronéma.

5. L'organe de la connaissance, ou phronéma, se compose des centres d'association et diffère histologiquement des centres sensoriels et moteurs voisins, auxquels il est relié.

6. Les nombreuses cellules (cellules phronétales) qui composent le phronéma sont les organes élémentaires du phénomène intellectuel : de l'intégrité de leur constitution physique et de leur composition chimique dépend la possibilité de la connaissance.

7. Le phénomène physique de la connaissance consiste en la liaison ou association d'impressions dont la source est dans les sensations amenées par les foyers sensoriels.

8. Les connaissances sont donc à l'origine toutes données par l'expérience, par l'intermédiaire des organes des sens ; les unes directement (l'expérience immédiate, l'observation du présent), les autres indirectement (les faits du passé transmis par la voie historique). Toutes les connaissances (même les mathématiques) sont à l'origine empiriques, *a posteriori*.

connaissance, n'est en réalité que l'instrument qui fait apparaître le phénomène intellectuel.

5. Le phronéma (ou somme des centres d'association) n'a que la valeur d'une partie de l'instrument de l'esprit, de même que les centres sensoriels et moteurs qui lui sont reliés.

6. Les cellules phronétales, ou parties élémentaires microscopiques du phronéma, sont les instruments indispensables du travail intellectuel, mais non ses facteurs réels : elles ne sont que les parties constituantes de l'instrument.

7. Le phénomène métaphysique de la connaissance consiste en la liaison ou association de données qui ne proviennent que partiellement d'impressions sensorielles, les autres devant être rapportées à des phénomènes suprasensoriels, transcendants.

8. Les connaissances se divisent en deux classes : les connaissances empiriques, *a posteriori*, acquises par l'expérience, et les connaissances transcendantes *a priori*, indépendantes de toute expérience. Dans les dernières, rentrent avant tout les mathématiques, dont les propositions se distinguent des vérités empiriques par leur certitude absolue. Le premier rang appartient aux connaissances *a priori*.

CHAPITRE II

Vie.

ORGANISMES ET CORPS INORGANIQUES. — CELLULES ET CRISTAUX. FORCE VITALE ET ÉNERGIE. — VITALISME ET MÉCANISME.

« Jamais la physiologie ne pourra admettre pour les phénomènes de la vie un autre principe d'explication que la physique et la chimie pour la nature inorganique. L'hypothèse d'une force vitale spéciale est, sous n'importe quelle forme, non seulement superflue, mais inadmissible. »

MAX VERWORN (1894).

« On peut dire dès aujourd'hui que l'étude de la cellule, comme machine travaillant avec des moyens physiques et chimiques, n'a nulle part conduit à des problèmes insolubles avec les seules forces connues. Aussi loin qu'on puisse voir, il n'y a pas place pour ce découragement qui tantôt se traduit par un *Ignorabimus* et tantôt par des hypothèses vitalistes »

FRANZ HOFMEISTER (1901).

SOMMAIRE

Conception de la vie. — Comparaison avec la flamme. — Organisme et organisation. — Théorie mécanique de la vie. — Organismes sans organes : monères. — Organisation et vie des chromacées. — Degrés de l'organisation. — Organismes composés. — Organismes symboliques. — Associations organiques. — Organismes et corps inorganisés comparés au point de vue de la matière, de la forme et de la fonction. — Substances cristalloïdes et colloïdes. — Vie des cristaux. — Augmentation de volume des cristaux. — Limite de croissance. — Échanges. — Catalyse. — Fermentation. — Biogène. Force vitale. — Vitalisme ancien et moderne. — Palavitalisme. — Antivitalisme. — Néovitalisme.

BIBLIOGRAPHIE

Johannes Muller, 1833. — *Handbuch der Physiologie des Menschen*, 2 *Bde*. 4 *Aufl*, 1844. Coblenz.

Adolf Virchow, 1849. — *Die Einheitsbestrebungen in der wissenschaftlichen Medicin. Gesammelte Abhandlungen*, 1856. Francfort.

Carl Ludwig, 1852. — *Lehrbuch der Physiologie des Menschen*. Heidelberg.

Ernst Haeckel, 1866. — *Organismen und Anorgane*. Chapitre V de : *Generelle Morphologie*, T. I, 109-166. Berlin.

Max Verworn, 1894. — *Allgemeine Physiologie*, 4e édit.. 1903. Iena.

A. Bunge, 1889. — *Lehrbuch der physiologischen Chemie und pathologischen Chemie*, 2e édit., Leipzig.

Mario Pilo, 1885. — *La vita dei cristalli. Prime linee per una futura biologia minerale*. Torino.

O. Lehmann, 1904. — *Flüssige Krystalle*. Leipzig.

Joh. Reinke, 1899. — *Die Welt als Thal*. Berlin.

— 1901. — *Einleitung in die theoretische Biologie*. Berlin.

Oskar Hertwig, 1900. — *Die Entwickelung der Biologie im XIX ten Jahrhundert*. Iena.

L. Bourdeau, 1901. — *Le Problème de la vie. Essai de sociologie générale*. Paris.

Otto Butschli, 1901. — *Mechanismus und Vitalismus*. Leipzig.

Franz Hofmeister, 1901. — *Die chemische Organisation der Zelle*. Braunschweig.

Wilhelm Ostvald, 1902. — *Naturphilosophie*. Leipzig.

Robert Tigerstedt, 1902. — *Lehrbuch der Physiologie des Menschen*. Leipzig.

Richard Neumeister, 1903. — *Betrachtungen über das Wesen der Lebenserscheinungen*. Iena.

Léopold Besser, 1903. — *Unser Leben im Lichte der Wissenschaft*. Bonn

Max Kossowitz, 1899-1904. — *Allgemeine Biologie*. 3 vol. Wien.

Conception de la vie. — Ce livre a pour objet l'étude critique des « merveilles de la vie » et la connaissance de leur réalité. Aussi devons-nous d'abord définir l'idée de vie et ensuite celle de merveille. De temps immémorial, l'homme connaît la différence entre la vie et la mort, entre les corps naturels vivants et les inanimés; les premiers sont désignés sous le nom d'organismes, les seconds sous celui de corps inorganiques ou plus brièvement d' « anorganes ». La science qui s'occupe de la connaissance des organismes est la biologie (au sens le plus large); celle qui a pour objet les corps inanimés pourrait par opposition s'appeler abiologie, abiotique ou anorgique. La différence la plus frappante entre ces deux classes de corps est que les organismes présentent des mouvements particuliers, qui se répètent périodiquement et semblent spontanés, tandis que ce phénomène paraît absent chez les anorganes (minéraux). La vie elle-même est par suite conçue comme un phénomène particulier du mouvement; les progrès de la science ont montré que celui-ci est toujours lié à une substance chimique spéciale, le plasma, et qu'il consiste essentiellement en des échanges de substance qui se passent en elle. Mais en même temps l'étude de la nature nous a convaincus que la séparation tranchée des organismes et des anorganes ne saurait être maintenue, mais que les deux classes sont reliées d'une façon inséparable dans l'intimité de leur essence.

Vie et flamme. — Parmi tous les phénomènes de la nature inorganique qu'on peut comparer au phénomène vital, aucun ne lui ressemble autant que la flamme. Il y a 2.400 ans que cette comparaison a été faite par l'un des plus grands philosophes ioniens, Héraclite d'Éphèse, le même qui exprima en deux mots la pensée fondamentale de l'évolutionnisme : *panta rhei, tout coule*. L'univers est dans un état d'écoulement continu. Héraclite reconnut la vie pour du feu, c'est-à-dire pour un phénomène de combustion, et compara l'organisme à un flambeau.

Tout récemment Max Verworn, dans sa *Physiologie générale*, a montré combien cette comparaison était exacte ; il l'a développée en comparant la forme vitale individuelle à la flamme en papillon qui s'échappe d'un bec de gaz. Il s'exprime en ces termes : « La comparaison du phénomène vital avec une flamme est apte à rendre évident le rapport entre la forme et les échanges. Les figures en papillon que prend une flamme de gaz sont différenciées d'une façon très caractéristique. A la base, immédiatement au-dessus de l'ouverture, il y a encore obscurité complète ; plus haut, on rencontre une zone bleue, d'un éclat faible ; des deux côtés s'étale en ailes de papillon la surface brillante en pleine combustion. Cette forme si caractéristique, qui reste constante tant qu'on ne modifie pas la position du robinet et les conditions du milieu, tient simplement à ce qu'en chaque point de la flamme le groupement des molécules de gaz d'éclairage et d'oxygène est parfaitement déterminé, bien qu'à chaque instant les molécules changent. — A la base de la flamme, les molécules de gaz d'éclairage sont encore si serrées que l'oxygène nécessaire à la combustion ne peut pas pénétrer en elles ; c'est pourquoi elles restent obscures. Dans la zone bleuâtre quelques molécules d'oxygène se sont déjà mélangées à celles du gaz ; on y observe une lumière mate. Dans la grande flamme, le rapport numérique des molécules de gaz et d'oxygène est tel qu'il y a une combustion vive. Les échanges entre le gaz d'éclairage et l'air environnant sont réglés de telle sorte qu'au même endroit se rencontre toujours le même nombre de molécules de chaque espèce. — Par suite la forme de la flamme, avec ses différenciations, reste constante. Si nous modifions le courant en donnant issue à moins de gaz d'éclairage, la forme de la flamme se modifie, parce que le rapport numérique des molécules de gaz et d'oxygène n'est plus le même. Ainsi l'étude de la forme des flammes de gaz nous offre jusque dans les détails les mêmes relations que nous avons observées dans la constitution de la forme de la cellule. » L'exactitude scientifique de cette comparaison est d'autant plus remarquable que de tous temps le « flambeau de la vie » a joué un grand rôle aussi bien dans la poésie que dans les traditions populaires.

Organisme. — Dans le sens où la science emploie d'ordinaire le terme d'organisme et où nous l'utiliserons nous-mêmes, ce concept est équivalent à celui d'être vivant, ou corps vivant. Son opposé est l'anorgane, le corps inanimé ou inorganique. Le contenu du concept d'organisme est donc physiologique et est déterminé essentiellement par l'activité vitale visible du corps, par ses échanges, sa nutrition et sa reproduction.

Or, dans la grande majorité des organismes, nous constatons que leur corps est formé de diverses parties qui sont reliées de façon à permettre le fonctionnement vital. Ces parties sont les organes, et le mode de leur liaison est l'organisation. A ce point de vue, nous comparons l'organisme à une machine, dans laquelle l'homme a relié dans un but déterminé différentes parties, suivant un plan préconçu, issu de son intelligence.

Théorie mécanique de la vie. — La comparaison de l'organisme à une machine a conduit à de nombreuses erreurs et est devenue récemment l'origine de fausses conceptions dualistes. La théorie mécanique moderne de la vie qui s'appuie sur elle exige pour l'organisme un plan de structure rationnel et un constructeur conscient du but à atteindre, tels qu'on les trouve dans les machines dues à la main de l'homme. On compare de préférence l'organisme à une montre ou à une locomotive. Pour la marche régulière d'une de ces machines compliquées, il faut calculer très exactement l'action réciproque de toutes les parties, et la plus faible lésion d'une roue suffit pour rendre impossible le fonctionnement de la montre. Cette comparaison a notamment été exploitée par Louis Agassiz (1858) qui voit dans chaque espèce animale ou végétale « l'incarnation d'une pensée créatrice de Dieu » (1). Tout récemment Reinke l'a employée très fréquemment pour appuyer son dualisme théosophique ; il désigne « Dieu » ou « l'âme du monde » de préférence sous l'appellation d' « intelligence cosmique », mais attribue à cet être mystique et immatériel exactement les mêmes qualités dont on pare le « bon Dieu, créateur du ciel et de la terre ». L'intelligence humaine que l'horloger a déployée pour construire le mécanisme compliqué de la montre est mise en parallèle par Reinke avec l'intelligence cosmique que le Dieu créateur a déposée dans les organismes. Il insiste sur l'impossibilité de déduire de leur constitution matérielle la finalité de leur organisation.

---

(1) V. le chap. IV de mon *Histoire de la création naturelle*.

Il oublie ainsi complètement l'énorme différence de la matière brute dans les deux genres de corps. Les organes de la montre sont des parties métalliques qui ne remplissent leur but que grâce à leurs propriétés physiques (dureté, élasticité, etc.). Les organes de l'être vivant produisent leur travail en première ligne grâce à leur composition chimique ; leurs parties sont des laboratoires dont la structure moléculaire extrêmement compliquée est le produit historique d'innombrables phénomènes d'hérédité et d'adaptation. Cette structure moléculaire invisible et hypothétique ne doit pas, — comme on le fait souvent, — être confondue avec la structure réelle du plasma, qui est visible au microscope et qui a une grande importance pour la question de l'organisation. Si l'on veut attribuer à cette structure moléculaire d'une simple substance chimique un plan préconçu, si l'on veut lui donner pour cause une « force intelligente » (« dominante »), il faut en faire autant pour la poudre de guerre, dont les particules de charbon, de soufre et de salpêtre sont mélangées dans le but de déterminer une explosion. Or, on sait que la poudre n'a pas été inventée par le raisonnement, mais trouvée dans une expérience fortuite. Toute la théorie mécanique de la vie et les conclusions dualistes qu'on en tire deviennent caduques si nous en faisons l'application aux organismes les plus simples que nous connaissions, aux Monères. Celles-ci sont en toute vérité des « organismes sans organes » — et sans organisation.

Organismes sans organes. — Dans ma *Morphologie générale* (1866) j'ai cherché à diriger l'attention des biologistes sur ces organismes, les plus simples de tous, qui ne possèdent pas d'organisation visible et ne sont pas composés d'organes distincts ; je proposai de les réunir sous le nom de Monères (T. I, p. 135 ; t. II, p. XXII). Plus j'ai réfléchi depuis à ces êtres vivants sans structure, — cellules sans noyau — plus m'est apparue grande leur signification pour les questions les plus importantes de la biologie, pour le problème de la génération spontanée, pour celui de la nature de la vie, etc. Il est remarquable que ces êtres primitifs soient encore aujourd'hui passés sous silence par la majorité des biologistes. O. Hertwig leur consacre une seule page de son volume de 300 pages sur la cellule et les tissus ; il met en doute l'existence de cellules dépourvues de noyau. Reinke qui a lui-même établi l'existence de cellules sans noyau chez les Bactéries (*Beggiatoa*) ne se préoccupe pas de leur signification générale. Bütschli, qui partage ma conception moniste de la vie, et qui lui a apporté des arguments de valeur par ses recherches sur la structure du plasma et son imitation artificielle au moyen des écumes d'huile et de savon, pense, comme beaucoup d'autres auteurs, que même l'organisme le plus simple doit se composer d'un noyau cellulaire et de protoplasma. Tous ces auteurs croient que dans les monères décrites par moi, le noyau renfermé dans le protoplasma m'a échappé. C'est peut-être vrai pour une partie d'entre elles ; mais on passe sous silence les autres, chez lesquelles le noyau manque sûrement. Il en est ainsi notamment de ces remarquables Chromacées (Phycochromacées ou Cyanophycées), et surtout de leurs formes les plus simples, les Chroococcacées (*Chroococcus*, *Aphanocapsa*, *Glœocapsa*, etc.) Ces monères plasmodomes qui sont situées à la limite du monde organique et inorganique, ne sont en aucune façon rares ou difficiles à étudier. Elles sont répandues partout et d'observation aisée ; mais on les ignore à dessein, parce qu'elles ne cadrent pas avec le dogme cellulaire régnant.

Organisation des Chromacées. — Parmi toutes les monères étudiées par moi, j'attribue la plus haute signification aux Chromacées, parce que je les considère comme phylogéniquement les plus anciens et les plus primitifs de tous les organismes actuellement vivants. Leurs formes les plus simples correspondent en fait à toutes les conditions qu'une biologie moniste peut demander au « terme de passage entre l'inorganique et l'organique ». Parmi les Chroococaccées, *Chroococcus*, *Glœocapsa*, etc., sont répandus partout ; ils forment sur les rochers humides, les écorces d'arbres, etc., des pellicules minces ou des revêtements gélatineux, généralement d'un vert bleuâtre. Si on observe sous un fort grossissement un fragment de ces pellicules, on trouve des myriades de sphérules de plasma, distribuées sans ordre dans la masse de gélatine qu'elles ont secrétée. Chez quelques espèces on voit une membrane mince, sans structure, qui enveloppe la sphère homogène de plasma ; sa formation s'explique physiquement par la tension de surface (de même que la couche superficielle plus dense de la goutte d'eau ou de la sphérule d'huile flottant dans l'eau). D'autres espèces excrètent des enveloppes gélatineuses en couches concentriques, par un phénomène purement chimique. Chez certains Chromacées, la matière colorante vert-bleuâtre (phycocyane) est déposée dans la couche corticale de la sphérule, tandis que le milieu est incolore et constitue ce qu'on appelle un « corps central ». Mais il ne s'agit en aucune façon d'un véritable noyau, différent du reste de la cellule par ses propriétés chimiques et morphologiques. Toute l'activité vitale de cette simple sphère de plasma se limite à des échanges de substance (*Plasmodomie,* chap. X) et à la croissance qui en est le résultat. Si la taille dépasse une certaine limite, la sphère homogène se divise en deux moitiés égales (de même qu'une gouttelette de mercure qu'on laisse tomber). Cette forme la plus simple de la reproduction est partagée par les Chromacées avec les Chromatelles ou Chromatophores, c'est-à-dire les grains de chlorophylle situés à l'intérieur des cellules végétales ordinaires; mais dans ce dernier cas, il ne s'agit que de parties d'une cellule. On est donc amené à ne pas comparer à de véritables cellules (nucléées) ces grains de plasma indépendants et sans noyau, mais à en faire des cytodes. Ces faits anatomiques et physiologiques se constatent avec la plus grande facilité sur les Chromacées répandues partout. L'organisme des Chromacées les plus simples n'est pas autre chose qu'un grain de plasma sphérique et sans structure ; on n'y trouve pas d'organe concourant à un but commun. Une telle composition ou organisation n'aurait d'ailleurs ici aucune signification; car l'unique but de ces sphérules de plasma est leur propre conservation. Il est atteint de la façon la plus simple, pour l'individu, par les échanges de substance, phénomène purement chimique; pour l'espèce, par la division, mode le plus simple possible de reproduction.

Les histologistes modernes ont constaté chez beaucoup de Protistes et dans beaucoup de cellules des tissus des animaux et des végétaux, une structure très complexe; ils en concluent indûment que celle-ci existe partout. Je suis convaincu que cette complication de l'organisme élémentaire est toujours un phénomène secondaire, le résultat d'innombrables phénomènes de différenciation, acquis par adaptation et transmis aux descendants par hérédité. Les ancêtres les plus anciens de toutes ces cellules complexes et nucléées étaient des cytodes sans noyau, comme les monères qui subsistent encore aujourd'hui. (Pour les détails, voir chap. IX et XV).

Cette absence de structure histologique visible chez les monères n'exclut naturellement pas l'existence d'une structure moléculaire invisible; au contraire, on peut admettre celle-ci avec certitude, comme dans toutes les combinaisons albuminoïdes et spécialement tous les corps plasmatiques. Mais une pareille structure chimique complexe se présente aussi dans beaucoup de corps inanimés, et ceux-ci possèdent même des phénomènes d'échanges de tous points comparables à ceux des organismes les plus simples ; nous aurons à y revenir en parlant de la catalyse. En somme, c'est seulement la forme spéciale de ces échanges, la plasmodomie ou assimilation du carbone, qui différencie les chromacées les plus simples des corps inorganiques. Si elles prennent la forme sphérique, ce fait ne peut être considéré comme le signe d'un phénomène vital morphologique ; car les gouttes de mercure et d'autres liquides prennent aussi cette forme, lorsque la substance homogène s'individualise sous certaines conditions. Une goutte d'huile qui tombe dans un liquide de même densité (par exemple un mélange d'eau et d'alcool) devient aussitôt sphérique. Les anorganes solides prennent en revanche plutôt la forme cristalline. Il ne reste donc pour les organismes les plus simples, les sphérules de plasma des monères, comme caractère spécial, ni une structure anatomique, ni une forme déterminée, mais seulement la fonction physiologique de la plasmodomie, c'est-à-dire un processus de synthèse chimique.

Degrés de l'organisation. — La différence entre les monères et un organisme plus élevé est à mon sens plus grande que celle qui existe entre les monères et les cristaux. La différence entre les monères sans noyau (ou cytodes) et les cellules nucléées peut elle-même être considérée comme plus grande. Car même chez la cellule la plus simple, nous trouvons déjà l'opposition entre deux organelles ou organes cellulaires, le noyau et le corps cellulaire ; le caryoplasma du premier a pour objet la reproduction et l'hérédité ; le cytoplasma du second a pour rôle les échanges, la nutrition et l'adaptation. Chez l'organisme élémentaire le plus simple, nous observons donc déjà la division du travail. Chez les Protistes, l'organisation se développe d'autant plus que la différenciation des parties de la cellule fait du progrès ; chez les histones ou êtres formés de tissus, il en est de même à mesure que l'ergonomie des organes composants devient plus grande. Darwin a expliqué mécaniquement par la sélection la finalité apparente de leur structure.

Organismes composés. — Pour la conception moniste de

l'organisation, il est très important de distinguer l'individualité de l'organisme à ses divers degrés de complication; comme il y a beaucoup d'obscurités et de contradictions à propos de cette question, nous la traiterons dans un chapitre spécial (VII). Il nous suffira de montrer ici que les êtres unicellulaires (Protistes) constituent, aux points de vue morphologique et physiologique, des organismes simples. Chez les animaux et les végétaux formés de tissus (histones), il n'en est ainsi qu'au point de vue physiologique; morphologiquement, ils sont composés de nombreuses cellules, qui forment divers tissus. Ces individus histonaux sont désignés dans le règne végétal sous le nom de bourgeons; dans le règne animal, sous celui de personnes. A un degré encore plus élevé de l'organisation apparaît la colonie (cormus) formée de beaucoup de bourgeons ou de personnes, par exemple l'arbre ou le polypier. Chez les cormus animaux fixés, les personnes sociales sont réunies organiquement et se nourrissent en commun; dans les sociétés des animaux supérieurs, c'est le lien idéal de la communauté d'intérêts qui relie les personnes; il en est ainsi dans les essaims d'abeilles, les sociétés de fourmis, les troupeaux de mammifères, etc. Ces « communautés libres » sont souvent désignées sous le nom d'Etats. Ce sont, comme les Etats humains, des organismes de l'ordre le plus élevé.

Organismes symboliques. — Le terme d'organisme devrait, pour éviter des malentendus, être appliqué seulement aux êtres vivants individuels dont le substratum matériel est le plasma ou substance vivante, c'est-à-dire une combinaison azotée de carbone à l'état semi-fluide. Il ne faudrait pas désigner sous ce nom des fonctions isolées, comme on le fait souvent pour l'âme ou pour le langage. On pourrait tout aussi bien appeler la vision ou la marche un organisme. On devrait également éviter d'appeler organismes des corps inorganiques tels que la mer ou le globe terrestre. Ces désignations qui reposent sur une comparaison symbolique doivent être réservées à la poésie. Ainsi le mouvement rythmique des vagues devient pour le poète la respiration de la mer, leurs mugissements sont sa voix. Certains philosophes naturels (par exemple Fechner) conçoivent toute la terre comme un organisme géant, dont les innombrables organes ont été reliés en un tout harmonieux par l'intelligence mondiale (ou Dieu). De même le physiologiste Preyer considère les astres comme des

« organismes brûlants dont l'haleine est peut-être de la vapeur de fer, dont le sang est du métal fondu, et qui s'alimentent peut-être de météorites ». Les dangers de ces métaphores ressortent justement de cet exemple, car Preyer a construit sur elles une hypothèse tout à fait insoutenable de la création.

Combinaisons organiques. — On emploie depuis longtemps en chimie le terme d'organique en l'opposant à celui d'inorganique. Sous le nom de chimie organique, on comprend en général la chimie des composés du carbone, parce que le carbone se distingue des autres éléments (au nombre d'environ 70) par des propriétés très importantes, tout d'abord, par sa faculté de s'unir de façon très variée avec d'autres éléments, de former avec l'oxygène, l'hydrogène, l'azote et le soufre les corps albuminoïdes, etc. (*Enigmes de l'univers* ch. XIV). Le carbone est donc l'élément biogène au sens le plus élevé, comme je l'ai exposé en 1866 dans ma théorie du carbogène. On peut le considérer comme le créateur du monde organique. Dans l'organisme, ces composés organogènes n'apparaissent pas d'abord comme organisés, c'est-à-dire répartis de façon déterminée entre les organes ; l'organisation est une conséquence du phénomène vital et non sa cause.

Organismes et anorganes. — J'ai montré dans le chap. XIV des « *Enigmes* » et dans le chap. XV de l'« *Histoire de la création* » toute l'importance de la croyance à l'unité essentielle de la nature, au monisme du cosmos. J'avais donné dès 1866 une théorie très complète de ce monisme cosmique ; dans le chap. V de ma « *Morphologie générale* » (T. I, pp. 109-166), j'avais soumis à un examen critique approfondi les relations des organismes et des anorganes. J'avais étudié leurs différences et leurs similitudes au point de vue de la matière, de la forme et de l'énergie. Plus tard, Naegeli (1884) s'est prononcé dans le même sens en faveur de l'unité de l'ensemble de la nature, dans sa « *Mechanisch-physiologische Begründung der Abstammungslehre* ». Tout récemment (1902), Wilhelm Ostwald en a fait autant dans sa « *Naturphilosophie* », spécialement dans sa XVIe leçon ; sans connaître mes travaux précédents, il a comparé de la même façon les relations physico-chimiques des corps organiques et inorganiques, en se servant en partie des mêmes exemples tirés de la cristallisation. Il est arrivé absolument aux mêmes résultats monistes que moi trente-six ans auparavant. Comme la plupart des biologistes continuent à les ignorer, et que, spécialement le vitalisme passe sous silence ces principes qui le contredisent, je veux encore une fois les exposer ici.

Substances organiques et inorganiques. — L'analyse chimique montre qu'il n'y a pas dans les organismes d'autres éléments que dans les anorganes. Le nombre des corps simples est d'après les recherches les plus récentes de 70 à 80. Mais dans les organismes on ne rencontre d'une façon constante que les cinq éléments organiques qui composent le plasma : carbone, oxygène, hydrogène, azote et soufre. Il s'y ajoute d'ordinaire (mais non toujours) cinq autres corps : phosphore, potassium, calcium, magnésium et fer. Il peut à l'occasion y avoir encore d'autres éléments dans les corps vivants. Mais il n'y a pas un seul élément biologique, qui ne se trouve également dans la nature inorganique. Par suite, les caractères distinctifs des organismes ne peuvent consister que dans la nature particulière de la combinaison des éléments. C'est en première ligne le carbone, l'élément organique principal, qui, grâce à ses affinités remarquables, forme avec d'autres éléments les combinaisons les plus variées et les plus compliquées et produit les substances les plus importantes de toutes, les albuminoïdes, et à leur tête, le plasma vivant (chap. VI).

Substances cristalloïdes et colloïdes. — Une condition indispensable pour ce genre d'échange, que nous appelons vie. est le phénomène physique de l'osmose, qui est en relation avec la teneur variable de la substance vivante en eau, et avec son pouvoir de diffusion. Le plasma, qui se trouve à l'état semi-fluide, peut recevoir de l'extérieur des substances dissoutes (par l'endosmose), ou en envoyer au dehors (par exosmose). Ce pouvoir d'imbibition du plasma est en relation avec l'état colloïdal des combinaisons albuminoïdes. Comme l'a montré Graham, on peut, au point de vue de la diosmose, diviser toutes les substances en deux groupes : les cristalloïdes et les colloïdes. Les premiers (par exemple les solutions de sels ou de sucre) traversent bien plus facilement une paroi poreuse, que les colloïdes (comme l'albumine, la gélatine, la gomme). On peut par suite séparer facilement par la dialyse des corps appartenant aux deux groupes et mélangés dans une solution. On emploie comme dialyseur un vase peu profond, dont le fond est formé de papier parchemin. Si on le fait flotter dans un vase plus grand renfermant de l'eau, et qu'on y verse une solution de gomme et de sucre, au bout de peu de temps presque tout le sucre a pénétré dans l'eau à travers le parchemin, tandis qu'il reste dans le dialyseur une solution de gomme à peu près pure. Ces phénomènes de diffusion ou d'osmose jouent le plus grand rôle dans la vie de tous les organismes, mais ils ne sont pas particuliers à la substance vivante. De plus, une seule et même substance — organique ou non — peut se présenter sous les deux formes, cristalloïde ou colloïde. L'albumine, qui est d'ordinaire colloïde, forme dans beaucoup de cellules végétales (par exemple dans les grains d'aleurone de l'endosperme) des cristaux hexagonaux; dans certaines cellules animales (par exemple les globules sanguins) des cristaux tétraédriques d'hémoglobine. Ces cristaux d'albumine se distinguent parce qu'ils peuvent se gonfler par absorption d'eau, sans perdre leur forme. D'autre part, l'acide silicique qui, sous la forme de quartz, présente plus de 160 formes cristallines différentes, peut dans certaines circonstantes, devenir gélatineux et former des masses molles. Ce fait est d'autant plus intéressant qu'à d'autres points de vue le silicium se comporte comme le carbone, qu'il est comme lui tétravalent et forme des combinaisons tout à fait analogues. Le silicium morphe (une poudre brune) est, avec le silicium cristallisé, noir et à éclat métallique, dans le même rapport que le carbone amorphe avec les cristaux de graphite. D'autres substances peuvent également, suivant les circonstances, être cristalloïdes ou colloïdes. Par suite, quelle que soit l'importance de la stucture colloïdale pour le plasma et pour ses échanges, elle ne peut cependant être considérée comme un caractère distinctif de la substance vivante.

Formes organiques et inorganiques. — Sous le rapport morphologique, il n'y a pas plus de différences fondamentales qu'au point de vue chimique, entre les organismes et les anorganes. Les monères forment ici encore le point de passage entre les deux règnes naturels. Il en est ainsi de la structure interne aussi bien que de la forme extérieure des deux groupes de corps, de leur individualité (chap. VII) que de leur forme fondamentale (chap. VIII). Les cristaux, inorganiques, correspondent morphologiquement aux formes les plus simples (non nucléées) des cellules organiques. A la vérité, la grande majorité des organismes paraît très différente des corps inorganiques, parce qu'ils sont composés de diverses parties qui, sous le nom d'organes, coopèrent au but vital de l'ensemble. Chez les monères, une telle « organisation » n'existe pas encore. Dans le cas le plus simple (Chromacées, Bactéries) ce sont des individus plasmatiques, sans structure, en sphère, en disque ou en bâtonnet, qui n'exercent leurs propriétés vitales (croissance et division) que grâce à leur constitution chimique, c'est-à-dire à leur structure moléculaire invisible.

La comparaison des cellules avec les cristaux a été faite dès 1838 par les fondateurs de la théorie cellulaire, Schleiden et Schwann; elle a été attaquée souvent par les cytologues modernes, et n'est pas tout à fait exacte. Cependant elle est très importante parce que le cristal est la forme la plus parfaite de l'individualité inorganique, qu'il a une structure interne et une forme déterminée et parce qu'il les acquiert par une croissance régulière. La forme externe des cristaux est prismatique et est limitée par des surfaces planes qui se coupent sous des angles déterminés. Cette même forme se rencontre sur les squelettes de certains Protistes, notamment chez les Diatomées et les Radiolaires; leurs coquilles siliceuses présentent les mêmes propriétés mathématiques que des cristaux inorganiques. D'autres formations intermédiaires entre les produits du plasma et les cristaux se rencontrent dans les biocristaux, qui naissent par l'union de l'activité plastique du plasma et de la substance minérale ; tels sont les squelettes cristallins, siliceux ou calcaires de beaucoup d'éponges, de coraux, etc. Par l'union régulière de nombreux cristaux naissent des masses cristallines qu'on peut comparer aux cœnobies des Protistes ; telles sont les arborescences de la glace sur les vitres. A la forme régulière des cristaux correspond une structure interne déterminée qui se manifeste dans leur clivage, leur structure feuilletée, leurs axes optiques, etc.

Vie des cristaux. — Si on ne limite pas le concept de vie aux organismes proprement dits, en le considérant comme une fonction du plasma, on peut en un sens parler de la vie des cristaux. Celle-ci se manifeste en première ligne par leur croissance, c'est-à-dire par le phénomène que Baer avait désigné comme le caractère le plus important de tout développement individuel. Lorsqu'un cristal prend naissance dans une solution, il y a attraction des particules de même nature. Lorsque dans une solution mixte et saturée, deux substances différentes, A et B, se trouvent dissoutes, et que l'on y place un cristal de A, on voit A seul cristalliser; si on y jette un cristal de B, A reste en solution et B cristallise. On peut en un certain sens désigner ce choix sous le nom d'assimilation. Chez certains cristaux on constate même des relations intimes entre les parties; si sur le cristal en formation, on coupe un angle, l'angle opposé se développe incomplètement. Une différence importante entre la croissance des cristaux et des monères consiste en ce que les premiers s'accroissent par apposition, c'est-à-dire par addition de substance à la surface externe; les monères croissent, comme toutes les cellules, par intussusception, c'est-à-dire par absorption de substance dans leur intérieur. Mais cette différence s'explique facilement par l'état d'aggrégation, solide chez le cristal, demi liquide dans le plasma. Elle n'est d'ailleurs pas essentielle : il y a des termes de passage entre l'apposition et l'intussusception. Une sphère colloïdale, en suspension dans une solution saline, où elle ne se dissout pas, peut croître par intussusception.

Sensibilité et mouvement. — La sensibilité et le mouvement étaient autrefois attribués aux animaux seuls, tandis qu'on a reconnu que ces propriétés existent dans toute la substance vivante. Elles ne font pas même défaut chez les cristaux; car dans la cristallisation les molécules se meuvent en un sens parfaitement déterminé et se placent les unes à côté des autres suivant des règles fixes. Elles doivent également posséder de la sensibilité; sans cela l'attraction en masse des parties semblables ne pourrait avoir lieu. Comme dans tout phénomène chimique, il y a dans la formation des cristaux des mouvements qu'on ne peut expliquer sans sensibilité (naturellement inconsciente). A ce point de vue aussi, la croissance de tous les corps obéit aux mêmes lois. (Voir chap. XIII et XV).

Multiplication des cristaux. — La croissance de tout cristal a, comme celle d'une monère ou d'une cellule, des limites définies. Si cette limite est dépassée et que les conditions favorables persistent, on voit apparaître cette croissance supplémentaire ou transgressive, que l'on qualifie de multiplication chez les individus organiques. Mais même chez les cristaux, il y a en pareil cas multiplication. Dans une solution sursaturée, chaque cristal ne croît que jusqu'à une taille définie par sa constitution moléculaire. Lorsque cette limite est atteinte, de nombreux petits cristaux se forment sur l'ancien. Ostwald qui compare de la même façon la croissance des cristaux et des monères, insiste sur l'analogie que présente une bactérie (monère plasmophage) croissant et se multipliant dans un bouillon de culture, avec un cristal dans sa solution mère (*Naturphilosophie*, pp. 340-345). Lorsque dans une solution sursaturée de sulfate de soude, l'eau s'évapore lentement, un cristal qu'on y place augmente de volume et de petits cristaux se forment sur lui. L'analogie avec une bactérie, qui se reproduit par division dans un liquide nutritif, peut être poursuivie jusqu'à la production des spores. La bactérie prend cette forme de repos lorsque son milieu de culture est épuisé. Si celui-ci redevient nutritif, la division recommence. De même les cristaux de sulfate de soude se détruisent peu à peu lorsque l'eau est évaporée; ils perdent leur eau de cristallisation, mais non leur faculté germinative. Car la poudre saline amorphe provoque dans une solution sursaturée la formation de nouveaux cristaux. Mais cette poudre perd cette propriété, si on l'échauffe, de même que les spores des bactéries voient, dans les mêmes conditions, disparaître leur faculté germinative.

Limite de croissance. — La comparaison de la croissance des cristaux et des monères est très importante, parce qu'elle permet de ramener la propriété vitale de la croissance à des conditions purement chimiques. La division de l'individu doit forcément survenir lorsque la limite de taille est dépassée, lorsque la constitution chimique du corps et la cohésion de ses molécules ne permet plus d'accroissement par addition de substance nouvelle. Pour éclairer ce phénomène par un exemple physique simple, Ostwald (*l. c.*, p. 343) suppose une sphère placée dans un petit bassin. Elle y est en équilibre, car si on secoue légèrement le bassin, elle revient toujours à sa position primitive. Mais dès que le déplacement dépasse un certain degré, la sphère passe par-dessus le bord du bassin : l'équilibre est rompu, la sphère ne revient plus en arrière, mais tombe à terre. Il en est de même du cristal placé dans un liquide sursaturé, et qui y provoque aussitôt la formation de nouveaux cristaux ; il en est de même encore de la bactérie, qui dépasse sa limite de taille et se divise en deux individus.

Echanges de substance (Métabolisme). — Il n'y a ni au point de vue morphologique, ni dans la plupart des propriétés physiologiques de différence fondamentale entre les organismes et les anorganes ; il ne reste donc comme caractère spécial de la vie que les échanges de substance. Ce phénomène compense la perte de plasma causée par l'activité vitale elle-même. La formation de nouvelle substance vivante permet la croissance des organismes et par suite leur reproduction, qui n'est autre chose qu'une croissance transgressive. Comme je parlerai des échanges en détail dans le chapitre X, je me bornerai à noter ici que ce phénomène vital a aussi son analogue dans la chimie inorganique, dans le remarquable phénomène de la catalyse, et spécialement dans la forme qu'on désigne sous le nom de fermentation.

Catalyse. — C'est en 1810 que Berzelius a découvert que certains corps provoquent, par leur simple présence, la composition ou la décomposition d'autres corps ,sans se modifier eux-mêmes. C'est ainsi que l'acide sulfurique transforme l'amidon en glucose, tout en demeurant intact. Le platine finement divisé décompose l'eau oxygénée en eau et en oxygène. Berzelius a donné à ce phénomène le nom de catalyse ; Mitscherlich l'a appelé action de contact, parce qu'il a trouvé sa cause dans l'action spéciale de la surface de certains corps. Plus tard, on a constaté que ces catalyses sont très fréquentes et qu'une de leurs formes, la fermentation, joue le plus grand rôle dans la vie des organismes.

Fermentation. — La fermentation est toujours produite par des corps catalytiques de la classe des albumines et notamment de ce groupe des protéines non coagulables, qu'on distingue sous le nom de peptones. Ils possèdent la propriété de modifier de très grandes masses de substance organique, même lorsqu'ils sont en quantité très faible, et sans prendre part à cette décomposition. Lorsque ces ferments sont solubles et non organisés, on les appelle enzymes, en opposition avec les ferments organisés (bactéries, levures, etc.) ; mais l'action catalytique de ceux-ci repose essentiellement sur la production d'enzymes. Les recherches récentes de Verworn, Hofmeister, Ostwald, etc., ont conduit à penser que ces catalyses jouent d'une façon générale le plus grand rôle dans la vie du plasma. Beaucoup de chimistes et de physiologistes pensent maintenant que le plasma est un catalyseur colloïdal et que toutes les propriétés vitales sont en relation avec cette biochimie fondamentale. Dans sa *Chemische Organisation der Zelle*, Hofmeister s'exprime ainsi (p. 14) : « La conception d'après laquelle il y a dans la cellule des catalyseurs de nature colloïdale concorde fort bien avec les faits constatés directement d'autre part. Car que sont les ferments du chimiste sinon des catalyseurs colloïdaux ? — Les ferments représentent l'instrument chimique essentiel de la cellule, ce qui permet de comprendre les réactions qui s'y passent malgré sa petitesse. Si grande qu'on se représente la molécule de ferment colloïdal, des millions d'entre elles ont place dans la plus petite cellule. »

C'est dans le même sens qu'Ostwald attribue à la catalyse le plus grand rôle dans les phénomènes vitaux, et qu'il cherche son explication énergétique dans la considération de la durée des réactions chimiques (*Naturphilosophie*, p. 327). Dans sa communication de Hambourg, 1901, sur la catalyse, il dit : « Nous voyons dans les enzymes des catalyseurs qui naissent dans l'organisme pendant la vie de la cellule et par l'action desquels l'être vivant remplit la plupart de ses fonctions. Non seulement la digestion et l'assimilation sont réglées du commencement à la fin par des enzymes, mais l'activité fondamentale de la plupart des organismes, l'acquisition de l'énergie chimique par combustion aux dépens de l'oxygène atmosphérique, a lieu sous l'action d'enzymes et ne saurait se comprendre sans eux. Car l'oxygène libre est fort peu actif aux températures de l'organisme, et, sans une accélération de sa vitesse de réaction, l'entretien de la vie serait impossible. » Dans d'autres développements sur la catalyse et les échanges, Ostwald montre que les deux ordres de phénomènes sont soumis de la même façon aux lois physico-chimiques de l'énergie.

Biogène. — Verworn a donné, en 1903, dans son hypothèse du biogène, une détermination des phénomènes moléculaires de la catalyse dans les échanges (*Kritisch-experimentelle Studie über die Vorgänge in der lebendigen Substanz*). Il simplifie la théorie catalytique des enzymes en dérivant tous les phénomènes vitaux des échanges catalytiques d'un seul composé chimique, le plasma, et en considérant sa molécule active, le biogène, comme le facteur chimique du phénomène vital. L'hypothèse des enzymes admet dans chaque cellule un grand nombre d'enzymes différents et coordonnés, dont chacun fait un travail spécial. Au contraire, l'hypothèse du biogène fait dériver tous les phénomènes vitaux des échanges d'un seul composé, le plasma biogène : les molécules biogènes, qui se multiplient par polymérisation (comme mes plastitules) sont par suite les facteurs uniques de la catalyse biologique. Verworn montre l'analogie qui existe entre ce phénomène enzymatique des échanges et les phénomènes de catalyse inorganique, par exemple dans la fabrication de l'acide sulfurique anglais. Une petite quantité constante d'acide azotique transforme, sous l'influence de l'air et de l'eau, une quantité illimitée d'anhydride sulfureux en acide sulfurique, sans se modifier elle-même. La molécule d'acide azotique se décompose continuellement par perte d'oxygène et se recompose en en absorbant. (*Physiologie générale*, 1903, p. 134).

Force vitale. — Les phénomènes vitaux si variés et si changeants et leur cessation brusque au moment de la mort ont toujours paru à l'homme si surprenants et si différents de tout ce que présente la nature inorganique, que, dès le début de la philosophie biologique, il a admis pour eux des forces spéciales. Ce qui l'y a porté surtout, c'est la finalité remarquable de l'organisation et l'apparence réglée des phénomènes vitaux. Dès l'antiquité, on admettait une force organique (*Archaeus insitus*) qui commande à la vie individuelle et qui dirige les forces brutes de la matière inorganique. Dans le même sens on attribuait les phénomènes de développement à une énergie spéciale (*Nisus formativus*). Lorsqu'au milieu du XVIIIe siècle, la physiologie commença à se développer d'une manière indépendante, elle expliqua les particularités de la vie organique en admettant une force vitale (*Vis vitalis*). Cette hypothèse fut universellement admise lorsqu'au début du XIXe siècle Louis Dumas eut cherché à l'établir. (Voir *Enigmes*, chap. III).

Vitalisme. — La vieille doctrine de la force vitale a subi au cours du XIXe siècle les plus remarquables transformations ; elle a même eu récemment un succès inattendu ; aussi importe-t-il de jeter un coup d'œil sur ses diverses formes. On peut conserver cette conception dans le sens moniste, en comprenant sous ce nom la somme des énergies caractéristiques de l'organisme et spécialement les échanges et l'hérédité ; en le faisant, on ne préjuge pas de leur essence, et on n'affirme pas qu'elles diffèrent par leur principe des formes d'énergie de la nature inorganique. On peut qualifier cette conception moniste de « vitalisme physique ». Par contre, le vitalisme métaphysique ordinaire affirme, au sens dualiste, que cette force vitale est un principe téléologiste et hypermécanique, essentiellement différent des autres forces de la nature. La forme spéciale sous laquelle apparaît depuis vingt ans cette doctrine mystique est le néo-vitalisme; on peut lui opposer la forme ancienne sous le nom de palavitalisme.

Palavitalisme. — L'ancienne conception de la force vitale a pu se propager dans le premier tiers du XIXe siècle aussi bien qu'au XVIIIe, parce que la physiologie ne possédait pas encore les fondements d'une hypothèse mécanique. Il n'y avait encore ni théorie cellulaire, ni chimie physiologique; l'ontogénie et la paléontologie étaient encore au berceau. La théorie de la descendance de Lamarck (1809) était passée sous silence, aussi bien que son principe fondamental : « La vie n'est qu'un phénomène physique compliqué. » On conçoit donc que jusqu'en 1833 la physiologie s'en tint au dogme vitaliste, et qu'elle acceptait les merveilles de la vie comme des phénomènes énigmatiques, inaccessibles à toute interprétation physique.

Il en fut autrement dans le second tiers du siècle. En 1833 parut le traité classique de physiologie de Johannes Müller, où ce biologiste de génie comparait les manifestations vitales de l'homme et des animaux et cherchait à en donner une interprétation exacte. Jusqu'à sa mort (1858) Müller s'en tint, il est vrai, à l'idée d'une force vitale, régulatrice des phénomènes vitaux; mais il ne la considère pas comme un principe métaphysique (comme Haller, Kant et ses successeurs), mais comme une force naturelle qui, ainsi que toutes les autres, obéit à des lois physiques et chimiques. Dans l'étude de chaque fonction vitale, dans celle des organes des sens et du système nerveux, des échanges et de la circulation, de la voix, de la parole et de la reproduction, Müller s'efforce d'établir les faits par l'observation, de trouver la loi des phénomènes par l'expérience et d'expliquer leur développement par la comparaison des formes supérieures et inférieures. Aussi ne peut-on accuser simplement J. Müller de vitalisme : il est au contraire le premier physiologiste qui ait cherché à donner au vitalisme métaphysique une base physique. Il a en réalité donné la preuve indirecte de son contraire, comme l'a remarqué E. Dubois-Reymond. De même en botanique, le vitalisme perdit du terrain grâce à Schleiden (1843) ; sa théorie cellulaire (1838) montra que l'unité vitale des organismes complexes est la résultante des fonctions de toutes les cellules qui les composent.

Antivitalisme. — Ce n'est que dans le dernier tiers du XIXe siècle que l'explication physique de la vie devient victorieuse du palavitalisme. Ce résultat est dû en première ligne aux progrès de la physiologie expérimentale, mise en œuvre sur l'organisme animal par Carl Ludwig et Felix Bernard, sur l'organisme végétal par Julius Sachs et Wilhelm Pfeffer. Ces physiologistes ont appliqué les données de la physique et de la chimie à l'étude expérimentale des manifestations vitales ; ils ont cherché à déterminer exactement leur marche par des mesures et des pesées, et même à la formuler mathématiquement. Ils ont donc soumis un grand nombre de ces manifestations aux mêmes lois qui règnent dans la physique et la chimie inorganiques. D'autre part le vitalisme rencontre son plus puissant adversaire en Charles Darwin qui, par sa théorie de la sélection, donna une solution à cette question sans cesse renaissante : comment peut-on expliquer par la mécanique les dispositions finalistes de l'organisation? Comment la machine animale ou végétale, si compliquée, s'est-elle formée par la voie naturelle et d'une façon inconsciente, sans qu'un artiste créateur en ait tracé et exécuté le plan?

Le progrès de la doctrine de la sélection dans les quarante dernières années, ceux de l'ontogénie et de la phylogénie, de l'anatomie et de la physiologie comparées, qui vinrent fortifier l'évolutionnisme, servirent aussi à donner une base solide à la conception moniste. Elle devint de plus en plus nettement un antivitalisme. Il paraît d'autant plus étonnant que depuis vingt ans l'ancien vitalisme ait relevé la tête. Il a pris une forme nouvelle et comprend deux tendances différentes.

Néovitalisme. — Les néovitalistes peuvent se diviser en sceptiques et en dogmatiques. Le néovitalisme sceptique a été formulé par Bunge de Bâle (1887) dans l'introduction de son traité de chimie physiologique. Il admet pour une partie des phénomènes vitaux l'interprétation par des causes purement mécaniques, par les lois physiques et chimiques de la nature inanimée. Mais il la refuse aux fonctions psychiques. Il affirme que celles-ci ne peuvent être expliquées mécaniquement et qu'elles n'ont pas d'analogue dans la nature inorganique; seule, une force vitale hypermécanique peut les produire; mais celle-ci est transcendante et inaccessible à notre science de la nature. Rindfleisch (1888) s'est exprimé plus tard dans le même sens. Il en est de même de Richard Neumeister dans ses « *Considérations sur la nature des phénomènes vitaux* » (1903) et de Oscar Hertwig dans son mémoire sur « *Le développement de la biologie au* XIXe *siecle* », qu'il a lu à Aix-la-Chapelle en 1900.

Le néovitalisme dogmatique va beaucoup plus loin. Ses principaux représentants sont aujourd'hui le botaniste J. Reinke et le métaphysicien Hans Driesch. Les écrits vitalistes de celui-ci, auxquels manque toute compréhension du développement historique, ont eu un certain succès grâce à son arrogance et à l'obscurité de ses spéculations mystiques, souvent contradictoires. De son côté, Reinke a exposé clairement son vitalisme transcendental dans deux ouvrages qui ne sont pas sans mérite. Dans le premier, « *Die Welt als That* », en 1899, Reinke donne les « traits généraux d'une conception du monde basée sur l'histoire naturelle ». Le second ouvrage (1901) a pour titre « *Einleitung in die theoretische Biologie* », et est le complément du premier, comme mon ouvrage actuel complète mes « *Enigmes de l'Univers* ». Comme nos conceptions philosophiques sont presque partout opposées diamétralement, et comme nous sommes tous deux conséquents dans leur développement, leur comparaison n'est pas sans intérêt (1).

(1) Cf. l'article récent de Max Verworn (*Deutsche Klinik*, 1904, p. 251-268) sur les tendances vitalistes actuelles.

DEUXIÈME TABLEAU

OPPOSITION DES THÉORIES MONISTE ET DUALISTE DE LA VIE ORGANIQUE

Théorie moniste de la vie. (Biophysique).	*Théorie dualiste de la vie.* (Vitalisme).
1. Tous les phénomènes vitaux sont des fonctions du plasma, conditionnées par les propriétés physiques, chimiques et morphologiques de la substance vivante.	1. Les phénomènes vitaux sont en tout ou en partie indépendants du plasma; ils ont pour condition une force immatérielle spéciale : la force vitale.
2. L'énergie du plasma (somme des forces liées à la matière vivante) est soumise seulement aux lois générales de la physique et de la chimie.	2. L'énergie du plasma est tout à fait ou partiellement soumise à la force vitale, qui domine et dirige les forces physiques et chimiques de la substance vivante.
3. La finalité des phénomènes vitaux et de l'organisation produite par eux est un résultat du développement naturel ; ses facteurs physiques (adaptation et hérédité) sont soumis à la loi de la substance.	3. La finalité de l'organisation et des phénomènes vitaux produits par elle, est un produit d'une création consciente; elle ne peut être expliquée que par des forces intelligentes, immatérielles, qui ne sont pas soumises à la loi de la substance.
4. Toutes les fonctions ont été développées mécaniquement, grâce à l'adaptation qui a développé des dispositifs favorables et à l'hérédité qui les a transmis à la descendance.	4. Toutes les fonctions des organismes ont été développées en vue d'un but; le développement historique (transformation phylétique) est dirigé vers un but idéal.
5. La nutrition est un phénomène physico-chimique, qui a son analogue dans la catalyse inorganique.	5. La nutrition est un miracle inexplicable, qu'on ne peut comprendre par les lois de la physique et de la chimie.
6. La reproduction est la conséquence mécanique de la croissance transgressive, elle est analogue à la multiplication élective des cristaux.	6. La reproduction est un miracle inexplicable, qui n'a pas d'analogue dans la nature inorganique.
7. Les mouvements des organismes ne diffèrent pas essentiellement de ceux des machines.	7. Le mouvement des organismes est un miracle métaphysique inexplicable, différant essentiellement de tous les mouvements inorganiques.
8. La sensation est une forme générale d'énergie de la substance. Elle ne diffère pas essentiellement dans les organismes sensibles et dans les anorganes excitables (poudre, dynamite). Il n'y a pas d'âme immatérielle.	8. La sensation ne peut s'expliquer que par l'existence d'une âme, d'une entité immatérielle, immortelle, qui n'a que momentanément son siège dans le corps. Après la mort, cet esprit continue à vivre d'une façon indépendante.

CHAPITRE III

Miracles.

LOI NATURELLE ET CROYANCE SURNATURELLE. — RAISON ET SUPERSTITION. — VALEUR PHILOSOPHIQUE DES CONFESSIONS DE FOI.

Le miracle est l'enfant chéri de la foi.

« Nature et esprit! » Ce n'est pas ainsi qu'on [parle aux chrétiens;
C'est pour cela qu'on brûle les athées,
Car ces choses sont tres dangereuses.
La nature est le péché, l'esprit est le diable
Entre eux réside le doute
Leur enfant difforme... »

GŒTHE.

Séparer Dieu et le monde et croire aux miracles. Est-ce là la religion? S'il en est ainsi, nous la méprisons.

CARL CORSWANT.

SOMMAIRE

Miracle et loi naturelle. — Croyance au miracle chez les primitifs (fétichisme), chez les barbares (idolâtrie), chez les civilisés (théisme) et chez les peuples cultivés (dualisme). — Croyance au miracle dans les religions. — Confession des Apôtres. — L'article de la création. — La rédemption. — L'immortalité. — Croyance aux miracles chez les philosophes. — Dogmatiques et libres penseurs. — Dualisme de Platon et de Kant. — Croyance aux miracles au XIXe siècle, dans la métaphysique, la théologie et la politique modernes.

BIBLIOGRAPHIE

EM. KANT. 1783. — *Prolegomena zu einer jeden künftigen Metaphysik.* Königsberg.

ARTHUR SCHOPENHAUER. 1813. — *Ueber die vierfache wurzel des Satzes vom zureichenden Grunde.* Frankfurt.

LUDWIG FEUERBACH. 1841. — *Das Wesen des Christenthums.* 1838. *Ueber das Wunder.* 1839 Leipzig.

WILHEM BENDER. 1871. — *Der Wunderbegriff des Neuen Testaments.* Frankfurt.

DAVID STRAUSS. 1872. — *Der alte und der neue Glaube. Ein Bekenntniss.* Bonn.

LUDWIG BUCHNER. 1887. — *Ueber religiose und wissenschaftliche Weltanschauung.* Leipzig.

ADALBERT SVOBODA. 1897. — *Gestalten des Glaubens. Kulturgeschichtliches und Philosophisches.* Leipzig.

S. E. VERUS. 1897. — *Vergleichende Uebersicht (vollständige Synopsis der Vier Evangelien in unverkürztem Wortlaut.* Leipzig.

ADOLF HARNACK. 1899. — *Das Wesen des Christenthums*, Berlin.

P. D. CHANTEPIE DE LA SAUSSAYE. 1887. — *Lehrbuch der Religionsgeschichte.* Freiburg i/B. Trad. franç. Paris, 1905.

FRITZ SCHULZE. 1900. — *Psychologie der Naturvölker. Eine natürliche Schöpfungsgeschichte menschlichen Vorstellens, Wollens und Glaubens.* Leipzig.

HEINRICH SCHURZ. 1900. — *Urgeschichte der Kultur.* Leipzig.

TROELS-LUND. 1899. — *Himmelsbild und Weltanschauung im Wandel der Zeiten.* Leipzig.

ALBERT KALTHOFF. 1903. — *Religiöse Weltanschauung.* Leipzig.

THOMAS ACHELIS. 1904. — *Abriss der Vergleichenden Religionswissenschaft.* Leipzig.

Sous le nom de « miracle », on comprend, dans le langage ordinaire, des conceptions très différentes. Nous qualifions un phénomène de merveilleux lorsque nous ne pouvons l'expliquer et déterminer ses causes. Mais nous appelons merveilleux un objet naturel ou une œuvre d'art qui dépassent en beauté les limites ordinaires de notre imagination. Ce n'est pas en ce sens relatif que nous parlons ici de miracle, mais bien au sens absolu, dans lequel un phénomène dépasse les limites des lois naturelles et est inexplicable pour la raison humaine. La conception du miracle coïncide ici avec celle du surnaturel ou du transcendant. Nous pouvons connaître les phénomènes naturels par la raison et les soumettre à notre volonté ; nous ne pouvons que croire au surnaturel.

La croyance au miracle est en contradiction avec la raison pure, qui forme la base de toute science. Kant qui a mis la raison pure en honneur, comprenait sous ce nom seulement la connaissance rationnelle indépendante de l'expérience. Plus tard ce terme a été employé dans un sens plus étroit pour exprimer l'indépendance du dogme et du préjugé. C'est en ce sens que nous opposons la raison pure à la superstition.

J'ai exposé dans le chap. XVI des *Enigmes de l'Univers* les rapports de la science et de la foi. Mais je dois y revenir encore ici, car cet exposé a donné lieu à de nombreuses attaques. Je n'avais pas la prétention, comme me le reprochent mes adversaires, de tout savoir, ou de donner la solution de toutes les énigmes qui se rencontrent dans l'univers. J'avais au contraire déclaré à diverses reprises que les limites de notre savoir sont étroites et le resteront toujours. J'avais montré également que l'envie de connaître, le besoin de causalité de notre raison nous pousse à combler les lacunes de notre science. Mais en même temps j'avais insisté sur l'opposition entre la croyance scientifique (naturelle) et la croyance religieuse (surnaturelle) ; la première nous conduit à formuler des hypothèses et des théories, la seconde à créer des mythes et des superstitions. La croyance scientifique remplit avec des hypothèses provisoires les lacunes de notre savoir; la croyance mystique et religieuse dédaigne les lois naturelles et dépasse leurs limites, sous forme de croyance au miracle.

Miracle et loi naturelle. — C'est sur la reconnaissance des lois naturelles stables que sont fondés les grands progrès scientifiques du XIXe siècle, la connaissance rationnelle de la nature, et sa valeur pratique pour les branches les plus diverses de la vie civilisée. Les rapports des choses entre elles, que nous appelons causalité, rendent possible la compréhension et l'explication des phénomènes. Nous sentons que le besoin de causalité de notre raison est satisfait, lorsque la science nous explique les faits par leurs causes suffisantes. Dans tout le domaine inorganique cette toute-puissance de la loi naturelle est reconnue : en astronomie et en géologie, en physique et en chimie, on ramène tous les phénomènes à des lois, et en dernière ligne à la loi de substance ou loi de conservation de la force et de la matière. (Voir *Énigmes*, chap. XII).

Il en est tout autrement en biologie. Ici, en bien des endroits, à la loi de substance s'oppose encore le miracle, la force surnaturelle. La croyance à ces miracles est encore bien plus répandue aujourd'hui qu'on ne le suppose. Nous sommes persuadés que la superstition est l'ennemi le plus terrible du genre humain, tandis qu'au contraire la science et la raison sont ses biens les plus grands. Aussi est-ce notre devoir le plus impérieux de combattre toujours et partout la croyance au miracle; il nous faut démontrer que la loi naturelle étend son pouvoir sur tous les phénomènes qui nous sont accessibles. Un regard sur l'histoire des croyances et de la science nous apprend que les progrès de celle-ci marchent toujours de pair avec la reconnaissance des lois naturelles fixes, et avec la diminution du domaine de la fiction ou de la superstition. Dans le présent, nous le constatons par l'examen du développement intellectuel aux divers degrés de culture; nous admettons les quatre stades établis par Fritz Schultze dans sa Psychologie des peuples primitifs, et par A. Sutherland dans son ouvrage sur l'origine et le développement de l'instinct moral : 1° peuples primitifs; 2° peuples barbares;

3° peuples civilisés; 4° peuples cultivés. (Voir chap. XVII et chap. XVIII).

Croyance au miracle chez les peuples primitifs (fétichisme). — L'activité cérébrale des sauvages ne s'élève pas beaucoup au-dessus de celle des mammifères supérieurs, tels que les singes. Tout l'intérêt de la vie se limite pour eux à l'activité physiologique de la nutrition et de la reproduction, à la satisfaction de la faim et du désir sexuel, dans sa forme la plus grossière. Sans habitation stable, soutenant une lutte perpétuelle pour l'existence, ils vivent des produits bruts de la nature, des fruits et des racines sauvages, de la chair des animaux qu'ils tuent à la pêche ou à la chasse. L'activité intellectuelle des sauvages a des limites très étroites, de sorte qu'on peut tout aussi peu (ou tout aussi bien) parler de leur raison que de celle des animaux supérieurs. Il n'est pas question d'art ou de science chez eux. Leur besoin de causalité se contente des associations les plus simples de phénomènes, dont la coïncidence est purement extérieure. De là est né leur fétichisme, cette croyance irrationnelle que Fritz Schutze rapporte à quatre causes principales, la fausse estimation de la valeur de l'objet, la conception anthropopathique de la nature, les rapports de causalité faussement interprétés, et la puissance des impressions, telles que la frayeur ou l'espérance. Un objet quelconque, une pierre, un os, peut passer au rang de fétiche et opérer des miracles, il peut avoir une influence utile ou nuisible; c'est pourquoi on l'honore, on le craint, on le prie. A l'origine les honneurs étaient destinés à l'esprit invisible qui habite l'objet; plus tard, ils se sont adressés à celui-ci seulement. Le fétichisme présente chez les divers peuples une série de degrés qui correspondent aux débuts de la raison. Le premier stade est représenté par les Weddas de Ceylan, les Andamans, les Bochimans, les Akkas de Guinée; d'autres sauvages, Australiens, Tasmaniens, Hottentots, Fuégiens, occupent un degré un peu plus élevé; le développement intellectuel est plus grand chez les Indiens d'Amérique, les primitifs de l'Inde, etc. L'ethnographie comparée, les recherches préhistoriques et anthropologiques permettent de penser que nos ancêtres étaient il y a en iron 10.000 ans des sauvages inférieurs dont les croyances étaient fétichistes.

Croyance au miracle chez les peuples barbares (idolâtrie).

— Nous appelons barbares les peuples qui occupent le milieu entre les primitifs et les civilisés. Ils nous présentent les premiers rudiments de la culture, et se distinguent des sauvages surtout parce qu'ils pratiquent l'agriculture et l'élevage. Ils savent accumuler des provisions et par suite se créer des loisirs qui leur permettent de développer leur intelligence : on observe chez eux les débuts de l'art et de la science. Leur religion ne s'élève d'abord guère au-dessus du fétichisme des sauvages ; elle se transforme ensuite en animisme. Les objets inanimés deviennent des esprits. L'adoration n'a plus lieu envers des objets quelconques ; elle s'adresse de préférence à des êtres vivants, arbres ou animaux, et surtout à des images qui affectent la forme d'hommes ou d'animaux et auxquelles on attribue une âme. Ces esprits ou démons ont la plus grande influence sur le sort de l'homme. Au début, on se représente cette âme d'une façon matérielle : elle s'échappe du corps au moment de la mort et continue à vivre. Comme à ce moment la respiration, le pouls et les battements du cœur s'arrêtent, le siège de l'âme est généralement situé dans le poumon ou le cœur. L'idée de l'immortalité de l'âme adopte, même chez les barbares, des formes très diverses, de même que la croyance aux miracles que les dieux, les démons, les esprits peuvent effectuer. Là aussi nous trouvons toute une série de cas divers de « croyance », lorsque nous comparons les divers peuples barbares.

Croyance au miracle chez les peuples civilisés. — Les nations civilisées se distinguent des barbares par la formation de grands États avec une forte division de travail : l'organisme social devient plus puissant et plus grand et s'adapte à des activités plus variées ; les fonctions des diverses classes de travailleurs se différencient et se complètent les unes les autres (comme les cellules et les tissus de l'organisme). L'alimentation devient plus facile et plus agréable : l'art et la science se développent. Au point de vue religieux, les dieux nombreux sont conçus comme des esprits semblables à l'homme : plus tard, ils sont soumis à un dieu principal. La croyance au miracle fleurit dans la poésie ; la philosophie lui impose des limites de plus en plus étroites. Finalement, dans le monothéisme, le merveilleux se limite à un seul dieu, ou à ses prêtres, auxquels il prête sa puissance.

Croyance au miracle chez les peuples cultivés. — La culture, au sens étroit du mot, commence, d'après moi, avec le commencement du XVIe siècle. Il s'est produit à cette époque plusieurs événements de la plus haute importance, qui ont définitivement libéré l'esprit humain des liens de la tradition, et qui ont préparé les progrès futurs. La cosmologie de Copernic a transformé l'idée qu'on se faisait de l'univers ; la Réforme a secoué le joug du papisme. Peu de temps auparavant, avaient eu lieu la découverte de l'Amérique et le premier voyage autour du monde. La géographie, l'histoire naturelle, la médecine prirent un nouvel et prodigieux essort ; l'imprimerie et la gravure permirent de répandre dans le monde entier les résultats acquis. Cet essor intellectuel profita surtout à la philosophie, qui échappa ainsi à la tutelle de l'Église et se détacha de la croyance au miracle, sans parvenir cependant encore à secouer toutes ses chaînes. Ceci n'eut véritablement lieu qu'au XIXe siècle, lorsque l'observation de la nature acquit une importance insoupçonnée jusqu'alors, et que la conception physique gagna le pas sur les spéculations métaphysiques. Le savoir s'opposa dès lors de plus en plus à la croyance. On peut également distinguer chez les peuples cultivés des stades de développement, qui correspondent à la disparition progressive de la croyance au merveilleux, et d'autre part, aux progrès de la connaissance scientifique.

Croyance au miracle dans les religions. — Si nous comparons les formes religieuses chez les peuples civilisés, nous voyons que les mêmes besoins et les mêmes suites de pensées se répètent souvent et que la croyance au merveilleux a pris souvent les mêmes formes. Les trois fondateurs de religions monothéistes du bassin méditerranéen, Moïse, le Christ et Mahomet apparaissent comme des prophètes faiseurs de miracles, qui sont en communication directe avec Dieu et qui communiquent ses ordres aux hommes, sous forme de lois. L'autorité dont ils jouissent et qui a donné à la religion fondée par chacun d'eux une si grande influence, est basée chez le populaire, sur les miracles qu'ils exécutent : guérison des malades, résurrection des morts, transformation de personnes, expulsion de mauvais esprits, etc. Si on étudie les miracles du Christ, tels qu'ils sont relatés dans les Évangiles, on constate qu'ils contredisent les lois naturelles et la raison de la même façon que les miracles de Bouddha et de Brahma dans la mythologie hindoue, ou ceux de Mahomet racontés dans le Coran. Il en est de même de l'action miraculeuse du pain et du vin dans l'Eucharistie, etc.

Confession des apôtres. — Depuis quinze cents ans la chrétienté a adopté la déclaration de foi qui a été très probablement conçue dès le IIe siècle par les représentants des plus anciennes communautés, mais qui n'a reçu sa forme actuelle qu'au IVe et au Ve siècles. Ce symbole des apôtres a été admis dans le catéchisme de Luther et est enseigné dans toutes les écoles protestantes et catholiques romaines (mais non dans les églises grecques orthodoxes). Le rôle extraordinaire de ce symbole, et son influence sur la jeunesse, d'autre part son opposition à la connaissance rationnelle, nous engagent à soumettre ses trois articles à la critique.

L'article de la création. — Le premier article du symbole des apôtres a trait à la création et s'exprime ainsi : « Je crois en Dieu le père, créateur tout puissant du ciel et de la terre. » La science moderne nous a montré clairement qu'il n'y a jamais eu une création pareille, que l'univers existe de toute éternité et que la loi de substance domine tout. Dieu comme créateur tout-puissant et père des hommes est conçu d'une façon anthropocentrique, le ciel, dans le mode géocentrique, comme le toit bleu qui recouvre la terre. Il est tout à fait irrationnel et dénué de sens de penser qu'un dieu immatériel a tiré brusquement le monde matériel du néant. On voit par l'interprétation de ce premier article par Luther qu'il tenait à cette conception enfantine.

L'article de la rédemption. — Le dogme messianique est exposé de la manière suivante : « Je crois en Jésus-Christ, son fils unique, notre Seigneur, qui est né de la vierge Marie, a souffert sous Ponce-Pilate, a été crucifié, est mort et descendu aux enfers, est ressuscité d'entre les morts, est monté au ciel où il se tient à la droite du Père tout-puissant; il reviendra pour juger les vivants et les morts. » Ces dogmes sont encore admis par des milliers de fidèles comme des vérités indiscutables. Le malheur est que nous sommes forcés de les apprendre par cœur dans notre enfance, alors que nous sommes encore incapables de penser par nous-mêmes. Plus tard, ils persistent, sans qu'on y réfléchisse davantage, comme des révélations fondamentales.

Le mythe de la conception et de la naissance du Christ est de la pure fantaisie, qui n'a pas plus de valeur que les mythes bizarres des autres religions. Des trois premières personnes qui constituent la Trinité, Jésus-Christ, fils unique, est engendré à la fois par le Père et par le Saint-Esprit, et cela par parthénogenèse, au moyen de la Vierge Marie. J'ai déjà soumis à la critique dans le chap. XVII des *Enigmes de l'Univers* la physiologie de ce curieux acte de reproduction. Les aventures du Christ après sa mort, voyage aux enfers, résurrection, ascension au ciel, sont des mythes tout aussi fantastiques, qui correspondent aux mythes géocentriques des peuples barbares; Troels-Lund a exposé leur influence dans son livre : *Himmelsbild und Weltanschauung*. La conception du jugement dernier, où Jésus est assis à la droite du père (comme dans beaucoup de tableaux du Moyen-Age, par exemple celui de Michel Ange dans la Chapelle Sixtine) est née d'un mode de pensée tout à fait enfantin.

Il est remarquable que ce second article ne parle pas de la rédemption; celle-ci est traitée par Luther dans son livre : *Was ist das?* J'y apprends que le Christ m'a sauvé, m'a lavé de tous mes péchés, m'a arraché à la mort et à la puissance du diable, non avec de l'or ou de l'argent, mais avec son sang précieux, avec ses souffrances et sa mort. Le Christ a subi sa passion comme des milliers d'autres martyrs, pour témoigner de la vérité de sa croyance et de sa doctrine (nous rappelons le souvenir des milliers d'hommes qui ont été sacrifiés par l'Inquisition et par les guerres de religion). Aucun théologien n'a encore pu établir un lien causal rationnel entre cette mort et la rédemption supposée. Tout ce dogme est indiscutablement issu des croyances antiques et barbares à la vertu des sacrifices humains. Il n'a de valeur pratique que pour celui qui croit à l'immortalité de l'âme personnelle, c'est-à-dire à une impossibilité. Celui qui se fie à cette promesse vaine d'une vie meilleure dans l'au-delà peut se consoler dans cet espoir, et supporter les ennuis, les misères et les souffrances de la vie actuelle. Mais lorsqu'on considère celle-ci dans sa réalité véritable, on ne trouve pas que cette rédemption supposée ait amélioré quoi que ce soit : la misère et le malheur, la souffrance et le péché existent aujourd'hui comme auparavant; sous bien des rapports même, la civilisation moderne les a augmentés dans une large mesure.

L'article de l'immortalité. — Le troisième article s'exprime de la sorte : « Je crois à l'Esprit Saint, à la sainte Eglise chrétienne, à la communauté des saints, à la rémission des péchés, à la résurrection de la chair et à la vie éternelle. » Dans l'interprétation curieuse que donne Luther de ce troisième article, dans son catéchisme, il affirme d'abord que « l'homme ne peut par sa propre raison croire à Jésus-Christ » (ce qui est très vrai), mais que « l'Esprit Saint doit l'éclairer de ses dons ». Il ne nous apprend d'ailleurs pas comment cette mystérieuse troisième personne de la Trinité nous éclaire et nous sanctifie, comment elle nous remet nos péchés. Ce que signifient la communion des saints et la Sainte Eglise chrétienne, nous l'apprenons par leur histoire et notamment par celle du papisme ou ultramontanisme. Cette division plus puissante de l'Eglise chrétienne, qui se qualifie de catholique, et hors de laquelle il n'y a pas de salut, est en réalité la caricature du christianisme primitif. Elle a su avec un art admirable prêcher les doctrines douces et humaines du Christ, et les transformer en leur contraire dans la vie pratique. Appuyé sur la crédulité des masses, le papisme forme une hiérarchie politique, dont la puissance prétend s'exercer encore aujourd'hui sur une bonne partie des peuples civilisés.

La partie la plus importante du troisième article est sa conclusion, la croyance à « la résurrection de la chair et à la vie éternelle. » Ce miracle était à l'origine conçu d'une façon toute matérielle, comme nous l'apprennent les œuvres des artistes qui ont représenté la résurrection des morts, l'ascension des justes au paradis, les souffrances des damnés dans les flammes éternelles de l'enfer. La grande majorité des fidèles se représente encore ainsi la vie future : une édition revue et corrigée de la vie terrestre. Ceci s'applique aux idées sur la vie éternelle dans la religion chrétienne et mahométane, aussi bien qu'aux conceptions analogues de beaucoup de religions antérieures au Christ, et aux rudiments de ces religions chez les primitifs et les barbares. Tant qu'a duré la conception géocentrique, aussi longtemps que le ciel est resté une voûte bleue illuminée par les étoiles et le soleil, et placée sur la terre, aussi longtemps que le feu de l'enfer a brûlé dans le monde souterrain, la croyance barbare à la résurrection et au jugement dernier a pu se maintenir. Mais elle a perdu sa racine lorsqu'en 1543 Copernic a montré l'inanité du géocentrisme; la croyance à l'immortalité (athanisme) est devenue inacceptable depuis que Darwin a détruit le dogme anthropocentrique. Non seulement ces conceptions grossières de la vie éternelle, mais même les vues spiritualistes plus affinées sont incompatibles avec le progrès des sciences naturelles au XIXe siècle. J'ai montré leur absurdité dans le chap. XI des *Énigmes de l'Univers*; et je terminais ma discussion par cette phrase : « Si nous résumons tout ce que l'anthropologie, la psychologie et la cosmologie nous apprennent sur l'athanisme, nous arrivons à conclure que la croyance à l'immortalité de l'âme est un dogme incompatible avec les faits d'expérience donnés par la science moderne ».

Croyance au miracle chez les philosophes. — L'influence de l'Église, soutenue par les intérêts pratiques de l'État, a donné lieu dans les masses populaires à une croyance plus ou moins grossière au merveilleux; la proclamation de celle-ci, la « confession » devint bientôt de bon ton, comme la mode dans les vêtements, etc. La majorité des philosophes eux-mêmes subit plus ou moins cette influence. Cependant, dès le début, quelques esprits éminents s'efforcèrent de fonder une conception rationnelle du monde, indépendamment des croyances populaires, de la tradition et des prêtres ; mais la plupart des philosophes ne surent s'élever au niveau de ces hardis libres-penseurs ; ils restèrent en réalité soumis aux autorités, aux traditions de l'école et aux dogmes de l'Église : *philosophia, ancilla theologiæ*. La philosophie demeure l'humble servante de la croyance théologique. Si nous jetons un regard sur son histoire, nous voyons depuis vingt-cinq siècles une lutte continue entre deux doctrines : le dualisme de la majorité (avec des tendances théologiques et mystiques) et le monisme de la minorité (avec des tendances rationalistes et naturalistes).

Nous admirons surtout ces nobles esprits de l'antiquité classique qui, dès le sixième siècle avant notre ère, ont fondé une doctrine moniste. Tels sont les philosophes ioniens Thalès, Anaximandre, Anaximène ; un peu plus tard, Héraclite, Empédocle, Démocrite. Ils ont fait les premières tentatives sérieuses pour soumettre l'univers à la raison, indépendamment des traditions mythologiques et des dogmes théologiques. Lucrèce (98-54 avant Jésus-Christ) a exposé dans son merveilleux poème « *De natura rerum* » les principes de ce monisme primitif. Malheureusement celui-ci fut éclipsé par le dualisme de Platon qui défendait le dogme de l'immortalité de l'âme et du monde transcendant des idées.

Croyance au miracle chez Platon. — Dès le ve siècle avant notre ère, Parménide et Zénon avaient préparé la division de l'étude de l'univers en deux territoires distincts. Au ive siècle, Platon et son illustre disciple Aristote répandirent ce dualisme, cette opposition de la physique et de la métaphysique. La physique a pour objet l'étude des phénomènes et pour base l'observation ; la métaphysique s'occupe de l'essence même des choses (noumènes), cachée derrière les phénomènes ; ces entités sont transcendantes, inaccessibles à la recherche empirique ; elles constituent le monde métaphysique des idées éternelles, qui est indépendant du monde réel et qui trouve son unité supérieure dans l'absolu, c'est-à-dire Dieu. L'âme est immortelle, elle est une idée éternelle qui vit pour un temps dans le corps périssable. Ce dualisme est le trait le plus important du système de Platon : il sépare strictement deux mondes, le corps et l'âme, l'univers et Dieu. Il eut une expansion rapide, parce qu'Aristote le relia à sa métaphysique empirique, et développa l'idée platonicienne de l'entéléchie de chaque être. D'autre part, 400 ans plus tard, le christianisme trouva dans ce dualisme un complément de sa tendance transcendante propre.

Croyance au miracle au moyen-âge. — Dans cette période qui va de la chute de l'empire romain (476) à la découverte de l'Amérique (1492), la croyance au merveilleux atteignit son apogée. En philosophie l'autorité d'Aristote est dominante ; l'Église chrétienne l'a conformée à ses vues. Dans la vie pratique, l'influence des dogmes chrétiens est encore plus puissante ; il s'y est adjoint une foule de mythes et de récits fabuleux tirés de la Bible. En tête de toutes ces croyances, nous trouvons les trois dogmes centraux de la métaphysique, auxquels Platon avait donné le premier toute leur signification : le dieu personnel et créateur, l'immortalité de l'âme et le libre arbitre. Le christianisme attache la plus grande importance théorique aux deux premiers dogmes et base sa vie pratique sur le troisième ; aussi le dualisme métaphysique acquit-il bientôt la plus grande expansion. Ce qui a été le plus nuisible à la recherche indépendante de la vérité, c'est le mépris témoigné par le christianisme pour la nature, son dédain pour la vie terrestre, son attention portée uniquement vers la vie éternelle de l'au-delà. Tandis que s'éteignait le flambeau de la critique philosophique, on vit fleurir le jardin de la foi, et le merveilleux parut tout naturel. Quant aux résultats pratiques de ces croyances, nous les voyons dans la triste histoire du Moyen-Age, avec son Inquisition et ses guerres de religion, ses tortures et ses procès de sorcellerie. Au lieu de s'enthousiasmer pour le côté romanesque du moyen-âge chrétien, pour les croisades et les splendeurs de l'Église, on ferait bien de ne pas oublier ce sanglant revers de la médaille.

Croyance au miracle chez Kant. — Les progrès de nos connaissances au XIXe siècle nous ont montré que les trois dogmes centraux de la métaphysique, fondés par Platon, ne sont plus admissibles. Nous savons qu'il y a entre tous les phénomènes des relations causales, que la loi de substance a une valeur universelle, et ces connaissances sont incompatibles avec la croyance à un dieu personnel, à l'immortalité de l'âme et au libre arbitre. Si cependant cette croyance à un triple miracle persiste encore dans les cercles cultivés, si elle est considérée par les métaphysiciens comme le résultat incontestable de la philosophie critique, ce fait remarquable est dû avant tout à l'influence d'un seul grand penseur, Kant. Son criticisme est un produit hybride de la raison pure et de la croyance au merveilleux. Son succès a tellement dépassé celui des autres doctrines philosophiques, que nous sommes contraints d'entrer dans quelques détails à ce sujet.

Dualisme de Kant. — J'ai déjà établi dans les chapitres XIV et XV des *Enigmes de l'Univers* l'opposition qui existe entre le monisme et la philosophie dualiste de Kant. J'ai insisté sur les contradictions qui avaient déjà été signalées par d'autres philosophes. Il faut en effet toujours se demander : « De quel Kant s'agit-il? Kant n° 1, le fondateur de la Cosmogonie moniste, le critique de la raison pure? ou Kant n° 2, l'auteur de la critique dualiste du jugement, le dogmatique de la raison pratique. » Ces contradictions s'expliquent par les métamorphoses psychologiques que Kant a subies comme bien d'autres penseurs, (voir *Enigmes*, chap. VI) et d'autre part par le conflit persistant entre ses tendances à l'explication mécanique de la nature et son besoin religieux, explicable par l'hérédité et l'éducation, de croire à l'au-delà. Elles l'ont amené à distinguer deux univers différents. Le monde sensible est accessible à nos sens et à notre raison, connaissable empiriquement jusqu'à une certaine limite. Mais derrière lui se tient le monde intelligible dont nous ne savons rien et ne pouvons rien savoir. Les besoins de notre esprit nous persuadent seuls de son existence.

On félicite Kant d'avoir le premier posé clairement cette question : Comment la connaissance est-elle possible ? En cherchant à la résoudre par la méthode introspective, par l'analyse de son activité rationnelle propre, il arrive à se convaincre que les conaissances les plus sûres et les plus importantes, les mathématiques, reposent sur des jugements synthétiques *a priori* et que la science naturelle pure n'est possible qu'à la condition qu'il y ait des idées pures *a priori*, indépendantes de toute expérience, sans jugements *a posteriori*. Kant considérait cette faculté suprême de la raison humaine comme originelle et ne se demandait pas comment elle s'est développée, quel est son mécanisme physiologique et son organe anatomique. Avec les connaissances incomplètes que l'on possédait au début du XIXe siècle sur la constitution du cerveau, on ne pouvait se représenter exactement sa fonction physiologique.

Ce qui nous paraît aujourd'hui ontogénétiquement comme une faculté innée de notre phronéma, donnée *a priori*, a été acquis phylogénétiquement par une longue série d'adaptations cérébrales de nos ancêtres vertébrés, par d'innombrables perceptions et expériences *a posteriori*.

La théorie critique de la connaissance de Kant est donc aussi dogmatique que sa doctrine de la « chose en soi », de cette entité inconcevable, cachée derrière les phénomènes. Ce dogme se base sur une vue exacte ; la connaissance acquise par nos sens est incomplète, elle ne va pas plus loin que le permettent l'énergie spécifique de nos sens et la structure de notre phronéma. Mais il ne s'ensuit pas qu'elle n'est qu'une apparence trompeuse, et encore moins que le monde extérieur n'existe que dans notre imagination. Lorsque le sens du toucher et de l'espace montrent à tous les hommes que la pierre qu'ils touchent occupe une partie de l'espace, cet espace existe réellement, et lorsque tous les hommes s'accordent à dire que le soleil se lève et se couche tous les jours sur la terre, le mouvement de l'un des deux astres est démontré, et en même temps l'existence réelle du temps. Espace et temps ne sont pas seulement des formes nécessaires de la pensée, mais aussi des rapports réels tout à fait indépendants de celle-ci.

Croyance au miracle au XIXe siècle. — La connaissance de plus en plus complète des lois de la nature au XIXe siècle, a refoulé dans d'étroites limites la croyance au merveilleux. Si elle persiste cependant dans des cercles plus ou moins étendus, ce fait est dû à trois causes principales : l'influence persistante de la métaphysique dualiste, l'autorité de l'Église, et celle de l'État qui s'appuie sur ces croyances. Ces trois appuis de la croyance au miracle sont des ennemis si dangereux de la raison et de la vérité cherchée par elle, qu'il faut nous étendre quelque peu sur leur rôle actuel. Il s'agit du combat pour les biens les plus sacrés de l'homme cultivé. La lutte contre la superstition et l'ignorance est une lutte pour la culture ; notre civilisation moderne n'en sortira victorieuse et nous ne surmonterons les conditions barbares de notre vie sociale et politique, que lorsque la connaissance de la nature aura détruit, avec la croyance au miracle, la puissance des préjugés dualistes.

Croyance au miracle dans la métaphysique moderne. — L'histoire de la philosophie au XIXe siècle nous montre en première ligne la lutte de plus en plus vive et acharnée des jeunes sciences naturelles contre la force toujours puissante de la tradition, des préjugés et du dogme. Dans la première moitié de ce siècle les diverses branches de la biologie se sont développées indépendamment, sans entrer en contact direct avec la philosophie de la nature. Les progrès de l'anatomie et de la physiologie comparées, de l'embryologie et de la paléontologie, de la théorie cellulaire et de la systématique ont fourni aux naturalistes des matériaux d'observation si riches et si considérables, qu'ils ont attaché peu d'importance à la métaphysique spéculative. Il en va tout autrement dans la seconde moitié du XIXe siècle. Bientôt s'engagea la lutte au sujet de l'immortalité de l'âme : Moleschott (1852), Büchner et Carl Vogt (1854) affirmèrent sa dépendance physiologique du cerveau, tandis que Rudolphe Wagner cherchait à maintenir son essence surnaturelle. Puis l'illustre Darwin (1859) exécuta cette réforme puissante de la biologie, qui nous enseigna l'origine des espèces et réfuta définitivement le miracle de la création. Lorsque l'anthropogénie (1874) fit l'application de la théorie de la descendance à l'homme, et qu'il fut démontré qu'il descend d'une série de mammifères, la croyance à l'âme immortelle et au libre arbitre perdit son dernier appui, de même que la croyance à un dieu personnel anthropomorphe. Cependant ces trois dogmes centraux conservèrent leur autorité dans la philosophie d'école, qui se meut surtout dans les voies tracées par Kant. La plupart des représentants de la philosophie dans nos universités sont encore aujourd'hui des métaphysiciens et des idéalistes, pour lesquels il est plus intéressant d'imaginer un monde intelligible que d'étudier le monde sensible; ils ignorent les progrès gigantesques de la biologie moderne. Ils cherchent à éviter par des gymnastiques verbales et des sophismes plus ou moins creux les difficultés qu'elle propose à leur idéalisme transcendental. Derrière toute cette métaphysique on trouve le désir égoïste de sauver l'âme personnelle de la destruction. Ils se rencontrent là avec la théologie régnante, qui s'appuie sur Kant. L'état lamentable de la psychologie moderne est vraiment caractéristique. Tandis que la physiologie et la pathologie du cerveau font les plus grands progrès, que l'anatomie et l'histologie comparées éclairent sa structure, que l'ontogénie et la phylogénie nous expliquent son développement, la psychologie spéculative se tient à l'écart et ses analyses introspectives de l'activité cérébrale ne permettent pas de parler du cerveau, c'est-à-dire de l'organe en fonction. Elle prétend expliquer le fonctionnement d'une machine compliquée sans connaître la structure de celle-ci. Il n'y a donc pas lieu de s'étonner si, dans nos Universités, le dualisme légitimé par l'autorité de Kant, continue à fleurir tout comme au moyen âge.

Croyance au miracle dans la théologie moderne. — Si la philosophie officielle reste attachée au miracle, il en est à plus forte raison de même de la théologie officielle. A la vérité certains théologiens ont fini par donner un peu de jeu à l'antique échafaudage des dogmes, et ont permis à la lumière des sciences modernes d'y pénétrer. Dès le premier tiers du XIXe siècle, une fraction de l'église protestante a cherché à se libérer des liens du dogme traditionnel; son représentant le plus remarquable et le plus autorisé, Schleiermacher, quoique admirateur de Platon et de sa métaphysique dualiste, se rapproche cependant par certains points du panthéisme. Les théologiens critiques, surtout ceux de l'école de Tubingue (Baur, Zeller, etc.), ont étudié les Évangiles au point de vue historique, ont recherché leurs sources et leur développement, et par suite resserré les limites du merveilleux chrétien. Enfin, la critique radicale de David Frédéric Strauss a montré, dans sa magistrale *Vie de Jésus* (1835), le caractère essentiellement mythologique de tout le dogme chrétien; dans son livre célèbre : *De l'ancienne et de la nouvelle foi* (1872), ce théologien a renoncé définitivement au merveilleux, et a reconnu aux sciences naturelles et à la philosophie moniste basée sur elles, le droit de fonder une connaissance du monde sur l'empirisme critique. Récemment, Albert Kalthoff a continué son œuvre. Beaucoup de théologiens actuels (par exemple Savage, Nippold, Pfleiderer et d'autres protestants libéraux) s'efforcent de concilier la théologie avec les progrès de nos connaissances et de la libérer de la croyance au merveilleux, au miracle. Mais ces tendances monistes et panthéistes demeurent toujours isolées, et ne produisent pas grand effet. La grande majorité des théologiens modernes admet encore les dogmes traditionnels de l'Église, avec tous leurs miracles. Tandis que quelques protestants libéraux se bornent aux trois dogmes centraux, la plupart croient encore aux récits fabuleux et aux mythes qu'on rencontre à toutes les pages des Évangiles. L'orthodoxie gagne d'autant plus de terrain qu'elle est soutenue pour des raisons, du reste purement politiques, par certains gouvernements à tendances conservatrices et réactionnaires.

Croyance au miracle dans la politique moderne. — La plupart des gouvernements demeurent fidèles à l'union avec l'Église, et s'imaginent que la croyance au merveilleux est le plus sûr appui et la sauvegarde de leur existence. Le trône et l'autel se garantissent réciproquement. Cette politique réactionnaire et conservatrice rencontre deux obstacles : d'une part, la hiérarchie de l'Église tend toujours à placer sa puissance spirituelle au-dessus de la puissance temporelle de l'État; d'autre part, la représentation nationale dans les Parlements donne souvent occasion de faire entendre la voix de la raison, et de remplacer les vues conservatrices par des réformes adéquates à l'esprit et aux besoins du temps. Les chefs d'Etat favorisent généralement les croyances traditionnelles, non pas évidemment parce qu'ils sont convaincus de la réalité et de la vérité des miracles, mais parce qu'ils savent que des sujets croyants et ignorants sont plus faciles à gouverner que des citoyens instruits et habitués à penser librement. Aussi dans presque toutes les cérémonies officielles, dans les discours du trône ou les fêtes d'inauguration, nous entendons pour ainsi dire toujours vanter les beautés et la valeur de la foi. Chez les peuples les plus civilisés (par exemple en Prusse), on assiste à ce phénomène paradoxal : les sciences naturelles et la technique sont protégées à l'égal de leur ennemie mortelle, l'Église orthodoxe. Généralement, dans les discours officiels, on n'indique pas, il est vrai, quels sont les miracles auxquels doit s'étendre la foi commandée. Cependant, avec les progrès de la réaction, on peut s'attendre à voir les prêtres, les instituteurs et d'autres fonctionnaires publics recevoir l'ordre formel de croire seulement aux trois dogmes centraux dont nous avons parlé longuement dans les pages qui précèdent, — ou bien encore à tous les autres miracles et mythes dont nous entretiennent tour à tour les Évangiles, les légendes sacrées et les feuilles ultramontaines actuelles.

Croyance au miracle dans le spiritisme. — La philosophie raffinée de Kant prit chez ses successeurs des formes diverses, se rapprochant plus ou moins de la foi religieuse régnante. Par une longue suite de variations, elle passe insensiblement à ces formes grossières de la superstition, qui jouent encore actuellement un grand rôle dans le monde sous le nom de spiritisme, et qui servent de base à ce qu'on appelle les sciences occultes. Kant lui-même avait, malgré son esprit critique, une forte tendance au mysticisme et au dogmatisme positif; elle s'accrut avec l'âge. Il trouvait très élevée l'idée de Swedenborg, que le monde des esprits forme un univers réel, et la comparait à son monde intelligible. Parmi les philosophes de la première moitié du XIXe siècle, Schelling (dans ses derniers écrits), Schubert (dans son *Histoire de l'âme* et dans ses *Considérations sur les côtés mystérieux des sciences naturelles*) et Perty (dans son *Anthropologie mystique*) surtout, ont discuté les mystères des manifestations des esprits et cherché à les relier à des fonctions physiologiques du cerveau et à des apparitions surnaturelles. Ces théories étranges ont la même valeur que la magie et la kabbale du moyen âge, l'astrologie et la nécromancie, l'explication des songes et l'invocation aux démons.

C'est exactement sur le même rang qu'il convient de placer le spiritisme et l'occultisme modernes, et tous les livres et toutes les revues qui s'occupent de ces questions absolument oiseuses. Il y a parmi les gens soi-disant cultivés des milliers de fidèles qui se laissent tromper par les tours de prestidigitation des spirites et de leurs médiums et qui croient volontiers ce qui est incroyable : esprits frappeurs, tables tournantes, écrits du psychographe, matérialisation d'esprits de gens décédés, et même photographie de ces esprits... Telles sont les fantaisies grossières qui trouvent créance non seulement chez des individus ignorants, mais encore chez des personnes instruites et même chez quelques naturalistes à l'imagination surchauffée. C'est en vain que de nombreuses observations ont montré que toutes ces opérations fallacieuses reposent soit sur une tromperie voulue, sur une véritable supercherie, soit sur une illusion, le vieux proverbe garde toujours sa valeur : *Mundus vult decipi*, le monde veut être trompé.

Ces tours de force spirites deviennent particulièrement dangereux lorsqu'ils prennent le déguisement d s sciences naturelles, lorsqu'ils utilisent les phénomènes physiologiques de l'hypnotisme ou qu'ils adoptent mê e le ma te u du monism . C'est ainsi qu'un des occultistes les plus renommés et les plus aimés du public, Carl du Prel, a écrit non seulement une *Philosophie de la Mys que*, mais même (1888) e *Psychologie moniste* qui, du commencement à la fin, est absolument mystique et dualiste. La fantaisie la plus riche et les descriptions les plus brillantes s'unissent, dans ses écrits très répandus, au manque le plus complet d critique et de connaissances biologiques. (Voir *Énigmes de l'Univers,* chap. XVI). Il semble que même chez les gens les plus cultivés de l'époque actuelle, la tendance héréditaire au mysticisme et à la superstition ne peut pas être déracinée ; elle s'explique phylogénétiquement par notre descendance de barbares et de primitifs, chez lesquels les débuts des idées religieuses sont tout imprégnées d'animisme et de fétichisme.

CHAPITRE IV

Biologie

PHILOSOPHIE BIOLOGIQUE. — MONISME ET DUALISME. — DIRECTIONS ET DIVISIONS DE LA BIOLOGIE.

« C'est une condition indispensable pour le progrès de toute science, que le spécialiste conserve la notion du but général, de façon que les recherches soient méthodiques. Ceci n'est possible que si le chercheur possède une vue d'ensemble de la science, une carte sur laquelle disparaissent les objets de faible valeur, et où les faits, les théories et les problèmes importants apparaissent à grands traits et forment un tableau général. Ce n'est pas seulement le chercheur, mais tout homme instruit, qui a besoin d'une telle vue d'ensemble. »

MAX VERWORN (1894).

« De jour en jour se multiplient les signes du désir de voir relier en un tout harmonieux les matériaux accumulés par la physiologie et par d'autres divisions de la biologie. Il est temps maintenant d'exposer l'énergétique générale des phénomènes vitaux. »

MAX KASSOWITZ (1898).

SOMMAIRE

Objet de la biologie. — Ses rapports avec les autres sciences. — Biologie générale et spéciale. — Philosophie naturelle. — Monisme : Hylozoïsme, Matérialisme, Dynamisme (Énergétique). — Naturalisme. — Nature et esprit. — Physique. — Métaphysique. — Dualisme. — Liberté et loi de la nature. — Dieu dans la biologie. — Réalisme. — Idéalisme. — Divisions de la science de la vie. — Morphologie et physiologie. — Anatomie et biogénie. — Ergologie et perilogie.

BIBLIOGRAPHIE

REINHOLD TREVIRANUS. 1802. — *Biologie oder Philosophie der lebenden Natur.* 6 volumes. Göttingue.

JOHANNES MULLER. 1833. — *Handbuch der Physiologie des Menschen.* 2 vol. 4e éd. 1844. Coblence.

MATHIAS SCHLEIDEN. 1844. — *Grundzüge der wissenschaftlichen Botanik.* 3e éd. 1849. Leipzig.

HERBERT SPENCER. 1865. — *Principien der Biologie* 4e éd. 1894. Stuttgart.

ERNST HAECKEL. 1866. — *Allgemeine Untersuchungen über die Natur und erste Entstehung der Organismen und ihr Verhältniss zu den Anorganen. II. Buch der generellen Morphologie.* T. I, pp. 109-238. Berlin.

DU MÊME. 1878. — *Biologische Studien. I. Studien über Moneren. II. Studien zur Gastraea-Theorie.* 1873. Iena.

CLAUDE BERNARD. 1870. — *Leçons sur les phénomènes de la vie communs aux animaux et aux végétaux.* Paris.

MAX VERWORN. 1894. — *Allgemeine Physiologie. Ein Grundriss der Lehre vom Leben.* 4e éd. 1903.

JULIUS WIESNER. 1902. — *Biologie der Pflanzen.* Vienne.

MAX KASSOWITZ. 1899. — *Allgemeine Biologie.* 3 vol. Vienne.

JOHANNES REINKE. 1901. — *Einleitung in die theoretische Biologie.* Berlin.

FRANCESCHINI. 1892. — *Die Biologie als selbständige Wissenschaft.* Leipzig.

ERNST HAECKEL. 1869. — *Entwickelungsgang und Aufgabe der Zoologie. Gemeinverständliche vorträge.* 2e éd. 1902. 2 vol. Bonn.

ERDMANN. 1887. — *Geschichte der Entwickelung der Methodik der biologischen Wissenschaften.*

RUDOLF EISLER 1899. — *Wörterbuch der philosophischen Begriff und Ausdrücke.* 2e éd. 1904 Berlin.

BIOLOGISCHES CENTRALBLATT. — 24 vol. 1881-1904. Leipzig.

L'immense domaine de la science s'est élargi d'une façon surprenante au XIXe siècle; de nombreuses parties de l'histoire naturelle sont devenues indépendantes; des méthodes nouvelles de recherches ont été inventées. Mais cette énorme extension du domaine scientifique a eu aussi ses désavantages: la division inévitable du travail a conduit les chercheurs à se spécialiser outre mesure, et les relations des diverses branches de la science entre elles et avec l'ensemble ont été perdues de vue. De nouvelles expressions employées par les représentants de chaque science dans des sens différents ont donné lieu à des erreurs. L'édifice de la science tend de plus en plus à devenir une tour de Babel, dans le labyrinthe de laquelle on n'arrive plus à se reconnaître. Il est donc nécessaire, au début même de nos études, de fixer la place que doit occuper la biologie au milieu des autres sciences, et d'établir ses rapports avec elles.

Objet de la biologie. — Au sens large où nous l'entendons, la biologie comprend l'ensemble de la science des organismes, ou êtres vivants, c'est-à-dire non seulement la botanique et la zoologie, mais l'anthropologie avec toutes ses divisions. A la biologie s'oppose la science des anorganes ou corps inanimés, l'abiotique, abiologie ou anorganologie: l'astronomie, la géologie, la minéralogie, l'hydrologie, etc., en font partie. La séparation de ces deux domaines semble facile puisque la vie est caractérisée physiologiquement par ses échanges et chimiquement par son plasma. Cependant en étudiant la génération spontanée (chap. XX), nous nous convaincrons que cette division n'est pas absolue, et que la vie organique est née de la nature inorganique. Par suite, la biologie et l'abiotique sont deux parties inséparables de la cosmologie.

Outre ce sens général, la biologie en a, surtout en Allemagne, encore un plus étroit. Beaucoup d'auteurs comprennent sous ce terme une branche de la physiologie, l'étude des rapports de êtres vivants avec le monde extérieur, de leur habitat, de leurs mœurs, leurs ennemis, leurs parasites. J'ai proposé dès 1866 de donner à cette partie de la biologie le nom d'œcologie ou bionomique ; vingt ans plus tard, on a mis en avant le terme d'éthologie.

On ne saurait plus donner le nom de biologie à cette science spéciale, car ce terme doit s'appliquer uniquement à l'ensemble des sciences organiques.

Biologie générale et spéciale. — La biologie générale comprend toutes nos connaissances générales sur la nature organique elle est l'objet de nos études philosophiques actuelles. On peut aussi l'appeler philosophie biologique, car le rôle de toute philosophie véritable est d'embrasser et d'interpréter tous les résultats généraux des recherches scientifiques. Les faits que la philosophie unit en un tableau d'ensemble sont l'objet de la science empirique. Dans le domaine de la vie organique, cette empirie biologique est le premier objet de la biologie, et recherche un groupement rationnel des innombrables formes vivantes. Aussi cette biologie spéciale est-elle souvent désignée sous le nom de systématique.

Philosophie de la nature. — C'est au début du XIXe siècle que la philosophie de la nature fit les premières tentatives pour relier les matériaux rassemblés par les naturalistes. Dès 1802, Reinhold Treviranus (Brême) a publié sa *Biologie ou philosophie de la nature vivante*, où il cherchait à résoudre ce problème dans le sens moniste. En 1809, Jean Lamarck publiait sa *Philosophie zoologique* et Lorenz Oken son *Traité de philosophie naturelle*. J'ai exposé dans mes écrits antérieurs les mérites de Lamarck, le véritable fondateur da la théorie de la descendance. Oken a, dans son *Histoire naturelle générale* éveillé l'intérêt du public pour ses recherches, et émis des idées générales d'une incontestable valeur. La doctrine de la gelée primitive, dont sont nés les Infusoires, n'est autre chose que la pensée fondamentale de la théorie protoplasmique et cellulaire. Ces résultats de la philosophie de la nature furent ignorés ou passés sous silence, parce que ces conceptions s'élevaient bien au-dessus de l'histoire naturelle empirique, et s'égaraient parfois en spéculations fantaisistes. Dans la seconde moitié du siècle, on se limita à l'observation et à la description exacte des phénomènes, et on s'habitua à dédaigner toute philosophie de la nature. Ce qu'il y a de paradoxal, c'est qu'en même temps on admettait la métaphysique idéaliste et qu'on admirait ses conceptions spéculatives, auxquelles faisait défaut tout fondement biologique.

La grande réforme de la biologie opérée en 1859 par Charles Darwin, provoqua la renaissance de la philosophie de la nature. Non seulement Darwin employait tous les matériaux connus pour démontrer la théorie de la descendance, mais par sa conception de la sélection, il donnait à celle-ci une nouvelle base. Aussi tout tendait à faire des nouvelles théories au tableau d'ensemble moniste. J'en fis la première tentative en 1866 dans ma *Morphologie générale*. J'essayai ensuite, en 1.68, dans mon *Histoire de la création naturelle* de rendre sa pensée fondamentale accessible à un cercle plus étendu de lecteurs. Le succès de ce livre (dont la deuxième édition parut en 1902) me porta à réunir dans mes *Enigmes de l'Univers* les points principaux de ma philosophie moniste. En même temps (1899) apparaissait l'ouvrage du botaniste J. Reinke *Die Welt als That*; deux ans après, il publiait son *Introduction à la biologie théorique*. Comme Reinke traite tous les problèmes à un point de vue mystique et dualiste, il se trouve être en opposition absolue avec ma doctrine naturaliste et moniste.

Monisme. — L'histoire de la philosophie nous montre toute une série de conceptions sur la nature du monde et des phénomènes. Uberweg a donné un exposé impartial de sa conception dans son *Histoire de la philosophie*, dont la neuvième édition a paru en 1903. Fritz Schultze en a fait le résumé en trente tableaux synoptiques et a écrit la *Philogénie des idées*. La deuxième édition de son livre date de 1899. Si nous examinons tous ces systèmes au point de vue biologique, nous pouvons les diviser en deux groupes. L'un, qui constitue la minorité, comprend les philosophes monistes, qui ramènent tous les phénomènes à un principe unique. Le second, qui renferme la majorité des systèmes, constitue la philosophie dualiste, d'après laquelle il y a dans l'univers deux principes distincts, qui s'opposent, soit sous le nom de Dieu et le monde, soit sous celui de monde spirituel et monde des corps, ou encore sous celui d'esprit et nature, etc. Cette opposition du monisme et du dualisme est, selon moi, de la plus haute importance : toutes les autres formes de la pensée se laissent ramener à l'un de ces deux systèmes ou à un mélange plus ou moins obscur, plus ou moins hybride, des deux.

Hylozoïsme ou hylonisme. — C'est sous ce nom qu'on désigne en général cette forme de monisme dont je me suis fait le protagoniste depuis quarante ans et que je considère comme l'expression la plus parfaite de la vérité universelle. L'hylozoïsme ou hylonisme signifie que la substance a deux attributs fondamentaux : comme matière, elle occupe l'espace; comme énergie ou esprit, elle est douée de sensibilité (voir chap. XIX). Spinoza qui a exprimé cette pensée et qui a développé le plus complètement l'idée de substance attribue à celle-ci deux propriétés principales : l'étendue et la pensée. La première, l'étendue, correspond à l'espace; la seconde, la pensée, à la sensation inconsciente; il ne faut pas en effet la confondre avec la pensée consciente et intelligente de l'homme; cette intelligence n'est qu'un mode spécial de la pensée chez les animaux supérieurs et chez l'homme. Lorsque Spinoza identifie sa substance avec la nature et Dieu, et lorsqu'on qualifie pour cette raison son monisme de panthéisme, on en exclut naturellement l'anthropomorphisme du Dieu personnel.

Matérialisme. — Une grande partie des erreurs considérables qu'on observe dans la lutte des systèmes philosophiques, provient très notablement de l'obscurité des idées fondamentales. Les expressions de substance et de Dieu, d'âme et d'esprit, de sensation et de matière, sont employées dans les sens les plus divers. Il en est ainsi tout spécialement du matérialisme, qui est souvent confondu avec notre monisme. L'aversion morale marquée par l'idéalisme pour le matérialisme pratique, c'est-à-dire pour l'égoïsme dans la satisfaction des sens, est transportée au matérialisme théorique, qui n'a absolument rien de commun avec l'autre. Les reproches qu'on élève, avec raison contre le premier, sont faits au second sans aucune justice. Il est donc de la plus haute importance de distinguer nettement ces différentes conceptions du matérialisme.

Matérialisme théorique (Hylonisme). — Cette conception est admissible lorsque, comme la philosophie moniste, elle regarde la force et la matière comme inséparables, et nie l'existence de forces immatérielles. Mais elle a tort de refuser toute sensation à la matière et de considérer l'énergie actuelle comme une fonction de la matière inerte. C'est ainsi que dès l'antiquité, Démocrite et Lucrèce faisaient provenir tous les phénomènes du mouvement des atomes. De même au XVIIIe siècle, d'Holbach et Lamettrie et à l'époque actuelle, la plupart des physiciens et des chimistes adoptent cette manière de voir. Ils considèrent l'attraction des masses (gravitation) et l'affinité comme une mécanique atomique et en font la base de tous les phénomènes. Ils ne veulent pas admettre que ces mouvements supposent une façon de sensation inconsciente. Dans des discussions avec des physiciens et des chimistes éminents, je me suis souvent convaincu qu'ils ne veulent pas attribuer une âme aux atomes. Je crois au contraire que ceci est indispensable pour expliquer les phénomènes physiques et chimiques les plus simples ; naturellement, il ne faut pas penser à l'activité psychique de l'homme et des animaux supérieurs, mais descendre jusqu'aux Protistes et aux Monères. (Voir chap. IX). Chez celles-ci, par exemple chez les Chromacées, la vie psychique n'est guère supérieure à celle des cristaux, et de même que dans la synthèse des Monères, il faut admettre dans la cristallisation un faible degré de sensation (non de conscience) pour expliquer l'arrangement régulier des molécules en une construction de forme définie.

Matérialisme pratique (Hédonisme). — L'aversion généralement témoignée au matérialisme théorique provient tout d'abord de ce qu'il nie les trois dogmes centraux de la métaphysique dualiste, et ensuite aussi de ce qu'on le confond très souvent avec le matérialisme pratique ou hédonisme. Ce matérialisme pratique recherche, dans sa forme extrême (tel que l'ont pratiqué Aristippe de Cyrène et son école, et plus tard Épicure) seulement la jouissance, tantôt celle des sens, tantôt celle plus raffinée de l'intelligence. Jusqu'à un certain degré cette tendance au bonheur, à une vie commode et agréable, tendance innée chez tous les animaux supérieurs, est parfaitement justifiée; on ne commença à la considérer comme mauvaise et conduisant au péché que lorsque le christianisme eût dirigé le regard de l'homme vers le ciel et considéré son existence terrestre comme une préparation à la vie éternelle. Nous verrons plus tard (chap. XVII), en étudiant la valeur de la vie, combien cet ascétisme est contraire à la nature. Comme toute jouissance, même justifiée, se transforme en vice par l'abus qu'on en fait, l'hédonisme doit être rejeté, surtout lorsqu'il s'allie à l'égoïsme. Il faut déclarer bien haut cependant que cette recherche des plaisirs et des jouissances n'a véritablement rien à voir avec l'hylonisme, mais qu'elle se rencontre au contraire très souvent chez les représentants de l'idéalisme le plus sévère. Beaucoup de partisans du matérialisme théorique (par exemple des naturalistes et des médecins) mènent une vie d'une très grande simplicité et dédaignent même absolument les jouissances matérielles. En revanche, beaucoup de prêtres, de théologiens et de philosophes idéalistes sont au point de vue pratique, de parfaits hédonistes. Dès l'antiquité, de nombreux temples servaient à la fois au culte théorique des dieux et aux excès bachiques et vénériens. Au moyen âge la vie luxurieuse, libidineuse et souvent même criminelle du haut clergé ne le cédait en rien à celle des prêtres de l'antiquité. Ce phénomène paradoxal s'explique par l'attrait de la jouissance interdite. Mais il est tout à fait faux de transporter au matérialisme théorique et au monisme l'aversion provoquée par les excès de l'hédonisme. Il est tout aussi injuste de mépriser la matière en n'estimant que l'esprit. La biologie nous enseigne que l'esprit est inséparable de la matière. L'expérience ne nous a jamais montré un esprit qui fût indépendant de la matière.

Energétique (Dynamisme). — Si le matérialisme pur ne peut pas se soutenir, il en est de même du dynamisme pur, qu'on appelle aussi du nom d'énergétique ou de spiritualisme. Comme le premier ne connaissait qu'un des attributs de la substance, la matière, le second fait de la force la cause unique des phénomènes. C'est Leibnitz qui a tiré les dernières et extrêmes conséquences de cette conception dynamique. Plus tard, elle a été développée par Fechner et Zöllner, tout récemment, en 1902, par W. Ostwald. Sa philosophie de la nature est moniste ; il cherche à montrer comment dans le monde organique et inorganique les mêmes forces sont à l'œuvre. Il est à remarquer qu'Ostwald considère les activités psychiques les plus élevées de l'homme comme des formes spéciales de l'énergie, aussi bien que les phénomènes physiques et chimiques les plus simples. En revanche, ce philosophe est dans l'erreur, lorsqu'il pense que son énergétique constitue une théorie entièrement neuve ; car ses conceptions fondamentales se trouvent déjà contenues dans le dynamisme de Leibnitz ; Fechner et Zöllner se sont aussi approchés de ces conceptions spiritualistes ; chez ce dernier, elles ont même tourné en spiritisme pur. La faute principale d'Ostwald est qu'il confond les notions d'énergie et de substance. Son énergie universelle, qui crée tout, est au fond la même chose que la substance de Spinoza, que nous avons acceptée. Ostwald veut dépouiller la substance de sa matérialité et il se vante d'avoir vaincu le matérialisme (1895); il ne veut conserver que l'autre attribut, l'énergie, et ramener tous les corps à des centres de forces immatériels. Mais comme physicien et chimiste, il ne peut se débarrasser de la substance qui occupe l'espace, et il doit la traiter comme support de l'énergie, à la façon des molécules et des atomes. Ostwald rejette même ceux-ci, parce qu'il tend vers une science qui serait entièrement « libre d'hypothèses. » En fait, il est forcé d'accepter les notions indispensables de la matière et de ses parties, les molécules et les atomes. Sans hypothèse la connaissance est absolument impossible !

Naturalisme. — Notre monisme trouve dans l'hylozoïsme son expression la plus complète, la plus parfaite, parce qu'il suppose l'opposition du matérialisme et du spiritualisme, et qu'il les unit en une conception harmonique du monde. On a reproché à ce monisme de dégénérer en naturalisme pur, et l'un de ses adversaires les plus déterminés, Frédéric Paulsen, trouve ce reproche si grave que, dans sa *Philosophia militans* il déclare notre naturalisme critique aussi mauvais, aussi nuisible que le cléricalisme dogmatique. Il est donc utile de nous étendre quelque peu sur la signification exacte du naturalisme et d'établir dans quel sens nous pouvons l'accepter et l'identifier avec notre monisme. Comme base nous prenons notre anthropogénie moniste, la conception impartiale confirmée par toutes les parties de l'anthropologie, de la place de l'homme dans la nature, que nous avons longuement développée dans les chapitres II à IV de nos *Enigmes de l'Univers*. L'homme est un mammifère placentaire de l'ordre des primates. Il s'est développé au cours de la période tertiaire et provient d'une série de primates inférieures (anthropoïdes, singes et lémuriens). Le primitif tel que nous le connaissons encore actuellement chez les Weddahs et les Australiens, se rapproche psychologiquement davantage du singe que de l'homme cultivé.

Anthropologie et zoologie. — L'anthropologie, au sens large du mot, n'est donc qu'une branche de la zoologie. Par suite, au point de vue moniste, toutes les sciences qui s'occupent de l'homme et de son activité psychique — y compris les sciences dites de l'esprit, — sont des rameaux de la zoologie, des sciences naturelles. La psychologie de l'homme est inséparable de celle des animaux, et celle-ci se relie à celle des plantes et des Protistes. La linguistique étudie dans les langues humaines un phénomène complexe qui, comme le langage des mammifères et des oiseaux, repose sur l'activité combinée des cellules cérébrales du phronéma, des muscles de la langue et des cordes vocales du larynx. L'histoire des peuples (que dans notre sot orgueil anthropocentrique nous appelons l'histoire universelle), et sa branche la plus élevée, l'histoire des civilisations, se relie par la préhistoire à l'histoire des primates et des autres mammifères, et à la philogénie des vertébrés inférieurs. Ainsi il n'y a pas à proprement parler de science humaine qui sorte du cadre des sciences de la nature, de même qu'il n'existe pas en face de la nature, un « Surnaturel ».

Nature. — Comme notre monisme ou naturalisme embrasse l'ensemble de la science, le concept de nature s'étend à tout le monde connaissable. Dans le sens strictement moniste de Spinoza, les notions de Dieu et Nature se superpósent. Nous ne savons pas si au delà de la nature il y a un domaine du surnaturel ou du spirituel. Tout ce qu'affirment à ce sujet les mythes et les légendes, les dogmes et les spéculations métaphysiques n'est qu'un pur produit de l'imagination. Celle-ci tend constamment à construire des édifices harmonieux; elle comble les lacunes de nos connaissances par des produits nouveaux. Lorsque ceux-ci sont en accord avec les faits établis, nous les appelons hypothèses; ce sont des mythes lorsqu'ils sont en contradiction avec ces faits. Il en est ainsi des mythes religieux, des apparitions, des miracles, etc. (Voir chapitre III). Lorsqu'on oppose l'esprit à la nature, on le fait en vertu d'une croyance au merveilleux. (Animisme, spiritisme, etc.). Lorsqu'on parle de l'esprit de l'homme comme d'une manifestation psychique supérieure, on comprend sous ce nom une fonction physiologique du cerveau, et notamment de la partie désignée sous le nom de phronéma (chap. I). Cette activité psychique supérieure est aussi un phénomène naturel, et comme tous les autres phénomènes, elle est soumise à la loi fondamentale de substance. Le vieux mot latin *natura* (de *nasci*, naître), désigne comme le mot grec *physis* (de *phyo*, apparaître, croître), l'essence de l'univers comme un perpétuel devenir. La physique, ou science de la physis, est donc, au sens large du mot, la science de la nature.

Physique. — La division du travail scientifique, au XIXe siècle, qui a provoqué la naissance de nombreuses sciences nouvelles, a aussi souvent modifié leur position réciproque et donné à leur nom un sens tout à fait nouveau. C'est ainsi que, sous le nom de physique, on ne comprend plus aujourd'hui que cette partie de la science des anorganes qui traite des rapports moléculaires de la substance, de la mécanique des masses et de l'éther, sans tenir compte des différences qualitatives des éléments, qui s'expriment dans le poids atomique de leurs plus petites parties, c'est-à-dire les atomes. L'étude de ceux-ci et de leurs affinités fait l'objet de la chimie. Comme ce domaine est extrêmement vaste et a ses propres méthodes, on le met sur le même rang que la physique, dont il ne constitue cependant qu'une partie : la chimie est la physique des atomes. Quant à la physiologie, c'est la physique des organismes ou l'étude physico-chimique des êtres vivants.

Métaphysique. — Depuis qu'Aristote a compris dans la physique les phénomènes naturels, et dans la métaphysique leur essence intime, ce terme a subi de nombreux changements de sens et de signification. Si on limite la physique à l'étude empirique des phénomènes, par l'observation et l'expérience, toute hypothèse qui comble les lacunes de celles-ci, et toute théorie des phénomènes peuvent être traitées de métaphysique. Dans ce sens les théories fondamentales de la physique (par exemple celle d'après laquelle les corps sont composés de molécules et celles-ci d'atomes) sont métaphysiques ; de même notre hypothèse d'après laquelle toute substance possède à la fois l'étendue et la sensation. Cette métaphysique moniste reconnaît partout l'autorité de la loi de substance, se limite à l'étude de la nature, et renonce à toute spéculation surnaturelle. Elle est indispensable à une conception rationnelle du monde. Il en est autrement de la métaphysique dualiste, qui admet deux mondes différents et apparaît sous les formes les plus diverses du dualisme philosophique.

Développement de la métaphysique. — Si on comprend sous le nom de métaphysique la science des dernières raisons de l'être, née du besoin de causalité de la raison, elle peut être considérée comme une fonction supérieure du phronéma, apparue tardivement. Elle ne peut avoir pris naissance que par le développement de la raison dans le cerveau de l'homme cultivé. Aussi la métaphysique fait-elle complètement défaut chez le primitif, dont l'intelligence ne dépasse guère sensiblement celles des animaux supérieurs. Les états psychiques des sauvages ne nous sont connus que par l'ethnologie moderne. Elle nous montre que les fonctions supérieures de la pensée leur manquent totalement, que leur faculté d'abstraction et de formation des idées est encore tout à fait rudimentaire. Ainsi les Weddahs des forêts de Ceylan ne possèdent pas la notion d'arbre, quoiqu'ils aient des mots pour désigner des espèces d'arbres déterminés. Beaucoup de sauvages ne savent pas compter jusqu'à cinq ; ils ne réfléchissent pas à la cause de leur existence, à leur passé et à leur avenir. C'est donc une très grande erreur, lorsque Schopenhauer et d'autres philosophes définissent l'homme un animal métaphysique et voient dans le besoin de métaphysique une différence essentielle entre l'homme et l'animal. Ce besoin de métaphysique ne s'est éveillé et développé que par suite des progrès de la culture. Mais même chez l'homme civilisé, il manque dans la jeunesse et ne se développe que peu à peu, progressivement : l'enfant apprend petit à petit à parler et à penser. Conformément à la loi biogénétique, il répète au cours de son développement intellectuel la longue série de stades qui conduit du sauvage au barbare et au civilisé. Si on avait toujours tenu compte de ce développement historique des facultés supérieures de l'homme, si la psychologie avait suivi la méthode comparative et génétique, on aurait évité bien des erreurs de la métaphysique dualiste. Kant n'aurait pas établi sa doctrine des connaissances *a priori*, mais il aurait vu que tous les jugements qui nous paraissent *a priori* chez l'homme cultivé proviennent d'une longue suite d'observations et d'associations *a posteriori*. Telle est l'origine des erreurs dont la métaphysique est redevable au dualisme.

Réalisme. — Comme toute science de la nature, la biologie est réaliste, c'est-à-dire qu'elle considère son objet, les êtres vivants, comme des choses existant réellement, et dont les propriétés nous sont jusqu'à un certain point accessibles par nos sens et notre phronéma. Nous savons que ces connaissances sont incomplètes et que les organismes possèdent peut-être encore d'autres qualités que nous ne connaissons pas. Mais il ne s'ensuit pas, comme le veut l'idéalisme, que ces objets n'existent que dans notre imagination. Notre monisme ou hylozoïsme concorde par conséquent avec le réalisme, en ce qu'il reconnaît l'unité d'essence dans chaque organisme, et qu'il n'affirme pas une diversité de principe entre son apparence connaissable (phénomène), et son essence cachée (noumène), que l'on désigne celle-ci, avec Platon, comme idée éternelle ou avec Kant comme chose en soi. Le réalisme n'est pas identique au matérialisme, car, il s'accorde aussi avec son opposé, le dynamisme.

Idéalisme. — De même que le réalisme concorde avec le monisme, l'idéalisme est une face du dualisme. Les deux représentants principaux de celui-ci, Platon et Kant, affirment l'existence de deux mondes distincts. La nature ou monde empirique nous est seule accessible par l'expérience ; il n'en est pas de même du monde transcendental, dont la raison seule nous démontre l'existence. L'erreur fondamentale de cet idéalisme théorique provient de ce qu'on admet que l'âme est une entité immatérielle, immortelle et capable de connaissances *a priori*. La physiologie et l'ontogénie du cerveau nous montrent que l'âme de l'homme est comme celle des autres vertébrés : une fonction du cerveau, inséparable de cet organe. Pour la biologie réaliste, cet idéalisme théorique est tout aussi inacceptable que le parallélisme psycho-physique de Wundt ou le psychomonisme de certains physiologistes récents, qui ne confond en réalité avec le dualisme de l'âme et du corps. L'idéalisme pratique a une autre valeur : en admettant le dieu personnel, l'âme immortelle et le libre arbitre, et en en faisant la base de l'éducation, il peut parfois avoir, du moins temporairement, une influence heureuse et bienfaisante, indépendante de sa fausseté théorique.

Branches de la biologie. — Les diverses branches de la

biologie qui se sont développées dans le cours du XIXe siècle doivent rester en contact et ne pas perdre de vue leur but, qui est de créer une science harmonieuse de l'ensemble de la vie. Ce but commun est souvent oublié par les spécialistes : le travail empirique fait perdre de vue le rôle philosophique de la science. Il est donc nécessaire de définir exactement la position des différentes sciences biologiques. J'ai tenté de le faire dès 1869 et je consigne ici le résumé de mes observations.

La zoologie et la botanique se sont depuis longtemps développées d'une façon indépendante. Il en est de même de toutes les sciences qui concernent spécialement l'homme. Cependant, depuis que l'évolutionnisme a montré que l'homme descend d'une série de vertébrés, l'anthropologie est devenue une branche de la zoologie, et on a commencé à comprendre les relations intimes de toutes les sciences de l'homme et à en faire un tout. L'étendue considérable et la grande valeur pratique de ce domaine a porté récemment le gouvernement à créer dans les Universités allemandes des chaires spéciales d'anthropologie. Il est hautement désirable qu'il en soit de même pour la protistique ou science des êtres unicellulaires. L'étude des cellules ou cytologie doit être traitée à la fois en botanique et en zoologie; mais les protozoaires et les protophytes ont des points de contact si nombreux et éclairent si bien la vie des cellules des organismes complexes, qu'il faut considérer comme un grand progrès la création récente par Schaudinn, d'un Institut spécial de protistique et d'une publication exclusivement destinée à l'étude de cette branche, sous le titre de : *Archiv für Protistenkunde.* La bactériologie constitue une branche extrêmement importante de la protistique.

Morphologie et physiologie. — D'après son contenu, la biologie se divise donc en protistique, botanique, zoologie et anthropologie. Dans chacun de ces domaines, on peut considérer l'étude des formes (morphologie) et celle des fonctions (physiologie). Les méthodes d'observation sont différentes dans ces deux sciences. En morphologie, il s'agit surtout de décrire et de comparer, tant les formes extérieures que la structure interne. En physiologie, on emploie les méthodes exactes de la physique et de la chimie, on étudie les fonctions vitales et on recherche leurs lois. Comme l'anatomie et la physiologie de l'homme forment essentiellement la base de la médecine, ces deux sciences sont depuis longtemps devenues entièrement indépendantes.

Anatomie et biogénie. — Le vaste domaine de la morphologie se divise en anatomie et en biogénie. La première est la science de l'organisme développé, la seconde, celle de la forme en cours de développement. L'anatomie comprend la forme externe et la structure intime. Comme branches spéciales, on peut distinguer la tectologie ou étude de la structure, et la promorphologie, ou étude des formes fondamentales. La tectologie s'occupe des rapports de la structure et de l'individualité organique, de la division du corps en cellules, tissus et organes (voir chap. VII). La promorphologie décrit la forme réelle de ces parties individuelles ainsi que de l'organisme entier et cherche à la ramener à une forme fondamentale (voir chap. VIII). La biogénie se divise de même en deux parties : l'ontogénie ou développement de l'individu, et la phylogénie ou développement de l'espèce. Elles diffèrent par le but et les méthodes, mais sont en relation directe de par la loi de la biogénèse. L'ontogénie étudie le développement de l'individu organique depuis le début de l'existence jusqu'à la mort. L'embryologie s'occupe du début de ce développement, la métamorphologie étudie les métamorphoses subséquentes (voir chap. XVI). La phylogénie a pour objet le développement des grandes divisions des deux règnes organiques, ou, en d'autres termes, la généalogie des espèces. Elle s'appuie sur la paléontologie et comble ses lacunes grâce à l'anatomie comparée et à l'ontogénie.

Ergologie et périlogie. — La physiologie est en majeure partie une ergologie : elle étudie le travail de l'organisme vivant et le ramène à des lois physiques et chimiques. L'ergologie végétale étudie les fonctions végétatives : nutrition et reproduction. L'ergologie animale s'occupe des fonctions de mouvement et de sensation. La psychologie, ou science de l'âme, se relie directement à elle.

Mais à la physiologie, au sens le plus étendu du mot, appartient aussi l'étude des relations de chaque organisme avec le monde extérieur : c'est la périlogie, qui comprend d'abord la chorologie ou étude de la distribution, qu'on appelle également géographie biologique ;

puis la bionomie ou œcologie, à laquelle on a aussi récemment donné le nom d'éthologie ; c'est la science des mœurs des organismes, de leurs besoins vitaux et de leurs relations avec les autres organismes (biocœnose, symbiose, parasitisme). Cette branche très intéressante de la physiologie, dont la signification profonde nous a été révélée surtout par le darwinisme, est encore souvent, mais bien à tort, dénommée *biologie*, dans le sens le plus étroit du mot.

TROISIÈME TABLEAU

Divisions principales de la Biologie

I. Protistique. — II. Botanique. — III. Zoologie. — IV. Anthropologie.

A. — **Morphologie** : étude des formes. Anatomie et Biogénie des organismes.		B. — **Physiologie** : étude des fonctions. Physique et chimie des organismes.	
A I. — Anatomie.	**A II. — Biogénie.**	**B I. — Ergologie.**	**B II. — Périlogie.**
1. *Tectologie.* (Étude de la structure). Cytologie (étude des cellules). Histologie (étude des tissus). Organologie (étude des organes). Blastologie (étude des personnes). Cormologie (étude des cormus). Étude de l'individualité.	**3. *Phylogénie.*** Paléontologie et généalogie. Transformisme. Classification naturelle.	**5. *Ergologie végétale.*** (Physiologie des fonctions végétatives). 5a. Trophonomie. (Étude des échanges). 5b. Gonimatique. (Étude de la reproduction).	**7. *Chorologie.*** Géographie et topographie biologiques. Étude des migrations.
2. *Promorphologie.* (Étude des formes fondamentales). Recherche de la forme géométrique idéale en relation avec la forme réelle du corps.	**4. *Ontogénie.*** 4a. Embryologie. (Développement à l'intérieur de l'œuf). 4b. Métamorphologie. (Transformation en dehors des enveloppes de l'œuf).	**6. *Ergologie animale.*** 6a. Phoronomie. (Étude des mouvements). 6b. Sensonomie. (Étude des sensations). 6c. Psychologie.	**8. *Œcologie.*** (ou Éthologie). Économie biologique. Rapports de l'organisme avec le milieu cosmique et biologique.

CHAPITRE V

Mort.

NATURE ET CAUSES DE LA MORT. — VIE ÉTERNELLE. — LA MORT CHEZ LES PROTISTES ET CHEZ LES HISTONES. — LA LIBÉRATION DU MAL OU DÉLIVRANCE.

« Il n'y a pas de limite précise qui sépare la mort et la vie ; il y a au contraire un passage insensible de l'une à l'autre : la vie normale et la mort ne sont que les termes extrêmes d'un développement qui présente tous les stades intermédiaires. La substance vivante meurt incessamment, sans que la vie cesse jamais. Il n'y a donc pas immortalité de la substance vivante elle-même, mais continuité de sa descendance. L'immortalité et la pérennité n'appartiennent qu'à la matière élémentaire et à son mouvement. »

MAX VERWORN.

SOMMAIRE

Vie et mort. — Mort individuelle. — Immortalité des monocellulaires. — Mort des protistes et des histones. — Causes de la mort physiologique. — Usure du plasma. — Régénération. — Biotonus. — Périgénèse des plastitules; mémoire des biogènes. — Régénération chez les protistes et les histones. — Vieillesse. — Maladie. — Nécrobiose. — Providence, Hasard et Destin. — Vie éternelle. — Optimisme et pessimisme. — Suicide. — La délivrance. — Médecine et philosophie. — Conservation de la vie. — Sélection spartiate.

BIBLIOGRAPHIE

Rudolphe Virchow. 1858. — *Die Cellular-Pathologie in ihrer Begründung auf physiologische und pathologische Gewebelehre.* 4e édition. Berlin. 1871.

Ernst Ziegler. 1881. — *Lehrbuch der allgemeinem und speciellen pathologischen Anatomie und Pathogenese.* Iéna.

Claude Bernard. 1878. — *Leçons sur les phénomènes de la vie communs aux animaux et aux végétaux.* Paris.

Elias Metschnikoff. 1904. — *Studien über die Natur des Menschen. Eine optimistische Philosophie.* Leipzig.

Carus Sterne (Ernst Krause). 1885. — *Werden und Vergehen. Eine Entwickelungsgeschichte des Naturganzen in gemeinverständlicher Fassung.* 6te *Aufl bearbeitet von Wilhelm Bölsche.* 1905. Berlin.

Ludwig Feuerbach. 1866. — *Gott, Freiheit und Unsterblichkeit, vom Standpunkte der Anthropologie.* 2e édition. 1890. Leipzig.

Wessely. 1876. — *Die Gestalten des Todes und des Teufels in der darstellenden Kunst.* Leipzig.

Alexander Götte, 1883. — *Ueber den Ursprung des Todes.* Hamburg.

A. Buhler. 1904. — *Alter und Tod. Eine Theorie der Befrüchtung. Biologisches Centralblatt.* T. XXIV.

August Weismann. 1882. — *Ueber die Dauer des Lebens.* 1884. *Ueber Leben und Tod.* Iéna.

Max Verworn. 1894. — *Die Geschichte des Todes.* IV. *Kapitel der allgemeinen Physiologie.* 4e édition. 1903. Iéna.

Max Kassowitz. 1899. — *Leben und Tod.* 2e vol. 50 *Kapitel der allgemeinen Biologie.* Vienne.

Rien ne dure que le changement! Tout être est un perpétuel devenir : voilà ce que nous enseigne l'histoire de l'évolution du monde aussi bien dans son ensemble qu'en chacune de ses parties. La substance seule est éternelle, que nous l'appelions nature ou cosmos, âme du monde ou Dieu. La loi de substance nous apprend qu'elle nous apparaît sous une infinité de formes différentes, mais que ses attributs essentiels, matière et énergie, demeurent constants. Toutes les formes individuelles de la substance sont vouées à la destruction. Il en est ainsi du soleil et des planètes aussi bien que des organismes qui peuplent la terre; il en est ainsi de la bactérie, il en est ainsi de l'homme. De même que chaque individu organique a eu un commencement, de même aussi il marche sans cesse et sans répit vers une inéluctable fin. La vie et la mort sont de toute nécessité inséparables. Mais au sujet des causes de ce phénomène les vues des philosophes et des biologistes sont encore très diverses; la plupart se trompent parce qu'ils ne possèdent pas de définition précise de la vie et ne peuvent par conséquent pas se représenter clairement sa fin.

Vie et mort. — Les études que nous avons exposées dans le chapitre II sur l'essence de la vie organique nous ont montré que celle-ci est un phénomène chimique. La merveille de la vie consiste au fond en échanges de la substance vivante; c'est un métabolisme du plasma. D'éminents physiologistes modernes, notamment Max Verworn et Max Kassowitz ont insisté sur ce fait que « la vie repose sur une destruction et une reconstruction continuelles des unités chimiques complexes du protoplasma. Si cette conception est exacte, nous pouvons nous rendre compte de ce qu'est la mort. Si la mort est la cessation de la vie, elle est en réalité la cessation de ce jeu de construction et de destruction de la molécule protoplasmique. Comme chacune de ces molécules se détruit rapidement, la mort n'est autre chose que l'absence ou la cessation de reconstruction des molécules détruites. Un corps vivant n'est donc définitivement mort que lorsque toutes ses molécules de plasma sont détruites. » Dans le 50e chapitre de sa *Biologie générale*, Kassowitz a donné une explication complète de cette définition de la vie et de la mort et exposé dans tous ses détails les causes naturelles de la mort physiologique.

Mort individuelle. — Dans les nombreuses et contradictoires conceptions sur la nature de la mort, que l'on rencontre dans les écrits des biologistes modernes, beaucoup d'erreurs proviennent de ce qu'on n'a pas su distinguer nettement la durée de la vie de la substance vivante en général et celle de la forme vivante particulière ou individuelle. Ce fait est apparent surtout dans les discussions suscitées par la théorie d'Auguste Weismann (1882) sur l'immortalité des unicellulaires. Dans le onzième chapitre de mes *Enigmes de l'Univers,* j'ai déjà réfuté cette théorie. Mais comme ce distingué naturaliste la défend encore dans ses *Vorträge über Descendenz-Theorie,* et y relie des considérations certainement erronées sur la nature de la mort, je me sens obligé de revenir encore sur ce point. C'est justement parce que cet ouvrage en somme considérable renferme les contributions les plus importantes à l'évolutionnisme et à la théorie de la sélection, que je crois nécessaire d'indiquer aussi ses côtés faibles. C'est tout d'abord la théorie du plasma germinatif et la lutte contre l'hérédité des qualités acquises, qui en découle. Weismann en déduit une différence fondamentale, essentielle, entre les organismes unicellulaires et les organismes pluricellulaires; ceux-ci seuls seraient mortels, les premiers immortels. « En passant des unicellulaires aux pluricellulaires, on voit apparaître la mort physiologique, c'est-à-dire normale. » A ceci on doit opposer que les individus physiologiques (biontes) ont chez les protistes une durée de vie limitée, aussi bien que chez les histones. Si on s'attache moins à l'individualité de la substance vivante qu'à la continuité des mouvements vitaux métaboliques dans la série des générations, alors l'immortalité partielle du plasma existe aussi bien chez les pluricellulaires que chez les unicellulaires.

Mort des protistes. — L'immortalité des unicellulaires, à laquelle Weismann attache une si grande importance, ne pourrait, même dans son sens, s'appliquer qu'à une faible partie des protistes, à ceux qui se reproduisent par simple division : les chromacées et bactéries parmi les monères (chap. IX), les diatomées et paulotomées parmi les protophytes, une partie des infusoires et des rhizopodes parmi les protozoaires. Au point de vue strict, la vie individuelle est détruite lorsque la cellule se divise en deux cellules-filles. Mais on pourrait objecter avec Weismann que l'individu unicellulaire continue à vivre dans ses produits de division, qu'il ne reste pas de lui un cadavre. Mais il n'en est pas ainsi de la grande majorité des protozoaires. Chez les Ciliés le noyau se détruit et de temps en temps il faut qu'une conjugaison de deux individus ait lieu, pour que la reproduction par simple division puisse se continuer. Chez la plupart des sporozoaires et rhizopodes, une partie seulement de l'organisme est employée à la formation des spores, le reste meurt et constitue un cadavre. Chez les grands rhizopodes (thalamophores et radiolaires), la partie sporifère, qui continue à vivre chez la descendance est plus petite que la partie externe du corps, qui meurt.

Mort des histones. — Les idées de Weismann sur l'apparition de la mort physiologique chez les pluricellulaires sont tout aussi inacceptables que ses idées sur l'immortalité des unicellulaires. D'après lui la mort des histones — métaphytes et métazoaires — serait une adaptation introduite par la sélection lorsque les organismes pluricellulaires auraient atteint une certaine complication de structure, incompatible avec leur immortalité originelle. La sélection naturelle aurait tué les êtres immortels et laissé vivre les mortels, elle aurait aussi empêché les premiers de se reproduire et employé les seconds seuls pour perpétuer l'espèce. Les conclusions bizarres auxquelles Weismann a été amené par sa théorie de la mort ont été critiquées par Kassowitz dans le chap. XLIX de sa *Biologie générale* : « Sélection des mortels et élimination des immortels ». D'après ma propre opinion, cette théorie paradoxale de la mort est aussi insoutenable que la théorie du plasma germinatif qui en découle. On peut admirer l'habileté et la sagacité déployées par Weismann dans l'édification laborieuse de sa théorie compliquée. Mais plus on en examine les fondements, moins ils paraissent solides. Dans les vingt années qui se sont écoulées depuis l'apparition de la théorie du plasma germinatif, aucun de ses partisans n'a pu l'employer utilement. En revanche, elle a été très nuisible en niant l'hérédité des modifications acquises que je considère, avec Lamarck et Darwin, comme l'un des fondements les plus sérieux de l'évolutionnisme.

Causes de la mort. — Nous nous limiterons à l'étude de la mort normale ou physiologique, sans tenir compte des innombrables causes de mort fortuite ou pathologique. La mort normale survient lorsque la limite de la durée de la vie est atteinte. Cette limite est très variable suivant les organismes. Certains protophytes et protozoaires ne vivent que quelques heures; d'autres peuvent vivre plusieurs mois. Des plantes annuelles et des animaux inférieurs ne vivent dans nos climats qu'un été, dans la zone arctique ou sur les hautes montagnes que quelques semaines ou quelques mois. En revanche, de grands vertébrés dépassent la centaine et l'on connaît beaucoup d'arbres qui sont âgés de plus de mille ans. La longueur de la vie normale a été acquise dans chaque espèce par adaptation à des conditions spéciales ; elle est transmise par hérédité, mais est soumise à des variations.

Usure du plasma. — L'organisme peut être comparé à une machine, c'est-à-dire à un appareil dont l'intelligence humaine a assemblé les diverses pièces pour effectuer un travail donné. Cette comparaison ne s'applique pas aux monères, dont la structure est trop simple. Chez des organismes sans organes, la constitution chimique du plasma est la seule cause de la vie (chap. IX). Chez tous les autres êtres vivants, la comparaison avec une machine est exacte, puisque la coopération des divers organes assure un travail déterminé. La grande différence est que la structure de la machine est due à la volonté rationnelle de l'homme, celle de l'organisme au contraire à la sélection naturelle. En revanche, les machines et les organismes ont une autre propriété commune: la limitation de la vie due à leur usure. On sait qu'une locomotive, un bateau, un télégraphe, un piano ne peuvent fonctionner régulièrement que pendant un certain nombre d'années. Toutes les parties de ces machines s'usent et deviennent inutilisables, malgré toutes les réparations. De même dans les organismes, les différentes parties finissent par ne plus pouvoir remplir leurs fonctions respectives : il en est ainsi des organelles des protistes comme des organes des histones. Ces parties peuvent être réparées ou régénérées ; mais après un temps plus ou moins long, elles refusent le service et leurs défauts deviennent autant de causes de mort.

Régénération. — Au sens le plus étendu, le remplacement des parties devenues inutilisables est une faculté vitale de première importance. Tous les échanges de l'organisme vivant reposent sur l'assimilation du plasma, c'est-à-dire sur le remplacement de parties du plasma détruites constamment par dissimilation (voir chap. X). Verworn a appelé biogènes les molécules hypothétiques de la substance vivante (que je regarde, avec Hering, comme douées de mémoire et que j'ai, en 1875, nommées plastidules). Il dit : « Les biogènes sont les véritables supports de la vie. C'est leur destruction et leur reformation continuelles qui constituent le processus vital, qui a son expression dans les divers phénomènes vitaux ». Les relations de l'assimilation (construction de biogènes) et de la dissimilation (destruction de biogènes) dans l'unité de temps peuvent s'exprimer par une fraction, le biotonus : $\frac{A}{D}$. Ce sont les variations de grandeur de cette fraction qui produisent toutes les modifications des manifestations vitales de chaque organisme. Lorsque le biotonus augmente et que le quotient des échanges devient plus grand que l'unité, il y a croissance ; lorsqu'il devient plus petit que l'unité, il y a atrophie et finalement mort. Dans la régénération, il se forme de nouveaux biogènes. Dans la reproduction des groupes de biogènes se détachent des parents par suite d'une croissance exagérée et forment de nouveaux individus.

Les phénomènes de régénération sont très variables ; ils ont fait récemment l'objet de recherches nombreuses, surtout au point de vue du mécanisme du développement. Des embryologistes ont tiré de leurs expériences des arguments et des conclusions contre le darwinisme ; ils ont prétendu réfuter la doctrine de l'évolution. La plupart de ces travaux témoignent d'un défaut étonnant de culture physiologique et morphologique. Comme ils ne tiennent pas compte de la loi biogénétique et des relations de l'ontogénie avec la phylogénie, il ne faut pas être surpris du fait qu'ils ont été conduits à présenter les conclusions les plus contradictoires, nous dirons même les plus absurdes. La Revue *Archiv für Entwickelungsmechanik* en fournit de nombreux exemples. Si au contraire on tient compte de l'ensemble des phénomènes de régénération, on voit une série continue, depuis la simple réparation des protistes jusqu'à la reproduction sexuée des histones supérieurs. Cellules spermatiques et ovulaires de ceux-ci sont des produits de croissance surnuméraire qui ont la faculté de régénérer l'organisme entier. Mais beaucoup d'histones supérieurs ont aussi la faculté de produire de nouveaux individus au moyen de fragments de tissus ou même de quelques cellules détachées. Dans la direction spéciale que prennent les échanges et la croissance dans la régénération, un grand rôle est joué par la mémoire des plastidules. (Voir ma *Périgenèse des plastidules*, 1875, t. II des *Gesammelte gemeinverständliche Vorträge*, ainsi que le nouvel ouvrage de Richard Semon : *Die Mneme*, 1904).

Mort et régénération des protistes. — Dans les formes les plus primitives des protistes, la mort et la régénération nous apparaissent sous la forme la plus simple. Lorsqu'une monère (chromacée ou bactérie) se divise en deux moitiés égales, l'existence de l'individu parent est anéantie. Chaque moitié se régénère par assimilation jusqu'à ce qu'elle ait atteint la taille normale. Dans les cellules nucléées de la plupart des protophytes et protozoaires, le phénomène est déjà plus compliqué; le noyau agit ici comme organe central et régulateur des échanges. Si on divise un infusoire en deux morceaux, dont un seul renferme le noyau, celui-ci seul se complète : le fragment non nucléé meurt sans se régénérer.

Mort et régénération des histones. — Chez les organismes pluricellulaires, il faut distinguer entre la mort partielle des diverses cellules et la mort totale de l'organisme qu'elles composent. Chez beaucoup de plantes et d'animaux inférieurs, cette union est faible et dans ces Etats peu centralisés des cellules ou des groupes de cellules quelconques (bourgeons) peuvent, sans mettre en péril la vie de l'ensemble, se détacher et former de nouveaux individus. Chez certaines algues et hépatiques, chez une crassulacée, *Bryophyllum*, chez l'hydre ou polype d'eau douce, tout fragment du corps peut se développer en individu complet. Mais plus la corrélation des parties est nécessaire pour la vie de l'ensemble, plus aussi le pouvoir, la faculté de régénération devient faible. Cependant, même alors, des cellules usées peuvent être remplacées par des cellules nouvelles. Dans l'organismo humain comme dans celui des autres animaux des milliers de cellules sont détruites et remplacées tous les jours, par exemple dans l'épiderme, dans l'épithelium et dans le sang. D'autres tissus n'ont pas le même pouvoir de régénération, par exemple, les cellules nerveuses, sensorielles, musculaires, etc. Là, des individus cellulaires persistent toute la vie, quoiqu'une partie usée de leur cytoplasma puisse être régénérée. En réalité, notre corps, comme celui des animaux et des plantes, constitue tous les jours une autre association de cellules. A tous moments, des milliers de ses composants sont détruits, et remplacés par d'autres. Mais ce remplacement n'est jamais complet; il reste toujours un fonds de cellules dont les descendants servent aux régénérations suivantes.

Sénescence. — La grande majorité des êtres vivants trouve la mort par suite de causes externes, fortuites ou accidentelles : manque de nourriture, conditions défectueuses, parasites, accidents, maladies. Les quelques individus qui échappent à ces causes de mort, meurent par sénescence, c'est-à-dire par atrophie progressive des organes. Ce phénomène a, dans chaque espèce, pour condition la nature spécifique de son plasma. Comme l'a montré récemment Kassowitz, la sénescence tient à l'augmentation de la destruction du protoplasma et à l'accumulation des produits de déchet. La mort des cellules a lieu parce qu'à partir de l'apogée de la vie, l'activité chimique du plasma ne cesse de diminuer ; il perd progressivement la faculté de réparer les pertes qu'il subit de par le fonctionnement vital lui-même. Comme dans la vie psychique de l'homme, on voit diminuer la réceptivité du cerveau et l'acuité des sens, de même les muscles perdent leur énergie, les os deviennent cassants, la peau se ride et se flétrit, l'élasticité des mouvements disparaît. Tous ces phénomènes de dégénérescence sénile sont produits par des modifications chimiques du plasma, dont la dissimilation dépasse de plus en plus l'assimilation. Ils conduisent forcément à la mort normale.

Maladie. — Tandis que la diminution progressive des forces et la dégénérescence sénile des organes amènent nécessairement la mort de l'organisme même le plus sain, la majorité des hommes périssent longtemps avant ce terme ultime, par suite de maladie. Les causes externes des maladies sont les attaques des parasites, les accidents et des conditions de vie défectueuses. Ces causes produisent des modifications dans les tissus et les cellules, qui amènent d'abord la mort de certaines parties, puis la mort totale de l'individu. Les modifications de la substance vivante, qui produisent la maladie et la mort, sont appelées nécrobioses ; elles consistent soit en histolyses simples, c'est-à-dire en dégénérescence des cellules par atrophie, dessication ou liquéfaction, soit en métaplasmoses ou métamorphoses du plasma : celles-ci peuvent être adipeuses, muqueuses, calcaires ou amyloïdes. C'est Virchow qui a démontré, dans sa *Pathologie cellulaire* (1858), que toutes les maladies de l'homme et des autres organismes peuvent être ramenées à ces modifications des cellules composant les tissus. La maladie elle-même avec ses souffrances est donc un phénomène physiologique, une vie dans des conditions nuisibles et périlleuses ; comme dans les phénomènes vitaux normaux, la cause dernière des phénomènes pathologiques doit être cherchée dans la physique et la chimie du plasma. La pathologie est un chapitre de la physiologie. Cette notion enlève tout fondement aux croyances anciennes, d'après lesquelles la maladie provenait d'un être spécial, d'un démon, ou était un châtiment de Dieu.

Providence. — L'interprétation naturelle et physique de la mort, que nous connaissons aujourd'hui grâce à la physiologie et à la pathologie modernes, a servi aussi à réfuter toute une série de dogmes métaphysiques qui reposaient principalement sur ces croyances mystiques. Telle est en premier lieu la foi enfantine en une providence consciente qui conduit le destin des individus. Nous ne voulons pas le moins du monde méconnaître la valeur subjective que la croyance consolante en une providence possède pour l'homme menacé tous les jours par mille dangers. Mais comme nous ne cherchons pas à nous ranimer, à nous réconforter par des fictions poétiques, mais à satisfaire notre raison par l'austère recherche de la vérité, il nous faut déclarer, avec regret pour les croyants, qu'il n'y a nulle part l'ombre d'une preuve, si maigre soit-elle, de l'existence de cette providence ou d'un père céleste qui aurait soi-disant pour nous toutes les bontés. Tous les jours, nous lisons le récit douloureux d'accidents ou de crimes qui ont mis fin à la vie d'hommes bien portants. La statistique nous révèle et nous apprenons avec stupeur combien de vies sont sacrifiées fortuitement, grâce aux naufrages, aux accidents de chemins de fer, aux tremblements de terre, aux catastrophes minières, aux guerres et aux épidémies. Et il nous faudrait croire encore en une Providence amie qui a décrété la mort de tous ces êtres utiles à des titres divers? Il faudrait nous contenter des phrases creuses des prédicateurs d'oraisons funèbres : « Que la volonté du Seigneur s'accomplisse. » « Les voies de Dieu sont obscures et impénétrables. » Ces textes vides de sens peuvent consoler des enfants ou des fidèles dénués de réflexion; ils ne sauraient plus suffire à l'homme cultivé du xxe siècle, qui recherche honnêtement et sans crainte la vérité pure.

Hasard et destin. — Si on considère comme peu consolante notre conception moniste de la mort, nous répondrons que l'idée dualiste repose seulement sur des habitudes héréditaires de pensée et sur des croyances mystiques qui nous sont inculquées dès la prime jeunesse. Si les progrès de la culture les font disparaître, on s'apercevra bientôt que l'homme aura gagné beaucoup, et n'aura rien perdu pour sa vie terrestre. Convaincu qu'il n'a pas à attendre de vie éternelle dans un au-delà chimérique, il s'efforcera par tous les moyens licites de rendre heureuse sa vie actuelle et de la conduire d'une façon rationnelle pour son propre bonheur et pour le bien de la société. Si on objecte que, dans ce cas, tout dépend du hasard aveugle et non d'une providence ou d'un ordre moral du monde, je renverrai le lecteur aux considérations que j'ai fait valoir à la fin du chapitre XIV de mes *Énigmes de l'univers*, sur le destin et la Providence. Et si l'on ajoute que notre conception réaliste de la vie conduit au pessimisme, nous prétendons que ce reproche n'est pas davantage fondé.

Vie éternelle. — J'ai réuni dans le chapitre XI des *Enigmes de l'Univers* les raisons scientifiques qui nous interdisent de croire à une immortalité personnelle de l'âme. Mais comme ce chapitre a tout spécialement été l'objet des attaques les plus violentes de la part de la métaphysique régnante et de l'Eglise, je me vois forcé de revenir une fois encore sur les points les plus importants de la question. Par les nombreuses lettres qui m'ont été adressées de toutes parts, et par des conversations philosophiques avec des gens instruits de toutes les classes, je me suis convaincu qu'aucun dogme n'est aussi ancré dans l'esprit que la croyance à l'immortalité personnelle. La plupart des hommes ne veulent à quelque prix que ce soit abandonner l'espoir qu'après la mort ils jouiront d'une vie meilleure que sur cette terre. Dans la représentation de ce paradis imaginaire et fantastique, le plus grand rôle est d'ordinaire joué par la conception géocentrique du moyen-âge. Troels-Lund a montré, dans son livre intitulé : *Himmelsbild und Weltanschauung* combien cette conception influence encore aujourd'hui la métaphysique de la plupart des hommes. Malgré Copernic et Laplace, le ciel est toujours l'immense voûte bleue qui s'étend au-dessus de la terre. Aujourd'hui encore on entend vanter sur tous les tons les joies et les splendeurs de la vie éternelle dans ce ciel, c'est-à-dire l'espace parcouru par des millions d'astres, sans réfléchir qu'à chaque moment cette direction se trouve modifiée. D'autres Athanistes recherchent des conceptions plus concrètes et désignent des corps célestes déterminés comme habitat des âmes immortelles. La cosmologie, l'astronomie et la géologie ne nous permettent pas d'introduire dans le domaine scientifique ces imaginations poétiques. La psychologie, la physiologie, l'ontogénie et la phylogénie s'unissent pour réfuter le dogme de l'immortalité.

Optimisme et pessimisme. — L'optimisme envisage le monde du bon côté, le pessimisme voit tout en mal. Dans certains systèmes philosophiques et religieux, l'une de ces conceptions est portée à ses dernières conséquences; dans la plupart des systèmes, elles sont amalgamées. Le réalisme pur n'est en général ni optimiste ni pessimiste; il prend le monde comme il est, c'est-à-dire comme un ensemble, comme un tout dont l'essence et la nature ne sont en soi ni bonnes ni mauvaises. L'idéalisme dualiste accepte en général les deux tendances et les distribue dans ses deux mondes; il considère la terre comme une vallée de larmes et de misères, il se représente l'au-delà comme un paradis. Cette conception est à la base de la plupart des religions et détermine encore aujourd'hui en grande partie, au point de vue théorique et pratique, les idées de l'humanité civilisée.

Optimisme (Leibniz). — Le fondateur de la philosophie optimiste, Leibniz cherche à concilier l'opposition des divers systèmes en fondant une harmonie artificielle. En fait, c'est un dynamisme, c'est-à-dire un monisme voisin de l'énergétique d'Ostwald. Leibniz a exposé son système dans sa *Monadologie* (1714); d'après lui, l'univers est composé d'une infinité de monades, qui correspondent à peu près à nos atomes. Mais ce pluralisme se transforme en monisme parce que Dieu, monade centrale, relie le tout par un lien substantiel. Dans sa *Théodicée* (1710) il affirmait que Dieu avait créé le meilleur de tous les mondes possibles : l'harmonie préétablie du monde montre partout la bonté, la sagesse et la toute-puissance de Dieu. L'homme, de même que l'humanité tout entière, possède une faculté de perfectionnement illimité. Lorsqu'on connaît le monde réel, qu'on considère la lutte pour la vie qui fait rage partout, qu'on tient compte de la misère, de la douleur et des souffrances de l'humanité, on comprend difficilement comment un penseur aussi profond a pu persister dans son optimisme. La chose est plus excusable vraiment chez un métaphysicien, compliqué, verbeux, phraseur comme Hegel, d'après qui « tout le réel est raisonnable et tout le raisonnable est réel. »

Pessimisme (Schopenhauer). — D'après le pessimisme, le monde est le plus mauvais des mondes possibles. Cette conception est celle des religions les plus anciennes et les plus répandues de l'Asie, le brahmanisme et le bouddhisme. A l'origine, ces deux religions sont essentiellement pessimistes, mais elles sont en même temps athées et idéalistes. C'est ce qu'à très bien montré Schopenhauer, qui les considérait comme les plus parfaites de toutes les religions et qui a admis dans son système philosophique leur pensée fondamentale. Il regarde comme « une véritable absurdité de prendre ce monde mauvais et misérable pour le meilleur des mondes possibles, cette réunion d'êtres souffrants et craintifs, où chacun ne vit qu'en dévorant son voisin, et où, avec la connaissance, croît aussi la faculté d'éprouver et de ressentir la douleur qui, chez l'homme, a atteint son degré le plus élevé. Sur ce théâtre de la souffrance et de la mort, l'optimisme fait en vérité une figure si singulière, si étrange, qu'on le prendrait volontiers pour une ironie, si on ne connaissait son origine, mise en évidence par Hume (flagornerie envers Dieu, avec une confiance blessante en ses effets). A la démonstration sophistique de Leibniz on peut opposer sérieusement que ce monde est au contraire « le plus mauvais des mondes possibles ». D'ailleurs ni Schopenhauer ni le plus remarquable des pessimistes modernes, Edouard von Hartmann n'ont tiré les conséquences pratiques de cette doctrine. Ce serait nier la « volonté de vivre » et mettre un terme à toute souffrance par le suicide.

Suicide. — Nous venons de parler du suicide comme conséquence extrême du pessimisme; nous en profiterons pour jeter un rapide coup d'œil sur les contradictions étonnantes qui règnent à son sujet. Il y a peu de problèmes (sauf ceux du libre arbitre et de l'immortalité) sur lesquels on ait émis des idées aussi absurdes. Pour le théiste, qui considère la vie individuelle comme un présent du « bon Dieu », on n'a pas le droit de la dédaigner ou de la rejeter, quoiqu'on estime comme une grande vertu la mort volontaire pour un autre homme. La plupart des hommes civilisés considèrent encore aujourd'hui le suicide comme un délit, et dans certains pays, comme par exemple en Angleterre, la tentative de suicide tombe sous le coup de la loi et est sévèrement punissable. Dans le moyen-âge chrétien, alors qu'on brûlait des milliers et des milliers de pauvres diables pour le crime imaginaire d'hérésie ou de sorcellerie, on punissait le suicidé en ne l'enterrant pas en terre bénite. Schopenhauer fait remarquer à ce sujet : « Il est certain que personne n'a sur rien au monde un droit aussi incontestable que sur sa propre existence. Il est tout simplement risible de voir la justice criminelle poursuivre le suicide. » Les progrès de l'embryologie ont montré que la vie individuelle débute au moment de la rencontre fortuite de l'œuf et du spermatozoïde. Le hasard y joue exactement le même rôle que dans tous les autres phénomènes vitaux, bien entendu en le prenant dans le sens scientifique, tel que nous l'avons exposé à la fin du chapitre XIV de nos *Énigmes de l'Univers*. La vraie cause de l'existence personnelle n'est donc pas un cadeau de Dieu, mais simplement l'amour sexuel des parents; souvent même ceux-ci ne désirent pas que l'acte de la copulation ou du coït emporte avec lui cette suite naturelle. Si donc le malheureux né de l'œuf fécondé ne rencontre pas dans le cours de son existence le bonheur auquel il pouvait aspirer; si celle-ci au contraire ne lui apporte que misère, maladie et souffrance, il est absolument incontestable et hors de doute qu'il a le droit d'y mettre fin par la mort volontaire, par le suicide. Du reste, le suicide est permis par toutes les religions en certaines circonstances données, même par le christianisme, qui dit : « Si ton œil est une occasion de péché et de scandale, rejette-le loin de toi. » La morale régnante, il est vrai, interdit le suicide dans tous les cas ; mais les raisons qu'elle met en avant sont entièrement dénuées de fondement ; elles ne deviennent certainement pas meilleures lorsque, pour les faire accepter, on les recouvre du manteau de la religion.

Délivrance (Autolyse). — La mort volontaire, qui met fin aux souffrances, est un acte de libération. Le suicidé, qui se libère lui-même (autolyte), est en général digne de pitié, non de mépris ; il n'est point punissable suivant la conception pharisaïque de la morale en vogue. Celle-ci présente ici, comme en beaucoup d'autres cas, les contradictions les plus flagrantes. L'État moderne a introduit le service militaire obligatoire ; il demande à chaque citoyen de sacrifier sa vie pour sa patrie et de tuer le plus grand nombre possible d'ennemis (charmante illustration pour les paroles de l'Évangile : « Aimez vos ennemis ! »). Mais ce même État ne donne même pas à tous ses citoyens des moyens assurés d'existence, et la faculté de se développer librement ; il ne leur donne même pas le droit au travail, qui leur permettrait de vivre et de faire vivre leur famille.

Nous reconnaissons volontiers les progrès accomplis par la politique sociale moderne en vue de l'amélioration du sort des classes dites inférieures, pour faire progresser l'hygiène, l'enseignement, le bien physique et intellectuel de l'homme. Mais nous sommes encore bien éloignés du but qu'il convient de se proposer et qu'il s'agit d'atteindre. La misère augmente dans des proportions inquiétantes, en même temps que la division du travail se développe et qu'il y a partout excès ou pléthore de population. Des milliers de gens capables et laborieux périssent tous les ans, beaucoup uniquement parce qu'ils sont modestes et honnêtes. Des milliers meurent de faim, parce que, en dépit de tous leurs efforts, ils ne peuvent trouver de travail ; des milliers sont sacrifiés aux exigences de notre époque de machinisme à outrance, d'industrialisme hypertrophié. En revanche, nous voyons tous les jours des gens absolument méprisables arriver au bonheur et à la fortune, parce qu'ils savent tromper leurs semblables dans des spéculations sans scrupules, ou parce qu'ils savent flatter et servir bassement les personnages influents. Il ne faut donc pas s'étonner si les statistiques montrent une augmentation continue du nombre des suicides dans les États même les plus cultivés. Tout homme qui possède véritablement l'amour du prochain doit accorder à celui qui souffre sans espérance, la possibilité de se délivrer par le suicide. Nous n'avons pas besoin d'ajouter que, par ce qui précède, nous n'entendons pas légitimer tout suicide en général.

Libération du mal. — La septième prière contenue dans l'oraison dominicale est exprimée ainsi : « Délivre-nous du mal ». Si nous nous informons de la signification de cette prière, Luther nous répond : « Par elle, nous demandons que Dieu nous libère de tout le mal de notre corps et de notre âme et que, lorsque notre dernière heure sera venue, il nous accorde la grâce d'une bonne mort et nous emporte de cette vallée de larmes et de misères pour nous prendre avec lui dans le ciel. » Si nous examinons ces phrases à la lumière du monisme, nous devons naturellement renoncer aux vieilles conceptions superstitieuses du moyen âge, à la croyance au Père céleste et à l'âme immortelle dans le paradis du « bon Dieu ». Il ne reste donc plus que la demande de libération du mal.

La variété, le nombre et l'intensité de ces maux se sont accrus au cours du XIXe siècle, à mesure qu'augmentaient les progrès de l'art et de la science, et que notre vie personnelle et sociale se perfectionnait. Grâce à la machine à vapeur et à l'électricité, le temps et l'espace ont acquis une tout autre valeur, nous pouvons rendre notre vie plus agréable et plus utile, percevoir un plus grand nombre de jouissances intellectuelles. Mais en même temps la consommation d'énergie nerveuse est devenue bien plus grande ; notre cerveau s'use davantage, notre corps est surmené. Beaucoup de maladies dues à la civilisation augmentent dans des proportions véritablement effrayantes, telles sont par exemple la neurasthénie et un grand nombre d'autres affections nerveuses. Les asiles d'aliénés regorgent de monde et deviennent insuffisants ; partout on crée des sanatoriums où l'homme cherche le soulagement ou la guérison de ses maux. Beaucoup de ceux-ci sont inguérissables ; de nombreux malades ne peuvent éviter la mort. Un grand nombre d'entre eux, du reste, n'attendent que de la mort la fin de leurs souffrances. On peut dès lors se demander si nous ne sommes pas autorisés à répondre à leur désir et à mettre fin aux maux qu'ils endurent, par une mort sans douleur.

Cette question est d'une très grande importance, tant au point de vue philosophique qu'au point de vue de la médecine et du droit. A mon sens, la compassion (sympathie) n'est pas seulement une des plus nobles fonctions cérébrales de l'homme, elle est aussi une des conditions les plus importantes de la vie sociale des animaux supérieurs. Le commandement de l'amour chrétien que l'Évangile place avec raison en tête de l'éthique n'a pas, à la vérité, été inventé par le Christ, mais a été mis en honneur par lui et ses disciples, à une époque où l'égoïsme le plus raffiné entraînait le monde romain à sa ruine. En fait, la sympathie et l'altruisme existaient non seulement depuis des milliers d'années dans les sociétés humaines, mais aussi dans celles des animaux supérieurs. Ces qualités ont leurs racines profondes dans la reproduction sexuelle et les soins donnés aux jeunes chez tous les animaux. Aussi les prophètes modernes de l'égoïsme pur, Frédéric Nietzsche, Max Stirner, etc., commettent une erreur biologique, en plaçant leur morale du surhomme à la place de l'amour du prochain et en considérant la compassion comme une faiblesse de caractère ou comme une erreur du christianisme. C'est précisément là que réside la haute valeur de la doctrine chrétienne ; elle subsistera encore lorsque la longue série de ses dogmes rétrogrades aura pour jamais disparu. Mais on ne devrait pas limiter cet amour du prochain à l'homme ; il faudrait l'étendre à tous les animaux dont l'organisation cérébrale nous montre qu'ils sont doués de conscience, qu'ils ressentent la douleur et le plaisir. Ainsi, pour les animaux domestiques, dont la parenté psychique avec nous n'est pas douteuse, nous devrions être attentifs à multiplier leurs joies et à diminuer leurs souffrances. C'est avec raison que nous tuons le chien fidèle ou le noble cheval, nos compagnons de tous les jours, lorsqu'ils ont atteint un âge avancé et souffrent de maladies incurables. De même nous avons le droit, et si l'on veut, le devoir de mettre fin aux souffrances de nos semblables atteints de maladies cruelles et sans espoir de guérison, et s'ils nous demandent eux-mêmes de les délivrer de leurs maux. Mais les idées des médecins à ce sujet sont très contradictoires. Certains d'entre eux qui remplissent leur difficile profession avec un véritable amour du prochain et sans préjugés dogmatiques, n'hésitent pas à abréger les souffrances des malades, au moyen d'une dose de morphine ou de cyanure de potassium. Cette mort rapide et sans douleur, soulage non seulement le malheureux, perdu quand même, mais encore sa famille. D'autres médecins et la plupart des juristes pensent que cet acte est un crime. Le médecin aurait le devoir de conserver aussi longtemps que possible le malade en vie, quelles que soient les circonstances. Pourquoi?

Médecine et philosophie. — En touchant ici à l'une des questions les plus difficiles de l'éthique sociale, je profite de l'occasion pour examiner la position du médecin en face de la philosophie moniste. Il y a maintenant un demi-siècle depuis que je fréquentais, comme étudiant en médecine, les cliniques de l'hôpital de Würzbourg. Je n'ai, il est vrai, pratiqué que peu de temps; mais les connaissances acquises alors sur l'anatomie et la physiologie de l'organisme humain sont demeurées pour moi d'une valeur inappréciable. Je leur dois la base solide des études qui ont occupé ma vie, les études zoologiques, et la direction moniste de toutes mes conceptions. Comme la culture médicale comprend l'anthropologie, — et devrait comprendre la psychologie, — sa valeur pour la philosophie spéculative est immense. Les métaphysiciens scolastiques qui, aujourd'hui encore, considèrent les chaires des Universités comme leur monopole pour ainsi dire exclusif, auraient évité la plupart de leurs erreurs dualistes, s'ils avaient eu des connaissances sérieuses en anatomie, en physiologie, en ontogénie et en phylogénie. Mais la pathologie elle-même est très instructive pour le philosophe. Le psychologue surtout acquiert par l'étude des maladies mentales des vues sur la vie psychique, qui manquent totalement au métaphysicien spéculatif.

Il n'y a que peu de médecins sérieux qui aient conservé la croyance traditionnelle à l'âme immortelle et au « bon Dieu ». Que ferait l'âme immortelle dans l'au delà, si sur cette terre déjà, elle était idiote? Comment le père éternel condamnerait-il le criminel à l'enfer, alors que c'est lui-même qui lui a donné son hérédité et qui l'a placé dans des circonstances qui devaient forcément l'amener au crime? Comment le Dieu tout-puissant peut-il permettre les malheurs qui se déroulent journellement dans les hôpitaux et, du reste, dans le monde entier? L'ancien proverbe a raison: de trois médecins, deux sont certainement athées. L'un de mes compagnons d'études était un vieux médecin plein de savoir et d'expérience, qui avait parcouru le monde entier, puis était devenu directeur d'un important hôpital. Elevé par des parents pieux, et doué lui-même d'une imagination poétique, il avait (de même que moi dans ma vingtième année) perdu ses croyances religieuses au cours de ses études médicales. Peu avant sa mort, nous nous entretenions des grands mystères de la vie. Il me dit : « Je ne puis accorder la croyance à une âme immortelle et au libre arbitre avec les données de l'expérience, ni trouver dans tout l'univers une trace quelconque d'ordre moral et de providence; si réellement un dieu conscient gouverne le monde, cette personnalité immatérielle ne saurait être un dieu d'amour, mais un démon tout-puissant qui s'amuse à un jeu éternel de destruction et de reconstruction ». Malgré tout, il existe encore çà et là des médecins qui conservent leur foi aux trois dogmes centraux de la métaphysique, — ce qui prouve seulement la puissance de la tradition et la force des préjugés religieux.

Conservation de la vie. — Il faut aussi considérer comme un dogme traditionnel, cette croyance si répandue que l'homme doit en toutes circonstances conserver et prolonger la vie, même lorsqu'elle est tout à fait sans valeur, qu'elle n'est pour le malade désespéré qu'une source de souffrances et pour ses proches une cause de chagrins. Des centaines de milliers de malades inguérissables, des aliénés, des lépreux, des cancéreux sont conservés artificiellement en vie, leurs souffrances sont prolongées sans aucune utilité pour eux ni pour la société. La statistique des maisons de santé, à cet égard, est terriblement instructive. En Prusse, on soignait, en 1890, 51.048 aliénés (dont plus de 6.000 à Berlin); plus du dixième était parfaitement inguérissable (4.000 étaient des paralytiques généraux). En France, il y avait en 1871, 49.589 malades dans les maisons de santé (13.8 pour 10.000 de la population totale), en 1888, il y en avait 70.443 (18.2 pour 10.000). Ainsi en dix ans le nombre absolu des malades avait monté de près de 30 % (29.6 %), tandis que la population ne s'était accrue que de 5.6 %. Actuellement le nombre des aliénés est en moyenne dans les pays civilisés, de 5 à 6 pour 1.000. Si on admet pour l'Europe 390 à 400 millions d'habitants, il y a parmi eux au moins 2 millions d'aliénés et parmi ceux-ci, plus de 200.000 qui sont totalement inguérissables. Quelle somme effroyable de douleurs représentent ces chiffres pour les malades eux-mêmes, que de chagrins et de soucis pour leurs familles, que de pertes pour les particuliers et de dépenses pour l'Etat! Combien ces souffrances et ces dépenses pourraient être diminuées si on se décidait enfin à délivrer du fardeau de la vie les inguérissables! Naturellement cet acte de compassion ne devrait pas être soumis à la volonté exclusive d'un seul médecin, mais devrait être décidé par une commission de médecins compétents et consciencieux. De même dans d'autres maladies incurables (le cancer par exemple), la libération du mal ne devrait avoir lieu que sur le désir exprès du malade et par une commission assermentée.

Sélection spartiate. — Les anciens Spartiates devaient leur force physique et leur énergie intellectuelle à l'ancienne coutume de tuer les enfants faibles ou contrefaits. Celle-ci existe encore aujourd'hui chez beaucoup de primitifs et de barbares. Lorsqu'en 1868 (dans le chap. VII de mon *Histoire de la création*), je mis en évidence les avantages de cette sélection spartiate pour l'amélioration de la race, il s'éleva dans les feuilles pieuses une véritable tempête d'indignation, ce qui a lieu du reste chaque fois que la raison ose s'opposer aux préjugés régnants et aux croyances traditionnelles. Je le demande cependant : quel avantage l'humanité a-t-elle à conserver la vie et à élever des milliers d'infirmes, de sourds-muets, de crétins? Quelle utilité ces misérables tirent-ils eux-mêmes de leur existence? N'est-il pas plus rationnel de trancher dès le début le mal qui les atteint, eux et leurs familles? Il ne faut pas objecter que la religion le défend : le christianisme ordonne au contraire de conserver la vie à nos frères et de la rejeter lorsqu'elle devient pour nous et pour nos proches une cause de tourments sans utilité. En réalité, ce qui s'oppose à cet acte rationnel, c'est plutôt la puissance traditionnelle de la coutume et des habitudes héréditaires, habilement cachées sous le manteau de la religion. Ces idées déraisonnables et supertitieuses sont le plus souvent la cause des plus grands malheurs. — « Lois et droits se transmettent comme une éternelle maladie. » Ceci est vrai également des habitudes sociales, dont dérivent les lois. La sensibilité ne devrait pas, dans des questions de cette importance, s'opposer à la raison. Comme je le disais déjà dans le chapitre Ier des *Enigmes de l'Univers*, la sensibilité est une fonction cérébrale très aimable mais très dangereuse ; elle n'a rien à voir dans la connaissance de la vérité, pas plus d'ailleurs que la révélation. C'est ce que montre le dualisme de Kant, dont le « monde intelligible » est un produit de la sensibilité et de la foi.

CHAPITRE VI

Plasma.

La substance vivante. — Physique, chimie et structure du plasma. — Karyoplasma et cytoplasma. — produits du plasma.

> Les limites de l'observation empirique et de l'investigation expérimentale du monde organique ont fait assez de progrès pour ne plus rencontrer dans tous les organismes et dans toutes les parties des animaux et des plantes (muscles, nerfs, organes différenciés, tissus, etc.), qu'une même substance que nous nommons *protoplasma.* C'est ici que commence le domaine légitime de *l'hypothèse. Comme tous les processus vitaux se passent à l'intérieur du protoplasma,* l'hypothèse doit d'abord essayer, en se basant sur les conditions et les processus de la nature inorganique, de déterminer l'arrangement physique et la combinaison chimique de la substance vivante et des processus élémentaires qui en dérivent.
>
> Max Kassowitz (1899).

SOMMAIRE

Le plasma est la substance vivante universelle. — Notion de protoplasma aux points de vue chimique et physique. — Caractère physique. — Etat d'agrégation semi-fluide. — Analyse chimique. — Nature colloïdale de l'albumine. — Molécule d'albumine. — Structure élémentaire du plasma. — Travaux du plasma. — Protoplasma et métaplasma. — Structures du métaplasma. — Structure écumeuse. — Structure en châssis. — Structure filiforme. — Structure granulée. — Structure moléculaire. — Molécule de plasma. — Plastidule et biogène. — Micelles et biophores. — Karyoplasma et cytoplasma. — Substance du noyau. — Chromatine et achromine. — Nucléole et centrosoma. — Karyothèque et karyolymphe. — Substance de la cellule. — Produits du plasma. — Produits du plasma internes. — Produits du plasma externes. — Membrane cellulaire. — Substance intercellulaire. — Substance cuticulaire.

BIBLIOGRAPHIE

Max Schultze, 1861. — *Das Protoplasma der Rhizopoden und der Pflanzenzellen.* Leipzig.

Ernest Hæckel, 1862. — *Monographie der Radiolarien : Sarcode und Protoplasma.*

Du Même, 1876 — *Ueber die Wellenzeugung der Lebenstheilchen oder die Perigenesis der Plastidule.* 2e vol. des *Gesammelte Vorträge.* 1702. Bonn.

Du Même. 1894. — *Phylogenie der Protisten.* 1er vol. de la *Systematische Phylogenie.* Berlin.

Carl Nægeli, 1884. — *Mechanisch-physiologische Theorie der Abstammungslehre.* Munich.

Adalbert Hanstein, 1879. — *Das Protoplasma* (vulgarisation). Heidelberg

R. Altmann, 1890. — *Die Elementar-Organismen und ihre Beziehungen zu den Zellen.* Leipzig.

Julius Wiesner, 1891. — *Die Elementar-Structur und das Wachstum der lebenden Substanz.* Vienne.

Oskar Hertwig, 1892. — *Die Zelle und die Gewebe.* Iéna.

Otto Bütschli, 1892. — *Untersuchungen über mikroskopische Schäume und das Protoplasma.* Leipzig.

Max Verworn, 1894. — *Von der lebendigen Substanz (Protoplasma)).* 2e chap. de l'*Allgemeine Physiologie.* 4e éd. 1903 Iéna.

Ludwig Rhumbler, 1899. — *Allgemeine Zellenmechanik.* Göttingen.

Franz Hofmeister, 1901. — *Die chemische Organisation der Zelle.* Brunswick.

Richard Neumeister, 1903. — *Betrachtungen über das Wesen der Lebenserscheinungen Ein Beitrag zum Begriff des Protoplasma.* Iéna.

Otto Fürth, 1903. — *Vergleichende chemische Physiologie der niederen Thiere.* Iéna.

Max Kassowitz, 1899. — *Aufbau und Zerfall des Protoplasma.* 1er vol. de l'*Allgemeine Biologie.* Vienne.

Richard Semon, 1904. — *Die Mneme als erhaltendes Princip im Wechsel des organischen Geschehens.* Leipzig.

Par *plasma*, au sens le plus large du mot, nous entendons la substance vivante, c'est-à-dire tous les corps qui se montrent activement comme étant « la base matérielle des manifestations vitales organiques ». D'ordinaire on emploie dans ce sens le terme de protoplasma. Mais ce mot ancien, important au point de vue historique, a éprouvé par suite de son emploi dans divers sens, un tel changement de signification, qu'il vaut mieux ne l'employer qu'avec une acception étroite. Ajoutons que ces dernières années les recherches sur le protoplasma se sont développées à un tel point que des mots nouveaux ont dû être inventés, tous dérivés du mot plasma : ils désignent les formes spéciales de la « notion générale de plasma », c'est-à-dire les modifications spécifiques de la substance génésique ; tels métaplasma, archiplasma, etc.

Notion de protoplasma. — Le botaniste Hugo Mohl, qui définit en 1846 la notion de protoplasma entendait par là une partie déterminée du contenu de la cellule végétale ordinaire, c'est-à-dire la partie semi-fluide appelée par Schleiden « gelée cellulaire ». On la trouve à l'intérieur de la paroi de cellulose et elle forme souvent une sorte de filet mobile dans le suc cellulaire liquide. Mohl distingua cette paroi importante et la nomma « tube primordial », dont il appela protoplasma la substance chimiquement différente des autres substances de la cellule. Il est nécessaire d'indiquer que Mohl, le fondateur de la notion de plasma, se plaça sur le terrain purement chimique, mais non morphologique comme ont fait depuis Oskar Hertwig et plusieurs anatomistes de la cellule. C'est le point de vue chimique du protoplasma — ou plus simplement du plasma — que je conserverai ici. C'est dans le même sens que le comprit Max Schultze en 1860, lorsqu'il en démontra l'importance et la généralité et fonda la réforme de la théorie cellulaire dont il sera question plus loin.

La confusion entre le concept chimique et le concept morphologique du protoplasma a été un malheur pour la biologie moderne. Elle provient de ce que l'opposition entre les deux parties essentielles composantes de la notion moderne de cellule, c'est-à-dire la distinction entre le noyau et le corps de la cellule, n'a pas été formulée avec clarté. Le noyau interne *(nucleus* ou *karyon)* a paru être un élément solide, formé et déterminé morphologiquement. Par contre on regardait la masse molle, aujourd'hui nommée corps (*celleus* ou *cytosoma*) comme un élément amorphe et seulement définissable chimiquement. Ce n'est que plus tard qu'on reconnut que la composition chimique du noyau est très proche de celle du corps de la cellule et qu'on regarda le *karyoplasma* du premier et le *cytoplasma* de la seconde comme des formes d'une seule substance, le *plasma*. Toutes les autres substances qui se trouvent dans l'organisme vivant ne sont que des produits et des dérivés de ce *plasma* actif.

Caractères du plasma. — Étant donnée l'importance spéciale que nous attribuons au plasma en tant que « base physique de la vie », comme disait Huxley, il est nécessaire d'en définir nettement tous les caractères, surtout ceux d'ordre chimique. Mais ce travail est rendu difficile par ceci, que dans la plupart des cellules organiques, le plasma est intimement lié à d'autres substances, qui en sont les produits et qu'on ne peut que rarement le trouver à l'état pur ni l'isoler en masse considérable. Nous sommes donc renvoyés le plus souvent aux résultats imparfaits et vagues de l'investigation microscopique et microchimique.

Caractères physiques du plasma. — Toutes les fois que, malgré de nombreuses difficultés, on a réussi à obtenir du plasma relativement pur, on a trouvé une masse incolore, à demi-fluide et douée d'une consistance spéciale qu'on nomme état d'agrégation. La physique distingue dans les corps organiques trois sortes d'états d'agrégation : solide, liquide et gazeux. Mais le protoplasma vivant ne peut être, à proprement parler, défini ni comme étant réellement liquide, ni comme étant solide au sens que donne à ces mots la physique. Il est intermédiaire et par suite est « solido-liquide », c'est-à-dire semi-fluide, comme par exemple de la colle. Comme de juste, le plasma tend parfois davantage vers la solidité, parfois vers la fluidité. La raison de cette consistance est la teneur considérable en eau de la substance vivante, qui se monte parfois à la moitié du volume ou du poids. L'eau est divisée entre les particules de plasma de la même manière que l'eau de cristallisation dans les cristaux de sel, mais avec cette différence que dans la substance vivante elle varie continuellement. C'est de là que provient le pouvoir d'imbibition du plasma et la mobilité de ses molécules, d'une importance si grande pour l'exercice des activités vitales. Mais ce pouvoir a des limites définies pour chaque espèce de plasma. Le plasma vivant ne se dissout pas dans l'eau, mais se refuse à toute imbibition d'eau au delà d'une limite déterminée.

Caractères chimiques du plasma. — La chimie de la substance vivante est la partie la plus importante et la plus intéressante, mais aussi la plus difficile et la plus obscure de toute la chimie biologique. Malgré les innombrables recherches, soigneuses et approfondies, entreprises pendant la deuxième moitié du XIXe siècle par les meilleurs physiologistes et chimistes, nous sommes bien loin encore de la solution du problème fondamental de la biologie. Ceci tient, non seulement à la difficulté qu'il y a à isoler le plasma à l'état pur, mais aussi aux erreurs et aux confusions de notions commises au cours de l'étude du problème par les savants, tant physiologistes et chimistes, que zoologues et botanistes. D'où leurs discussions et leurs polémiques. Comme je ne saurais ici entrer dans le détail, je renvoie à la courte bibliographie inscrite en tête de ce chapitre pour n'exposer ici que les résultats en prenant pour base mes propres recherches commencées en 1859.

Notion chimique de plasma. — Il nous faut nettement préciser dès l'abord que la notion de protoplasma (au sens large du mot) est une *notion d'ordre chimique* et que cette substance n'est ni un « mélange de substances différentes » ni un « mélange d'une petite quantité de substances solides avec un liquide abondant ». C'est avec raison que Richard Neumeister (p. 45) remarque : « Nous recherchons l'essence du protoplasma dans des processus spéciaux qui se passent dans sa matière. Le protoplasma est pour nous une notion chimique et telle que les processus chimiques les plus élevés qu'on puisse imaginer se personnifient en lui ». Je dois aussi récuser la conception de Oskar Hertwig pour qui la substance vivante est un « mélange » ou une « agglomération » de nombreuses matières chimiques. Car la chimie nomme mélanges diverses substances gazeuses ou pulvériformes qui sont indifférentes les unes à l'égard des autres, attitude qui n'est certainement pas celles des parties composantes du protoplasma. Lorsqu'on parle de substance vivante ou de protoplasma, cela n'exclut naturellement pas que la matière vivante possède dans chaque cas particulier une composition spécifique spéciale. Si par contre nombre de biologistes conçoivent encore de nos jours le protoplasma comme un mélange de diverses substances, cette erreur tient le plus souvent à ce qu'ils ne distinguent pas catégoriquement le concept chimique du concept morphologique et qu'ils regardent certaines relations de structure du plasma comme primaires, alors que ce ne sont que des manifestations secondaires de son activité vitale.

Analyse chimique du plasma. — Les anciens biologistes auxquels on doit la notion de plasma avaient déjà reconnu que cette « substance vivante » appartient au groupe chimique des *albuminoïdes (albumine* ou *protéine*). Les nombreux caractères par lesquels ces combinaisons carburo-azotées se distinguent qualitativement de toutes les autres combinaisons chimiques, leur conduite à l'égard des acides et des bases, leurs réactions colorées particulières, leurs produits de décomposition, etc., sont les mêmes chez les corps plasmatiques que chez les autres albuminoïdes. L'analyse quantitative donne un résultat concordant. De quelque manière variable que se conduisent les divers corps plasmatiques, ils n'en sont pas moins une combinaison des cinq éléments « organogènes » des autres albuminoïdes soit d'après le poids : 51 à 54 % de Carbone, 21 à 23 % d Oxygène, 15 à 17 % d'Azote, 6 à 7 % d'Hydrogène et 1 à 2 % de Soufre. Le mode suivant lequel ces cinq éléments sont associés et l'arrangement de leurs molécules sont très compliqués. C'est pourquoi l'étude de la nature chimique des corps plasmatiques doit être précédée de celle, rapide, du groupe des albuminoïdes, auquel ils se rattachent.

Albumine ou protéine. — De toutes les combinaisons du carbone, celles qui constituent le groupe des albuminoïdes sont sans contredit les plus remarquables, mais aussi, malheureusement, les moins connues. Car leur étude approfondie se heurte à des difficultés extraordinaires. Ce qu'est l'albumine ordinaire, chacun le sait qui a vu du blanc d'œuf, matière transparente, demi-fluide et solidifiable par la chaleur. Mais ce n'est là qu'une des nombreuses formes de la protéine telle qu'elle existe dans le corps des animaux et des plantes. C'est en vain que les chimistes ont essayé de déterminer la structure chimique de ces énigmatiques combinaisons albuminoïdes. Et c'est très rarement qu'on peut en obtenir des exemplaires purs, sous forme de cristaux. La plupart du temps les albuminoïdes se présentent sous la forme de colloïdes, c'est-à-dire de masses gluantes non cristallisées qui opposent au passage à travers des parois poreuses (diosmose) une résistance bien plus grande que les cristaux. Bien qu'on n'ait pas réussi encore à connaître exactement la constitution moléculaire de l'albumine, les travaux des chimistes ont conduit cependant à quelques résultats généraux définitifs qui présentent pour nous une grande importance: telle la conception générale de la *constitution moléculaire*.

La Molécule d'albumine. — Les molécules sont les parties les plus petites en lesquelles on puisse diviser la masse de tout corps naturel sans modifier ses caractères chimiques. Les molécules de chaque combinaison chimique sont en conséquence formées de deux ou de plusieurs atomes d'espèce différente. Plus le nombre des atomes d'une combinaison est grand, plus aussi est grand le poids moléculaire de cette combinaison. Les intervalles entre les molécules et entre les atomes qui les constituent sont remplis par la matière impondérable appelée éther. Comme, les molécules les plus grandes n'occupent cependant qu'un espace très restreint et demeurent invisibles mais sous un fort grossissement, les conceptions que nous nous faisons à leur sujet reposent sur des théories de physique générale et sur des hypothèses chimiques spéciales. La *stéréochimie*, ou science de la structure moléculaire des combinaisons chimiques, n'en est pas moins une branche légitime de la philosophie naturaliste. Elle nous permet de calculer approximativement la grandeur relative de la molécule et le nombre des atomes qui s'y trouvent groupés. Mais les albuminoïdes présentent à cet égard de grandes difficultés et leur structure intime n'est pas connue avec certitude. Les résultats généraux obtenus jusqu'ici peuvent être formulés comme suit: 1° La molécule d'albumine est extraordinairement grande et son poids moléculaire très élevé (supérieur à celui des autres combinaisons); 2° le nombre des atomes qui la constituent est très grand (et dépasse probablement mille); 3° la position des atomes et des groupes d'atomes dans la molécule d'albumine est très compliquée et en même temps très variable. Ces propriétés, que la chimie moderne attribue à tous les albuminoïdes, sont aussi celles des corps plasmatiques. Mais en ces derniers elles sont plus accusées, parce que le phénomène du changement de substance dans la matière vivante est accompagnée de modifications incessantes dans la disposition des atomes. Celle-ci est causée, d'après Franz Hofmeister et d'autres, par la formation de ferments et d'enzymes, c'est-à-dire de *catalyseurs* de nature colloïdale. Verworn, en se plaçant au point de vue physiologique a nommé cette molécule de plasma *biogène*.

Structure élémentaire du plasma. — La connaissance que nous a donnée de la signification et de l'essence des organes l'anatomie comparée et de celles des cellules l'histologie comparée a comme de juste éveillé le désir de connaître, par la même voie, la structure élémentaire du plasma, partie la plus importante de la cellule vivante. Les méthodes perfectionnées de la cytologie moderne, les progrès dont elle est redevable au microtome et aux méthodes raffinées de coloration de la microchimie ont poussé de nombreux observateurs de ces dernières décades à déterminer la structure de l'organisme élémentaire et à édifier sur cette base des hypothèses sur la « structure élémentaire du protoplasma ». Toutes ces représentations théoriques présentent à mon sens un défaut capital : elles se rapportent à des structures microscopiques qui n'appartiennent pas au plasma comme tel (c'est-à-dire en tant que corps chimique) mais au corps cellulaire (cytosoma) qui est sans doute la partie la plus importante du plasma. Mais ces structures microscopiques ne sont pas les *causes* efficientes du processus vital; elles n'en sont que les produits. Ce sont des productions phylogénétiques des nombreuses différenciations éprouvées progressivement, au cours de millions d'années, par le plasma originairement homogène et sans structure. Je regarde donc toutes ces « structures plasmatiques » (rayons, fils, granulations, etc.), non pas comme primaires mais comme acquises, secondaires. Le plasma à structures ne peut être appelé que *métaplasma*, c'est-à-dire plasma différencié et modifié par le processus vital même. Le véritable *protoplasma* substance semi-fluide et chimiquement homogène ne peut à notre sens posséder une structure anatomique. C'est d'ailleurs ce dont on se rendra compte plus loin, lorsqu'il sera question des Monères, véritables « organismes sans organes ».

Protoplasma et métaplasma. — La plus grande partie du plasma accessible en tant que substance vivante des organismes à l'investigation est du métaplasma. Et l'on devrait réserver le nom de protoplasma au plasma présentant encore la constitution chimique homogène qu'il avait primitivement. Mais ce mot a été employé dans tant d'acceptions diverses qu'on ne peut plus l'employer avec son sens étymologique. C'est pourquoi il vaudra mieux appeler le plasma primaire *archiplasma*. On le rencontre encore actuellement : dans le corps de presque toutes les Monères, d'une partie des Chromacées et des Bactéries, chez les Protamibes et les Protogènes ; puis dans le corps de tout jeunes Protistes et de jeunes cellules histonales, mais dans ce cas déjà avec différenciation en karyoplasma et en cytoplasma. Si l'on étudie ces cellules jeunes au moyen de la méthode moderne des colorants et avec un fort grossissement, on voit leur protoplasma complètement homogène et sans structure ; ou bien l'on découvre quelques granulations disséminées çà et là et qu'on doit regarder comme le produit du changement de substance. Ceci se constate aisément chez beaucoup de Rhizopodes, spécialement les Amibes, les Thalamophores et les Mycétozoaires. Il existe de grandes Amibes qui émettent des prolongements mobiles à forme sans cesse changeante. Si on les tue et qu'on les étudie en détail, on constate qu'il est impossible d'y découvrir une structure quelconque. Et ceci vaut également pour les pseudopodes des Mycétozoaires et de beaucoup d'autres Rhizopodes. En outre l'extension lente du protoplasma semi-fluide montre nettement qu'il ne contient pas de matières solides, fut-ce extrêmement petites : on s'en rend compte surtout en examinant les Amibes et les Mycétozoaires qui possèdent une écorce hyaline, plus solide et dénuée de granulations (*hyaloplasma*) et une moelle (*polioplasma*) plus ou moins différenciée, trouble, molle et pourvue de granulations. Toutes deux sont semi-fluides et ne sont pas séparées l'une de l'autre par une démarcation nette : c'est-à-dire qu'il n'existe pas de structure.

Activité du plasma (fonctions physiologiques de la substance vivante). — La vie organique, considérée dans sa forme la plus basse et la plus simple n'est pas autre chose qu'un changement de substance c'est-à-dire un *processus chimique*. Toute l'activité vitale des Chromacées, organismes les plus anciens et les plus simples, se réduit à ce processus d'*assimilation de carbone* ou *plasmodomie*. Les pains de plasma sphériques, homogènes et sans structure qui constituent ces Protophytes primitifs (*Chroococcus*, *Aphanocapsa*, etc.) épuisent toute leur activité vitale dans le processus de la conservation ; ils conservent leur individu à l'aide d'un changement de substance simple ; ils poussent par intégration de plasma nouveau et se divisent ensuite dichotomiquement en deux grains de plasma sphériques semblables dès qu'une certaine limite de croissance a été atteinte : la reproduction par division constitue la conservation de l'espèce. De même que ces Chromacées ne possèdent pas d'organes (ou d'organelles) spéciaux, de même toute leur activité vitale n'est pas différenciée en fonctions particulières. Nous verrons plus loin qu'il ne s'agit ici que d'un processus purement chimique, semblable à la *catalyse* des combinaisons inorganiques, processus qui n'a besoin ni d'organes spéciaux, ni de structures fines. Le but de la vie, la conservation de soi-même, est atteint avec autant de simplicité que dans la catalyse des combinaisons inorganiques ou dans les formations des cristaux dans l'eau-mère.

Si l'on compare cette activité simple des Monères à celle des Protistes déjà différenciés (par ex. les Diatomées et les Desmidiacées, les Radiolaires et les Infusoires) on juge le progrès énorme ; et ce progrès apparaît comme plus étonnant encore si on les compare aux Histonaux, c'est-à-dire aux Métaphytes et aux Métazoaires, dans le corps desquels des millions de cellules coopèrent à l'activité des divers organes et tissus.

Structures du métaplasma. — Dans la plupart des cellules, tant des cellules de Protistes autonomes que des cellules histonales, on distingue dans le plasma des structures fines diverses. Nous les regardons toujours comme des produits secondaires de l'activité vitale. Les nombreuses interprétations suggérées par les figures microscopiques de ce métaplasma ont conduit à des conceptions et à des controverses diverses, où le désir de découvrir dans ces structures plasmatiques les causes premières de l'activité vitale ou les organes élémentaires de la cellule a joué un rôle important. Les principales des théories ainsi édifiées sont les doctrines de la structure en écume, de la structure en châssis, de la structure en fils et de la structure en granulations. Toutes ces théories valent pour le plasma en général, mais aussi pour ses deux formes principales, le Karyoplasma du noyau et le Cytoplasma du corps cellulaire.

I. **Structure en écume** (ou en rayons) du plasma. — Parmi les nombreuses tentatives pour définir une construction précise de la substance vivante, c'est la théorie de l'écume, des rayons ou alvéolaire qui a reçu le plus d'approbation. C'est surtout Otto Bütschli de Heidelberg qui a, en se fondant sur de longues recherches, tenté de faire de cette théorie la base de nos conceptions sur le plasma. Sans doute, le plasma vivant de nombreuses cellules montre une structure fine qu'on peut comparer à de la mousse de savon légère ; d'innombrables petites bulles sont pressées l'une contre l'autre et acquièrent ainsi une forme polyédrique. En 1872, Bütschli fit de la mousse d'huile très légère en frottant de l'huile d'olive avec du sucre de canne ou de la potasse et en jetant une goutte de cette masse à particules très fines dans une goutte d'eau qu'il examina au microscope. Les petites particules de sucre agirent par diffusion sur les particules d'eau qui pénétrèrent dans la masse d'huile ; le sucre s'étant dissous, il resta de petites bulles à paroi d'huile qui prirent une forme polyédrique. La ressemblance de ces « mousses de savon d'huile » avec les structures, visibles au microscope, de nombreuses espèces de plasma présente d'autant plus d'intérêt que Bütschli, G. Quincke et d'autres y constatèrent l'existence de courants, explicables par les phénomènes physiques d'adhésion, d'imbibition, etc. C'est pourquoi l'on crut avoir une raison de ramener aussi à des forces purement physiques les mouvements dits « vitaux » du plasma vivant. C'est dans ce sens que récemment Ludwig Rhümbler de Göttingen, spécialisé dans l'étude des Rhizopodes publia sa *Physikalische Analyse von Lebenserscheinungen, der Zelle.* (Analyse physique des manifestations vitales de la cellule). Il faut cependant remarquer que sous ce nom de théorie de l'écume il a été confondu plusieurs phénomènes, d'une part la formation grossière d'écume par absorption d'eau dans la substance vivante, de l'autre une structure moléculaire hypothétique parce qu'invisible ; et toutes deux doivent être distinguées de la structure fine du plasma, visible au microscope. Mais les limites sont difficiles à tracer.

II. Structure en châssis du plasma. — Une autre théorie, qui fut admise par beaucoup avant même la théorie de l'écume fut édifiée, en 1875, par Carl Fromann et Carl Heitzmann, puis soutenue par Leydig, Schmitz et d'autres. Elle prétend que le plasma est constitué par un châssis de fils très fins (ou fibrilles) reliés en forme de filet qui s'étendent et se ramifient à l'intérieur de l'espace cellulaire rempli de liquide. On compare volontiers cette structure à celle d'une éponge, et on la nomme parfois structure *spongieuse*. On peut également construire artificiellement des structures de ce genre, en ajoutant par exemple de l'alcool à une solution épaisse de colle ou d'albumine. Sans nul doute, il existe en effet des « châssis plasmatiques » tant dans le noyau que dans le corps cellulaire ; mais ce ne sont là que des produits secondaires de l'organisme élémentaire. De plus la coupe d'une écume ou d'un corps alvéolaire donne au microscope l'image de cette configuration en châssis. De toutes manières on ne saurait donc la regarder comme la structure élémentaire du plasma.

III. Structure en fils du plasma. — Comme il est aisé de discerner dans le Karyoplasma et dans le Cytoplasma de nombreuses cellules des fils ténus, Flemming, de Kiel, a pensé (1882) que toutes les cellules étaient constituées de cette manière : d'où sa théorie *filaire* du plasma. Il admet que toute substance vivante est formée de deux espèces plasmatiques différentes, la substance filaire et la substance interfilaire. Les fils ténus de la première sont tantôt longs, tantôt courts, simples ou divisés, ramifiés ou en forme de filet (*mitoma* et *paramitoma*). Dans certains stades de la vie cellulaire, surtout lors de la « division cellulaire indirecte » ces formations filaires jouent en effet un grand rôle ; il en est de même des cellules différenciées comme celles des ganglions. Mais dans nombre de cas les fils plasmatiques peuvent n'être que le profil d'une coupe d'une structure en écume. En tout cas on ne saurait les regarder comme la structure élémentaire générale du plasma et je ne les considère que comme des produits secondaires phylétiques de la substance vivante.

IV. Structure en granules du plasma. — C'est à un tout autre point de vue que se place Altmann (1890) avec sa théorie granulaire. Il admet que toute substance vivante provient originairement d'un petit grain sphérique (*granula*) et que ces *bioblastes* sont les organismes élémentaires, les individus microscopiques de premier ordre. Il faudrait donc regarder les cellules, constituées par des unions de granules, comme des individus de deuxième ordre Entre les granules se trouverait une substance *intergranulaire* où les granules seraient placés suivant un arrangement déterminé. Les granules ou bioblastes sont homogènes, tantôt sphériques, tantôt ovoïdes, etc. Mais cette distinction entre deux substances est artificielle, et ne se laisse préciser ni chimiquement ni morphologiquement. Altmann englobe sous cette notion de granule les parties composantes cellulaires les plus diverses : grains de graisse, grains de pigment, grains de sécrétion, etc. C'est pourquoi nul n'accepte plus la théorie d'Altmann. Cependant elle contient une idée juste, à savoir que les propriétés et les fonctions vitales de la substance vivante ne peuvent être expliquées que par les petites particules composantes qui se meuvent dans une substance demi-fluide. Mais ces éléments composants ne sont pas visibles au microscope : ils appartiennent au domaine moléculaire. Et je considère d'ailleurs les granules ou bioblastes d'Altmann non comme des structures élémentaires mais comme des produits secondaires du plasma.

Structure moléculaire du plasma. — Comme les qualités et les activités spéciales de tout corps naturel dépendent de sa constitution chimique, laquelle dépend à son tour, en dernière instance, de la constitution de sa molécule, il est du plus haut intérêt pour la biologie générale d'avoir une idée claire et précise de l'essence et des qualités de la molécule de plasma. Malheureusement on ne peut résoudre ce problème qu'approximativement ; difficile déjà pour les corps ordinaires, l'investigation l'est surtout quand il s'agit d'albuminoïdes ; et les seuls résultats généraux acquis jusqu'à ce jour sont ceux énumérés ci-dessus.

Depuis qu'en 1859, Darwin a mis au premier plan la question de l'hérédité, on a édifié beaucoup de théories pour expliquer cette merveille de la vie. Toutes en reviennent aux relations moléculaire du plasma dans les cellules des germes, par lesquels s'opère la reproduction. Toutes les recherches récentes approfondies sur le mécanisme de la reproduction et de l'hérédité ont donc profité à l'étude moléculaire du plasma. Je renvoie pour une analyse détaillée de ces théories au chap. IX de ma *Création Naturelle.* Par ordre chronologique il faut citer 1° la théorie de la pangénèse, de Darwin, 1868; 2° la théorie de la périgénèse, d'Hæckel, 1875; 3° la théorie de l'idioplasma de Nægeli, 1884; 4° la théorie du plasma germinatif de Weismann, 1885; la théorie de la pangénèse de De Vries, 1889. Aucune de ces tentatives n'offre en définitive de solution satisfaisante du problème de l'hérédité et de la structure moléculaire du plasma. On ne sait même pas si la vie se ramène en dernière instance à une molécule unique ou à un groupe de molécules. On peut à ce dernier point de vue distinguer deux groupes d'hypothèses, celles des plastidudes et celles des micelles.

Plastidule et biogène. — Dans mon mémoire sur *La périgénèse de la Plastidule,* 1875, j'avais émis cette hypothèse que c'est la plastidule, c'est-à-dire la molécule de plasma, qui est le support de l'hérédité et qui possède la mémoire. Je me fondais sur la doctrine de Ewald Hering qui avait défini, en 1870, « la mémoire comme une propriété générale de la matière organique ». Aujourd'hui encore je ne vois pas comment expliquer sans admettre ce point de vue, les faits d'hérédité. Et même le terme de *reproduction*, qui s'applique aux deux processus, exprime le caractère commun de la génération et de la mémoire psychique. (Cf. le livre important de R. Semon, *Die Mneme*, 1904). Par *plastidule* j'entends la molécule simple. Car la constitution homogène du plasma des Monères (tant des Chromacées que des Bactéries et des Rhigomonèces) et la simplicité primitive de leurs fonctions vitales n'oblige pas à leur attribuer déjà une constitution en groupes de molécules. C'est dans le même sens que récemment Max Verworn (1903) a formulé son hypothèse du *biogène*, en tant que « étude critique et expérimentale sur les processus dans la matière vivante ». Lui aussi admet que la molécule active de plasma, qu'il nomme biogène, est le facteur individuel primordial du processus vital; et il pense que dans le cas le plus simple le plasma est formé de molécules, biogènes de même espèce.

Micelles et biophores. — Les hypothèses de Nægeli (1884) et de Weismann (1885) diffèrent des précédentes en ce qu'ils ne regardent pas les « unités vitales », comme des molécules homogènes de plasma, mais comme des groupes de molécules formés de plusieurs molécules d'espèces différentes. Nægeli nomme ces groupes *micelles* et leur attribue une structure cristalline; il pense que ces micelles sont rangés en forme de chaîne et que c'est par les divers modes de sériation et de configuration de ces chaînes que s'explique la variété des innombrables formes plasmatiques et de leurs fonctions. Weismann de son côté affirme (p. 404) : « La vie ne peut provenir que d'une union déterminée de molécules d'espèces différentes et c'est de groupes moléculaires de cet ordre qu'est formée toute substance vivante. Une molécule unique ne peut ni assimiler, ni croître, ni se reproduire ». Je ne conçois pas l'exactitude de cette affirmation; car toutes les propriétés chimiques et physiologiques que Weismann attribue à ses *biophores* hypothétiques peuvent aussi bien appartenir à une molécule unique qu'à un groupe de molécules. Chez les Monères les plus simples (tant Chromacées que Bactéries), l'essence de la « vie la plus simple », s'explique autant par la première théorie que par la seconde. Sans doute, on ne saurait nier l'extrême complication de la structure chimique des plastidules ou des biogènes, molécules relativement grandes. L'hypothèse de Verworn me semble suffisante pour permettre de regarder cette « molécule de la substance vivante » comme le facteur vital primordial.

Karyoplasma et cytoplasma. — Le processus le plus important de l'histoire généalogique du plasma, c'est sa séparation en substance nucléaire (Karyoplasma) interne et en substance corporelle (Cytoplasma) externe. Ces deux espèces de plasma proviennent par différenciation chimique du plasma simple des Monères et ainsi se sont constitués le noyau et le cytosoma. Comme toutes deux, bien que chimiquement différentes, sont très proches et agissent intimement, l'une sur l'autre, pendant la division indirecte et la karyolyse partielle qui s'y rattache, nous pouvons admettre que cette séparation des deux substances ne s'est produite que lentement au cours de longues séries de siècles. Ce n'est pas par une variation brusque ou *mutation*, mais par un développement progressif que la cellule primitive ou *cytode* a produit la cellule nucléée ou *cytos*. Tous deux peuvent être réunis sous le concept plus élevé de *plastide* en tant qu'individu « de premier ordre ». (*Generelle Morphologie*, 1866, Livre III).

Je regarde comme cause principale de cette importante différenciation du plasma l'accumulation de *matière héréditaire*, c'est-à-dire des qualités acquises par les ancêtres et transmises par hérédité aux descendants à l'intérieur de la plastide. C'est ainsi que le noyau intime est devenu l'organe de l'hérédité et de la reproduction, au lieu que le corps de la cellule devenait l'organe de l'adaptation et de la nutrition. J'ai déjà formulé cette hypothèse dès 1866 dans ma *Generelle Morphologie* (t. I, p. 288) : « Les deux fonctions de l'hérédité et de l'adaptation ne semblent pas encore dévolues dans les cytodes sans noyau à des substances différentes, mais être inhérentes à toute la matière homogène du plasma ; au lieu qu'elles sont, dans les cellules nucléées attribuées de telle manière que le noyau interne a pour objet l'hérédité des caractères et le plasma externe l'adaptation aux conditions extérieures ». Cette hypothèse n'a été confirmée que plus tard par les découvertes, sur la karyolyse et la reproduction, de Strasburger, des frères Oskar et Richard Hertwig et d'autres. Elle est consolidée surtout par les processus de la karyokinèse lors de la génération sexuée. Ainsi s'explique aussi ce fait que les Monères (tant les Chromacées que les Bactéries), qui se multiplient par division simple, manquent à la fois de reproduction sexuée et de noyau cellulaire.

Karyoplasma (substance du noyau). — La grande signification que le noyau présente pour la vie de cellule repose en premier lieu sur les propriétés chimiques de sa matière albuminoïde, le *karyoplasma*. Il se distingue du cytoplasma par des réactions déterminées. C'est ainsi que le karyoplasma a plus de force d'attraction pour beaucoup de colorants (carmin, hématoxyline, etc.) que le cytoplasma ; il se solidifie aussi plus vite et mieux par les acides (acide acétique, etc.). Il suffit donc d'ajouter à des cellules qui semblent homogènes une goutte d'acide acétique étendu (2 °/₀) pour rendre visible la différence entre le noyau et le corps cellulaire. Le noyau se montre alors d'ordinaire sous forme d'un grain de plasma sphérique ou ovoïde ; il est rare qu'il se présente sous une autre forme (cylindrique, en forme de quille, ramifié, etc.). Originairement le karyoplasma semble parfaitement homogène et sans structure, par exemple chez beaucoup de Protistes et nombre de jeunes cellules histonales, surtout les jeunes embryons. Par contre dans la plupart des cellules il se différencie en deux ou plusieurs substances différentes, dont les principales sont la chromatine et l'achromine.

Chromatine et achromine. — La séparation du karyoplasma en deux substances chimiquement différentes, la *chromatine* ou *nucléine* et l'*achromine* ou *linine* est très répandue dans les cellules des organismes animaux et végétaux; elle est par suite de la plus grande importance. La chromatine est proche parente des matières colorantes citées (carmin, hématoxyline, etc.) et est pour cette raison regardée de préférence comme le support de l'hérédité. L'achromine est peu colorable, ou pas du tout, et par suite se rapproche du cytoplasma avec lequel elle entre aussi en rapports plus intimes lors de la division indirecte. Elle se présente le plus souvent sous forme de fils ténus, au lieu que la chromatine a celle de petits grains sphériques ou en forme de bâtonnets (chromosomes) qui subissent des modifications caractéristiques au moment de la division. L'opposition chimique, physiologique et morphologique entre la chromatine et l'achromine ne doit pas être regardée comme une propriété primitive de tous les noyaux, ainsi qu'on le pense souvent à tort; mais c'est le résultat d'une très ancienne différenciation phylogénétique du karyoplasma originairement homogène. Ceci vaut également pour deux autres parties composantes du noyau, le nucleolus et le centrosoma.

Nucleolus et centrosoma. — Dans beaucoup de cellules, mais non dans toutes, on a découvert deux parties composantes du noyau qui doivent leur origine à une différenciation ultérieure du karyoplasma. Le *nucleolus* ou corpuscule du noyau est un petit grain sphérique ou allongé qui se rencontre, soit seul, soit en nombre, à l'intérieur du noyau et se conduit à l'égard des colorants un peu autrement que la chromatine. Il a surtout de l'affinité pour l'aniline, l'éosine, etc. C'est pourquoi on en a distingué la substance sous le nom de *plastine* ou *paranucléine.* Le nucleolus existe surtout dans les cellules d'animaux et de végétaux supérieurs en tant qu'élément autonome; il manque à beaucoup de Protistes monocellulaires. Ceci vaut également pour le *centrosoma* ou corpuscule central de la cellule. C'est un grain extrêmement petit, tout juste visible et dont on ignore l'activité chimique exacte. On n'aurait pas fait attention à ce corpuscule, découvert en 1876, s'il ne jouait un rôle important au moment de la division indirecte. En tant que corpuscule du pôle dans la figure de la karyokinèse, le centrosoma exerce une attraction spéciale sur les granulations disséminées à l'intérieur du cytoplasma. Les centrosomes croissent d'eux-mêmes et se multiplient par division, comme les chromoplastes (grains de chlorophylle, etc.). Une fois divisés, chaque microsome agit de nouveau comme pôle d'attraction sur la moitié de cellule correspondante. La grande signification que les cytologues ont récemment attribuée au centrosoma est affaiblie cependant par deux circonstances : d'abord, on n'a jamais réussi à découvrir un centrosoma dans les cellules des plantes supérieures et de nombreux Protistes ; puis, on a pu, ces temps derniers, et à plusieurs reprises, reconstituer artificiellement du centrosoma dans le cytoplasma, par adjonction de chlorure de magnésium. C'est pourquoi plusieurs cytologues regardent le centrosoma comme un produit secondaire de différenciation, non pas du cytoplasma, mais du karyoplasma.

Karyothèque et karyolymphe. — Ce sont également des parties composantes du noyau qui se rencontrent dans beaucoup de cellules, mais non dans toutes. La karyothèque est une membrane très mince qui entoure le liquide nucléaire à l'intérieur duquel l'achromine forme une sorte de filet entre les réseaux duquel sont répartis les grains de chromatine. Cette membrane peut être regardée comme un produit de la tension superficielle. Quant au liquide d'ordinaire clair et transparent, ou karyolymphe, il se produit par imbibition d'eau. Cette séparation entre la membrane et le liquide nucléaires n'est pas une propriété primitive du noyau, mais provient d'une différenciation secondaire.

Cytoplasma. — Tout comme le noyau, le cytoplasma provient d'une modification chimique du plasma homogène primitif (archiplasma). Ceci est démontré par la biologie comparée des Protistes. Cependant le cytoplasma est, dans la majorité des cellules, différencié en un grand nombre de parties composantes, lesquelles présentent des formes et des fonctions diverses. C'est alors que la finalité de l'organisation cellulaire, qui manque encore aux corps plasmatiques homogène des Monères, se manifeste avec netteté. Comme cette différenciation de l'organisme élémentaire perfectionné a été généralisée par maints cytologues récents et regardée par eux comme une propriété générale, il est nécessaire de répéter catégoriquement qu'elle ne s'est développée phylogénétiquement que postérieurement et qu'elle manque tout à fait aux organismes primitifs. La division du travail physiologique (ergonomie) et la différenciation morphologique qui lui correspond (polymorphisme) est étonnamment grande dans le cytoplasma. Si l'on tente, en se plaçant à un point de vue général, de répartir ces phénomènes suivant des groupes déterminés, on peut distinguer les produits plasmatiques actifs des produits plasmatiques passifs. Les premiers se forment par métamorphose chimique du plasma vivant, les autres en sont des excrétions mortes. (Cf. *Generelle Morphologie*, t. I, p. 274-289.)

Produits actifs de différenciation. — J'entends par là tous les produits du plasma qui sont des parties de substance vivante et qui accomplissent des fonctions spéciales. L'une des premières différenciations de cet ordre est la séparation entre une couche solide hyaline (hyaloplasma) et une couche centrale, molle et granulée (polioplasma); toutes deux se joignent souvent sans qu'on puisse tracer une ligne nette de démarcation. Dans la plupart des plantes se forment des grains de plasma, sphériques ou circulaires, qui exécutent des actes spéciaux du processus de changement de substance; ce sont les *trophoplastes*. Dans cette catégorie rentrent les amyloplastes qui produisent de l'amidon, les chloroplastes ou grains de chlorophylle, les chromoplastes, qui produisent des cristaux colorés de diverses sortes. Dans les cellules des organismes des animaux supérieurs, les myoplastes constituent le tissu contractile spécial de la substance musculaire ; les neuroplastes, le tissu psychique de la substance nerveuse. Par contre, la distinction tranchée entre somoplasma et germoplasma, qui est à la base de la théorie du plasma germinatif de Weismann, ne saurait être admise. (Cf. le chap. XVI.)

Produits passifs du plasma. — Ils peuvent être répartis en deux groupes, ceux qui sont déposés à l'intérieur du cytoplasma et ceux qui sont expulsés au dehors.

Parmi les produits du premier groupe, les plus répandus sont les *microsomes*, petits grains très réfringents qui sont d'ordinaire regardés comme des produits de changement de substance. Ils sont formés de graisse, de dérivés de l'albumine ou d'autres substances dont il est difficile de déterminer la constitution chimique. Ceci vaut également pour les graisses de *pigment* qui conditionnent les différentes colorations des tissus. On trouve encore dans le cytoplasma des amas de graines sous forme de sphérules d'huiles, puis des *cristaux* de toutes sortes, soit organiques, soit inorganiques. Dans beaucoup de grandes cellules circule un suc spécial, très important, la *sève* (cytolymphe), qui se rencontre déjà dans la structure écumeuse. Les grandes cavités du cytoplasma sont dites vacuoles, celles qui sont rangées régulièrement alvéoles; lorsque la sève s'accumule en grande quantité à l'intérieur de la cellule, il se forme de grandes cellules en forme de bulle, comme celles des plantes supérieures, etc.

Produits plasmatiques externes. — Les plus importants sont les *organes protecteurs* de la cellule, notamment les *membranes* cellulaires. Pendant la première période (1838-1859) des études cytologiques, on attribuait ces membranes à toutes les cellules et on les regardait même comme leur élément le plus important. Depuis on s'est rendu compte que cette enveloppe protectrice manque à beaucoup de cellules, surtout animales, que beaucoup de cellules jeunes n'ont pas de membranes, et n'en acquièrent une que postérieurement. C'est pourquoi l'on distingue aujourd'hui des *cellules nues* (gymnocytes) et des *cellules à enveloppe* (thécocytes). Dans la première catégorie rentrent par exemple les Amibes et beaucoup d'Infusoires, les spores des Algues, les spermatozoaires, de nombreuses cellules histonales, etc.

L'enveloppe (cythothèque) présente une grande variabilité quant à sa grandeur, sa forme, sa constitution chimique, etc., chez les Protistes monocellulaires, notamment les Radiolaires. Les coquilles siliceuses des Radiolaires et des Diatomées, les coquilles calcaires des Thalamophores et des Calcocytées, les coquilles en cellulose des Desmidiacées et des Siphonées sont une preuve de l'étonnante plasticité du cytoplasma (voir le chap. VIII). Chez les Histonaux, les plantes à tissus se distinguent par l'extrême diversité de leurs capsules de cellulose. Les qualités bien connues du bois, du liège, de l'écorce, des coquilles de fruits, etc., sont conditionnées par les modifications multiples et la différenciation morphologique que subit la membrane en cellulose dans les tissus des Métaphytes. Ce processus est moins accusé chez les

Métazoaires, chez qui, par contre, un rôle considérable est dévolu à la substance intercellulaire et à la substance cuticulaire.

Substance intercellulaire. — Ce produit plasmatique provient de ce que les cellules associées des tissus forment en commun des enveloppes protectrices solides. Ces formations sont déjà très répandues chez les cénobies de Protistes qui constituent des masses de gelée à l'intérieur de laquelle sont disposées de nombreuses cellules de même espèce, telles la zooglée de nombreuses Bactéries et Chromacées, l'enveloppe gélatineuse des Volvocines et de plusieurs Diatomées, les unions sphériques de cellules des Polycytaries ou Radiolariées sociales. Les substances intercellulaires jouent un rôle important dans le corps des Métazoaires supérieurs en tant que tissus mésenchymateux (dans les cartilages, les os, etc.).

Substance cuticulaire. — Lorsque les cellules épidermiques associées, forment à la surface d'un corps histonal une enveloppe protectrice commune, il se constitue ce qu'on nomme des cuticules, sortes d'armures souvent très épaisses et très solides. Chez beaucoup de Métaphytes il se dépose dans la cuticule en cellulose de la cire ou des silices. Les formations de cet ordre les plus solides se rencontrent chez les Invertébrés : telles les coquilles calcaires des mollusques (coquilles des huîtres, des moules, des escargots) et les recouvrements chitineux des Articulés (carapaces des Ecrevisses, des Araignées, des Insectes).

CHAPITRE VII

Unités vitales.

INDIVIDUS ET ASSOCIATIONS ORGANIQUES. — CELLULES, PERSONNES ET CORMUS. — ORGANELLES ET ORGANES.

> « Voyez les apparences véritables
> Voyez le jeu sacré !
> Aucun être vivant n'est un,
> Il est toujours multiple. »
>
> GŒTHE

> « Notre corps est, comme celui de tous les animaux supérieurs, un état cellulaire. Les tissus correspondent aux différentes professions ou castes de l'état, les organes aux diverses fonctions ou institutions. A la tête se tient le pouvoir central, le système nerveux, le cerveau. Plus l'animal est élevé en organisation, plus l'état cellulaire est centralisé et plus le cerveau est puissant. »
>
> Ames cellulaires et cellules psychiques,
>
> E. HAECKEL,
> (*Gesammelte Schriften*, 1878).

SOMMAIRE

Unités vitales. — Organismes simples et composés. — Individus morphologiques et physiologiques. — Morphontes et biontes. — Degrés de l'individualité. — Biontes actuels et virtuels. — Biontes partiels et généalogiques. Individus métaphysiques. — Cellules (organismes élémentaires). — Membrane cellulaire. — Cellules sans noyau. — Plastides (cytodes et cellules). — Cellules primitives et cellules nucléées. — Organelles (organes cellulaires). Associations cellulaires (cœnobies). — Tissus des histones (métaphytes et métazoaires). — Organes des histones. — Systèmes organiques, appareils, individus histonaux (Bourgeons et personnes). — Division des histonaux (métamérie). — Cormus des histones. — Sociétés animales.

BIBLIOGRAPHIE

Ernst Haeckel, 1866. — *Generelle Tectologie oder allgemeine Structurlehre der Organismen* (3e livre de : *Generelle Morphologie*, Bd I. p. 239-374).

Ernst Haeckel, 1878. — *Ueber die Individualität des Thierkörpers. Ienaische Zeitschrift fur Naturwissenschaft*, Bd XII.

Alexandre Braun, 1853. — *Das Individuum der Pflanze in seinem Verhältniss zur Species*. Berlin.

Rudolf Virchow, 1858. — *Die Cellular-Pathologie in ihrer Begründung auf physiologische and pathologische Gewebelehre*, 4e éd., 1871. Berlin.

Ernst Brucke, 1861. — *Die Elementar-Organismen*. Wien.

Fisch, 1880. — *Aufzählung und Kritik der verschiedenen Ansichten über das pflanzliche Individuum*. Rostock.

Auguste Comte. — *Cours de philosophie positive*, vol. 5 et 6, *Sociologie*. Paris.

Herbert Spencer, 1877. — *Sociologie*.

Albert Schæffle. — *Bau und Leben des socialen Körpers*. Tubingue.

Théod. Ribot, 1903. — *Die Schöpferkraft der Phantasie*. Bonn.

Lester Ward, 1903. — *Pure Sociology. A treatise on the origin and spontaneous development of Society*.

Ludwig Woltmann, 1901. — *Politisch-Anthropologische Revue. Monatschrift für das sociale und geistige Leben der Völker*. Eisenach.

A. Plœtz, 1904. — *Archiv für Rassen und Gesellschafts Biologie*. Berlin.

Natur und staat, 1903. — *Beiträge zur naturwisenschaftlichen Gesellschaftslehre. Eine Sammlung von Preisschriften*. Iena.

Unités vitales. — L'étude des organes des animaux et des végétaux supérieurs a conduit de bonne heure à distinguer des organismes simples et composés. On reconnut au cours du dernier siècle que la cellule est la base anatomique commune à tous les êtres vivants. Elle est un organisme élémentaire et le corps de tous les êtres supérieurs est un état formé de millions de cellules qui coopèrent à la vie générale de l'organisme. Cette pensée fondamentale de la théorie cellulaire a été appliquée avec succès par Rudolphe Virchow à la pathologie. Les cellules sont, d'après la conception de l'illustre anatomiste, des unités vitales ou des foyers vitaux individuels. La vie de l'homme est le résultat combiné des activités des cellules qui le composent. L'indépendance des cellules est évidente chez les Protistes, dont nous connaissons plusieurs milliers d'espèces.

D'autre part, chez les plantes supérieures et les animaux inférieurs, nous trouvons une composition de parties semblables, qui représente un degré supérieur d'unité vitale. L'arbre est un individu, mais il est compsé de branches ou plantes individuelles, dont chacune se compose d'un axe et de feuilles. Si nous détachons un rameau et que nous le plantons en terre, il s'enracine et devient une plante indépendante. De même, la tige du corail est formée d'innombrables individus dont chacun possède une bouche, une cavité digestive et une couronne de tentacules ; chaque individu coralliaire a la valeur d'une actinie. Ainsi le cormus apparaît dans les deux règnes comme une unité supérieure. Les troupeaux des animaux sociables, les essaims d'abeilles et de fourmis, les états humains sont des sociétés analogues, à cette différence près que leurs composants ne sont pas unis corporellement. Nous pouvons dès lors distinguer déjà trois degrés d'individualité organique : la cellule, l'individu et le cormus. Chaque unité supérieure constitue une société d'unités inférieures. Morphologiquement, celles-ci sont indépendantes ; mais physiologiquement, elles sont soumises à la première.

Dans les exemples simples cités plus haut, ces relations sont évidentes. Mais il y a d'autres organismes où il n'en est pas ainsi, où la question de l'individualité est très difficile à résoudre. Ainsi l'étude des siphonophores a montré que ce qu'on avait pris pour des organes était au contraire autant de méduses transformées. Cet exemple est très instructif pour la théorie de l'association et de la division du travail. Le siphonophore est physiologiquement un animal unique avec de nombreux organes; morphologiquement, chaque organe constitue une méduse primitivement indépendante.

Individus morphologiques et physiologiques. (Morphontes et Biontes). — On voit que la question de l'individualité varie suivant qu'on considère la forme et la structure, ou l'activité vitale et psychique. Il faut par conséquent distinguer des individus morphologiques ou morphontes et des individus physiologiques ou biontes. L'arbre et le siphonophore constituent des biontes, formés de nombreux bourgeons ou individus, les morphontes. Mais si nous décomposons ceux-ci en leurs organes, et ces organes en leurs éléments microscopiques, les cellules, chaque bourgeon, chaque individu nous apparaît comme un bionte; les cellules sont alors des morphontes. Tout organisme pluricellulaire est issu d'une cellule ovulaire, qui est à la fois un morphonte et un bionte, un individu simple au point de vue morphologique et biologique. Tout le développement repose sur les divisions successives de cette cellule. Les cellules ainsi constituées restent unies et prennent diverses formes en vue de la division du travail.

Echelle de l'individualité morphologique. — L'État civilisé moderne peut être considéré comme le degré le plus élevé de la perfection individuelle. Mais nous ne pouvons comprendre l'organisation de cet individu d'ordre supérieur que si nous connaissons les diverses classes de la société, les lois de leur association et de leur division du travail, et si nous comprenons la nature des personnes qui constituent ces classes. La division des classes et des professions, la hiérarchie de l'armée et du gouvernement nous montrent comment un pareil organisme social s'est constitué.

Il en est de même dans l'État cellulaire qui constitue l'individu humain ou animal, ou le cormus végétal. L'organisme complexe, formé de nombreux organes et tissus, ne devient intelligible que si nous connaissons ses éléments, les cellules, et les lois qui président à leur disposition. Il faut donc établir l'échelle des morphontes, les lois de leur association. Nous distinguons d'abord trois degrés : 1° la cellule ou plastide ; 2° la personne ou le bourgeon ; 3° le cormus. Mais dans chacun, il y a des degrés subordonnés. C'est seulement chez les protistes que l'unité morphologique coïncide avec l'unité physiologique. Chez les histones, il n'en est ainsi qu'au début de l'existence ; dès que la cellule ovulaire a constitué le corps pluricellulaire, celui-ci forme une individualité d'ordre supérieur.

Biontes actuels et virtuels. — A l'état adulte, l'organisme est un état cellulaire d'une très grande complexité ; à la naissance, il n'est formé que par une seule cellule. L'unité vitale du premier est un bionte actuel, celle du second un bionte virtuel, — c'est-à-dire l'individu physiologique a atteint dans le premier cas le degré le plus élevé du développement individuel, dans le second, il est au degré le plus bas et possède seulement la faculté de s'élever au degré supérieur. Chez les animaux et végétaux supérieurs, le bionte virtuel est formé par une seule cellule, produit de l'union de l'ovule et du spermatozoïde. Mais il y a des exceptions. Chez les hydraires chaque fragment de la paroi du corps, chez les spongiaires tout morceau de tissu, chez beaucoup de plantes (par exemple *Marchantia* parmi les cryptogames, *Bryophyllum* parmi les phanérogames) chaque fragment du thalle ou de la feuille, a la faculté de se développer en un organisme complet et constitue par conséquent un bionte virtuel.

Individus partiels. — Il faut distinguer des biontes virtuels les biontes partiels ; ce sont des fragments détachés du corps, qui vivent encore un certain temps mais ne peuvent reconstituer l'organisme. Ainsi le cœur extirpé d'une tortue peut continuer à battre pendant des heures, pendant des jours ; une fleur placée dans l'eau peut vivre longtemps encore. Chez certains Céphalopodes, l'un des bras du mâle se développe en individu indépendant, se détache et va opérer la fécondation de la femelle (hectocotyle de l'Argonaute, du Philonexis, etc.) ; on l'a pris autrefois pour un parasite. Il en a été de même des appendices dorsaux d'un mollusque (Thétys) qui se détachent et se déplacent isolément. On peut découper le corps de nombreux animaux et végétaux inférieurs, et les morceaux ainsi détachés demeurent vivants pendant des semaines entières. La vitalité de ces biontes partiels est importante au point de vue de la question générale de la nature de la vie et de son unité apparente chez les organismes supérieurs. En fait, ici aussi les cellules et les organes jouissent d'une vie individuelle, quoique subordonnée à celle de l'ensemble.

Individus généalogiques. — On a cherché à résoudre le problème de l'individualité en comptant comme un individu tous les organismes issus d'un seul œuf fécondé. Ainsi, dès 1816, le botaniste italien Gallesio considérait toutes les plantes qui se reproduisent par voie asexuée (bourgeonnement ou division) — bourgeons, coulants, cayeux, etc. — comme les fragments d'un seul individu issu de la graine. De même en 1855, Huxley considérait comme les parties de l'individu initial tous les animaux nés par reproduction asexuée. Cette conception ne saurait entrer dans la pratique ; car il faudrait prendre pour un seul individu les millions de pucerons nés parthénogénétiquement et qui ont pour ancêtre commun un individu né d'œuf fécondé. De même tous les saules pleureurs d'Europe proviennent de boutures d'un individu primitif.

Individus métaphysiques. — On a tenté, au cours du XIXe siècle, diverses solutions du problème de l'individualité organique. J'en ai donné un exposé comparatif en 1866 dans le troisième livre de ma *Morphologie générale*. J'ai tenu compte surtout des idées de Gœthe, Alexandre Braun et Naegeli parmi les botanistes, de Jean Müller, Leuckart et Victor Carus parmi les zoologistes. Lorsqu'on voit quelle est la divergence profonde de leurs opinions, on ne peut s'étonner qu'aujourd'hui encore on ne soit pas arrivé à un accord parfait sur cette question. On ne saurait trop reprocher aux métaphysiciens d'avoir fait à ce sujet les spéculations les plus hasardeuses et les plus fantaisistes, sans aucune connaissance des faits réels ; que l'on compare, par exemple, les anciens scholastiques, et parmi les modernes, Schopenhauer et Edouard von Hartmann. Généralement le côté psychologique du problème passe au premier plan, sans qu'on tienne compte du substratum matériel de l'âme. Beaucoup de métaphysiciens qui prennent ici encore l'homme comme mesure de toutes choses, placent la conscience personnelle à la base de l'idée de l'individu. Il est de toute évidence que même chez les animaux supérieurs, cela ne donne pas une base sérieuse et solide; à plus forte raison en est-il de même chez les animaux inférieurs et chez les plantes. Chez ceux-ci nous trouvons une plus grande variété du phénomène individuel, et une plus grande simplicité dans les degrés inférieurs. J'ai montré, dès 1878, comment on peut résoudre ces questions tectologiques. Il suffit de distinguer les trois degrés de l'individualité et de mettre en évidence son côté morphologique et physiologique. Il nous faut étudier la cellule, la personne et le cormus.

La cellule. — Depuis le milieu du XIXe siècle la théorie cellulaire est une des théories biologiques les plus importantes ; tout travail scientifique se base nécessairement sur cette conception. Cependant nous sommes encore très loin de posséder des idées parfaitement claires sur cette conception fondamentale ; les idées des biologistes sur la cellule et ses rapports avec l'organisme présentent encore de nombreuses divergences. Ces contradictions s'expliquent par la complexité et la variété des phénomènes et par l'histoire de la théorie, au cours de laquelle le concept de cellule a subi de grandes et importantes variations. Il est donc indispensable que nous jetions un rapide coup d'œil sur cet historique.

Le concept de cellule. — C'est dans le dernier tiers du XVIIe siècle que Malpighi, en Italie, et Grew, en Angleterre ont appliqué, pour la première fois, le microscope à l'étude des végétaux. Ils y observèrent une structure analogue à celle des cellules d'un rayon de miel. C'est à Schleiden, le véritable fondateur de la théorie cellulaire, que revient le grand mérite d'avoir montré que tous les tissus des plantes sont à l'origine formés de cellules (1838). Théodore Schwann fit la même démonstration pour les tissus des animaux ; il étendit la théorie cellulaire à l'ensemble des organismes (1839). Ces deux illustres savants considéraient la cellule comme une vésicule, dont la membrane renferme un contenu liquide et un noyau solide ; ils la comparèrent à un cristal organique et crurent qu'elle naît par une sorte de cristallisation d'une solution-mère organique (cytoblastème) ; le noyau agirait comme point de départ à la façon du noyau cristallin.

Membrane cellulaire. — De 1839 à 1859, on admit que la cellule est composée de trois parties essentielles : la membrane extérieure, le suc cellulaire et le noyau, et on la comparait à une cerise. Ce n'est qu'en 1860 qu'eut lieu un progrès important, lorsque Max Schultze montra que la membrane externe n'est qu'une partie non essentielle de la cellule : il y a, en effet, des cellules nues, notamment les cellules jeunes de l'organisme animal. En même temps, il montrait que le suc cellulaire n'est pas un liquide simple, mais une substance albumineuse douée de mouvements propres et décrite en 1835, par Félix Dujardin, sous le nom de sarcode. Schultze prouva que ce sarcode est identique au suc cellulaire des plantes que Hugo Mohl avait désigné en 1846 sous le nom de protoplasma, et cette substance est le support des phénomènes vitaux. Il restait dès lors comme parties essentielles de la cellule, le corps protoplasmique et le noyau formé d'une substance analogue, la nucléine. Cette conception est maintenant généralement admise par tous les savants.

C'est le cas ici de dire une des erreurs auxquelles peuvent conduire les observations microscopiques. Quoique Kölliker (1845) et Remak (1851) eussent démontré l'existence de cellules nues, la plupart des savants demeurèrent convaincus, pendant au moins vingt ans encore, que toute cellule a une membrane. On prenait le contour que présentent même les cellules nues dans un milieu de réfrigérence différente, pour une membrane distincte.

Cellules sans noyau. — Il y a plus de quarante ans (1864), j'avais cherché en vain un noyau chez certains protistes (Protamæba et Protogenes). Il en fut de même des observateurs Gruber, Cienkowski, etc., qui étudièrent des rhizopodes voisins. C'est en me basant sur ces résultats que j'ai établi dans ma *Morphologie générale* (1866) la classe des Monères, dont l'importance est encore plus grande depuis qu'on a démontré que les chromacées et les bactéries sont également dépourvues de noyau.

Il est vrai que Bütschli a objecté que leur plasma homogène ne réagit pas comme du cytoplasma, mais comme de la nucléine, et que par conséquent ces plastides correspondent au noyau d'autres cellules. Ces bactéries et chromacées ne seraient pas des cellules sans noyau, mais des noyaux sans corps cellulaire. Cette conception s'accorde avec la mienne dans ce sens que le corps des Monères est homogène. Il y a trois voies possibles pour la transformation d'une cytode en cellule nucléée : 1° le noyau et le corps sont nés par différenciation d'un plasma homogène ; 2° le corps est né d'un noyau primitif ; 3° le noyau est né d'un corps cellulaire primitif.

Dans la première hypothèse, que je considère comme exacte, le plasma des organismes les plus anciens n'était pas encore différencié en cytoplasma et caryoplasma. Cette différenciation résulte d'une division du travail. Dans le noyau se rassembla la substance héréditaire, tandis que le corps cellulaire se chargea des relations avec le monde extérieur, et devint le siège de l'adaptation. Schleiden avait émis (1838) la seconde hypothèse, d'après laquelle le noyau est la partie primitive de la cellule. Cette vue soulève autant d'objections que la troisième hypothèse. Cependant l'opposition entre ces trois hypothèses possibles n'est pas aussi grande qu'elle peut le paraître. Quant à moi, je donne la préférence à la première, parce qu'elle admet que les différences physiologiques et chimiques entre le noyau et le corps cellulaire n'existaient pas à l'origine. Les phénomènes de caryolyse dans la division cellulaire indirecte nous montrent encore aujourd'hui combien les rapports des deux substances sont intimes.

Plastides (Cytodes et cellules). — Si le monde organique a une origine naturelle, les plus anciens organismes ne peuvent avoir été que des cytodes sans noyau, nées par la voie chimique (voir chap. IX). La cellule nucléée est née par différenciation de la cytode des monères. Si on donne à ces deux genres d'organismes le nom commun de plastides, on pourra appeler cellule primitive (Protocytos) la cellule sans noyau et caryocyte la cellule nucléée.

Organelles. — Une longue série conduit des monères aux protistes les plus élevés. Chez les protophytes comme les diatomées et les syphonées, chez les protozoaires, tels que les radiolaires et les infusoires, nous trouvons des parties nombreuses et complexes, qui servent à diverses fonctions et représentent les organes des histones. Nous les appellerons organelles ou organoïdes de la cellule.

Sociétés cellulaires (colonies, cœnobies, cytocornes). La très grande majorité des protistes a, à l'état adulte, la valeur d'une cellule nucléée. Ils se sont différenciés et perfectionnés au cours des âges, de sorte qu'on en compte aujourd'hui plusieurs millions d'espèces. Tous les protistes qui vivent isolément peuvent être réunis sous le nom de monobies.

D'autres protistes forment des sociétés ou colonies (cœnobies) :

les cellules-filles demeurent unies à la cellule qui lui a donné naissance. Voici les formes les plus importantes de ces cœnobies :

1. *Cœnobies gélatineuses.* — Les cellules sociales excrètent des masses gélatineuses, elles y restent englobées sans se toucher directement. Elles peuvent être dispersées sans ordre ou arrangées régulièrement. On trouve de ces cœnobies déjà chez les monères : la zooglée de beaucoup de bactéries et chromacées. Elles sont fréquentes chez les protophytes et les protozoaires.

2. *Cœnobies sphériques.* — La colonie forme une sphère, à la périphérie de laquelle sont situées les cellules : *Halospæra* et *Volvox* parmi les protophytes, *Magosphæra* et *Synura* parmi les protozoaires. Ces derniers sont tout particulièrement intéressants, parce qu'ils ressemblent à la blastula, ce stade du développement de l'œuf des métazoaires où les cellules sont disposées à la surface d'une sphère creuse.

3. *Cœnobies arborescentes.* — La colonie a la forme d'un petit arbuste : les cellules secrètent à leur base des tiges gélatineuses qui se ramifient. A l'extrémité de chaque rameau se trouve une cellule : *Gomphonema* et d'autres diatomées, *Codonocladium* parmi les flagellés, *Epistylis* parmi les ciliaires.

4° *Cœnobies en chaînette.* — Les membres de la colonie sont placés à la file les uns des autres. Cet état se rencontre chez les Monères : *Oscillaria* et *Nostoc* parmi les chromacées, *Leptothrix* parmi les bactéries. Chez les diatomées, *Bacillaria*, chez les thalamaphorées *Nodosaria* forment des chaînettes. Beaucoup de protophytes inférieurs (Algariés) forment le passage vers les algues véritables, dont le thalle filiforme (par exemple *Cladophora*) n'est que le développement d'une cœnobie en chaînette, avec différenciation des cellules accolées. On peut aussi considérer ces filaments cellulaires comme le premier stade de formation des tissus chez les métaphytes.

Tissus (Tela ou hista). — Les associations cellulaires qui constituent les tissus des plantes et des animaux se distinguent des cœnobies des protistes, en ce que les cellules ont perdu leur indépendance, qu'elles ont pris diverses formes et sont subordonnées à l'unité supérieure de l'organe. Il n'y a d'ailleurs pas de démarcation nettement tranchée entre les cœnobies et les tissus. L'indépendance physiologique primitive des cellules se perd d'autant plus que la division du travail est plus parfaite et que l'organisme est plus différencié et plus centralisé. Les différentes sortes de tissus se comportent comme les classes d'un État civilisé; plus celui-ci est développé, plus ces classes dépendent les unes des autres, plus il y a interdépendance, et plus aussi elles sont nombreuses et variées.

Tissus des métaphytes. — Chez les algues et les champignons, le corps est formé d'un thalle, à très faible différenciation. Chez les thallophytes, il n'y a pas encore de vaisseaux. Les plantes supérieures ou vasculaires comprennent les ptéridophytes (fougères) et les phanérogames. Leur corps comprend toujours une tige axiale et des feuilles latérales. Il en est déjà ainsi chez les mousses (bryophytes), qui n'ont pas encore de vaisseaux. Ces plantes sont intermédiaires entre les thallophytes et les vasculaires. Il y a d'ailleurs de nombreux passages entre les deux grands groupes de métaphytes. En général, on peut distinguer des tissus primaires, simples, tels que ceux des thallophytes, et des tissus secondaires provenant de ceux-ci par différenciation successive. Ils constituent le corps des plantes vasculaires.

Tissus des métazoaires. — De même que chez les plantes pluricellulaires, on distingue chez les métazoaires des tissus primaires et secondaires. Les premiers sont plus anciens au point de vue de la phylogénie et de l'ontogénie, les seconds plus récents. Les tissus primaires des métazoaires sont les épithéliums, c'est-à-dire de simples couches de cellules ou des tissus dérivés de celles-ci (glandes, etc.). Les tissus secondaires sont les apothéliums; parmi eux on distingue les tissus conjonctif, musculaire et nerveux. De même que dans le règne végétal, ces deux grands groupes de tissus se répartissent entre les groupes inférieurs et supérieurs. Les cœlentérés sont surtout formés d'épithéliums, de même que les cœlomaires les plus anciens. Mais chez la majorité de ceux-ci la masse principale du corps est formée d'épithéliums, qui ont subi les différenciations les plus variées. L'embryon de tous les métazoaires n'est au début formé que d'épithéliums (les feuillets embryonnaires). Plus tard seulement, ils se différencient en apothéliums.

Organes des histones. — Chez les pluricellulaires on distingue un grand nombre de parties adaptées à des fonctions diverses : ce sont les organes. Leur finalité apparente s'explique suffisamment par la sélection darwinienne, tandis que les hypothèses téléologiques de la biologie dualiste (par exemple les « dominantes intelligentes » de Reinke) ne peuvent en rendre compte, Le perfectionnement progressif des organes a de grandes analogies dans les deux règnes. Dans les stades inférieurs, l'organe simple n'est qu'un fragment individualisé d'un tissu primitif ; au contraire, dans les stades supérieurs, ou recherche des systèmes et des appareils.

Le concept du système s'applique à un tissu qui forme la partie caractéristique de tout un groupe d'organes. Ainsi chez les métaphytes on rencontre les systèmes tégumentaire, fibro-vasculaire et parenchymateux. Chez les métazoaires, on distingue de même les systèmes tégumentaire, vasculaire, musculaire et nerveux.

Si le concept de système est histologique, le concept d'appareil est physiologique. Il n'a pas pour condition l'unité du tissu constituant, mais l'unité d'activité vitale du groupe d'organes. Tels sont, par exemple, la fleur et le fruit des végétaux, l'œil et le tube digestif des animaux. Dans ces appareils, les organes les plus divers peuvent être associés en vue d'une fonction déterminée.

L'individu histonal. — On désigne généralement comme individu l'organisme formé de tissus et d'organes ; nous l'appellerons individu histonal. C'est ce que les botanistes appellent bourgeon et les zoologistes personne. Il y a de grandes analogies entre les deux règnes ; il s'agit toujours d'individus de second ordre, ceux de premier ordre étant constitués par la cellule et ceux de troisième par le cormus, formé de nombreux histonaux.

Le bourgeon. — L'individu histonal apparaît chez les métaphytes sous deux formes principales, le thalle et le culmus. Le thalle domine chez les algues et les champignons, la tige (ou culmus) chez les Cormophytes (Mousses, Fougères et Phanérogames). Le culmus se compose en général d'un organe axial, la tige, et d'organes latéraux, les feuilles ; la tige est à croissance terminale illimitée, la feuille à croissance basale limitée. Le thalle ne présente pas cette opposition. Il y a d'ailleurs des exceptions dans les deux groupes de métaphytes. Parmi les Algues, les grandes fucoïdées présentent déjà des différenciations analogues à la tige et aux feuilles des cormophytes. D'autre part, des organes font défaut chez les Hépathiques inférieures, qui ont un thalle semblable à celui de certaines Algues. Ainsi *Riccia fluitans* est semblable à l'Algue brune *Dictyota dichotoma*. D'autres hépathiques primitives (par exemple *Anthoceros*) ont aussi un thalle tout à fait simple. Mais la plupart de ces plantes présentent déjà la différenciation en une tige axiale et des feuilles latérales. Grâce à la division du travail, les feuilles se différencient en feuilles proprement dites, en bractées et en feuilles florales. Le pavot ou la *Gentiana ciliata*, pourvus d'une seule fleur sur une tige non ramifiée, sont de bons exemples de calmus très développés.

La personne (Persona ou Prosopon). — Tous les métazoaires parcourent, au cours de leur développement embryonnaire, le stade si important de la *gastrula*. Le corps a alors la forme d'un sac dont la cavité (intestin primitif) communique avec l'extérieur et est limitée par une double paroi, les feuillets embryonnaires primitifs. Cette gastrula est la forme la plus simple de la personne, et ses feuillets sont ses seuls organes.

Les formes infiniment variées qui proviennent de cette forme embryonnaire commune se divisent en cœlentérés et en cœlomaires. Les premiers correspondent aux thallophytes par la grande simplicité de leur structure. Des quatre groupes des Cœlentérés, les gastréades demeurent au stade de gastrula, les Spongiaires forment des ramifications de gastréades. En revanche, les Enidaires forment des personnes radiales, les platodes des individus bilatéraux. C'est de ceux-ci que dérivent les vers, c'est-à-dire le groupe originel des quatre embranchements supérieurs de l'animalité, les Mollusques, les Échinodermes, les Articulés et les Vertébrés.

Segmentation des histonaux (Métamérie). — Une bonne partie de la supériorité des histones les plus élevés tient à ce que le corps se segmente. Avec cette multiplication des groupes d'organes, on constate d'ordinaire une division du travail plus ou moins complète. Il y a ici également parallélisme entre les groupes principaux des métaphytes et des métazoaires.

Métamérie des métaphytes. — La tige des cormophytes se segmente et à chaque nœud se développent des feuilles. La différenciation est par conséquent bien plus parfaite que chez les thallophytes. C'est à la division du travail dans les feuilles rapprochées nées d'un bourgeon, qu'est due la formation de la fleur.

Métamérie des métazoaires. — Aux deux groupes des plantes segmentées et non segmentées correspondent à bien des points de vue ceux des animaux segmentés et non segmentés. Les Arthropodes et les Vertébrés s'élèvent au-dessus de tous les métazoaires par la perfection de leur organisation. Chez les Arthropodes ou articulés, la métamérie est surtout externe : c'est la paroi du corps qui est articulée. Chez les Vertébrés, la métamérie est surtout apparente sur le squelette et le système musculaire ; la métamérie des vertèbres n'est pas apparente à l'extérieur. Dans les deux groupes, la segmentation des formes inférieures et anciennes est semblable (homonome), par exemple, chez les annélides et les myriapodes, chez les acraniens et les cyclostomes. Plus l'organisation est parfaite, plus il y a inégalité (hétéronomie) des métamères, par exemple chez les arachnides et les insectes, chez les amphibies et les amniotes. La même opposition s'observe chez les Crustacés inférieurs et supérieurs. Cette métamérie des métazoaires supérieurs est motrice ; elle a pour cause le mode de locomotion de ces individus allongés. En revanche, chez quelques groupes de métazoaires inférieurs, en général non segmentés, il y a une métamérie propagatrice, qui a pour condition le bourgeonnement terminal : ainsi la strobilation de certains vers et des polypes à scyphistome. Les métamères, qui se détachent de l'extrémité de la chaîne, montrent au premier coup d'œil leur individualité physiologique. Il en est de même chez certaines annélides, dont chaque anneau séparé a la faculté de reproduire toute la chaîne des métamères.

Cormus des histones. — Le troisième degré de l'individualité est la colonie ou cormus. C'est une réunion d'histonaux qui naissent par division incomplète d'un individu. La majorité des métaphytes forme, dans ce sens, des plantes composées. Parmi les métazoaires cette forme de l'individualité ne s'observe que dans les groupes inférieurs, en général chez les animaux fixés. Ici encore on constate un remarquable parallélisme dans les deux groupes des histones. Dans les degrés inférieurs les histonaux sociaux sont égaux entre eux. Dans les stades supérieurs la division du travail produit des différenciations et le cormus devient de plus en plus centralisé. On peut donc distinguer des cormus homonomes et hétéronomes.

Sociétés animales. — L'histoire des sociétés humaines nous montre que le développement de la civilisation dépend de trois facteurs : 1° l'association des individus en une communauté ; 2° division du travail (ergonomie) et par suite différenciation des individus ; 3° centralisation et organisation de la société. Ces lois fondamentales de la sociologie s'appliquent aussi à toutes les formations sociales du monde organique, par exemple au développement des organes. Le développement des Etats humains a pour origine celui des troupeaux chez les mammifères supérieurs. Les hordes de singes et d'ongulés, de loups ou d'oiseaux souvent dirigées par un chef, nous montrent divers stades de la formation des Etats ; de même les sociétés des arthropodes supérieurs (insectes, crustacés) et surtout les Etats des fourmis, des abeilles, des termites, etc. Ces réunions organisées d'individus indépendants se distinguent des cormus des animaux inférieurs parce que les membres de l'association ne sont reliés entre eux que par le lien idéal de la communauté d'intérêts et non par une continuité de tissus.

QUATRIÈME TABLEAU

PHYLOGÉNIE DU PLASMA

I. — Premier stade : archiplasma ou plasma des monères.

La substance vivante, née par archigonie, est encore sans structure, et ne se compose que de molécules de biogène semblables entre elles. L'organisme élémentaire est une monère : chromacées, bactéries.

II. — Deuxième stade : séparation du caryoplasma et du cytoplasma.

L'archiplasma se divise en une masse interne ou nucléaire, support de l'hérédité, et une masse externe, plus molle, le cytoplasma, en rapport avec le monde extérieur. Protistes d'organisation simple.

III. — Troisième stade : différenciation des parties actives du plasma.

Par l'action réciproque des deux substances cellulaires, et surtout par les complications résultant de la reproduction sexuée, il se différencie des substances secondaires : dans le noyau la chromatine (= nucléine) se sépare de l'achromine (= linine); dans le corps cellulaire le protoplasma interne se sépare du hyloplasma externe. Beaucoup de protistes et de cellules des tissus des histones.

IV. — Quatrième stade : formation de structures écumeuses et de membranes.

Par l'introduction d'eau et de solutions aqueuses, il se forme dans le caryoplasma et le cytoplasme des vacuoles qui s'aplatissent par pression réciproque et produisent une structure analogue à celle de l'écume ou des rayons de miel. En même temps la couche la plus externe du caryoplasma et du cytoplasma s'épaissit et forme une membrane : noyau vésiculeux, cellule vésiculeuse.

V. — Cinquième stade : formation des organes et des produits du plasma.

Par division du travail, il se différencie des organelles actives : dans le noyau se forment la nucléole, le centrosome et la caryothèque; dans le corps cellulaire, des chromoplastes, des chloroplastes, des myoplastes, des neuroplastes, etc. Comme produits passifs le cytoplasma secrète des produits internes (microsomes, granulations graisseuses, granules de pigment, cristaux) et des produits externes : membranes cellulaires ou cytothèques, et des substances intercellulaires et cuticulaires.

CINQUIÈME TABLEAU

ÉCHELLE DE L'INDIVIDUALITÉ ORGANIQUE

Individus ou biontes végétaux.

I. Stade.

La plante primitive (Protophyte).
Organisme unicellulaire à assimilation de carbone.

I A. Phytomonères (chromacées).
Cellules plasmodomes sans noyau

I B. Protophytes nucléées.
La plupart des protophytes solitaires.

I C. Associations ou cœnobies de protophytes. Colonies de diatomées, desmidiées., etc.

Individus ou biontes animaux.

I. Stade.

L'animal primitif (Protozoaire).
Organisme unicellulaire à assimilation d'albumine.

I D. Zoomonères (bactéries).
Cellules plasmophages sans noyau

I E. Protozoaires nucléés.
La plupart des protozoaires solitaires.
Colonies d'infusoires, rhizopodes, etc.

Individus ou biontes végétaux.

II. Stade.

Les Culmus.
Métaphyte pluricellulaire simple avec tissus.

II A. Thalle simple.
L'individu des thallophytes (algues et champignons).

II B. Culmus des cosmophytes non vasculaires (mousses).

II C. Culmus des plantes vasculaires (fougères et phanérogames).

Individus ou biontes animaux.

II. Stade.

La personne.
Métazoaire pluricellulaire simple avec tissus.

II D. Métazoaires inférieurs.
L'individu cœlentéré. Polypes et méduses simples, Platodes.

II E. Métazoaires supérieurs non segmentés (vers, mollusques, tuniciers).

II F. Métazoaires supérieurs segmentés (échinodermes, arthropodes, vertébrés).

Individus ou biontes végétaux.

III. Stade.

Cormus végétal.
Métaphytes composés et ramifiés.

III A. Thallomes.
Thallophytes ramifiés (la plupart des algues).

III B. Mousses ramifiées (bryophytes composés).

III C. Plantes vasculaires ramifiées (fougères et phanérogames composés).

Individus ou biontes animaux.

III. Stade.

Cormus animal.
Métazoaires composés et ramifiés.

III D. Cormus animaux fixés, ressemblant à des plantes (spongiaires, polypes, coraux, bryozoaires, etc.).

III E. Colonies mobiles avec division du travail (siphonophores, cestodes, certains annélides).

III F. Sociétés animales.
Troupeaux des vertébrés, sociétés de métazoaires sociables.

CHAPITRE VIII

Formes de la vie.

Formes réelles et formes fondamentales. — Cristaux et biontes. — Lois de la symétrie. — Harmonie et beauté des formes organiques.

« Ce qu'on trouvait de mystérieux dans la [nature,
Nous osons l'essayer ;
Ce qu'elle produit par l'organisation,
Nous le tentons par la cristallisation. »

Gœthe.

« La grande majorité des corps naturels présente des proportions mathématiques. Elles s'expriment dans une certaine symétrie des parties du corps et peuvent être ramenées à une forme géométrique fondamentale lorsqu'on connaît la grandeur des axes idéaux et l'angle sous lequel ils se coupent. »

Ernest Haeckel,
Kunstformen der Natur (1904).

SOMMAIRE

Morphologie. — Lois de symétrie. — Formes fondamentales des plantes et des animaux, des protistes et des histones. — Quatre classes principales de formes. I. Centrostygmes : sphères. II. Centraxonies : formes à axe central unique (monaxonies) ou croisé (stauraxonies, pyramides simples et doubles). III. Centroplanes : formes à plan central. Symétrie bilatérale. Formes asymétriques. IV. Anaxones : formes irrégulières. — Causes de la forme. — Formes fondamentales des monères, des protistes et des histones. — Forme et genre de vie. — Beauté des formes naturelles. — Esthétique et décoration des formes organiques. — Formes esthétiques de la nature.

BIBLIOGRAPHIE

Ernst Haeckel, 1866. — *Generelle Promorphologie oder allgemeine Grundformenlehre der Organismen.* IVᵉˢ. *Buch der generellen Morphologie* I. 375-574. Berlin.

Heinrich Bronn. 1858. — *Morphologische Studien über die Gestaltungsgesetze der Naturkörper.* Leipzig.

Adolf Zeising. 1854. — *Neue Lehre von den Proportionen des menschlichen Körpers.* Leipzig.

— 1855. — *Aesthetische Forschungen (Frankfurt). Der goldene Schnitt.* Halle. 1884.

Carus Sterne (Ernst Krause). 1891. *Natur und Kunst. Studien über Entwickelungsgeschichte der Kunst.* Berlin.

Wilhelm Bölsche. 1894. — *Entwickelungsgeschichte der Natur.* Neudamm.

Ernst Haeckel. 1862-1877. — *Monographie der Radiolarien* (174 tableaux). 4 vol. Berlin. *Report of the Voyage of H. M. Ship Challenger.* vol. XVIII. (140 tableaux). Londres.

Georg Hirth. 1897. — *Aufgaben der Kunstphilosophie.* Münich.

Alex. Baumgarten. 1750. — *Aesthetica.* Leipzig.

Theodor Vischer. 1847, — *Aesthetik oder Wissenschaft des Schönen.* 3 vol. Stuttgart.

Théodor Fechner. 1876. — *Vorschule der Aesthetik.* Leipzig.

Karl Lemcke. 1865. — *Populäre Aesthetik.* Leipzig.

B. Wyneken. 1904. — *Der Aufbau der Form beim natürlichen Werden und Künstlerischen Schaffen.* Dresden.

Wilhelm Bölsche. 1902. — *Von Sonnen und Sonnenstäubchen. Kosmische Wanderungen.* Berlin.

Ernst Haeckel. 1899-1904. — *Kunstformen der Natur.* 10 livraisons et 100 tableaux. IIᵉ livraison, texte, supplément. Leipzig.

Morphologie. — L'infinité des formes que nous offre le monde organique ne réjouit pas seulement nos sens par leur beauté et leur diversité, mais nous porte a rechercher leurs causes et leurs relations. C'est là l'objet d'une science spéciale, la morphologie, dont j'ai exposé les principes en 1886. Comme ceux-ci sont difficiles à comprendre sans figures, je me bornerai à exposer ici la question des formes fondamentales, les lois de la symétrie et les relations avec la formation des cristaux. J'ai donné plus de détails à cet égard dans le xi° fascicule de mes *Kunstformen der Natur*. Les cent planches de cet ouvrage peuvent servir à illustrer ce chapitre. J'y renvoie donc, avec leur numéro respectif, accompagné de l'indice kf.

Formes fondamentales des animaux et des plantes. — L'unité de la substance organique, qui s'exprime dans sa composition chimique et ses propriétés, a pour résultat les lois de symétrie de ses formes fondamentales. La diversité infinie des espèces dans les deux règnes peut se ramener à quelques classes de formes principales. La fleur de lis à six divisions a la même forme fondamentale que le corail et l'actinée à six rayons. La forme bilatérale-radiale est la même chez la violette et chez un oursin (clypeaster kf. 30). La forme dorsiventrale ou bilatérale symétrique de la plupart des feuilles d'arbres se répéte chez la plupart des animaux supérieurs (cœlomaires); la différence de la droite et de la gauche a pour conséquence dans les deux rayons l'opposition des faces dorsale et ventrale.

Formes fondamentales des protistes et des histones. — Au point de vue des formes, la différence entre les protistes et les histones est bien plus importante que celle des plantes et des animaux. Les protistes ont une variété de formes bien plus grande que les histones. Chez eux, c'est la cellule qui détermine la forme; chez les histones au contraire, c'est le tissu. A ce point de vue, on peut diviser l'univers organique en quatre règnes, comme je l'ai indiqué au 7e tableau de cet ouvrage.

Formes fondamentales des radiolaires. — Au point de vue de la promorphologie, la classe des radiolaires est la plus intéressante. Toutes les formes qu'on peut distinguer en géométrie et définir mathématiquement se trouvent réalisées dans les squelettes siliceux de ces protozoaires, dont j'ai décrit plus de 4,000 formes différentes dans ma monographie.

Lois de symétrie. — Il y a peu de formes organiques qui soient tout à fait irrégulières, sans symétrie ou de contour changeant, comme les amibes. La grande majorité des corps organiques présente dans leur forme générale ou dans celles de leurs parties une symétrie parfaitement nette; des parties semblables sont disposées en nombre défini autour d'axes ou de plans déterminés, qui se coupent sous des angles fixes. Beaucoup de formes organiques ressemblent à ce point de vue aux cristaux et la promorphologie peut être comparée à la cristallographie. Les deux sciences ont pour but de découvrir dans les formes des corps naturels une loi de symétrie et de l'exprimer par une formule mathématique.

Promorphologie. — Le nombre des formes fondamentales est relativement restreint. Autrefois on se contentait de distinguer la forme radiaire, la forme bilatérale et les formes irrégulières. Mais lorsqu'on étudie la question de plus près, avec plus de soin et plus d'attention, on arrive aux neuf formes décrites dans le tableau VI. Dans ce système, je me suis basé sur la position des parties par rapport au milieu du corps. Nous distinguons d'abord quatre classes: 1° les centrostigmes ont pour milieu naturel un point; 2° les centraxones, une ligne droite (axe); 3° les centroplanes, un plan; 4° les centropores ou anaxones, qui n'ont pas de symétrie apparente.

I. **Formes centrostigmes.** — Elles comprennent deux sous-classes : la sphère parfaite et la sphère à facettes. Dans le premier cas rentrent les ovules de beaucoup d'animaux, le grain de pollen de beaucoup de plantes, d'autre part, des cellules qui flottent librement dans un liquide, comme par exemple les radiolaires les plus simples (*actissa*), les cœnobies des volvocénées et catallactes, et la forme embryonnaire *blastula*. Cette forme sphérique est la seule qui s'explique immédiatement par les lois physiques ; c'est en effet la forme d'équilibre que prennent les gouttes de liquides inorganiques (eau, mercure, huile).

La sphère à facettes est un polyèdre dont tous les angles correspondent à une surface sphérique. Tels sont les squelettes siliceux de nombreux radiolaires; chez beaucoup de sphéroïdées, la capsule centrale sphérique est entourée d'une enveloppe de gélatine, à la surface de laquelle se place un réseau de fils siliceux. Les mailles de ce réseau sont tantôt régulières (en général à 3 ou à 6 angles), tantôt irrégulières. Aux points d'intersection, situés tous sur une surface sphérique, s'élèvent souvent des aiguillons siliceux (Kf. 1, 51, 91). Les grains de pollen ont aussi souvent cette forme de sphères à facettes.

II. **Centraxones.** — Cette catégorie comprend deux classes, suivant que l'axe central est unique ou qu'il y a des axes secondaires qui le coupent à angle droit. Dans le premier cas, nous aurons affaire à des monaxones, dans le second, à des stauraxones, La coupe transversale à l'axe principal est circulaire chez les monaxones, polygonale chez les stauraxones.

Monaxones. — Les deux pôles peuvent être semblables (isopôles) ou différents (allopôles). Dans le premier cas rentrent les formes définies en géométrie comme les sphéroïdes (sphères aplaties), lentilles biconvexes, ellipsoïdes, doubles cônes, cylindres, etc. Une coupe transversale menée au milieu de l'axe principal divise le corps en deux moitiés symétriques. Celles-ci sont dissemblables chez les allopôles. Il en est ainsi pour l'œuf d'oiseau, dans les lentilles plan-convexes, les demi-sphères, les cônes, etc. Les monaxones sont très largement représentés dans le monde organique. (Kf. 4, 84).

Stauraxones. — Cette forme correspond à l'ancienne symétrie radiaire. On peut de nouveau y distinguer des isopôles et des allopôles.

Stauraxones isopôles. Dans ce cas rentrent la double pyramide ou l'octaèdre. Cette forme est très nette chez la plupart des acantheriés. Ce sont des radiolaires chez lesquels vingt aiguilles radiaires rayonnent du milieu de l'axe principal. Leur position et les angles qu'ils font entre eux sont strictement déterminés. Cette forme remarquable est dûe à la position d'équilibre que prend l'organisme flottant dans la mer (Kf. 21, 41). Si on réunit les pointes des aiguillons par des lignes fictives, on obtient une double pyramide. La stauraxonie isopôle se retrouve chez beaucoup de diatomées (Kf. 4, 84) et de desmidiées (Kf. 24). Elle est plus rare dans les tissus des histones.

Stauraxones allopôles. — La stauraxonie allopôle est représentée par les pyramides, qui jouent un grand rôle dans la conformation des corps organiques. Tels sont les fleurs régulières des phanérogames, les astéries, méduses, coraux, etc. Suivant le nombre et la grandeur des axes horizontaux qui coupent l'axe vertical au milieu, on peut distinguer plusieurs groupes.

Pyramides régulières. — Les axes secondaires sont égaux et la base est un polygone régulier, par exemple chez les fleurs d'*Iris* et de *Crocus*, les méduses à 4 rayons (Kf. 16, 28, 47, 48 etc.), les échinodernes réguliers (Kf. 10, 40, 60), les coraux réguliers (Kf. 9, 69).

Pyramides irrégulières ou amphitectes. — La base est un losange à deux axes inégaux, mais dont chacun est isopôle. La différence avec les formes centroplanes et dorsiventrales consiste en ceci, que l'axe latéral de celles-ci est seul isopôle, l'axe sagittal est allopôle. Ce genre est représenté d'une façon très nette chez les Cténophores (Kf. 27). La forme fondamentale de ces animaux pélagiques a été décrite tantôt à deux rayons, tantôt à quatre rayons et deux côtés, tantôt à huit rayons et symétrique. Un examen attentif montre que dans tous ces cas, il s'agit d'une pyramide rhomboïdale. La forme originelle à quatre rayons, héritée des méduses craspédotes est devenue bilatérale, parce qu'à droite et à gauche se sont développés d'autres organes que devant et derrière.

Des formes rhombo-pyramidales se rencontrent aussi chez certaines méduses et siphonophores, chez beaucoup de coraux et d'hydraires, enfin chez des fleurs nombreuses. Tandis que les cténophores ont huit rayons (octophragma), beaucoup de coraux en ont six (hexaphragma). Les fleurs de nombreuses dicotylées sont à quatre rayons, par exemple les crucifères et *circaea*.

III. **Formes centroplanes.** — Le milieu du corps est un plan qui divise le corps en deux moitiés, droite et gauche, symétriques. Il y a en même temps un dos et un ventre; aussi cette forme s'appelle-t-elle dorsiventrale en botanique (par exemple les feuilles), tandis qu'en zoologie on l'appelle le plus généralement bilatérale. Il y a trois axes principaux, perpendiculaires; deux ont des pôles dissemblables, le troisième, des pôles semblables. Chez la plupart des animaux, par exemple chez l'homme, l'axe le plus long est l'axe principal, son pôle antérieur est buccal, le postérieur est aboral ou caudal. L'axe le plus court est sagittal chez l'homme; il a un pôle dorsal et un pôle ventral. Le troisième axe est transversal et a un pôle droit et un pôle gauche, semblables.

Les centroplanes sont d'autre part caractérisés par trois plans perpendiculaires l'un à l'autre. Le premier est le plan médian qui divise le corps en deux moitiés symétriques, le second est le plan frontal qui passe par l'axe principal et l'axe transversal et sépare la moitié dorsale de la moitié ventrale. Le troisième est le cingulaire; il est déterminé par l'axe sagittal et l'axe transversal et divise la moitié céphalique et la moitié caudale.

Le concept de symétrie bilatérale est employé en cinq sens différents. Il suffit ici de distinguer les formes bilatérale-radiale et bilatérale-symétrique.

Formes bilatérales-radiales. — Cet ordre comprend des formes où la forme radiée est combinée avec la structure bilatérale. Telles sont les fleurs des orchidées (Kf. 74); celles des labiées, des papillonacées, etc.; les échinodernes irréguliers (spatangides, clypéastrée, Kf. 30). On distingue en même temps la symétrie bilatérale et trois à cinq (ou davantage) parties rayonnantes, disposées des deux côtés d'un plan médian.

Formes bilatérales-symétriques. — Cette forme est générale chez les animaux supérieurs. Le côté ventral est en général tourné vers la terre (vertébrés, arthropodes, mollusques, vers, etc.). Cette forme est la plus pratique pour le déplacement du corps, dans un sens déterminé. Le poids est également réparti des deux côtés. La tête avec les organes des sens est dirigée en avant. Chez les feuilles vertes des plantes, ce sont d'autres causes qui ont déterminé la symétrie bilatérale : les relations avec la tige et avec la lumière du soleil, etc.

Formes asymétriques. — Il y a des formes bilatérales qui étaient symétriques à l'origine, mais qui sont devenues asymétriques par adaptation à des formes spéciales. Parmi les vertébrés, l'exemple le plus frappant est celui des pleuronectes : soles, limandes, etc. Ces poissons sont symétriques dans leur jeunesse, plus tard, ils s'habituent à se coucher sur le côté droit ou gauche, sur le fond de la mer : le côté supérieur se colore généralement à la façon du fond (mimétisme), l'inférieur reste incolore. L'œil inférieur émigre vers le côté supérieur, de sorte que les deux yeux se trouvent du côté tourné vers la lumière. En même temps les os et les parties molles du crâne deviennent tout à fait asymétriques. Cette ontogénie curieuse ne peut s'expliquer que par la loi biogénétique ; c'est la répétition rapide d'une longue évolution phylogénique. En même temps c'est un exemple frappant de l'hérédité des caractères acquis, à la suite d'une habitude œcologique constante : elle est inexplicable par la théorie du plasma germinatif de Weismann.

Chez les invertébrés, les gastropodes constituent un autre cas extrêmement intéressant. La plupart ont leur coquille enroulée en spirale. A l'origine le mollusque est bilatéral et symétrique et sa coquille forme une simple plaque dorsale. Les deux moitiés latérales du corps ont une croissance inégale ; la cause en est purement mécanique : le sac intestinal recouvert par la coquille tombe sur un côté du corps. Par suite, une partie des organes croît plus fortement d'un côté que de l'autre, et il y a des déplacements des organes voisins, par exemple des branchies. Chez la plupart des gastropodes, une branchie et un rein ont complètement disparu, L'asymétrie des deux moitiés du corps s'exprime dans la forme spiralée de la coquille. C'est là encore un saisissant exemple de l'hérédité des caractères acquis.

Dans le règne végétal, il y a aussi des cas d'asymétrie de formes bilatérales, par exemple, les feuilles de *bégonia*, les fleurs de *canna*.

Formes anaxones. — Il y a peu de formes organiques tout à fait irrégulières. Car en général les relations avec la terre (géotaxie) et la direction de la croissance déterminent la formation d'un axe. On peut considérer comme irréguliers les corps mous et à forme variable de certains rhizopodes, des amibes, des mycetozoaires, etc. Il en est de même de la plupart des éponges.

Causes de la forme. — Les espèces étant nées par adaptation à des conditions de vie particulières, on peut se demander comment elles ont acquis les formes fondamentales qui viennent d'être définies. Nous rencontrons ici encore la tendance à des conceptions dualistes et mystiques. Beaucoup de gens croient devoir recourir à un créateur qui avait un plan de structure défini, préétabli, et l'a quelque beau jour exécuté. Certains naturalistes eux-mêmes pensent que les forces physiques ordinaires ne suffisent pas et qu'on doit à tout le moins pour les formes essentielles, fondamentales, admettre une pensée créatrice, un plan de structure ou toute autre cause finale. Il en est ainsi de Naegeli et d'Alexandre Braun.

J'ai au contraire toujours soutenu que pour l'origine et la transformation des formes fondamentales, l'action des causes physiques est absolument suffisante. Pour s'en convaincre, il suffit d'observer les phénomènes de croissance et les stades innombrables qui nous conduisent des protistes les plus simples jusqu'aux organismes les plus complexes.

Formes fondamentales des protistes. — Les organismes unicellulaires présentent la plus grande variété au point de vue promorphologique ; il en est ainsi surtout des radiolaires. Les monères sont en revanche très simples ; parmi les chroococcacées, *chroococcus, cœlosphærium, aphanocapsa* sont indubitablement les organismes les plus primitifs que nous connaissions. C'est une sphérule de plasma sans la moindre structure ; la forme est celle d'une sphère. Les oscillariés et les nostocs sont des chromacées sociales, ce sont des chaînettes de cellules, souvent aplaties en disques. De nombreux protistes apparaissent sous deux états : un état mobile, avec des formes très variées et changeantes; un état de repos, avec une forme sphérique. Mais lorsque la cellule se constitue un squelette de protection, elle peut prendre les formes les plus compliquées. J'ai figuré un choix des formes les plus belles de diatomées (Kf. 4, 84) et de radiolaires (Kf. 1, 11, 21, 22, 31, 41, 51, 61, 71, 95). Le fait le plus important est que l'architecte de ces constructions si compliquées est la plastitule, ou micelle, c'est-à-dire la molécule invisible de plasma.

Formes fondamentales des histones. — Chez les histones le nombre des formes fondamentales est limité. Les cellules qui composent les tissus peuvent présenter les formes les plus diverses, mais l'organisme total n'a que des formes peu nombreuses. Il en est de même du cormus ou individualité d'ordre supérieur formée de nombreux individus.

Chez les métaphytes et les métazoaires on rencontre surtout des formes radiales et bilatérales. Les premières sont dues à la vie fixée, les secondes au déplacement dans une direction et une posture déterminées. Nous trouvons la forme radiée dans les fleurs et les fruits des métaphytes, les individus des polypes, coraux et échinodermes réguliers. La forme bilatérale prédomine chez les animaux libres; elle se rencontre également chez beaucoup de fleurs (orchidées, labiées, papillonacées) fécondées par des insectes. Ici la cause de la bilatéralité doit être recherchée dans les rapports avec les insectes, de même que pour les feuilles, elle tient à leur fixation et à leur répartition sur le rameau, etc.

Les individus composés (Cormus) dépendent bien davantage des conditions de milieu que les individus simples; aussi leur forme est-elle d'ordinaire irrégulière, rarement bilatérale.

Beauté des formes naturelles. — Si on étudie l'esthétique à la lumière de la physiologie cérébrale, on peut distinguer deux classes de sentiments du beau. Dans la beauté directe, les organes des sens éprouvent directement une sensation de plaisir. Au contraire, dans la beauté indirecte, ces impressions se combinent avec l'excitation des neurones phronétiques, c'est-à-dire des celulles cérébrales qui président à la pensée et à l'imagination.

1. *Beauté directe ou de sensation.* — Perception directe d'impressions agréables par les organes des sens. On peut distinguer les degrés suivants: 1° Beauté simple : le plaisir est produit par l'impression immédiate d'une forme ou d'une couleur; ainsi une sphère de bois produit une sensation plus agréable qu'un morceau de de bois informe, un cristal qu'une pierre, une tache bleu de ciel ou jaune d'or est plus agréable qu'une tache gris-bleu ou jaune-sale, un son de cloche qu'un coup de sifflet strident, 2° Beauté rythmique : la sensation esthétique est provoquée par la répétition d'une forme simple, par exemple un collier de perles, une cœnobie de monères en chaînettes (nostoc, diatomées, Kf. 84). 3° Beauté actinale : disposition de plusieurs formes simples autour d'un centre commun ; une croix, une étoile, les pétales des fleurs,

les parties des méduses et des astéries (en musique l'harmonie de plusieurs sons concordants, l'accord). 4° Beauté symétrique: relation d'un objet avec son symétrique; le plaisir résulte de la vue de deux moitiés semblables qui se complètent réciproquement.

II. *Beauté indirecte ou d'association.* — Les impressions esthétiques de cette classe sont bien plus variées et plus complexes que celles de la première et jouent dans la vie des animaux supérieurs un rôle bien plus important. Leur condition anatomique est la présence de centres d'associations dans le cerveau. Nous distinguons dans cette classe quatre groupes principaux. 5° Beauté biologique: les formes des êtres vivants ou de leurs organes excitent notre intérêt esthétique par leurs relations avec leur signification physiologique, leurs mouvements, leur utilité, etc. 6° Beauté anthropomorphique: l'homme considère son propre organisme comme la mesure des choses et le paramètre de l'esthétique, tant au point de vue morphologique (beauté du corps et de ses organes) que physiologique (beauté des mouvements, des attitudes) et psychologique (expression des sentiments dans la physionomie). 7° Beauté sexuelle: le plaisir est produit par l'attraction réciproque des sexes. Au point de vue phylogénique, il faut le rapporter à l'attraction des cellules spermatique et ovulaire. 8° Beauté des paysages: le plaisir provoqué par un paysage a un objet plus vaste que toutes les autres impressions esthétiques. Les formes changeantes des nuages et des eaux. Les contours des montagnes, de l'arrière-plan, les forêts, et les prairies, les êtres animés du premier plan provoquent chez le spectateur des impressions variées qui s'associent en un tout harmonieux. Cette esthétique régionale, dont le rôle est de déterminer les lois de la beauté des paysages, est bien plus récente que les autres branches de la science du beau. Il est à remarquer qu'à l'opposé de la beauté des objets naturels simples, l'absence de symétrie et de formes mathématiques est la première condition de la beauté des paysages. La disposition systématique des objets (par exemple une allée de peupliers ou une rangée de maisons) ou des figures rayonnantes (certaines plates-bandes, ou des allées de forêt disposées en étoile) sont rejetées par les gens qui ont véritablement du goût: on les trouve presque toujours fatigantes et ennuyeuses.

Un coup d'œil sur ces huit formes de beauté nous montre une série continue montant du simple au composé, au complexe. A cette série correspond aussi le développement du sentiment du beau chez l'homme, ontogénétiquement de l'enfant à l'adulte, phylogénétiquement du sauvage au civilisé. L'évolution de l'homme, qui a pour bases fondamentales l'hérédité et l'adaptation, trouve également son application dans l'histoire de l'esthétique et de l'ornementique ; elle nous apprend comment le sentiment et l'art se sont développés progressivement. D'autre part, à cette série du développement correspond aussi partiellement l'échelle des formes fondamentales qui servent de base à la nature et à l'art.

SIXIÈME TABLEAU

LES FORMES GÉOMÉTRIQUES FONDAMENTALES.

Quatre classes de formes fondamentales d'après les relations du milieu du corps.

A. — Première classe.
Centrostigmes.

Le milieu géométrique est un point. Pas d'axe principal.

B. — Deuxième classe.
Centraxones.

Le milieu est une ligne droite (axe principal).

C. — Troisième classe.
Centroplanes.

Le milieu géométrique est un plan.

D. — Quatrième classe.
Centropores.

Le milieu géométrique fait défaut.
Six classes de formes fondamentales d'après les relations des axes du corps.

I. — *Homaxones.*

Formes à axes égaux.

II. — *Polyaxones.*

Plusieurs axes.

III. — *Monaxones.*

Formes à un axe.
Pas d'axes transverses déterminés.
Coupe transversale circulaire.

IV. — *Stauraxones.*

Formes à axes en croix.
Contour polygonal.

V. — *Triaxones.*

Trois axes perpendiculaires déterminent la droite et la gauche, les faces dorsale et ventrale.

VI. — *Anaxones.*

Pas d'axes.
Neuf ordres de formes fondamentales d'après les relations des pôles des axes.

1. Sphère régulière.
2. Sphère à facettes.
3. Forme sphéroïdale (isopole).
4. Forme conoïdale (allopole).
5. Forme dipyramide (isopole).
6. Forme pyramidale (allopole).
7. Amphipleures. Forme bilatérale-radiale. 4 antimères ou davantage.
8. Zigopleures. Forme bilatérale-symétrique. 2 antimères seulement.
9. Formes tout à fait irrégulières.

Caractères
des principales formes fondamentales.

1. Sphère géométrique.
2. Formes polyédriques dont les angles sont situés sur une surface sphérique.
3. Fuseau, ellipsoïde, sphéroïde, lentille, cylindre.
4. Cône, ovoïde, hémisphère, demi-lentille.

5a Pyramides doubles régulières.
5b Pyramides doubles à deux tranchants.
6a Pyramides régulières.
6b Pyramides doubles à deux tranchants.
7a Forme paire.
7b Forme impaire.
8a Persymétrique (droite et gauche semblables).
8b Asymétrique (droite et gauche dissemblables).
9. On ne distingue ni axes, ni pôles déterminés.

SEPTIÈME TABLEAU

SYSTÈME MORPHOLOGIQUE DES ORGANISMES.

(Division des êtres vivants en deux règnes (protistes et histones) basés sur leur formation cellulaire et leur structure).

I. — Unicellulaires. — Protistes.

Forment parfois des associations (cœnobies) mais jamais des tissus véritables.

A. — Protophytes.

Plasmodomes.
Assimilations carbonées.

I. *Phytomonères.*

Pas de noyau : chromacées.

II. *Algariæ.*

Algues unicellulaires à noyau, sans flagellum : paulotomées, diatomées.

III. *Algettæ.*

Algues unicellulaires à noyau, à flagellum : mastigotes, méléthallées, siphonées.

B. — Protozoaires.

Plasmophages.
Assimilation d'albumine.

I. *Zoomonères.*

Pas de noyau : bactéries.

II. *Sporozoaires.*

Protozoaires à noyau, sans appendices mobiles : grégarines, chytridinées.

III. *Rhizopodes.*

Protozoaires à noyau, et à pseudopodes : lobés, radiolaires.

IV. *Infusoires.*

Protozoaires à noyau, à flagellum ou cils : flagellés, ciliés.

II. — Pluricellulaires. — Histones.

Ne sont unicellulaires qu'au début de l'existence. Présentent de vrais tissus.

C. — Métaphytes.

Plasmodomes.
Pluricellulaires à assimilation carbonée.

I. *Thallophytes.*

Plantes à thalle : algues, champignons.

II. *Mésophytes.*

Plantes à prothalle : mousses, fougères.

III. *Anthrophytes.*

Phanérogames pourvues de fleurs et de graines : gymnospermes, angiospermes.

D. — Métazoaires.

Plasmophages.
Assimilation d'albumine.

I. *Cœlentérés.*

Pas de cavité viscérale ni d'anus : gastréades, spongiaires, cnidacées, platodes.

II. *Cœlomaires.*
(Bilatéraux.)

Cavité viscérale et anus : vers, mollusques, échinodermes, articulés, tuniciers, vertébrés.

CHAPITRE IX

Monères.

ORGANISMES PRÉCELLULAIRES. — CELLULES SANS NOYAU.
CHROMACÉES ET BACTÉRIES.

« Les organismes les plus simples, chez lesquels ni le microscope, ni les réactifs chimiques ne permettent de distinguer une différenciation du plasma, sont les monères. Malgré leur simplicité, ces organismes si intéressants et trop négligés jusqu'ici exécutent toutes les fonctions vitales. Ils sont de la plus haute importance pour la théorie de la vie et permettent de combler le fossé creusé entre les organismes et les anorganes. Car ils nous montrent que le concept d'organisme est purement physiologique : il repose sur les mouvements vitaux et non sur l'existence d'organes. »

ERN. HAECKEL,
Generelle Morphologie,
1866, t. I. p. 135.

SOMMAIRE

Les formes les plus simples de la vie. — Théorie cellulaire. — Organismes précellulaires : monères, cytodes et cellules. — Monères actuelles. — Chromacées (cyanophycées), chromatophores, cœnobies de chromacées. - Bactéries. — Rapports des bactéries avec les chromacées, les champignons et les protozoaires. — Rhizomonères (*Protamœba*, *Protogenes*, *Protomyxa*, *Bathybius*). — Monères problématiques. — Phytomonères (plasmodomes) et zoomonères (plasmophages). — Intermédiaires entre les deux classes.

BIBLIOGRAPHIE

Ernest Haeckel. — *Die Moneren : Organismen ohne Organe. II. Buch der generellen Morphologie* (t. I. p. 135, t. II. p. XXII). Berlin.

— 1870. *Monographie der Moneren* (Biolog. Studien). Iéna.

— 1894. *Systematische Phylogenie der Protisten*. Berlin.

Kirchner und Blochmann 1886. — *Die mikroskopische Pflanzen und Thierwelt des Süsswassers*. 2e édit, 1895. Hambourg.

W. Zopf. 1882. — *Zur Morphologie der Spaltpflanzen (Schizophyten)*.

Aug. Gruber. 1889-1904. — *Biologische Studien an Protozoen*. Freiburg i/B.

Rob. Koch. 1878. — *Untersuchungen über die Aetiologie der Infections-Krankheiten*. Berlin.

Otto Bütschli. 1890. — *Ueber den Bau der Bacterien und verwandten Organismen*. Leipzig.

Wilhelm Engelmann. 1888. — *Die Purpurbacterien. Zur Biologie der Schizomyceten. Pflügers Archiv*. t. 26, 30.

Carl Fränkel. 1887. — *Grundriss der Bacterien-Kunde*. Berlin.

Fränkel und Pfeiffer. 1893. — *Mikrophotographischer Atlas der Bacterienkunde*. Berlin.

Migula. 1890. — *Bacterienkunde für Landwirthe*.

Alfred Fischer, 1903. — *Vorlesungen über Bacterien*. 2e édit. Iéna.

Uhlworm. 1878-1904. — *Centralblatt für Bacteriologie*. Iéna.

Fritz Schaudinn. 1901-1904. — *Archiv für Protistenkunde*. 8 vol. Iéna.

Richard Hertwig. 1902. — *Die Protozoen und die Zelltheorie. I. Band des Archiv für Protistenkunde*. Iéna.

Les formes les plus simples de la vie. — Lorsqu'on étudie les phénomènes complexes, il faut naturellement chercher à connaître d'abord les phénomènes les plus simples, leur mode de composition et le passage du simple au composé. Cette proposition est vraie des objets inorganiques, minéraux, machines, etc. Elle l'est tout autant pour la biologie. L'anatomie comparée cherche à expliquer la structure des organismes supérieurs par celle des êtres les plus simples dont ils descendent. La théorie cellulaire est cependant en opposition avec ce principe. La complexité de certaines cellules, tant chez les protistes (infusoires) que dans certains tissus (par exemple les neurones) a conduit à admettre toujours pour la cellule une organisation très complexe.

Le dogme cellulaire. — Les propositions qu'on trouve reproduites presque partout et contre lesquelles je m'élève sont les suivantes : 1° La cellule nucléée est l'organisme élémentaire ; tous les êtres vivants sont ou unicellulaires ou composés de cellules et de tissus. 2° Cet organisme élémentaire possède au moins deux organes distincts, le noyau et le corps cellulaire (cytoplasma). 3° Le cytoplasma et le caryoplasma (noyau) ne sont jamais des corps homogènes, mais toujours organisés, c'est-à-dire formés de plusieurs substances anatomiquement et chimiquement distinctes. 4° Le protoplasma est donc un concept métaphysique et non chimique. 5° Toute cellule naît d'une cellule, tout noyau provient d'un noyau.

Ces cinq propositions du dogme cellulaire sont inconciliables avec la théorie de l'évolution. Je les combats depuis trente-huit ans, et veux résumer ici les arguments qui les condamnent. Tout d'abord si la cellule se compose de deux organes distincts, elle ne peut être l'organisme primitif, car elle n'aurait pu apparaître alors que par un véritable miracle, au début de la vie organique. La théorie de l'évolution exige que la cellule ainsi comprise soit le produit de l'évolution d'un organisme élémentaire. Comme les monères ont précédé historiquement les cellules véritables, on peut les qualifier d'organismes précellulaires.

Organismes précellulaires. — Les organismes les plus anciens ne peuvent avoir été que des corps protoplasmiques homogènes, chez lesquels la différenciation du noyau et du corps n'avait pas encore eu lieu. J'ai qualifié de cytodes, en 1866, ces cellules non nucléées et je les ai réunies aux vraies cellules sous le nom de plastides. En même temps j'ai montré qu'il existe encore actuellement des cytodes : ce sont les monères que j'ai décrites dans ma *Monographie* de 1870.

Monères actuelles. — Il y a déjà quarante ans que j'ai fait mes premières observations sur les monères (*protomœba* et *protogenes*) et que je les ai décrites comme des organismes sans structure et sans organes. Peu de temps après, pendant un séjour que je fis aux Canaries, j'ai pu observer un organisme ressemblant aux rhizopodes, qui se comportait comme un mycetozoon, mais s'en distinguait par l'absence de noyau. C'est le *protomyxa aurantiaca*. La plupart des organismes que j'ai décrits dans ma monographie des monères ont des mouvements comme de vrais rhizopodes ; dans quelques-uns, on a depuis constaté l'existence d'un noyau, de sorte que ce sont de vraies cellules. Mais on étendit cette objection à toutes les monères, et on nia l'existence des cellules non nuclées. Cependant il y en a, et quelques-unes de ces formes sont même très répandues. Ce sont tout d'abord les chromacées et les bactéries, les premières plasmodomes, les secondes plasmophages. C'est en me basant sur cette différence que j'ai divisé les monères en deux groupes : phytomonères et zoomonères ; les premières sont des protophytes sans noyau, les secondes des protozoaires sans noyau.

Chromacées. (Phycochromacées, schizophycées ou cyanophycées). — Ce sont les chromacées qui représentent le mieux les plus anciens habitants de notre globe. Leurs formes les plus simples, les chroococcacées, ne sont en réalité autre chose que des cellules de protoplasma sans structure, qui croissent par plasmodonie et se reproduisent par division simple, dès qu'elles ont atteint une certaine taille. Beaucoup d'entre elles sont protégées par une membrane mince ou par une couche gélatineuse, et cette circonstance m'avait empêché autrefois de considérer les chromacées comme des monères. Je me suis convaincu plus tard que la formation de cette couche protectrice n'est qu'une conséquence mécanique de la tension superficielle. D'autre part, le caractère physiologique de ces monères plasmodomes est de la plus considérable importance, parce qu'il nous donne la clef de la question de la génération spontanée ou archigonie (chap. XV).

Les chromacées sont encore aujourd'hui répandues par toute la terre et vivent soit dans les eaux douces, soit dans la mer. Beaucoup d'espèces sont bleu-vert, violettes ou rougeâtres et recouvrent les rochers et les pierres, le bois ou d'autres substances. Dans ces plaques gélatineuses, sont disposés des millions de cytodes. Leur coloration est due à une matière spéciale (phycocyane), liée à la substance du plasma. Cette couleur varie suivant les espèces de chromacées (dont plus de 800 sortes ont déjà été décrites). Chez les espèces indigènes, c'est un vert bleuâtre, parfois bleu pur ou violet. De là vient le nom de cyanophycées (algues bleues) ; ce nom est doublement impropre, d'abord parce qu'une partie seulement de ces protophytes est bleue, et ensuite parce que ce ne sont pas des algues. D'autres chromacées sont rouges, oranges ou jaunes, par exemple *Trichodesmium erythræum* dont les masses floconneuses donnent parfois à l'eau des mers tropicales sa couleur jaune ou rouge. Lorsque le 10 mars 1901 je passai l'équateur au détroit de la Sonde, le navire parcourut des kilomètres d'eau rougeâtre colorée par des masses énormes, colossales de ces *Trichodesmiums*. De même la surface de la mer arctique est parfois colorée en brun par *procytella primordialis*, espèce décrite autrefois sous le nom de *protococcus marinus*.

Chromacées et chromatophores. — Les véritables algues, à l'exclusion des diatomées et paulotomées, qui sont des protophytes, sont des plantes pluricellulaires, formées d'une thalle de forme définie. Les chromacées ne sauraient en être rapprochées, comme on le fait souvent. On ne peut les comparer qu'aux chromatophores ou chromatelles, qui se trouvent dans toutes les cellules végétales vertes. Ces grains de chlorophylle sont des organelles de la cellule végétale, des produits du protoplasma. Dans les cellules embryonnaires des plantes et dans leurs points végétatifs, les chromatophores sont encore incolores ; ce sont des granules arrondis, très réfringents qui tranchent sur la couche du plasma entourant le noyau. Plus tard, ils se transforment, par un processus chimique, en grains de chlorophylle ou chloroplastes, chargées de l'assimilation carbonée.

Il est très intéressant et en même temps fort important de noter que les grains de chlorophylle ou chloroplastes croissent d'une façon indépendante et se reproduisent par division à l'intérieur de la cellule végétale. Ils se comportent absolument comme les chromacées libres dans l'eau. Un naturaliste brésilien des plus distingués, Fritz Müller-Destero a émis en 1893 l'hypothèse que toute cellule végétale verte est une symbiose de granules verts plasmodomes et de parties non vertes, plasmophages. (Voir mon *Anthropogénie*, 5e édition, 1903, p. 534, fig. 277, 278, et p. 962, note 87).

Cœnobies de chromacées. — Beaucoup de chromacées, surtout les espèces les plus simples, vivent isolées; il en est ainsi du *chroococcus* qui est répandu partout. Mais la plupart des espèces sont sociales et forment des colonies. Dans le cas le plus simple (*Aphanocapsa*) les cytodes excrètent une masse gélatineuse, où elles sont réparties sans ordre. Chez *Glaeocapsa* qui forme un revêtement mince sur les murs et les rochers humides, les cellules s'entourent, aussitôt après la division, avec de nouvelles enveloppes gélatineuses, qui se soudent entre elles. La plupart des chromacées constituent des colonies filiformes ou chaînes de plastides. La division a toujours lieu dans la même direction et les nouveaux individus demeurent soudés et s'aplatissent en forme de disques. Il en est ainsi des oscillariées et des nostocs. Lorsque beaucoup de ces filaments restent englobés dans des masses gélatineuses communes, il se produit des corps de dimensions appréciables et de forme irrégulière, comme par exemple chez notre nostoc commun.

Phénomènes vitaux des chromacées. — Il convient de mettre en évidence les faits suivants, au point de vue de leur structure anatomique et de leur travail physiologique : 1° Les chromacées les plus simples n'ont pas d'organes, leur corps est sans structure. 2° Le grain homogène de plasma qui, dans le cas le plus simple (*chroococcus*) constitue tout l'organisme, n'a aucune structure protoplasmique. 3° La forme originelle sphérique du grain de plasma est la forme d'équilibre la plus simple. 4° La formation d'une membrane d'enveloppe est un phénomène physique, dû à la tension superficielle. 5° L'enveloppe gélatineuse excrétée par beaucoup de chromacées est également due à un phénomène physique (ou chimique). 6° Le seul phénomène vital essentiel, commun à toutes les chromacées, est leur croissance par plasmodomie ; ce phénomène est d'ordre chimique et comparable à la catalyse des substances inorganiques (voir chap. X). 7° La croissance des cytodes par plasmodomie est à rapprocher de l'accroissement des cristaux. 8° La reproduction des chromacées par division n'est que la continuation de ces phénomènes de croissance, lorsque la taille individuelle est devenue trop grande. 9° Tous les autres phénomènes vitaux des chromacées s'expliquent de même par des causes physiques et chimiques ; aucun ne parle le moindrement en faveur d'une soi-disant force vitale quelconque Ces organismes inférieurs sont indifférents aux actions extérieures, aux températures élevées ou basses, etc. Certaines chromacées prospèrent dans des sources chaudes dont la températur atteint 50 à 80 degrés centigrades, et où ne vit aucun autre organisme. D'autres espèces peuvent demeurer longtemps congelée dans la glace, puis un beau jour reprendre vie. Beaucoup de chromacées peuvent rester desséchées pendant plusieurs années, puis renaître à la vie dès qu'on leur fournit de l'eau.

Bactéries. — Les bactéries ont une signification énorm comme causes de maladies, productrices de fermentations, etc La science qui s'en occupe, la bactériologie, a fait depuis moins de cinquante ans, des progrès considérables. On a pu étudier tou les détails de leur organisation et de leur physiologie. Mais en même temps les représentants de cette science ont conservé certaines conceptions tout à fait erronées. Il est curieux de voir en core placer les bactéries dans le règne végétal, sous le nom d schizomycètes. Lorsqu'on étudie l'organisation des bactéries, on ne peut qu'arriver à la conception que je défends depuis long temps : les bactéries sont des cytodes non nucléées, de la valeur des monères ; ce ne sont pas des champignons, mais des protistes ; leurs plus proches voisins sont les chromacées.

Bactéries et monères. — Les bactéries ne sont pas de vraies cellules ; c'est là le résultat positif de nombreuses recherches faites dans le but d'y trouver un noyau. Il faut surtout citer les travaux de Reinke qui a recherché en vain un noyau dans l'une des bactéries les plus grandes et les plus faciles à étudier, *Beggiatoa*. Sa conviction de l'absence du noyau est d'autant plus importante, que cette absence est très défavorable à sa thèse des « dominantes ». D'autres savants, parmi lesquels Schaudinn, ont récemment décrit chez quelques bactéries des granules épars dans le plasma et les ont considérés comme les équivalents du noyau, parce qu'ils se colorent par les mêmes réactifs que celui-ci. Mais même si l'identité de substance était démontrée et si la présence de granules de nucléine pouvait être considérée comme le premier stade de différenciation d'un noyau, cela ne prouve pas encore qu'il s'agisse là de véritables organelles indépendantes.

Chez quelques bactéries, le plasma se divise en une couche externe et une couche interne, ou bien il a une structure écumeuse avec vacuoles, ou une membrane d'enveloppe. Beaucoup de bactéries partagent avec les chromacées cette propriété d'excréter une membrane ou une enveloppe gélatineuse. Dans les deux classes la reproduction se fait par simple division. Chez les bactéries allongées (bacilles), la division a lieu par le milieu du grand axe ; elle est par conséquent transversale. Chez beaucoup de bactéries, il y a en outre formation de spores ; mais ces spores ne sont que des stades de repos (sans multiplication de l'individu) ; la partie centrale du plastide s'épaissit (centroplasma), se sépare de la partie périphérique (exoplasma) et subit une modification chimique, qui le rend très résistant aux influences externes, par exemple aux températures élevées.

Bactéries et chromacées. — La majorité des bactéries est si peu différente des chromacées qu'on ne peut distinguer les deux classes de monères que par leurs échanges. Les chromacées sont plasmodomes, elles forment du plasma nouveau par synthèse et réduction, au moyen de composés inorganiques : eau, acide carbonique, ammoniaque, acide azotique. Les bactéries sont plasmophages ; en général, elles ne peuvent former du plasma nouveau, mais l'absorbent (comme parasites ou saprophytes) sur d'autres organismes ; elles décomposent le plasma par analyse et oxydation. Aussi ne possèdent-elles pas la matière verte (phycocyane) qui colore les chromacées et sert à l'assimilation carbonée. Il y a cependant des exceptions : *bacillus vireus* renferme de la chlorophylle, *micrococcus prodigiosus* est rouge-sang, d'autres bactéries sont pourpres. Certaines bactéries vivant dans le sol possèdent même la plasmodomie : elles transforment par oxydation l'ammoniaque en acide nitreux puis nitrique et utilisent l'acide carbonique de l'air. Ces nitrobactéries n'ont donc pas besoin de substances organiques et ne se nourrissent que de composés inorganiques.

La parenté entre les chromacées et les bactéries est donc si intime qu'il n'y a pas de caractère différentiel sans exception. Beaucoup de botanistes réunissent les deux groupes sous le nom de schizophytes et appellent les chromacées schizophycées, et les bactéries schizomycètes. Mais il faut remarquer que l'absence de noyau éloigne les chromacées autant des algues (phycées), que les bactéries des champignons (mycètes). Quant à la reproduction par division, elle se retrouve chez de nombreux autres protistes.

Formes spécifiques des bactéries. — Malgré la simplicité de leur forme, le nombre des espèces de bactéries est très considérable. Si l'on ne considère que la forme extérieure, on ne trouve que trois formes fondamentales : 1° micrococques, arrondis ou ellipsoïdes ; 2° bacilles, en bâtonnets, cylindriques ; 3° spirilles, recourbés (bacille-virgule), en spirale à tours peu nombreux (vibrions) ou nombreux (spirochœtes). On distingue encore beaucoup de bacilles et de spirilles d'après la présence d'un ou de plusieurs flagellums, fixés à l'un des pôles du plastide ; leurs contractions et vibrations servent au déplacement des bactéries ; mais chez beaucoup d'espèces, ils ne sont que temporaires, et manquent totalement à d'autres.

Ce sont surtout les propriétés physiologiques qui servent à distinguer les bactéries, notamment leur manière de se comporter à l'égard des substances nutritives (albumine et sucre), leurs réactions chimiques, les actions toxiques qu'elles provoquent dans l'organisme vivant. Aucun bactériologiste ne doute plus aujourd'hui que ces manifestations vitales des bactéries sont de nature purement chimique. Leur cause doit être cherchée dans une structure moléculaire spéciale du plasma. Les produits des bactéries sont des ptomaïnes et des poisons (toxines) souvent très violents. On a réussi, par la culture artificielle des bactéries, à isoler et à préparer en grandes quantités certaines de ces toxines, par exemple la tétanine et la typhotoxine.

Il faut noter que cette action purement chimique des bactéries n'est qu'une hypothèse. On ne saurait voir là structure moléculaire du plasma. Cependant aucun homme de science ne doute que cette structure existe et que les mouvements des atomes et des molécules sont les causes réelles des désordres souvent très graves, mortels même, qu'exercent ces petits organismes dans les tissus de l'homme et des autres êtres vivants.

La distinction des nombreuses espèces de Bactéries est également intéressante pour la question générale de la notion et de la constance de l'espèce. Car ici ce ne sont plus, comme chez les êtres supérieurs, des caractères morphologiques externes ou internes qui peuvent servir d'éléments de classification, mais des caractères physiologiques fondés sur des différences chimiques de la structure moléculaire hypothétique. Celles-ci non plus ne sont pas constantes, nombre de Bactéries perdant leurs qualités spécifiques sous l'influence de modifications du milieu continues. Les changements de température, de bouillon de culture, l'introduction de corps chimiques modifient leur croissance et leur multiplication et aussi l'action nuisible que la plupart d'entre elles exercent sur d'autres organismes par la production de toxines. L'amoindrissement de la force toxique peut se transmettre par hérédité : d'où le procédé des vaccins ou immunisation. C'est là un excellent exemple d'hérédité des caractères acquis.

Bactéries et Champignons. — C'est à tort qu'on range encore souvent de nos jours les Bactéries parmi les Champignons, en tant que *Schizomycètes*. Les véritables champignons (*mycètes* ou *fungus*) sont des Métaphytes dont le corps pluricellulaire (*thallus*) constitue un tissu très caractérisé, le *mycelium* formé de nombreux filaments (*hyphen*). Chacun de ces filaments est constitué par des cellules allongées revêtues d'une fine membrane de chitine et de plasma incolore contenant un certain nombre de petits grains. Les sous-classes des vrais champignons, les Ascomycètes et les Basimycètes forment en outre de petits corpuscules qui produisent des spores (ascodies ou basidies). On ne rencontre aucun de ces caractères chez les Bactéries, qu'on ne saurait davantage rattacher aux Fungilles ou champignons monocellulaires (Ovomycètes et Zygomycètes) lesquels constituent une classe spéciale de Protistes alliée intimement aux Grégasines.

Cénobies des Bactéries. — De même que les Chromacées, un grand nombre de Bactéries présentent une tendance à s'unir en colonies cellulaires. Elles se forment par juxtaposition d'individus à multiplication rapide. Telle est la Zooglœa, équivalente à l'Aphanocapsa et à la Glœocapsa des chromacées. Quand les Bacilles allongés restent unis ou rangés ils forment les Leptothrix et les Beggiatoa comparables aux Oscillaries. D'autres cénobies de Bactéries ressemblent à des vitres (Merismopedia) ou à des dés (Sarcina).

Bactéries et Protozoaires. — Les deux classes des Bactéries et des Chromacées nous apparaissent, à cause de la simplicité de leur organisation, comme de véritables Monères. Il nous faut les placer au degré le plus bas du règne des Protistes et reconnaître qu'il y a autant de différence entre elles et les êtres monocellulaires individualisés (par exemple les Radiolaires, les Ciliaires, les Diatomées, les Siphonées) que, dans le règne des Histones entre les Polypes inférieurs (Hydre) et un Vertébré, ou entre l'Algue simple (Neva) et un Palmier. Si pourtant on tient à répartir les Protistes entre les règnes animal et végétal, cela ne saurait se faire que d'après le processus du changement de substance. Dans ce cas seront des animaux les Bactéries comme plasmophages (ainsi que l'avait vu déjà Ehrenberg dès 1838) et des plantes les Chromacées comme plasmodomes. Que si parmi les Bactéries, il s'en rencontre un jour douées d'un noyau, il les faudra transférer de la classe des Bactéries typiques dans celle des Flagellés, individus nucléés à flagellum.

Rhizomonères. — Passons à une autre classe de Monères, à la fois distincte de celle des Chromacées et de celle des Bactéries. Je l'ai décrite dès 1866, puis de nouveau en 1868. Il s'agit des formes que j'ai nommées Protamibes, Protogènes, Protomyxes, etc. Leur corps plasmatique émet des pseudopodes semblables aux vrais Rhizopodes (sarcodines) pourvus de noyau, au lieu que les Rhizomonères en manquent. J'avais pensé d'abord que ces grandes Monères étaient toutes dépourvues de noyau. Mais les progrès des procédés de coloration ont démontré l'existence d'un noyau dans quelques-unes, mais non pas dans toutes, comme on l'a affirmé à tort, croyant ainsi avoir découvert un argument sérieux contre la théorie de l'évolution et l'admission des Monères proprement dites.

Protamibes. — J'ai donné de cette forme de Monère, dans mon *Histoire naturelle de la Création* un dessin qui a été souvent reproduit ; il existe encore deux ou trois autres formes de même ordre, qui se distinguent par leur mode de locomotion. Elles ressemblent aux Amibes ordinaires, sauf qu'elles n'ont pas de noyau. La *Protamœba primitiva* semble assez répandue; elle a été observée à plusieurs reprises par Gruber, Cienkowsky, Leidy et d'autres. En quarante années de cours à Iéna, nous avons, au cours d'examens microscopiques d'eaux locales, rencontré la *Protamœba Primitiva* cinq ou six fois, et toujours avec ses mêmes caractères : mouvement par formation de prolongements et multiplication par division simple. Et malgré l'utilisation des procédés de coloration les plus perfectionnés il nous a été impossible de découvrir un noyau dans leur plasma homogène. Car aucune des nombreuses granulations (microsomes) répandues dans le plasma ne sauraient être regardées comme des équivalents du noyau, dont elles ne présentent pas l'activité caractéristique. Ceci vaut aussi pour la grande Rhizomonère marine découverte par A. Gruber et nommée par lui *Pelomyxa pallida.*

Bathybius. — La grande Rhizomonère marine décrite par Huxley en 1868 sous le nom de *Bathybius Hæckelii* et qui a été le sujet de tant de discussions, semble, d'après les recherches récentes, ne pas avoir l'importance qu'on lui avait d'abord attribuée. La question des Bathybius cesse d'en avoir une pour notre théorie des Monères et pour l'hypothèse de l'Archigonie (Cf. chap. XV) qui s'y rattache, depuis que les Chromacées et les Bactéries nous ont fourni des formes de Monères encore plus simples.

Monères problématiques. — Pour un certain nombre de Monères décrites dans ma *Monographie*, on ne sait au juste si leur plasma contient ou non un noyau, c'est-à-dire si ce sont des cellules véritables ou cytodes. Ceci vaut surtout pour les formes qui n'ont été observées qu'une seule fois, comme la Protomyxa et le Myxastrum. Il faudrait pouvoir leur appliquer les procédés nouveaux de coloration du noyau. A ce propos je tiens à remarquer que ces procédés ne fournissent nullement la certitude qu'on leur attribue d'ordinaire ; car il y a d'autres substances encore qui se colorent tout comme la chromatine. A elles seules enfin les Chromacées suffisent pour justifier toute notre théorie.

Conséquences de la théorie des Monères. — Elle a des conséquences considérables, que j'exposerai encore une fois brièvement, quant à notre doctrine moniste de la biologie. En premier lieu : le corps plasmatique sans structure des Monères simples ne possède aucune organisation, aucune combinaison de parties différenciées qui agiraient d'accord en vue d'un but vital déterminé. Les « Dominantes » intelligentes de Reinke, de même que les « Déterminantes » mécaniques de Weismann n'ont rien à y voir. Toute l'activité vitale des Monères simples, et avant tout des Chromacées consiste en une modification de substance, et n'est donc qu'un processus chimique, analogue à la catalyse des combinaisons inorganiques. La formation simple « d'individus » dans cette « substance vivante » primitive est limitée à la division des sphérules de plasma de grandeur déterminée (Chroococcus) et leur multiplication primitive n'est pas autre chose qu'une croissance continue analogue à celle des cristaux. Quand cette croissance dépasse une certaine limite déterminée par la constitution chimique, elle entraîne la formation de produits de croissance superflus qui deviennent autonomes.

CHAPITRE X

Nutrition.

CHANGEMENT DE SUBSTANCE ET MÉTABOLISME. — ASSIMILATION ET DÉSASSIMILATION. — PLASMODOMES ET PLASMOPHAGES. — MÉTASITISME. — PARASITISME.

> Si nous posons dans les termes les plus généraux possible cette question : quel a été le plus grand progrès de la physiologie pendant le XIXe siècle ? — nous ne pourrons répondre que ceci : c'est l'affermissement de cette conviction, que l'être vivant est régi par les mêmes forces que la nature morte. Ainsi seulement la physiologie a été placée sur le terrain solide de la recherche exacte; et de là vient, sans aucun doute, l'importance du développement de cette science pendant la deuxième moitié du siècle dernier; de là aussi les progrès de la biologie générale (en y comprenant la médecine),
>
> Robert TIGERSTEDT (1902).

SOMMAIRE

Fonctions de nutrition. — Assimilation et désassimilation. — Plasmodomes et plasmophages. — Phytoplasma et zooplasma. — Plasmodomie des végétaux. — Grains de chlorophylle et Bactéries nitrogènes. — Plasmophagie des Champignons et des animaux. — Métasitisme (renversement de l'échange de substance). — Nutrition des Monères (Chromacées, Bactéries, Rhizomonènes). — Nutrition des Protophytes et des Métaphytes. — Nutrition des Métazoaires. — Théorie de la Gastræa. — Système gastrovasculaire des Cœlentéries (Gastræades, Spongiaires, Cnidaries, Platodes). — Nutrition des Cœlomaries (digestion, circulation, respiration, excrétion). — Saprositisme. — Parasitisme. — Symbiose.

BIBLIOGRAPHIE

Jacques Moleschott. 1852 — *Der Kreislauf des Lebens; physiologische Antworten auf Liebig's chemische Briefe.* Mayence.

Max Kassowitz. 1899. — *Aufbau und Zerfall des Protoplasma.* T. I. de l'*Allgemeine Biologie.* Vienne.

Ernest Hæckel. 1872-1877. — *Studien zur Gastræa-Theorie (Philosophie der Kalkschwämme.* 1872. T. I, p. 464-473).

Louis Rhumbler. 1898. — *Physikalische Analyse von den Lebenserscheinungen der Zelle* (*Archiv für Entwickelungs-Mechanik.* T. VII).

Charles Voit. 1881. — *Physiologie des allgemeinen Stoffwechsels und der Ernährung.* T. VI, de Hermann's *Handbuch der Physiologie.* Leipzig.

E. Pfluger. 1875. — *Ueber die physiologische Verbrennung in den lebendigen Organismen.* Pflüger's *Archiv.* Bonn.

W. Engelmann. 1881-1895. — *Die Erscheinungsweise der Sauerstoff Ausscheidung pflanzlicher und thierischer Organismen.* Pflüger's *Archiv.* T. XXV et *Onders. physiol. Lab.* Utrecht.

J. Sachs. 1882. — *Vorlesungen über Pflanzen-Physiologie.* Leipzig.

W. Pfeffer. 1882. — *Pflanzen-Physiologie.* 2 vol. Leipzig.

Ernest Hæckel. 1894. — *Systematische Phylogenie der Protisten und Pflanzen* Berlin.

R. Leuckart. 1879. — *Allgemeine Naturgeschichte der Parasiten.* Leipzig.

Franz Wagner. 1902. — *Schmarotzer und Schmarotzerthum in der Thierwelt.* Leipzig.

Oskar Hertwig. 1883. — *Die Symbiose.* Iéna.

Nutrition et changement de substance. — La merveille de la vie à laquelle nous donnons le nom général de nutrition a pour objet fondamental la conservation de l'individu. Celle-ci est liée à une transformation chimique de la substance vivante. Elle est un changement de substances et par suite une transformation d'énergie. Ce processus chimique use, refait et détruit à nouveau du plasma. Le changement de substances (*métabolisme* ou *assimilation* et *désassimilation*) est à la base même de la trophèse ou nutrition. La plupart des phénomènes de nutrition sont explicables directement par les propriétés physiques et chimiques des corps inorganiques; pour d'autres, cette explication n'a pas encore été obtenue. Cependant les physiologistes dénués de parti-pris admettent tous qu'il n'est pas nécessaire de faire intervenir une force vitale spéciale : tous les processus trophiques sont soumis à la loi de la substance.

Fonctions de la nutrition. — Dans toutes les plantes et chez tous les animaux supérieurs, le processus chimique de l'assimilation et de la désassimilation et le courant énergétique correspondant sont une manifestation vitale complexe et mettent en jeu plusieurs fonctions et organes. On les répartit d'ordinaire sous quatre chefs : 1) absorption d'aliments et digestion ; 2) répartition des substances alimentaires ou circulation ; 3) échange de gaz ou respiration ; 4) expulsion des substances inutiles ou excrétion. Chez la majorité des histones, divers organes différenciés concourent au processus. Plus bas, cette division du travail fait encore défaut et la nutrition se fait par une couche simple de cellules (Algues, Gastræades, Spongiaires, Polypes inférieurs) ; chez les Protistes, c'est la cellule qui fait tout le travail à elle seule ; chez les Monères, enfin, c'est une sphérule de plasma homogène. D'un bout à l'autre de l'échelle il y a une gradation continue ; c'est pourquoi nous pouvons dire que partout le processus est physico-chimique.

Assimilation et désassimilation. — On distingue dans ce processus, envisagé dans son ensemble, deux directions. D'une part, on constate qu'il y a construction de matière vivante par appropriation de substances alimentaires : c'est l'assimilation. De l'autre, on voit ces subtances se détruire par suite même de leur activité vitale : c'est la désassimilation. Dans tous les cas, c'est le plasma qui est la substance vivante. On peut donc dire que l'assimilation, ou création de plasma, est la transformation, à l'intérieur de l'organisme, de la nourriture absorbée en plasma de l'espèce à laquelle cet organisme appartient ; et que la désassimilation, ou anéantissement de plasma, est l'effet du travail fourni par le plasma. Aux deux points de vue, les deux règnes de la nature organique contrastent vivement. Les végétaux assimilent davantage, en formant du plasma nouveau par réduction et synthèse de substances inorganiques. Chez les animaux au contraire, la désassimilation l'emporte, car ils détruisent du plasma par oxydation et transforment l'énergie obtenue par l'analyse en chaleur et en mouvement. Les plantes sont *plasmodomes*, les animaux, *plasmophages*.

Plasmodomes et plasmophages. — L'important, pour la formation et le maintien de la vie organique, c'est l'incessante formation de plasma nouveau. C'est la plasmodomie (de *domeo*, construire), ou assimilation de carbone. Les botanistes ont pris l'habitude d'appeler ce processus assimilation tout court : d'où de nombreuses méprises. Car pour le règne animal, le mot conserve son sens large d'appropriation et de digestion de nourritures prises au dehors. L'assimilation de carbone — que nous appelons plasmodonie — n'est que l'un des modes, le premier et le plus ancien, de la formation du plasma. La plante peut en effet faire la synthèse et la réduction de combinaisons inorganiques simples (eau, acide carbonique, ammoniaque) en hydrocarbonés dont elle forme du plasma nouveau. L'animal, lui, en est incapable. Il doit emprunter leur plasma à d'autres organismes soit directement (herbivores) ou indirectement (carnivores). C'est la plasmophagie. En modifiant le plasma absorbé de manière à se faire du plasma propre, l'animal aussi assimile : mais cette assimilation à base d'albumine diffère essentiellement de l'assimilation à base de carbone des végétaux. Le plasma animal nouveau se détruit par oxydation et c'est cette analyse qui fournit aux animaux l'énergie dont ils ont besoin pour se mouvoir.

Phytoplasma et Zooplasma. — Cette opposition fondamentale entre les deux grands règnes de la substance vivante est fort importante au point de vue de l'existence continue de toute la nature organisée. Elle repose sur un renversement des mouvements moléculaires dans le plasma, dont l'essence nous est aussi inconnue que la constitution chimique de l'albumine en général et celle de « l'albumine vivante », le plasma, en particulier. La chimie physiologique actuelle admet avec raison que la molécule invisible d'albumine doit être, toutes proportions gardées, gigantesque, et contenir pour le moins mille atômes. Et ces atômes sont dans un équilibre si instable, et tellement enchevêtrés et amoncelés, que la moindre excitation suffit à tout modifier, c'est-à-dire à créer une nouvelle espèce de plasma. En effet, le nombre des espèces plasmatiques est infini et infiniment variable. C'est ce que montre déjà ce fait ontogénique, que l'ovule et le spermatozoïde de chaque espèce, et même de chaque variété, possède sa constitution chimique spécifique, laquelle se transmet par hérédité aux descendants lors de la procréation. En laissant pourtant de côté ces innombrables modifications de détail, nous pouvons répartir toutes les espèces plasmatiques en deux groupes : le *phytoplasma* des plantes, doué du pouvoir synthétique de plasmodomie ; et le *zooplasma* des animaux, qui ignore ce procédé chimique et en est par suite réduit à la plasmophagie.

Plasmodomie des végétaux. — A ce merveilleux processus de synthèse est, d'ordinaire, nécessaire en premier lieu l'énergie rayonnante de la lumière solaire. Chaque cellule verte renferme dans ses petits grains de chlorophylle les petits laboratoires dont le plasma vert saura, sous l'influence de la lumière, transformer en plasma nouveau les combinaisons inorganiques simples. L'eau et les matières azotées nécessaires sont puisées dans le sol par la racine ; et l'acide carbonique est pris à l'air par les feuilles vertes. Tout d'abord est produit l'amidon, ensuite utilisé à fabriquer de l'albumine, par un processus de synthèse non encore connu. Au cours de la réduction, l'acide carbonique dégagé est éliminé au dehors. Les hydrocarbonés les plus actifs pendant le processus sont des glucoses et des maltoses. Sont utilisés aussi des sels (phosphates, chlorures, etc.) et du fer en petite quantité. Seule la chlorophylle contenant du fer peut, avec l'aide des ondes lumineuses de l'éther, former du plasma nouveau. La partie du spectre la plus active est celle des rayons rouges, orangés et jaunes.

Plasmodomie des grains de chromophylle (chloroplastes). — Dans le monde organisé, le plasma se forme essentiellement par photosynthèse, c'est-à-dire par l'assimilation du carbone par la chlorophylle, sous l'influence de la lumière. Cette substance verte merveilleuse n'existe dans les grains de chlorophylle qu'à raison de 1/10e pour cent. On peut l'isoler au moyen de divers dissolvants. Même si la plante contient une autre substance verte, c'est toujours la chlorophylle qui est la matière plasmodome proprement dite. Dans ce cas sa couleur est recouverte par une autre matière colorante : la diatomine chez les Diatomées, la phycorhodine chez les Rhodophycées rouges, la phycophaéine chez les Phœophycées brunes, la phycocyane chez les Chromacées vert-bleu ou Cyanophycées. Celles-ci sont pour nous de la plus haute importance : dans le cas le plus simple (Chroococcus) l'organisme entier n'est pas autre chose qu'un grain de plasma coloré en bleu-vert. D'ailleurs la transformation de substance est également effectuée par un grain unique de chlorophylle dans les Algues monocellulaires. D'ordinaire, chaque cellule végétale contient un grand nombre de grains de chlorophylle.

Plasmodomie des bactéries nitrogènes. — Un procédé différent de fixation du carbone a été découvert chez quelques organismes inférieurs par Herœus, Winogradsky et d'autres savants. Les Nitrobactéries ou Nitromonades (Bactéries nitrogènes) sont de petites Monères (cellules primitives sans noyau) qui vivent dans les profondeurs de la terre, à l'abri de la lumière. Elles sont formées de plasma sphérique et incolore, et ne contiennent ni chlorophylle ni noyau cellulaire. Elles possèdent ce pouvoir merveilleux de produire, par une synthèse particulière de combinaisons inorganiques simples (eau, acide carbonique, ammoniaque et acide azotique) des hydrocarbonés et de ceux-ci du plasma. Par oxydation de l'ammoniaque elles fabriquent des azotates puis de l'acide azotique. Pfeffer a nommé ce processus, parce que purement chimique, *Chimiosynthèse*, par opposition à la photosynthèse au moyen de la lumière solaire. D'ailleurs d'autres

Bactéries aussi possèdent un pouvoir spécial de modification des substances. Les Nitrobactéries se rangent parmi les Monères les plus anciennes et forment la transition des Chromacées végétales aux Bactéries animales.

Plasmophagie des Champignons. — Ils se conduisent, en ce qui concerne la transformation de substance, de la même manière qu'un certain nombre de Bactéries. Généralement, on regarde les Champignons (*Fungi* ou *Mycètes*) comme des plantes. Pourtant ils ne possèdent pas comme elles la propriété d'emprunter le carbone dont ils ont besoin à l'acide carbonique atmosphérique. Semblables aux animaux, ils doivent s'adresser à des substances organiques, albumine, hydrocarbonés, etc., tout en pouvant aussi l'extraire des combinaisons inorganiques du sol. Les Champignons ne peuvent vivre sans un apport de combinaisons organiques, bien qu'ils puissent se développer dans une solution ne contenant, en outre de sucre, que des sels nitriques inorganiques. Ils se trouvent donc à la limite des plantes plasmodomes et des animaux plasmophages. Et de même que ces derniers, les Champignons doivent leur origine à une modification du procédé de nutrition. Cette évolution se manifeste déjà chez les Protistes unicellulaires, par exemple chez les Phycomycètes qui dérivent des Siphonées. Quant aux Champignons pluricellulaires vrais (Ascomycètes et Basimycètes), ils proviennent des algues filamenteuses.

Plasmophagie des animaux. — Tous les animaux proprement dits doivent demander leur nourriture au règne végétal, soit directement (herbivores) ou indirectement (carnivores). Ce sont donc, en un certain sens, comme le disaient déjà les philosophes de la nature il y a cent ans, des « parasites du règne végétal ». Il s'ensuit que le règne animal est, au point de vue généalogique, *plus jeune* que le règne végétal. La descendance de l'un par rapport à l'autre repose originellement sur la modification du procédé de nutrition que nous avons appelé métasitisme (*Systematische Phylogenie*, 1894, t. I, p. 44).

Métasitisme. (Renversement du changement de substance). — La transformation chimique de la substance vivante qui se lie à la perte de la plasmodomie, ou, en d'autres termes, la transformation du phytoplasma réducteur en zooplasma oxydant, doit être regardée comme l'un des phénomènes les plus importants de l'histoire des organismes terrestres. Ce véritable « renversement » est polyphylétique. Il s'est présenté à plusieurs reprises au cours de la phylogénèse et ceci indépendamment dans des groupes très différents de la vie organisée, toutes les fois qu'une cellule ou un groupe de cellules plasmodomes ont trouvé l'occasion d'absorber directement du plasma au lieu de l'acquérir par une pénible transformation de combinaisons inorganiques. Nous constatons ce fait, parmi les Protistes, chez les cellules à flagellum indépendantes. Les jeunes Flagellés plasmophages, qui sont incolores et sans chlorophylle (Monadines, Conoflagellés) ressemblent par leur forme et leurs mouvements aux Mastigotes plasmodomes et à chlorophylle dont ils descendent (Volvocines, Péridinies) : ce qui diffère, c'est seulement le mode de nutrition. Les Flagellés incolores mangent du plasma formé, qu'ils incorporent par le moyen, soit de leurs flagellums, soit d'une bouche cellulaire spéciale. Par contre leurs ancêtres, les Mastigotes verts ou jaunes forment du plasma nouveau par photosynthèse, tout comme de vraies plantes. Il existe en outre des formes de transition parfaites entre les deux groupes, par exemple les Chrysomonades et les Gymnodinies qui peuvent se conduire tantôt comme des Protozoaires, tantôt comme des Protophytes. L'on peut encore dériver de la même manière les Phycomycètes des Siphonées, ou les Champignons des Algues. Enfin ce même processus se constate chez nombre de plantes parasitaires (Orchidées, Orobanches, etc.) Voir plus loin, à Parasitisme].

Nutrition des Chromacées. — Ici encore, comme pour toutes les autres activités vitales, ce sont les Chromacées, groupe inférieur et le plus simple des Protophytes, qui constituent le point de départ. Chez leurs formes les plus anciennes et les plus primitives, les Chroococcacées, le corps entier n'est qu'un grain de plasma bleu-vert, sans structure et sphérique. Il peut croître grâce à son pouvoir plasmodome, puis, une fois la limite maxima atteinte, se diviser. La « merveille de la vie » se réduit ici au processus chimique de la plasmodomie par photosynthèse. La lumière solaire rend le phytoplasma bleu-vert capable de créer du plasma nouveau de même espèce en partant de combinaisons inorganiques (eau, ammoniaque, etc.) C'est là un mode spécial de catalyse. Par contre les « forces vitales intelligentes et téléologiques » de Reinke n'ont rien à faire ici. Etant donné que dans ces « organismes sans organes » les fonctions physiologiques ne sont pas encore différenciées, non plus que les parties anatomiques du corps, leur seule activité vitale est la croissance, comparable à la croissance des cristaux inorganiques.

Nutrition des Bactéries. — Il a été remarqué déjà à plusieurs reprises que les Monères, qui jouent en ce moment en tant que Bactéries un rôle physiologique si considérable, occupent une place à part dans les manifestations de la vie. Ceci vaut surtout pour leur nutrition, qui présente des particularités frappantes et fort diverses. Beaucoup de Bactéries ne peuvent être séparées morphologiquement des Chromacées, leurs ancêtres directs, dont elles ne se distinguent que par l'absence de matière colorante. Un grand nombre sont de simples grains de plasma sphériques, ellipsoïdes ou en forme de bâtonnets, sans organisation ni mouvements visibles. D'autres se meuvent à l'aide d'un ou de plusieurs flagellums. Impossible de désigner dans ces corps plasmatiques un noyau proprement dit. Les grains les plus petits qui se rencontrent dans certaines espèces, les vacuoles qui se voient en d'autres, peuvent être regardés comme les produits de la nutrition, ainsi que l'enveloppe plus ou moins épaisse qui protège beaucoup d'entre elles. D'autant plus remarquable est la diversité de leur constitution chimique et du processus de nutrition correspondant. Les Nitrobactéries dont il a été parlé sont plasmodomes; les Bactéries anaérobies (du tétanos, etc.), ne vivent que par absorption d'oxygène; les Beggiatoa excrètent du soufre pur sous forme de grains arrondis, par oxydation d'acide sulfhydrique; les bactéries de la rouille (Leptothrix ochrocea) forment des oxyhydrates de fer. Les Bactéries saprogènes créent la moisissure, les Bactéries zymogènes, la fermentation. Enfin les Bactéries pathogènes, qui causent des maladies redoutables (tétanos, diphtérie, tuberculose, etc.) par sécrétion de toxines ont attiré spécialement l'attention et sont devenues l'objet d'une science spéciale, la *bactériologie*. Il est remarquable cependant que bien peu de bactériologistes aient montré la grande importance théorique de ces *Zoomonères* pour la biologie générale. Ces corps plasmatiques sans structure enseignent d'abord que leur activité vitale n'est qu'un phénomène chimique; leur diversité, combien compliquée doit être déjà dans les organismes les plus simples la constitution moléculaire du plasma.

Nutrition des Protozoaires. — Ils présentent, pour la plupart, des conditions particulières de nutrition et de plasmophagie. La grande classe des Rhizopodes se singularise en ce que leur plasma nu peut absorber de la matière solide toute formée par toute sa surface. La majeure partie des Infusoires, par contre, possède une bouche percée dans l'enveloppe extérieure de leur corps monocellulaire ; certains d'entre eux ont un œsophage. En outre de cette bouche cellulaire (cytostoma) on rencontre une autre ouverture destinée à l'excrétion des substances indigestes, un anus cellulaire (cytopygè).

Nutrition des Métaphytes. — La nutrition chez les Métaphytes présente toutes les gradations, depuis les formes les plus simples jusqu'aux plus compliquées. Les Thallophytes inférieurs, c'est-à-dire les Algues simples sont encore proches des cœnobies des Protophytes et ne sont comme elles que des colonies de cellules. Les cellules sociales qui constituent les tissus les plus primitifs sont identiques entre elles et ne présentent d'autre différenciation que la différenciation sexuelle. Le thallus est formé, dans les cas les plus simples, de filaments simples ou branchies constitués par des chaînes de cellules identiques (tels les Conferves parmi les Algues vertes, les Ectocarpus parmi les brunes, les Callithamnion parmi les rouges). L'Ulva par contre émet des filaments minces et en forme de feuille, constitués par des celulles identiques placées côte à côte. Les grandes Algues présentent déjà des tissus compacts et le thallus s'y différencie en racine, tronc et feuilles. En même temps apparait une différenciation trophique par spécialisation des fonctions de nutrition. Tout ceci vaut également pour les Mousses (Bryophytes) : les formes inférieures (Ricciadinæ) se rattachent aux Algues, les supérieures (Mnium, Polytrichum) se rapprochent des Cormophytes. Beaucoup de botanistes groupent ensemble les Algues, les Champignons et les Mousses et les nomment plantes cellulaires (cytophytes) en leur opposant, sous le nom de plantes vasculaires (angiophytes) les végétaux supérieurs, à fleurs, etc. Cette distinction correspondrait pour le règne végétal à celle qui vaut pour le règne animal entre les animaux inférieurs (Cœlenterés) et les animaux supérieurs (Cœlomaires).

Nutrition des plantes vasculaires (angiophytes). — Alors que la plupart des plantes cellulaires, vivant dans l'eau (Algues) ou sur d'autres organismes (parasites) peuvent se contenter d'une organisation très simple, les angiophytes vivent sur terre et ont dû s'adapter à des conditions de vie plus complexes. La nutrition y est divisée en plusieurs fonctions auxquelles correspondent des organes différents. Ceci vaut pour les Fougères (Ptéridophytes) cryptogames comme pour les plantes à fleurs (Antophytes) phanérogames. Leur acquisition la plus importante est celle de vaisseaux qui parcourent l'organisme entier et distribuent les liquides, recueillis par la racine et expirés par les feuilles, à toutes les parties de la plante. Les fentes des feuilles servent en même temps à la respiration, d'autres encore, dans certaines espèces, à la sécrétion (de résines, d'huiles, etc.). Chez les antophytes supérieurs s'est ainsi constitué par division du travail entre les organes, un appareil de nutrition fort compliqué. Parmi les nombreuses merveilles de leur organisation, conditionnées par des conditions de vie spéciales, on peut citer les organes destinés à la capture et à la digestion d'insectes (Drosera, Utriculaire, Nepenthes, Dionée).

Nutrition des animaux supérieurs ou Métazoaires. — Ici encore on rencontre une gradation lente depuis l'organisation la plus simple jusqu'à la plus différenciée. Chez les Cœlentérés on ne trouve qu'un organe, le tube digestif, qui exécute toutes les fonctions de la nutrition, ou du moins la majeure partie d'entre elles. Chez les Cœlomaires par contre elle est à la charge de quatre organes différents qui sont chacun constitués par un grand nombre d'organes interdépendants. De même encore, dans chacune de ces grandes divisions il s'est développé des types caractéristiques d'organisation. Mais, l'ontogénie comparée l'enseigne, toutes ces formes à divers degrés de complexité se rattachent les unes aux autres et sont parties, comme je l'ai montré dans ma « théorie gastréenne » de la même forme primordiale simple.

Théorie gastréenne (1872). — Les recherches anciennes sur la formation de l'appareil de nutrition des Métazoaires, et surtout de sa partie principale, le tube digestif, avaient conduit à cette vue erronée qu'il devait son origine, dans plusieurs groupes des animaux à vaisseaux, à des conditions de croissance fort diverses et qu'il n'était plus spécialement chez les Amniotes qu'un résultat d'évolution relativement récent. Mes études comparatives sur la formation de l'embryon des animaux inférieurs et supérieurs me donnèrent au contraire, il y a 34 ans, cette conviction que c'est un petit tube intestinal simple qui est précisément l'organe le plus ancien de tous les Métazoaires, organe primitif dont sont dérivées toutes les autres formes plus complexes. J'ai exposé mes vues dès 1872 dans ma *Biologie des Eponges calcaires* (T. I, p. 46); puis je l'ai développée avec preuves à l'appui dans mes *Etudes à l'appui de la théorie gastréenne* (1873). C'est là que j'ai exposé les principales conclusions qui résultent de cette modification de la doctrine des feuillets germinatifs, quant à la classification phylogénétique du règne animal. J'avais pris comme points de départ les Eponges les plus simples (Olynthus) et les Hydres. Leur corps entier n'est en fait qu'un petit sac digestif, sphérique, ovoïde ou cylindrique, dont la mince paroi est formée de deux assises cellulaires, l'externe ou *ectoderme* et l'interne ou *entoderme*. Celle-ci a pour fonction de digérer les aliments entrés dans le petit sac par la bouche (*prostoma* ou *blastopore*), la cavité constituant l'intestin primitif (*progaster* ou *archenteron*). Cette formation, je l'ai retrouvée chez les jeunes embryons et les larves de beaucoup d'animaux inférieurs et j'ai démontré que les formes embryonnaires en apparence si différentes chez les animaux supérieurs se ramènent toutes en fait à cette forme primitive. C'est elle que j'ai nommée larve intestinale, germe en gobelet ou *gastrula*; et, me fondant sur la loi biogénétique, j'ai affirmé que tous les Métazoaires dérivent d'une forme ancestrale commune, la *gastréa*. Ce n'est que plus tard, en 1895, que fut découverte par Monticelli une Gastréade actuelle (Pemmatodiscus) qui ressemble exactement à ma forme ancestrale hypothétique. (Voir mon *Anthropogénie*, 5ᵉ éd. p. 551, fig. 287). Les formes actuelles les plus simples d'Eponges (Olynthus) et d'Hydres se distinguent de la Gastréa primitive hypothétique par quelques caractères secondaires d'acquisition récente.

Système gastro-vasculaire des Cœlentérés. — Les classes d'animaux inférieurs que nous réunissons sous le nom de Cœlentérés ont ceci de commun que le processus de nutrition tout entier s'accomplit soit exclusivement, soit en majeure partie, grâce à un système d'organes unique, le système gastro-vasculaire. Du tronc commun, les *gastréades*, sont sortis trois groupes différents : les Spongiaires, les Hydraires et les Platodes. Tous trois ont pour caractères communs : I leur canal intestinal n'a qu'une seule ouverture, la bouche primitive, qui sert autant à l'introduction qu'à l'excrétion ; l'anus manque encore ; II la cavité corporelle *(cœloma)* manque ; III manque de même un système circulatoire. Toutes les cavités qui se rencontrent encore dans ces animaux inférieurs en outre de la cavité intestinale n'en sont que des prolongements (sauf chez les Néphridies, du groupe des Platodes).

Système gastro-vasculaire des Spongiaires. — Les Spongiaires se caractérisent en ce que la paroi de la cavité intestinale est percée de nombreuses petites ouvertures. C'est par elles que pénètre l'eau qui apporte aux cellules à flagellum de l'entoderme les particules nutritives qu'elles digèreront. L'eau ressort par la bouche *(osculum)*. Le spécimen le plus connu des Spongiaires est l'éponge de toilette *(Spongia officinalis)* du squelette corné de laquelle nous nous servons quotidiennement. On y voit, comme chez la majorité des éponges, un corps de forme irrégulière traversé par de nombreux canaux branchus le long desquels sont disposés des milliers de cavités intestinales produites par multiplication de la cavité simple de l'éponge prototype *(Olynthus)*. Chacune de ces petites « chambres flagellées » est en réalité une petite gastréa, un « individu » de l'espèce la plus simple (voir le chapitre VII). C'est pourquoi l'on peut regarder le corps des Spongiaires dans son entier comme une colonie *(cormus)*.

Système gastro-vasculaire des Hydraires. — Cette classe si riche présente une longue série de stades d'évolution, en partant des formes les plus petites et les plus simples pour aboutir à des formes très grandes et fort compliquées. Il en est peu qui soient restées à un niveau aussi bas que celui du polype commun d'eau douce *(Hydra viridis)* qui ne diffère de la gastréa que par quelques différenciations de tissus et par la formation d'une collerette tactile autour de la bouche. La plupart des Polypes forment des colonies *(cormi)* par bourgeonnement de l'individu mère. Chez tous, la nutrition est communiste, c'est-à-dire que tout aliment acquis et digéré par les différents individus est réparti également entre tous par les canaux. Chez les Hydraires supérieurs, la paroi du corps s'épaissit et est sillonnée de canaux destinés à distribuer la nourriture (voir *Kunstforman der Natur*, Pl. VIII, n° 98).

Système gastro-vasculaire des Platodes. — Alors que chez les Hydraires le plan de l'individu est rayonnant, par suite de la disposition des flagellums ou des cils vibratiles autour de la bouche, il devient bilatéral ou doublement symétrique chez les Platodes. Ici encore, les formes inférieures (Platodaries ou Cryptocèles) sont encore fort près de la gastréa. La plupart des Platodes, cependant, se distinguent des autres Cœlentérés par la formation d'une paire de néphridies, canaux étroits qui servent à excréter du corps les produits inutiles de la digestion. Il s'ajoute donc un deuxième organe de nutrition au premier, le tube intestinal. Celui-ci est encore très simple chez les Platodes inférieurs ; une complexité croissante se manifeste déjà chez les Turbellaires et les Trematodes, par formation de canaux. Il y a au contraire régression chez les *Cestodes*, parasites qui demeurent dans l'intestin ou dans d'autres parties d'animaux auxquels ils peuvent emprunter directement leur nourriture par leur épiderme.

Nutrition des Cœlomaires. — Les animaux supérieurs *(cœlomaires)* se distinguent des animaux inférieurs *(cœlentérés)* d'abord par une plus grande complexité dans la construction et l'activité de leur appareil digestif. D'ordinaire les fonctions digestives sont réparties entre quatre groupes d'organes qui ne sont pas encore différenciés chez les Cœlentérés, à savoir : I les organes de digestion (système intestinal); II les organes de circulation (système circulatoire); III les organes de respiration (système respiratoire); IV les organes d'excrétion (système rénal). De plus le tube intestinal possède d'ordinaire chez les Cœlomaires deux ouvertures, la bouche et l'anus. Enfin ils possèdent tous une cavité centrale, (le *cœloma)*, séparée du tube intestinal qui s'y trouve suspendu, et servant à la production des cellules sexuelles. Cette cavité se forme dans l'embryon par fermeture de deux cavités placées non loin de l'oscule. Ces deux poches se touchent, leur paroi de séparation se résorbe, et si elle se conserve en partie elle sert comme mésentère à maintenir l'intestin. Les quatre groupes d'organes en question sont relativement simples chez les Vers; plus tard, ils se compliquent et se différencient considérablement.

Organes de digestion des Cœlomaires. — Chez la plupart d'entre eux, le système intestinal constitue un appareil très différencié formé, comme chez l'homme, d'un grand nombre d'organes.

D'ordinaire, la nourriture pénètre par la bouche, est divisée par les mâchoires ou les dents, amollie par la salive. Puis le bol alimentaire est dégluti, pénètre dans l'œsophage, puis daus l'estomac. Celui-ci, organe le plus important de l'appareil digestif, est parfois formé de plusieurs parties, dont l'une est pourvue de dents servant à diviser davantage encore l'aliment, les autres fournissant le suc gastrique. Puis le bol alimentaire (chyle) pénètre dans le petit intestin, où se fait l'absorption; il y débouche un certain nombre de canaux venant d'autres organes digestifs (foie, etc.). Souvent le petit intestin est nettement séparé du gros (colon) où débouchent aussi nombre de canaux. La partie terminale du gros intestin se nomme *rectum* et sert à l'expulsion des matières fécales par l'anus.

Ce schéma général du système digestif, tel qu'il se rencontre chez la plupart des Cœlomaires, varie considérablement dans le détail suivant les groupes considérés et s'adapte aux conditions de nutrition les plus diverses. Les formes les plus simples se rencontrent chez les Vers où l'on voit les Radiolaires et surtout les Gastrotriches, se rattacher étroitement aux Platodes ancestraux, les Turbellariés. Les animaux typiques plus élevés en organisation qui en dérivent, se distinguent par des combinaisons spéciales. C'est ainsi que les Mollusques possèdent un appareil de mastication très caractérisque, constitué par une lame armée de dents (*radula*) qui frotte contre la mâchoire supérieure. Ce travail de mastication est exécuté chez les Articulés par des mâchoires latérales. Les Vertébrés et leurs proches parents les Tuniciers se distinguent en ce que la première partie du tube intestinal s'est transformée en un appareil respiratoire caractéristique (*branchies*). La formation des diverses parties constituantes du tube intestinal varie également à l'intérieur des groupes plus petits (ordres et familles) des Cœlomaires, car elle dépend en grande partie de la nature et des conditions d'obtention et d'utilisation de la nourriture. C'est la nourriture végétale qui nécessite le travail mécanique et chimique le plus compliqué; d'où la complication correspondante du tube intestinal chez les animaux herbivores (Escargots, Insectes, Ruminants). Il est au contraire le plus aisé pour les Cœlomaires parasites qui se procurent une nourriture directement assimilable ; aussi voit-on le tube intestinal en régression chez les Acantocéphales parmi les Vers, chez les Entoconques parmi les Mollusques, chez les Sacculines parmi les Crustacés.

Organes de circulation chez les Cœlomaires. — Une distribution ordonnée et régulière des liquides nourriciers à toutes les parties de l'organisme est d'autant plus nécessaire que celle-ci est plus compliquée et que le corps de l'animal est plus volumineux. Chez les Cœlentérés cette fonction est remplie par les cavités intestinales ou par les canaux qui en partent, chez les Cœlomaires par le système circulatoire sanguin (*vasa sanguinifera*). Ces canaux ne communiquent pas directement avec le tube intestinal mais circulent indépendamment dans le parenchyme du mésoderme. Ils absorbent le liquide nutritif filtré et chimiquement amélioré qui a traversé par osmose les parois du tube intestinal et le distribuent sous forme de sang à toutes les parties du corps. D'ordinaire le sang contient des millions de cellules des plus importantes pour le changement de substance. Les cellules sanguines des Cœlomaires inférieurs sont le plus souvent incolores (*leucocytes*) et celles des Vertébrés colorées en rouge (*rhodocytes*).

Pour la mise en mouvement du sang, la majeure partie des Cœlomaires possèdent un cœur, tuyau contractile dont la paroi musculaire est animée de mouvements rythmiques et tire son origine de l'épaississement d'un vaisseau principal. A l'origine il se développe deux vaisseaux de ce genre dans la paroi intestinale, l'un dorsal dans la paroi supérieure, l'autre ventral dans la paroi inférieure. Tel est le cas chez beaucoup de Vers. Le cœur provient du vaisseau dorsal chez les Mollusques et les Articulés, du vaisseau ventral chez les Tuniciers et les Vertébrés. On appelle artères les vaisseaux qui conduisent le sang du cœur aux organes, et veines ceux qui ramènent le sang au cœur. Les rameaux les plus fins, les vaisseaux capillaires, distribuent directement, par osmose, les matières nutritives aux tissus. Les vaisseaux circulatoires sont en relation intime avec les organes de la respiration.

Organes de respiration des Cœlomaires. — L'échange de gaz dans l'organisme qu'on nomme respiration (apport d'oxygène et expulsion d'acide carbonique) se produit chez les animaux inférieurs sans le secours d'organes spéciaux. Il s'y fait par les cellules épithéliales tant de l'ectoderme que de l'entoderme. Comme la plupart des Cœlentérés vivent dans l'eau ou, si parasites, dans des liquides contenant de l'air en dissolution, et comme celui-ci pénètre sans cesse dans les cavités pour ensuite en ressortir, l'échange de gaz peut se faire avec la plus grande facilité. Tel n'est le cas, pour les animaux supérieurs, que chez les Radiolaires, les plus petits Mollusques et Articulés. La majorité des Cœlomaires atteignent une grandeur qui nécessite des organes spéciaux capables de fournir, grâce à une grande superficie, un travail chimique considérable dans un espace restreint. Suivant le milieu, ces organes respiratoires se distinguent en *branchies* pour la respiration dans l'eau et *poumons* pour la respiration dans l'air.

Respiration aquatique des Cœlomaires. — Les organes de la respiration aquatique (branchies) sont d'une manière générale des parties amincies ou des prolongements de la peau extérieure ou de la peau intestinale interne. D'où la distinction de deux groupes, à branchies externes ou à branchies internes. Les branchies sont toujours abondamment pourvues de vaisseaux sanguins. Les branchies dermatiques ou branchies extérieures sont développées surtout chez les Invertébrés, sous forme de fils, de peignes, de feuillets, de pinceaux, de touffes qui sont, en tant que prolongements locaux de la peau extérieure, recouverts par l'ectoderme et offrent une grande surface à l'échange des gaz. Chez les Mollusques, on trouve une paire de branchies en forme de peigne placée dans le voisinage du cœur ; chez les Articulés, des paires nombreuses se trouvent dans les divers segments. Les branchies intestinales ou internes sont spéciales aux Vertébrés et à leurs proches parents les Tuniciers, ainsi qu'à un petit groupe de Vers, les Enteropneustes. C'est ici l'intestin antérieur qui s'est transformé en une branchie aux parois rompues par des fentes branchiales par lesquelles sort l'eau contenant les gaz nécessaires à la respiration qui avait pénétré par la bouche. Chez les Vertébrés inférieurs, aquatiques comme les Acraniens, les Cyclostomes et les Poissons, les branchies sont les seuls organes respiratoires ; elles s'atrophient chez les Vertébrés supérieurs, aériens, au profit des poumons. Pourtant, par suite d'une hérédité tenace, l'embryon, même l'embryon humain, conserve trois à cinq paires de fentes branchiales, sans d'ailleurs qu'il leur corresponde une fonction. C'est là l'un des faits palingénétiques les plus intéressants. Il démontre que les Amniotes, l'Homme compris, descendent, des Poissons.

Le groupe des Étoiles (Echinodermes) se distingue par des conditions particulières de respiration. Leur corps est sillonné de conduits qui reçoivent et expulsent l'eau de mer par des ouvertures spéciales. Les nombreuses ramifications de ces conduits remplissent d'eau les petits pieds qui sortent de la peau par milliers. Ces organes servent en même temps à la motion, à la sensation et à la respiration. En outre, beaucoup d'Etoiles possèdent encore des branchies spéciales, soit sous forme de doigt sur le dos, soit sous forme de feuillets ou d'arbres.

Respiration aérienne des Cœlomaires. — Les organes de la respiration aérienne sont désignés sous le nom général de poumons. Ils proviennent eux aussi, soit de la peau interne soit de la peau externe. Les poumons dermatiques, ou extérieurs, se trouvent chez divers groupes d'Invertébrés. C'est ainsi que, parmi les Mollusques, les Escargots ont, par suite de nécessités autres, acquis une cavité pulmonaire par modification d'activité des branchies. De même, parmi les Articulés, certaines Arachnides et les Scorpions possèdent plusieurs trachées pulmonaires, c'est-à-dire des cavités où sont renfermés des feuillets trachéens disposés en éventail. Les autres Articulés ont des trachées simples ou doubles, parfois disposées en faisceaux, qui parcourent le corps entier et distribuent directement l'air aux tissus. Ils aspirent l'air extérieur par des ouvertures spéciales, les *stigmata* ou *spiracula*. Les Mille-pieds et les Insectes possèdent d'ordinair de nombreux stigmates, les Arachnides une ou deux, raremen quatre, paires. Lorsque ces animaux à stigmates s'adaptent d nouveau à la vie aquatique (comme c'est le cas chez beaucoup de larves d'Insectes), les stigmates se ferment, et il se forme des trachées branchiales en forme de fil ou de feuille, qui empruntent par osmose de l'air à l'eau ambiante. Les animaux à trachées les plus anciens sont les Péripatides, qui sont la transition des Annélides les plus anciens aux Myriapodes : ils possèdent de nombreux faisceaux de tubes courts répartis dans toute la peau et qui sont clairement dérivés de cavités dermatiques par modification de fonction.

Les poumons intestinaux ou internes ne se rencontrent que chez les Vertébrés supérieurs (Quadrupèdes), chez les Amphibies, les Amniotes et leurs ancêtres pisciformes, les Dipneustes. Ces « poumons internes » sont des développements en forme de sac de l'intestin antérieur, originairement dérivés de la poche à air (*nectocystis*) des Poissons, qui leur sert à modifier leur poids spécifique. Chez les Poissons à poumons les plus anciens encore existants, les Cératodes, ce n'est encore qu'un sac simple. Chez les autres, il se divise en deux; leur tige s'allonge, se munit d'anneaux cartilagineux et forme la trachée (qu'il ne faut pas confondre avec l'organe de même nom des Trachéates). Enfin la partie antérieure de la trachée se différencie chez les Amphibies en larynx, organe de la voix et de la parole.

Organes d'excrétion. — L'expulsion de substances inutilisables est pour l'organisme une activité aussi importante que celle de la respiration. Ces substances sont désignées sous le nom général d'urine et sont tantôt acides, tantôt alcalines. Chez la plupart des Cœlentérés, des organes spéciaux d'excrétion seraient inutiles puisque c'est le courant d'eau traversant tout l'organisme qui les entraîne. Mais déjà chez les Platodes on voit fonctionner comme organes importants d'excrétion des reins qui ont la forme de deux canaux simples ou à embranchements latéraux, disposés de part et d'autre du tube intestinal et qui débouchent à l'extérieur. Ces canaux rénaux primitifs se retrouvent chez les Vers, puis chez les Cœlomaires supérieurs. Mais ici ils débouchent en général dans la cavité centrale qui sert de réceptacle pour les urines. L'ouverture extérieure se trouve tantôt (primairement) dans la peau extérieure (pores d'excrétion) tantôt (secondairement) dans l'intestin et de là dans l'anus. Les Articulés les plus anciens, c'est-à-dire les Annélides, se distinguent par ceci qu'une paire de reins existe dans chacun des segments du corps; chaque canal rénal est formé de trois parties, l'une interne qui débouche dans la cavité centrale, l'autre intermédiaire; et la troisième est une sorte de petite vessie dont les contractions expulsent l'urine au dehors. Semblable est l'arrangement du système rénal chez les Vertébrés, sauf que la complication augmente. On peut distinguer ici trois stades du développement: les reins primaires (*protonephros*), les reins secondaires (*mesonephros*) et les reins tertiaires (*metanephros*). Ces derniers ne se rencontrent que dans les trois classes supérieures, les Reptiles, les Oiseaux et les Mammifères. Les Mollusques aussi possèdent une paire de reins compacts, qui débouchent dans la cavité cardiaque. Les Crustacés n'ont le plus souvent qu'une paire de canaux rénaux. Par contre les Protrachéates possèdent des reins segmentaires, une paire par membre, et qui sont un héritage des

Annélides ancestraux. Les autres Trachéates, les Mille-pieds, les Arachnides et les Insectes, ont au lieu de reins des canaux de Malpighi, sorte de tubes provenant de l'intestin terminal ectodermique et disposés, tantôt par paires, tantôt en faisceaux.

Saprositisme. — Alors que l'immense majorité des plantes ne se nourrissent que plasmodomiquement, et l'immense majorité des animaux que plasmophagiquement, il existe cependant dans l'un et l'autre règnes des espèces, surtout inférieures, qui vivent aux dépens d'autres organismes. Tels les saprosites et les parasites. Par *saprosites* j'entends les végétaux et les animaux qui se nourrissent exclusivement ou principalement de cadavres décomposés d'autres organismes, c'est-à-dire des produits de décomposition qui n'offrent pas une nourriture suffisante aux organismes supérieurs. Il faut ranger dans cette catégorie : parmi les Protistes, un grand nombre de Bactéries, puis beaucoup de Phycomycètes, parmi les plantes à tissus les Champignons, parmi les animaux à tissus les Spongiaires. Les particularités de la nutrition des Bactéries ont été décrites plus haut. Beaucoup d'entre elles occasionnent la moisissure et la pourriture, et se nourrissent en même temps des produits de la décomposition d'autres organismes. Les Champignons vivent des cadavres végétaux en voie de pourriture qui s'accumulent dans l'humus. Ils remplissent ainsi un rôle hygiénique sur le sol terrestre analogue à celui des Spongiaires sur le sol marin. Mais il est aussi un certain nombre de plantes et d'animaux supérieurs qui se sont adaptés au saprositisme. Telles, parmi les plantes, les Monotropes et plusieurs Orchidées (Neottia, Corralliorhiza), qui ont, n'en ayant plus besoin, perdu leur chlorophylle et leurs feuilles vertes. Parmi les animaux à tissus, on peut ranger ici beaucoup de Vers, puis des Annélides (Limicolæ, etc.). Les organes qui servent à leurs congénères à broyer et digérer la nourriture formée (yeux, mâchoires, dents, cavités digestives) se sont atrophiés ou ont même disparu chez ces saprosites. Beaucoup d'entre eux constituent déjà une transition aux parasites.

Parasitisme. — Sous le nom de parasites, la biologie ne classe plus que ceux d'entre les organismes qui vivent sur d'autres organismes et leur empruntent leur nourriture. Leur nombre est considérable dans toutes les subdivisions des deux règnes et leurs transformations présentent un haut intérêt pour la doctrine de l'évolution. Car il n'est point de condition qui agisse avec autant de force sur l'organisme que l'adaptation au mode de vie parasitaire. On y peut suivre pas à pas la marche régressive et démontrer la nature proprement mécanique de ce processus. C'est pourquoi la science des parasites ou *parasitologie* est l'un des soutiens les plus puissants de la théorie de l'évolution et fournit les preuves les plus convaincantes en faveur de la question si controversée de l'hérédité des caractères acquis.

Protistes parasitaires. — Parmi les organismes monocellulaires, ce sont surtout les Bactéries qui se distinguent par leur adaptation au mode de vie parasitaire. Comme les Protozoaires à cellule sans noyau sont à ranger parmi les organismes les plus anciens et les plus simples, et dérivent directement de Chromacées plasmodomes par métasitisme, il apparaît comme probable que l'adaptation au parasitisme a commencé très tôt. Un grand nombre de Monères (parmi lesquelles on doit ranger les Bactéries), ont trouvé plus commode et plus avantageux de s'installer sur d'autres Protistes afin de s'assimiler directement leur plasma au lieu d'avoir à s'en fabriquer péniblement par assimilation de carbone. Ceci vaut aussi pour la grande classe des Sporozoaires (Grégarines, Coccidies, etc.) à cellules nucléées: il en est beaucoup qui vivent dans l'intestin ou les membres d'animaux supérieurs; d'autres vivent dans les tissus (les Sarcosporidies dans les muscles des Mammifères, les Coccidies et les Myxosporidies dans le foie des Vertébrés). Beaucoup d'entre eux se logent dans les cellules d'autres animaux, comme les Hémosporidies qui détruisent les cellules sanguines de l'Homme et provoquent les fièvres intermittentes.

Plantes à tissus parasitaires. — Parmi les Métaphytes pluricellulaires, ce sont surtout les Champignons qui se sont adaptés au parasitisme. Un grand nombre d'entre eux sont, comme on sait, des ennemis redoutables des végétaux et des animaux. Les différentes espèces de Champignons provoquent des maladies déterminées en agissant chimiquement sur les tissus de leurs hôtes. Nos principales plantes cultivées, la vigne, la pomme de terre, les céréales, le café, etc., sont attaquées par des Champignons. Ils sont probablement dérivés polyphylétiquement des Algues par métasitisme.

Le parasitisme règne encore dans un grand nombre de familles supérieures, chez les Orchidées, les Rhinantacées (Orobanche, Lathraea) les Convolvulacées, les Loranthacées (Viscum, Loranthus) les Rafflesiacées, etc. Par convergence, ou adaptation identique au parasitisme, ces plantes à fleurs se ressemblent souvent : elles perdent leurs feuilles vertes, n'ayant plus besoin de chlorophylle, et il ne reste que des feuilles rudimentaires sous forme d'écailles incolores. Ils se développe des organes de préhension et d'adhérence spéciaux. Même le tronc et les racines se modifient essentiellement. Toute la puissance de ces plantes se concentre dans les organes de reproduction : la Rafflesia donne les fleurs les plus grandes connues, d'un mètre de diamètre.

Animaux à tissus parasitaires. — On rencontre le parasitisme dans toutes les subdivisions des Métazoaires, moins chez les Mollusques et les Radiolaires, davantage chez les Platodes les Vers et les Articulés. On rencontre déjà des parasites chez les Gastréades (Kylinaries et Gastremaries (1). C'est probablement à la protection que ces animaux, les plus anciens des Métazoaires, trouvent à l'intérieur d'autres animaux, qu'ils doivent de s'être conservés jusqu'à nos jours. Les vrais parasites sont rares parmi les Spongiaires et les Cnidaries. Ils sont par contre fort nombreux parmi les Platodes : les Sangsues (Trematodes) vivent sur (ectoparasites) ou dans (endoparasites) d'autres animaux et occasionnent des maladies graves. Elles ont perdu le revêtement lumineux des Turbellariés leurs ancêtres et acquis des appareils de préhension. Les Cestodes, qui ne vivent pas à l'intérieur d'autres animaux et dérivent des Sangsues, ont perdu leur tube intestinal pour ne se nourrir que par osmose à travers l'épiderme. Cette même régression se retrouve chez les Vers (Acantocéphales), chez les Mollusques (Entoconques) les Crustacés (Rhizocéphale ; cf. *Kunstformen der Natur*, pl. 57).

La classe des Crustacés offre de nombreux cas, et fort typiques, de régression par parasitisme, parce qu'il s'y présente polyphylétiquement dans divers ordres et familles et parce que le corps très organisé des Crustacés montre les diverses phases de la dégénérescence dans leur relation réciproque. Les Crustacés indépendants ont une faculté de mouvement rapide et adroit ; leurs jambes

(1) *Anthropogénie*, 5e Ed. 1903, T. II, p. 550, Fig. 287.

nombreuses sont bien articulées et adaptées aux modes de locomotion les plus divers (à marcher, à nager, à grimper, à creuser, etc.) Leurs appareils sensoriels sont bien développés. Mais comme ils ne servent plus à rien en cas de prasitisme, ils s'atrophient et finissent par disparaître. Les jeunes Crustacés dérivent tous d'une même forme embryonnaire, le Nauplius, et nagent librement; mais plus tard, une fois fixés sur un hôte, leurs organes des sens et de locomotion s'atrophient. Comme l'avait déjà dit il y a quarante ans Fritz Müller-Desterro dans son célèbre écrit *Für Darwin* (1864), la classe des Crustacés fournit les meilleurs arguments en faveur de la théorie de l'évolution et de la sélection, de l'hérédité progressive et de la loi fondamentale biogénétique. Et ceci d'autant plus que les mêmes cas de régression et de convergence par suite de parasitisme se présentent partout identiques chez un grand nombre d'ordres et de familles de Crustacés.

Symbiose. — On appelle *symbiose* ou *mutualisme* la vie en commun de deux organismes différents. Ce mode d'existence diffère essentiellement du parasitisme, car il s'agit dans celui-ci d'une exploitation d'un être par un autre, au lieu que dans la symbiose il s'agit d'un accord en vue de la plus grande utilité des deux êtres. On rencontre déjà la symbiose chez les Protistes, puis fort développée chez les Radiolaires. Dans la Calymna on trouve disséminées de nombreuses cellules jaunes (zooxanthelles) immobiles. Ce sont des Protophytes, ou Algues monocellulaires de la classe des Palmellacées, qui sont abritées et logées par les Radiolaires, croissent plasmodomiquement et se multiplient par division. Une grande partie de l'amidon et du plasma qu'ils fabriquent sert directement de nourriture à la Radiolaire, et le reste aux xanthelles. On trouve des Zooxanthelles jaunes ou des Zoochlorelles vertes dans le tissu de nombre d'animaux inférieurs. Notre Polype commun d'eau douce (*Hydra viridis*) doit sa couleur verte aux Zoochlorelles qui habitent en grand nombre les cellules flagellifères de son entoderme. D'une manière générale, la symbiose est plus rare chez les animaux à tissus que chez les plantes à tissus, où elle est le mode de vie de toute une classe, celle des Lichens. Chaque Lichen est formé d'une plante plasmodome (Protophyte ou Algue) et d'un Champignon plasmophage. Celui-ci donne la demeure, la protection et l'eau à l'Algue verte qui lui prépare des aliments neufs.

HUITIÈME TABLEAU

LA NUTRITION DANS LES RÈGNES ANIMAL ET VÉGÉTAL

Métabolisme dans le règne végétal.	**Métabolisme dans le règne animal.**
La plante agit principalement par synthèse et par réduction : *Plasmodomie*, construction de substance vivante.	L'animal agit principalement par analyse et oxydation : *Plasmophagie*, destruction de substance vivante.
Les plantes, par leur *assimilation de carbone*, sont des organismes plasmodomes.	Les animaux, par leur *assimilation d'albumine*, sont des organismes plasmophages.
I. Protophytes sans noyau. *Monères plasmodomes.* (Chromacées. Oscillariées). Les plantes primordiales les plus simples et les plus anciennes sont des grains de plasma sans noyau qui forment du plasma nouveau par assimilation de carbone et photosynthèse.	**I. Protozoaires sans noyau.** *Monères plasmophages.* (Bactéries. Protoamibes). Les animaux primordiaux les plus simples et les plus anciens sont des grains de plasma sans noyau, qui s'incorporent le plasma d'autres organismes par assimilation d'albumine.
II. Protophytes à noyau. (Algariées. Algettes). La plupart des plantes primordiales sont des cellules nucléées, dont le cytoplasma croît par assimilation de carbone. La masse héréditaire est localisée dans le karyoplasma du noyau. (Accumulation héréditaire par hérédité progressive).	**II. Protozoaires à noyau.** (Rhizopodes. Infusoires, etc). La plupart des animaux primordiaux sont des cellules nucléées, dont le cytosoma croît par assimilation d'albumine. Les Rhizopodes se procurent de la nourriture formée par toute la surface de leur corps, les Infusoires par une ouverture déterminée et constante, la bouche cellulaire.
III. Plantes à cellules. (Cytophytes). Les Métaphytes inférieurs (Algues, Mousses) sont dans leurs formes les plus simples apparentés aux unions de cellules (cœnobies) des Protophytes, sociétés de cellules plasmodomes identiques. La plupart des Cytophytes manquent encore de réseau vasculaire.	**III. Animaux inférieurs.** (Cœlentérés). Les Métazoaires inférieurs (Gastréades, Spongiaires, Cnidaries, Platodes) possèdent un système gastro-vasculaire propre, dérivé du tube intestinal primordial de la *Gastréa*. Ni cavité corporelle, ni anus, ni vaisseaux pour la circulation du sang.
IV. Angiophytes. Ptéridophytes et Phanérogames. Les Angiophytes, munis de racines, de tiges et de feuilles, possèdent un système spécial pour la circulation de la sève.	**IV. Animaux supérieurs.** (Cœlomaires). Vers, Radiolaires, Mollusques, Articulés, Tuniciers. Vertébrés. Le cœloma est distinct de la cavité intestinale. Le plus souvent, intestin pourvu d'une bouche et d'un anus. D'ordinaire réseau de vaisseaux pour la circulation du sang.

CHAPITRE XI

Reproduction.

Reproduction asexuée et sexuelle (Monogonie et Amphigonie).
Amour. — Hermaphrodisme et Gonochorisme.

Pourquoi le peuple se presse-t-il ainsi, en criant ?
Il veut se nourrir, procréer des enfants,
Et les nourrir de son mieux.
Etranger, qui vois ces choses, va, et fais-en autant,
Car nul homme ne pourra faire davantage,
Qu'il s'y prenne comme il voudra.

Gœthe.

En attendant, et jusqu'au jour où la Philosophie
Soutiendra à elle seule le monument cosmique,
Tout ne se maintient
Que par la Faim et par l'Amour.

Schiller.

SOMMAIRE

Reproduction et génération spontanée. — Reproduction sexuelle et asexuée. — Croissance transgressive. — Monogonie. — Division. — Bourgeonnement. — Formation de spores. — Amphigonie. — Ovule et spermatozoïde. — Hermaphrodisme et séparation des sexes. — Hermaphrodisme et gonochorisme des cellules —Monoclinie et diclinie. – Monœcie et diœcie. — Modifications de la division sexuelle. — Glandes sexuelles des Histones. — Glandes hermaphrodites. — Echelle sexuelle. — Organes de fécondation. — Parthénogénèse. — Pédogénèse. — Métagénèse. — Hétérogénèse. — Strophogénèse. — Hypogénèse. — Hybrides. — Formation de bâtards et espèce. — Echelle des formes de reproduction.

BIBLIOGRAPHIE

ALEXANDRE BRAUN. 1850. — *Betrachtungen über die Erscheinung der Verjüngung in der Natur*. Leipzig.

RUDOLF LEUCKART. 1853. — *Zeugung*, in Wagners *Handwörterbuch der Physiologie*, T. IV. Leipzig.

ERNEST HÆKEL. 1886. — *Entwickelungsgeschichte der physiologischen Individuen* (Naturgeschichte der Zeugungskreise). *Generelle Morphologie der Organismen.* T. II. 17e chap., p. 32-147. — *Anthropogenie*, 5e édition, 1903.

EDUARD STRASBURGER. 1872-1901. — *Befruchtungs-Vorgang bei den Phanerogamen, Angiospermen und Gymnospermen.* Iéna.

HERMANN MULLER. 1873. — *Befruchtung der Blumen durch Insecten*. Leipzig.

OSKAR HERTWIG. 1886. — *Lehrbuch der Entwickelungsgeschichte*, 7e éd. 1902 (avec bibliographie étendue). Iéna.

RICHARD HERTWIG. 1891. — *Allgemeine Entwickelungsgeschichte* (*Lehrbuch der Zoologie*, 6e éd. 1903).

THEODOR BOVERI. 1886-1902. — *Das Problem der Befruchtung*. Iéna.

ARNOLD LANG. 1901. — *Fortpflanzung der Protozoen. Lehrbuch der vergleichenden Anatomie.* T. II. Protozoa, p. 162-281.

EDUARD STRASBURGER, 1894. — *Lehrbuch der Botanik*, 6e éd. 1904. Iéna.

AUGUST WEISMANN. 1892. — *Das Keimplasma. Eine Theorie der Vererbung.* Iéna.

MAX KASSOWITZ. 1899. — *Vererbung und Entwickelung*, T. II, de l'*Allgemeine Biologie*. Vienne.

HUGO DE VRIES. 1903. — *Elementare Bastardlehre*. T. II, de sa *Mutationstheorie* Leipzig.

EDUARD WESTERMARCK. 1893. — *Geschichte der menschlichen Ehe.* Iéna.

WILHELM BÖLSCHE. 1903. — *Das Liebesleben der Natur. Eine Entwickelungsgeschichte der Liebe.* 3 volumes. Leipzig.

De même que la nutrition a pour effet la conservation de l'individu, de même la reproduction a pour effet la conservation de la forme biologique particulière que sous le nom d'*espèce* on distingue de toutes les autres. Tous les êtres individuels ont une durée de vie plus ou moins restreinte et sont atteints par la mort après un temps déterminé. La série continue des individus, liés entre eux par la reproduction et appartenant à la même espèce, fait que cette forme spécifique spéciale peut malgré tout se maintenir pendant une durée assez longue. Mais l'espèce aussi est sujette à disparaître et ne jouit pas d'une « vie éternelle ». Après avoir vécu un temps plus ou moins long, l'espèce meurt complètement, ou se transforme en d'autres espèces.

Reproduction et fécondation primordiale. (Tocogonie et Archigonie). — La transformation de nouveaux individus, qui proviennent, par reproduction, d'individus géniteurs, est un phénomène naturel limité dans le temps. Elle ne peut avoir existé de toute éternité sur notre planète, car la terre elle-même n'est pas éternelle, et parce que longtemps encore après sa formation les conditions faisaient défaut qui eussent permis à la vie organique d'y apparaître. Ces conditions ne se présentèrent que lorsque la surface du globe terrestre en fusion se fut assez refroidie pour y permettre la condensation d'eau atmosphérique. Ce n'est qu'alors que le carbone put entrer en combinaison avec d'autres éléments (oxygène, hydrogène, soufre) et préparer la formation du plasma. Comme nous traitons de cette formation primordiale (archigonie ou génération spontanée) dans un chapitre spécial (chapitre XV), nous nous en tiendrons ici à traiter de la reproduction (tocogonie ou génération parentale).

Reproduction sexuelle (Amphigonie) **et reproduction asexuée** (Monogonie). — Les formes diverses et nombreuses sous lesquelles se présente la reproduction des êtres vivants sont d'ordinaire réparties en deux grands groupes, la reproduction asexuée (monogonie) qui est simple, et la reproduction sexuelle (amphigonie) qui est composée. Dans le premier cas, c'est un seul individu qui est en activité et qui émet un produit superflu de croissance, lequel forme un organisme nouveau. La reproduction sexuelle nécessite deux individus différents qui doivent s'unir pour amener la formation d'un nouvel être vivant. Cette amphigonie est le seul procédé de reproduction chez l'Homme et la plupart des animaux supérieurs. Par contre on trouve chez beaucoup d'animaux inférieurs et chez la plupart des plantes la multiplication asexuée soit par division ou par bourgeonnement ; et cette forme est la seule en usage chez les Monères, beaucoup de Protistes, de Champignons, etc.

A proprement parler, la monogonie est un processus vital généralement répandu : car la division ordinaire des cellules qui sert à la formation des tissus, est une monogonie cellulaire. D'où, pour la biologie, cette conviction : que la monogonie est la forme la plus ancienne et la plus primitive de la génération parentale, et que celle-ci ne s'est développée qu'ultérieurement de celle-là. Ceci est important à dire parce que des auteurs non seulement anciens mais aussi récents ont regardé la reproduction sexuelle comme une activité vitale générale de tous les organismes et prétendu qu'elle était un processus fondamental dès les origines.

Reproduction et croissance. — Les manifestations souvent fort complexes de la reproduction sexuelle telle qu'elle se présente chez les organismes supérieurs se comprennent aisément si on les compare critiquement aux formes plus simples de la reproduction asexuée chez les organismes inférieurs. Nous apprenons alors qu'il n'y a pas là de « Merveilles de la vie » incompréhensibles et surnaturelles, mais bien des processus physiologiques qui se laissent ramener à des forces physiques simples. La forme d'énergie qui se trouve à la base de toute la tocogonie n'est autre que la *croissance*. Or ce phénomène a pour effet la formation des cristaux et d'autres individus inorganiques : on ne saurait donc élever sur ce point une barrière entre la Nature organique et la Nature inorganique. « La reproduction est une nutrition et une croissance de l'organisme au delà de la limite individuelle, qui font qu'une partie de cet organisme devient un tout. » (*Gen. Morphologie*, t. II, p. 16). Cette « limite de la grandeur individuelle » est déterminée dans chaque espèce par deux circonstances, l'une qui est la constitution intime du plasma fixée par hérédité, l'autre qui est la dépendance par rapport aux conditions de vie extérieures lesquelles règlent l'adaptation. Ce n'est que si cette limite est dépassée que la « croissance transgressive » se manifeste continûment sous forme de « reproduction ». Chaque espèce de cristal possède également sa limite de croissance : si elle est dépassée, le premier individu cesse de croître et de nouveaux individus se forment dans la solution mère.

Reproduction asexuée (Monogonie). — La tocogonie asexuée, qu'on nomme aussi « multiplication végétative » ne se présente jamais que chez un individu seul et par suite n'est qu'une croissance transgressive de cet individu. Si c'est le corps entier qui est affecté par cette croissance, et qu'il se divise en deux ou plusieurs parties identiques, on nomme le processus *division*. Si par contre la croissance n'est que partielle et n'affecte qu'une partie de l'individu, en se produisant sous forme d'excroissance ou de *bourgeon*, le processus est dit *bourgeonnement*. La différence entre ces deux formes de reproduction consiste donc essentiellement en ce que dans la division, le géniteur (parent) disparaît en tant qu'individu et est remplacé par ses produits (enfants) qui sont de même âge et de même formation. Au lieu que dans le bourgeonnement, le parent demeure comme individu et est plus grand et plus âgé que ses enfants. Cette distinction importante entre les deux processus est trop souvent ignorée. Elle vaut pour les Protistes (qui sont monocellulaires) comme pour les Histones (qui sont pluricellulaires). Le fait que dans le processus par division l'Individu (d'après certaines définitions : l'indivisible !) est anéanti comme tel montre l'inanité de la théorie de Weisman sur « l'immortalité de l'individu monocellulaire » (Voir mes *Enigmes de l'Univers*, chapitre XI).

Division. — La multiplication par division est la forme de reproduction de beaucoup la plus répandue. Elle est en effet le mode normal de monogonie chez de nombreux Protistes et chez les cellules des Histones. C'est le mode unique de multiplication chez la plupart des Monères, autant chez les Chromacées que chez les Bactéries que par suite on réunit souvent sous le nom de plantes scissipares ou schizophytes. La division se rencontre aussi chez des organismes plus élevés et pluricellulaires comme les Polypes et les Méduses. Elle se présente d'ordinaire sous forme de division simple (dimidation, hémotomie, ou scissiparité), chaque individu se divisant en deux moitiés identiques. Le plan de division est tantôt variable, tantôt suivant le plus grand diamètre, ou suivant la largeur, ou encore oblique par rapport à la longueur, etc. Lorsque la multiplication se répète avec une rapidité telle que la division transversale suit aussitôt la division longitudinale et que les deux processus coïncident presque, on parle de division double. Et si le corps entier est soumis à ce rapide processus de multiplication, on parle de polytomie; telle la formation des spores chez les Sporozoaires et les Rhizopodes, et celle de l'embryon dans la cavité génératrice des Phanérogames.

Bourgeonnement. — La multiplication asexuée et par bourgeonnement se distingue de la division en ce qu'elle n'affecte que partiellement l'individu. Le bourgeon (*gemma*) est plus jeune et plus petit que le parent dont il se détache. Ce dernier peut remplacer par *régénération* la partie détachée et produire simultanément ou successivement un grand nombre d'individus-enfants sans perdre sa propre individualité, contrairement à ce qui se passe dans la division. La multiplication par bourgeonnement est assez rare chez les Protistes, fréquente chez les Histones, autant chez les plantes supérieurs que chez les animaux inférieurs (Cœlentérés et Vers). Car la plupart des colonies (*cormus*) se forment précisément par production de bourgeons sur un individu parental. On distingue deux formes principales de bourgeonnement : terminal et latéral. Le bourgeonnement terminal a lieu à l'extrémité du diamètre longitudinal et ressemble fort à la division double (telle la strobilation des Méduses acraspèdes et des Vers annelés). Le bourgeonnement latéral est beaucoup plus fréquent et entraîne la ramification des arbres, des plantes ainsi que des Spongiaires, Polypes, Coraux, Bryozoaires, etc.

Sporogonie ou Sporulation. — La troisième forme de la reproduction asexuée est la formation des spores (ou sporulation), cellules qui naissent d'ordinaire en grand nombre à l'intérieur de l'organisme, se détachent de lui sans être fécondées et produisent de nouveaux organismes. Les spores sont tantôt immobiles, tantôt munies d'un ou de plusieurs flagellums qui leur permettent de se mouvoir. Ce procédé de multiplication est très répandu chez les Protistes, soit Protophytes, soit Protozoaires. Parmi ces derniers les Sporozoaires (Grégarines, Coccidies, etc.), se distinguent en ce que tout l'organisme monocellulaire se résout en spores. Ce processus se rapproche de la division multiple. Il en est de même chez beaucoup de Rhizopodes (Mycetozoaires). Chez d'autres (Radiolaires, Thalamophores) c'est une partie seulement de la cellule qui sert à la production des spores. La sporulation est surtout répandue chez les Cryptogames, où elle alterne d'ordinaire avec la reproduction sexuelle. Les spores se forment le plus souvent dans des capsules spéciales appelées *sporanges*. Chez les Plantes à fleurs ou Antophytes, la sporulation a disparu ; et ce n'est que rarement qu'on la rencontre chez les animaux à tissus, telles les Eponges d'eau douce dont les sporanges sont dites *gemmules*.

Reproduction sexuelle (amphigonie). — La reproduction sexuelle consiste essentiellement dans la réunion de deux cellules différentes, l'une femelle ou *ovule*, l'autre mâle ou *spermatozoïde*. La cellule simple nouvelle qui en résulte est la cellule mère (*cytula*) des innombrables cellules qui constituent les tissus des Histones. Mais on trouve déjà un début de différenciation sexuelle chez les Protistes monocellulaires. Elle est préparée par la fusion ou l'accouplement de deux cellules identiques, les *gamètes*. On peut regarder ce processus, appelé *zygose* comme une forme spéciale, et fort avantageuse, de la croissance, liée à un rajeunissement du plasma. Celui-ci est rendu apte à la multiplication par division répétée grâce au mélange (*amphimixis*) de deux corps plasmatiques individuellement différents. Dès que ces deux gamètes deviennent inégales, en grandeur et en grosseur, c'est-à-dire se « différencient », on désigne la plus grande, femelle, sous le nom de *macrogamète* ou *macrogonidie*, et la plus petite, mâle, sous celui de *microgamète* ou *microgonidie*. Chez les Histones, la première est dite ovule et la seconde spermatozoïde. Celle-ci est d'ordinaire une cellule à flagellum douée de mouvements rapides ; l'autre est paresseuse et amiboïde. La motion du spermatozoïde lui permet d'aller à la recherche de l'ovule.

Ovule et Spermatozoïde. — La différence qualitative des deux cellules sexuelles (*gonocytes*) c'est-à-dire l'opposition chimique entre l'*ovoplasma* de l'ovule et le *spermoplasma* de la cellule spermatique est la condition primaire (et souvent la seule condition) de l'amphigonie. Plus tard, chez les Histones supérieurs, il s'y ajoute un ensemble très compliqué de conditions secondaires. A cette opposition chimique est en même temps liée une forme double spéciale de sensation et d'attraction que j'appelle *chimiotaxie sexuelle* ou *chimiotropisme érotique*. Ce « sens sexuel » des deux gonocytes, cette « affinité élective » du plasma mâle et du plasma femelle a pour effet leur attraction mutuelle et leur union. Il est probable que cette activité sensorielle apparentée à l'odorat ou au goût, ainsi que les mouvements d'excitation qui l'accompagnent, a son siège dans le cytoplasma du *celleus* des deux cellules sexuelles alors que l'hérédité est contenue dans le karyoplasma du noyau. (Voir mon *Anthropogénie*, 5e éd., 1903, 6e et 7e leçons).

Hermaphrodisme et gonochorisme. — L'opposition sexuelle entre les deux formes de gonoplasma (l'ovoplasma et le spermatoplasma) se manifeste déjà au début de la différenciation sexuelle par les grandeurs différentes des deux gamètes, et plus tard par les différences croissantes de forme, de constitution, de motion, etc. Elle conduit ensuite à la localisation séparée des deux centres de formation des cellules sexuelles sur deux individus différents. Lorsque l'ovule et le spermatozoïde se forment sur le même individu, on dit de celui-ci qu'il est *bisexué* ou *hermaphrodite;* si au contraire c'est sur deux individus, l'un mâle, l'autre femelle, on les appelle *unisexués* ou *gonochoristes*. Conformément aux degrés d'individualité distingués ci-dessus dans le chapitre VII, nous pouvons distinguer aussi des degrés dans l'hermaprodisme et dans le gonochorisme.

Hermaphrodisme des cellules. — Plusieurs groupes des Protistes, surtout les Infusoires ciliés se caractérisent par une différenciation, à l'intérieur de l'organisme monocellulaire, du plasma en deux parts, l'une mâle, l'autre femelle. Les Ciliaires se multiplient en masse par division indirecte répétée de la cellule. Mais cette monogonie a des limites et doit être par moments remplacée par une amphigonie, ou rajeunissement du plasma, s'effectuant par union de deux cellules qui échangent partiellement leur substance nucléaire. C'est là une *conjugaison;* la *copulation* par contre consiste en une union totale et permanente.

Pour se conjuguer, deux Infusoires ciliés se placent l'un contre l'autre et s'unissent au moyen d'un pont de plasma. Auparavant, déjà, deux morceaux se sont séparés du noyau de part et d'autre, formant un noyau immobile (*paulokaryon*), et un noyau migrateur (*planokaryon*). Les deux noyaux migrateurs s'engagent dans la soudure, passent l'un à côté de l'autre et pénètrent dans la cellule opposée. Ils y fusionnent avec le petit noyau immobile. Il s'est alors formé un nouveau noyau dans chaque cellule, et celles-ci se séparent ; rajeunies, elles ont acquis de nouveau la faculté de se multiplier par division.

Gonochorisme des cellules. — L'hermaphrodisme spécial qui distingue les Infusoires ciliés et quelques autres Protistes nous est connu jusque dans ses plus infimes détails par les recherches de Richard Hertwig, de Maupas et d'autres savants. Il est du plus haut intérêt parce qu'il montre que l'opposition entre le gynoplasma et l'androplasma peut déjà se manifester à l'intérieur d'une cellule unique. Cette *division du travail érotique* appartient d'ordinaire à deux cellules différentes. Les recherches récentes, des plus approfondies, sur le processus de la *fécondation* ont enseigné que l'essentiel dans la formation d'un nouvel individu (cellule mère) est la fusion de parties semblables du noyau mâle et du noyau femelle. Le karyoplasma de deux cellules qui copulent est le support de l'hérédité des deux parents. Par contre le cytoplasma sert à l'adaptation et à la nutrition. Le corps cellulaire de l'ovule est d'ordinaire volumineux et largement pourvu de matières nutritives : amidon, graisse, etc. Le cytoplasma de la cellule spermatique au contraire est petit et souvent réduit à un flagellum vibratile qui entraîne le noyau.

Monoclinie et diclinie. — La plupart des plantes produisent les cellules mâles et les cellules femelles sur le même individu; de même nombre d'animaux inférieurs. On nomme cet hermaphrodisme des êtres à tissus *monoclinie*. La *diclinie* se rencontre chez beaucoup de plantes et d'animaux supérieurs, c'est-à-dire qu'un individu végétal ou animal ne produit que l'une ou l'autre des cellules sexuelles. La monoclinie est d'ordinaire liée à un mode de vie fixe, la diclinie à la possibilité de locomotion. L'adaptation au parasitisme favorise ainsi la monoclinie. Aussi les Crustacés sont en majorité gonochoristes ; mais les Cirripèdes, qui sont fixés et souvent parasites, sont devenus hermaphrodites. De même les parasites internes inférieurs (Vers plats, etc.) sont tenus, pour la conservation de l'espèce, de pouvoir se reproduire d'eux-mêmes. D'autre part, un grand nombre de fleurs hermaphrodites, bien que portant les deux organes sexuels, sont incapables de se féconder elles-mêmes et doivent l'être par l'intermédiaire des insectes, qui transportent ce pollen d'une plante sur l'autre.

Monécie et diécie. — Les « Individus de troisième rang », que nous appelons, tant dans le règne végétal que dans le règne animal, colonies (*cormus*) sont diversement constitués au point de vue sexuel. Lorsque des individus mâles et femelles dicliniques se rencontrent sur le même tronc les uns à côté des autres, on appelle cet hermaphrodisme des cormus *monécie*. Tel est le cas chez la plupart des Cryptogames et Phanérogames, puis chez les Siphonophores et plusieurs Coraux. La *diécie*, c'est-à-dire l'existence sur un même individu d'organes d'un seul sexe, est plus rare. On la rencontre chez les Peupliers et les Saules, la plupart des Coraux et quelques Siphonophores. Les avantages physiologiques du *croisement*, c'est-à-dire de l'union de cellules sexuelles provenant d'individus différents, favorisent le progrès de la différenciation sexuelle chez les organismes supérieurs.

Modification de la différenciation sexuelle. — Une étude comparative des conditions de l'hermaphrodisme et de la différenciation sexuelle dans les règnes animal et végétal enseigne que ces deux formes opposées coexistent souvent dans des organismes apparentées d'un même groupe et même parfois dans des individus d'une même espèce. C'est ainsi que l'Huître est d'ordinaire gonochoriste, parfois aussi hermaphrodite. Et il en est de même de maints Mollusques, Vers et Articulés. C'est pourquoi la question si souvent posée de l'antériorité de l'un des modes de reproduction par rapport à l'autre ne saurait recevoir une réponse générale sans la détermination du degré d'individualité et de la place systématique du groupe considéré. Il est certain que l'hermaphrodisme est dans beaucoup de cas la forme primitive, par exemple chez les Plantes inférieures et nombre d'animaux fixes (Spongiaires, Polypes, Platodes, Tuniciers, etc.).

Les exceptions qu'on rencontre dans ces groupes sont de formation secondaire. Il est également certain, d'autre part, que la différenciation sexuelle est la forme la plus ancienne chez les Siphonophores, les Cténophores, les Bryozoaires, les Cirripèdes, les Mollusques. Et l'on y voit les hermaphrodites descendre primitivement des gonochoristes.

Glandes sexuelles des Histones (gonades). — Ce n'est que dans quelques divisions seulement des Histones inférieurs que les deux cellules sexuelles se forment sans ordre déterminé en des places différentes du tissu simple. C'est le cas chez les Algues inférieures et chez les Spongiaires. D'ordinaire elles se forment en des localités bien déterminées et dans une couche spéciale du tissu, le plus souvent en groupes sous forme de glandes sexuelles (*gonades*). Ces dernières portent des noms différents suivant les groupes d'Histones. Les cavités femelles sont appelées *archégones* chez les Cryptogames et *nucellus* chez les Phanérogames, chez les animaux à tissus *ovaires*. Les glandes mâles sont dites *anthéridies* chez les Cryptogames, tubes *polliniques* (provenant des microsporanges des Pteridophytes) chez les Phanérogames, et *testicules* chez les Métazoaires. Dans beaucoup de cas, surtout chez les organismes inférieurs aquatiques, les ovules, en tant que produits de l'ovaire, et les spermatozoïdes, en tant que produits des testicules, sont excrétés directement au dehors. La plupart des organismes supérieurs, par contre, sont munis de canaux spéciaux par lesquels s'écoulent les gonocytes des deux sexes.

Glandes hermaphrodites des Histones. — D'ordinaire les glandes sexuelles se forment en des endroits déterminés de l'organisme reproducteur. Cependant on connaît des cas isolés où les cellules de l'un et l'autre sexe sont directement juxtaposées et naissent dans la même glande, appelée alors hermaphrodite. Ces formations se rencontrent même chez des Métazoaires très différenciés et proviennent avec évidence de formation gonochoristiques de formes inférieures. La classe des Cténophores comprend des êtres vitreux, nageant dans la mer, et de constitution spéciale et compliquée, qui descendent vraisemblablement des Hydroméduses ou Craspedotes. Mais ceux-ci ont quatre ou huit glandes monosexuées placées dans les canaux radiés ou dans la paroi de l'estomac. Au lieu que chez les Cténophores, huit canaux hermaphrodites rayonnent à partir de l'un des pôles du corps en forme de concombre vers l'autre. Chaque canal correspond à un peigne ciliaire et forme à l'un des bords des amas d'ovules, à l'autre des amas de spermatozoïdes, avec alternance sexuelle des huit champs intercostaux. Plus intéressantes encore sont les glandes hermaphrodites des Escargots pulmonés terrestres, parmi lesquels nos Escargots communs des jardins (*arion*) et nos escargots de vignobles (*helix*). Leur glande hermaphrodite contient un grand nombre de canaux dans lesquels il se forme des ovules à la partie extérieure et des spermatozoïdes à la partie intérieure. Cependant les cellules sexuelles s'écoulent au dehors séparément.

Conduits sexuels. — Chez la plupart des Histones inférieurs, qui sont aquatiques, les deux cellules sexuelles tombent, à leur maturité, directement dans l'eau et s'y unissent. Par contre les organismes supérieurs, et surtout ceux qui vivent sur terre, possèdent des canaux d'écoulement spéciaux appelés *gonoductes*, soit *oviductes* pour les ovules et *spermatoductes* pour les spermatozoïdes. Chez les Histones vivipares, le sperme suit des canaux spéciaux jusqu'à l'ovule, lequel reste enfermé dans la matrice : tel le *cou* de l'archégone chez les Cryptogames, le *style* des Phanérogames, le *vagin* des Métazoaires. D'ordinaire il se développe encore des organes de reproduction spéciaux à l'extrémité de ces canaux conducteurs.

Organes de reproduction. — Quand les cellules sexuelles excrétées ne peuvent entrer en contact immédiat, comme c'est le cas chez beaucoup d'êtres aquatiques, des appareils spéciaux doivent se développer pour permettre le transport des cellules mâles auprès des cellules femelles. Ce processus, qui est dit *fécondation*, présente d'autant plus d'importance qu'il est lié à certaines sensations de plaisir qui correspondent à un état psychologique spécial nommé *amour* chez l'Homme et les animaux supérieurs. Il devient l'un des mobiles les plus puissants de nombreuses activités vitales. L'organe qui procure ces sensations et ces sentiments en tant que siège de la jouissance, est nommé *phallus* chez les Vertébrés, soit *penis* ou *verge* chez les mâles et *clitoris* chez les femelles. Les appareils sensoriels microscopiques de ces organes de reproduction sont des corpuscules spéciaux, qu'excite le frottement accompagnant l'introduction du penis dans la *vulve*. Par là se trouve amené le mouvement réflexe qui occasionne la décharge et le transport du sperme. Chez beaucoup d'animaux supérieurs (notamment chez les Vertébrés, les Articulés, les Mollusques) se développent en outre des glandes nombreuses et d'autres organes secondaires qui activent la fécondation.

Caractères sexuels secondaires. — Les rapports intimes, si nombreux, qui existent chez l'homme et les animaux supérieurs (notamment les Vertébrés et les Articulés) entre leur vie sexuelle et leur activité psychologique se manifestent sous la forme d'un très grand nombre de « Merveilles de la vie ». Wilhelm Bölsche les a décrites si vivement dans son *Liebesleben der Natur* qu'il ne nous reste qu'à renvoyer à ce livre. Cependant il nous faut insister ici sur l'importance des caractères sexuels dits secondaires. Il s'agit de caractères que possède l'un des sexes et qui manquent à l'autre, et ne sont pas liés directement aux organes sexuels proprement dits : tels la barbe de l'Homme, les seins de la Femme, la crinière du Lion, la ramure du Cerf, etc. Ils présentent un intérêt esthétique évident et ont été acquis, comme l'a montré Darwin, par sélection sexuelle, au cours de la lutte du mâle pour la possession de la femelle. Le sentiment de la beauté joue ici un rôle considérable surtout chez les Oiseaux et les Insectes dont les formes élégantes et les couleurs éclatantes se sont développées par sélection (voir *Natürliche Schöpfungsgeschichte*, 10e Edition, p. 249).

Parthénogénèse. — Dans un certain nombre de groupes d'Histones, le sexe mâle est devenu superflu au cours des temps. Les ovules s'y développent sans fécondation par les spermatozoïdes. Tel est le cas notamment chez les Trématodes et certains Articulés (Crustacés, Insectes). Chez les Abeilles on rencontre ce fait étonnant que c'est seulement au moment de l'ovulation qu'il se décide si l'ovule sera ou non fécondé par le sperme. Dans le premier cas il se produit des Abeilles femelles, dans le second des Abeilles mâles. Lorsque Siebold eût démontré, à Munich, ces cas de « conception immaculée » chez divers Insectes, il reçut la visite de l'évêque de Munich qui lui apportait ses félicitations et manifesta sa joie de voir la Conception de la Vierge enfin fondée scientifiquement. Siebold dut, hélas, lui répondre que cette conclusion ne pouvait être transportée des Articulés aux Vertébrés et que tous les Mammifères ne se reproduisent que par des œufs fécondés. La parthénogénèse se rencontre encore chez plusieurs plantes à tissus, comme la Chara crinita chez les Algues, l'Antennaria alpina et l'Alchemilla vulgaris chez les plantes à fleurs. Les causes de cette disparition de la fécondation sont encore inconnues pour la plupart. Cependant quelque lumière a été jetée sur le problème par le succès d'expériences récentes sur la fécondation chimique (par action du sucre et d'autres substances anhydres) d'ovules non fécondés naturellement.

Pédogénèse et dissogonie. — Chez les animaux supérieurs, la maturité complète et le plein développement de la forme spécifique sont des conditions nécessaires pour la fécondation. Par contre, on a observé récemment que chez beaucoup d'animaux inférieurs il se forme des ovules et des spermatozoïdes même chez des individus jeunes encore à l'état de larve. Lorsque la fécondation se fait dans ces conditions, les larves produisent des larves de la même espèce. Plus tard, ces larves se développent jusqu'à maturité et se reproduisent sexuellement. Ce processus, qu'on nomme reproduction double ou *dissogonie* se rencontre chez les Méduses et les Cténophores. Le processus de reproduction des larves par ovules non fécondés est dit reproduction infantile ou *pédogénèse*. On le rencontre chez les Trématodes et quelques Insectes (larves des Cecidomyes et d'autres Mouches).

Génération alternante ou métagénèse. — Chez un grand nombre d'animaux et de végétaux inférieurs on constate une alternance régulière des générations, l'une sexuée, l'autre asexuée. Cette *métagénèse* existe déjà, parmi les Protistes chez les Sporozoaires, parmi les plantes à tissus chez les Mousses et les Fougères ; parmi les animaux à tissus, chez les Hydraires, les Echinodermes, les Tuniciers, etc. Parfois, ces générations diffèrent considérablement de taille et de degré d'organisation. C'est ainsi que chez les Mousses, la génération asexuée n'est représentée que par la capsule sporofère *(sporogone)* au lieu que la génération sexuée l'est par la mousse ordinaire, pourvue de tiges et de feuillse *(culmus)*. Chez les Fougères par contre, c'est le culmus qui forme les spores et est monogène, au lieu que le prothalle est différencié sexuellement. Chez la plupart des Hydraires, l'ovule de la Méduse nageant librement produit un petit Polype fixé qui produit par bourgeonnement des Méduses, lesquelles arriveront à maturité. Chez les Tuniciers, une forme sociale sexuée suit une forme solitaire asexuée, et les deux générations sont de dimensions différentes. Cette forme spéciale de métagénèse a été observée la première, et cela dès 1819, par l'écrivain Chamisso au cours de son voyage autour du monde. Dans d'autres cas, par exemple chez le Doliolum, une génération sexuelle alterne avec deux, parfois plusieurs générations neutres. L'explication de ces formes différentes est fournie par les lois de l'hérédité latente, de la division du travail et de la métamorphose, et surtout par la loi fondamentale biogénétique.

Hétérogénèse ou hétérogonie. — Dans la métagénèse proprement dite, la génération asexuée se multiplie par bourgeonnement ou par émission de spores. Dans l'hétérogénèse, cette multiplication se fait par parthénogénèse. Le processus se rencontre notamment chez beaucoup de Vertébrés et a pour effet une augmentation en masse de l'espèce. Parmi les Insectes, on peut citer les Aphidies et parmi les Crustacés les Daphnides, qui se reproduisent en grand nombre pendant les mois les plus chauds par « œufs d'été » non fécondés. Des mâles n'apparaissent qu'en automne pour féconder les « œufs d'hiver ». Au printemps suivant, ces œufs redonnent une génération qui se reproduit par parthénogénèse. Les deux générations hétérogènes sont très différentes l'une de l'autre chez les Trématodes parasitaires. L'œuf fécondé des Distomes hermaphrodites produit des larves simples pédogénétiques qui donnent naissance par des ovules non fécondés à des Cercaries, lesquelles se meuvent, puis se transforment de nouveau, à l'intérieur de leur hôte, en Distomes.

Séquence des générations ou strophogénèse. — Je nomme ainsi (1866, *Generelle Morphologie,* p. 104) les relations complexes de la reproduction des cellules qu'on constate dans l'ontogénèse de la plupart des Histones supérieurs, autant chez les Phanérogames que chez les Cœlomaires. Il ne s'agit pas ici d'une véritable alternance de générations puisque l'organisme pluricellulaire provient directement de l'ovule fécondé. Mais ce processus ressemble à la métagénèse en ce que la formation ontogénique repose sur une division cellulaire répétée. De nombreuses générations de cellules proviennent par division d'une seule cellule mère, l'ovule fécondé, avant que deux de ces cellules ne se différencient à nouveau sexuellement pour constituer une « génération cellulaire sexuée ». Cependant la différence essentielle tient à ce que toutes ces générations cellulaires, dans le corps des animaux supérieurs comme dans celui des plantes à fleurs, restent unies en tant que parties composantes d'un être vivant *(bion)* unique, d'un « individu physiologique » caractérisé. Dans la génération alternante, par contre, chaque cycle de reproduction est constitué par plusieurs bions, qui vivent chacun pour soi et diffèrent souvent au point qu'on les a pris jadis pour des animaux différents, tels le Polype et la Méduse. On n'a pas le droit, cependant, de regarder le cycle de reproduction des Phanérogames comme une génération alternante bien qu'il provienne, par hérédité restreinte, de celui des Fougères.

Hypogénèse. — On appelle ainsi toutes les formes simples de reproduction sexuelle sans alternance de générations. Le cycle de fécondation est fermé à l'intérieur du même individu physiologique, d'œuf à œuf. Cette forme du développement est celle qui est courante chez la plupart des animaux et végétaux supérieurs, Elle peut se présenter avec ou sans métamorphose. Les formes jeunes, qui se distinguent des formes sexuellement mûres par leur caractère transitoire et la possession d'organes provisoires (organes larvaires) telles la chenille qui précède le papillon reçoivent le nom général de larves.

Bâtards et hybrides. — On croit volontiers que seule les unions entre organismes de la même espèce sont courantes et ont pour résultat une postérité féconde. Autrefois cette opinion était même une sorte de dogme important, qui servait à la définition de la notion, si vague, d'espèce. On disait : « Quand deux animaux ou deux plantes produisent ensemble des jeunes féconds, ils appartiennent à la même espèce. » Cette proposition, qui servit jadis à fonder le dogme de la constance spécifique, est depuis longtemps tombée en ruines. Nous savons aujourd'hui, grâce à d'innombrables expériences dignes de confiance, que non seulement deux espèces rapprochées, mais aussi deux espèces très différentes peuvent, certaines circonstances données, s'unir sexuellement et produire des bâtards ou *hybrides* qui à leur tour peuvent se reproduire soit entre eux, soit par union sexuelle avec leurs parents. Cependant la tendance à l'hybridation varie beaucoup et suit la loi, qui nous est encore inconnue, de l'*affinité sexuelle*. Cette parenté élective doit dépendre de propriétés chimiques du plasma des deux cellules entrant en conjonction, mais n'est pas constante dans ses effets. En règle générale, les hybrides présentent un mélange des caractères des deux parents.

De nombreux essais récents ont démontré que les hybrides sont souvent plus résistants et se reproduisent mieux que les descendants directs, chez qui l'endogamie agit sur la durée individuelle ou collective. Le rajeunissement du sang par introduction de sang étranger est utile de temps en temps. Il se produit donc précisément l'inverse de ce qu'affirmait le dogme périmé. D'ailleurs la question des hybrides est sans valeur pour la définition de la notion d'espèce. Très probablement, nombre d'espèces soi-disant vraies, possédant des caractères relativement constants, ne sont pas autre chose que des hybrides fixés. Ceci vaut spécialement pour les animaux marins inférieurs dont les sécrétions sexuelles, rejetées par masses dans l'eau, fourmillent par milliards côte à côte. Comme nous savons des différentes espèces de Poissons, de Crustacés, d'Oursins et de Vers que leurs hybrides sont aisés à obtenir par fécondation artificielle et à conserver avec apparence suffisante de constance, rien ne s'oppose à ce que des hybrides de ce genre se forment et se perpétuent également dans des conditions naturelles.

Echelle des formes de reproduction. — Le court aperçu que nous avons donné ici des formes diverses de la reproduction suffit à montrer l'étonnante richesse de cette « Merveille de la Vie ». On pourrait, en entrant dans le détail, découvrir encore des centaines de variations admirables de ce processus proprement vital, sur lequel repose la perpétuité des espèces. Le fait principal est que toutes les formes de tocogonie sont en réalité les anneaux d'une même chaîne. Les degrés de cette longue échelle vont de la division cellulaire simple des Protistes à la monogonie des Histones, puis à l'amphigonie complexe des organismes supérieurs.

Dans le cas le plus simple, la division des Monères, la multiplication (par division cruciale simple) n'est pas autre chose qu'une croissance transgressive. Mais la préparation à la différenciation sexuelle, l'union de deux cellules semblables (gamètes), n'est en réalité pas autre chose aussi qu'une forme spécialement avantageuse de cette croissance. Lorsque les deux gamètes en arrivent ensuite à différer par division du travail, c'est-à-dire, lorsque la plus grande accumule en qualité de macrogamète des réserves alimentaires pendant que la microgamète plus petite nage à la recherche de la première, il se manifeste déjà une opposition qui conduit ensuite à la distinction de l'ovule et du spermatozoïde. Le caractère essentiel de la reproduction sexuelle est donc atteint.

Multiplication des anorganes. — La multiplication des organismes est souvent un objet d'étonnement et de stupéfaction, au point qu'on la considère volontiers comme l'un des caractères les plus saillants par lesquels les corps vivants se distinguent des objets dénués de vie. Mais cette erreur dualiste se reconnaît avec évidence dès qu'on examine sans parti pris l'échelle entière des différentes formes de la reproduction et ce du point de vue phylogénétique. Partout se manifeste alors ce fait, que c'est la croissance transgressive qui est le point de départ de la formation d'individus nouveaux. Ceci vaut également pour la multiplication des corps inorganiques, en grand pour les corps cosmiques, en petit pour les cristaux. Lorsqu'un Soleil atteint, par chûte continue de météorites, une certaine limite de croissance, il se détache à l'équateur, par suite de la force centrifuge, des anneaux qui forment ensuite de nouvelles Planètes. De même tout cristal inorganique possède une limite de croissance individuelle déterminée par sa constitution chimique et moléculaire. Et cette limite ne sera pas dépassée quelle que soit la quantité de solution qu'on prépare : il se formera seulement des cristaux nouveaux sur le cristal primitif. C'est-à-dire que les cristaux en état de croissance « se multiplient ».

NEUVIÈME TABLEAU

Echelle de la Monogonie

(Reproduction asexuée).

I. — Premier degré :

Division par moitié ou hémitomie

La cellule simple en état de croissance se divise en deux moitiés. L'existence de la cellule-mère comme individu cesse avec la formation des cellules-filles.

1) *Hémitomie des cellules primitives sans noyau* : forme la plus simple et la plus ancienne de la reproduction, exclusivement chez les Chromacées (Phytomonères) et les Bactéries (Zoomonères).

2) *Hémitomie des cellules nucléées* avec karyokinèse directe (amitotique) : beaucoup de Protistes de groupes anciens et inférieurs. Cellules indifférentes des Histones (Leucocytes).

3) *Hémitomie des cellules nuclées* avec karyokinèse indirecte (mitotique) : forme ordinaire de la division cellulaire dans les tissus des Histones (ainsi que chez les Protistes supérieurs).

II. — Deuxième degré :

Division multiple ou polytomie.

La cellule simple en état de croissance se résout par division multiple (directe ou indirecte) du noyau en cellules-filles au nombre de quatre, huit et davantage. C'est par Polytomie que se forment le plus souvent (mais pas toujours) les spores.

4) *Division en croix* (*Staurotomie*). Le noyau de la cellule simple se divise en croix en deux, puis quatre, puis huit, seize, etc., fragments semblables; le corps de la cellule fait de même.

5) *Division en poussière* (*Conitomie*). Le noyau de la cellule simple se résout en même temps en un grand nombre de petits fragments ; ce n'est qu'après leur séparation que le corps cellulaire se résout à son tour en un nombre correspondant de fragments de cytoplasma, dont chacun entoure un fragment de noyau pour former une cellule nouvelle (spore). Processus de reproduction de nombreux Protophytes (Algues) et Protozoaires (Sporozoaires, Rhizopodes).

6) *Division libre* (*Lysotomie*). Le karyoplasma du noyau se résout dans le cytoplasma. Puis de nombreux petits noyaux se produisent librement dans ce dernier par épaississement, et chacun s'entoure de cytoplasma (quelques Sporozoaires).

III. — Troisième degré :

Bourgeonnement.

Une partie de l'organisme croît davantage et se détache en qualité de bourgeon de son parent. Ce dernier n'est pas détruit en tant qu'individu mais se maintient et produit des bourgeons à maintes reprises. Le bourgeonnement, rare chez les Protistes est fréquent chez les Histones.

7) *Bourgeonnement terminal*. Par croissance accélérée à l'une des extrémites, il se forme des bourgeons terminaux. L'axe principal du parent et de l'enfant coïncide : tiges des Phanérogames, strobilation des Acraspèdes et des Tænias.

8) *Bourgeonnement latéral*. Des bourgeons lateraux se forment de manière que l'axe principal du parent et des enfants ne coïncident pas : bourgeons axillaires et adventifs des plantes à tissus et des colonies animales fixes (Polypes, Coraux, Bryozoaires, etc.).

9) *Bourgeonnement interne*. Les bourgeons se forment dans les cavités internes des animaux à tissus (cavité stomacale des Méduses, cavité branchiale des Salpes).

DIXIÈME TABLEAU

Echelle de l'Amphigonie

(Reproduction sexuelle).

I. — Premier degré :

Isogamie ou Zygose.

Copulation des Protistes : *deux cellules identiques* (isogamètes ou zygotes) *fusionnent* et forment une nouvelle cellule (zygospore). Beaucoup de Protophytes et de Protozoaires.

II. — Deuxième degré :

Allogamie.

Copulation de deux cellules différentes (allogamètes) : les plus grandes, femelles (macrogamètes) sont fécondées par les plus petites, mâles (microgamètes); toutes deux sont d'ordinaire mobiles. Beaucoup de Protistes; Algues inférieures.

III. — Troisième degré :

Fécondation.

Fusion d'ovules et de spermatozoïdes. Les macrogamètes deviennent par accumulation de réserves alimentaires destinées à l'embryon, des *ovules*; les microgamètes restent petites et se transforment en *spermatozoïdes* mobiles.

IV. — Quatrième degré :

Différenciation de glandes sexuelles ou Gonades.

La formation des ovules n'a plus lieu que dans des glandes spéciales femelles (*gynogonades*), appelées *ovogones* ou *carpogones* chez les Algues *archégones* chez les Mousses et les Fougères, *nucellus* chez les Phanérogames, *ovaires* chez les Métazoaires. La formation des spermatozoïdes ne se fait que dans des glandes sexuelles mâles (*androgonades*) appelées *spermatanges* chez les Algues, *anthéridies* chez les Mousses et les Fougères, *sacs polliniques* chez les Phanérogames, *testicules* chez les Métazoaires.

V. — Cinquième degré :

Formation de canaux sexuels (gonoductes).

Il se forme chez les animaux supérieurs des canaux ou passages spéciaux destinés à conduire au contact les unes des autres les cellules sexuelles, *oviductes* pour les femelles et *spermatoductes* pour les mâles.

VI. — Sixième degré :

Formation d'organes de reproduction.

Afin de pourvoir à l'union des deux cellules sexuelles, et ce surtout chez les Histones terrestres, il se développe des organes spéciaux de transport du sperme mâle sur le corps femelle supportant les ovules : c'est le *cou de l'archégone* chez les Cryptogames, le *stigmate* et le *style* des fleurs chez les Phanérogames, le *vagin* chez les animaux à tissus femelles; puis : le *tube pollinique* chez les Phanérogames, et le *pénis* ou *verge* chez les Métazoaires mâles.

ONZIÈME TABLEAU

Échelle de l'Hermaphrodisme

I. — Premier degré :

Hermaphrodisme des cellules.

La même cellule contient du *gynoplasma* femelle et de l'*androplasma* mâle. Lors de la fécondation des gamètes (fusion de deux cellules hermaphrodites de même espèce) il se produit un échange mutuel des deux substances sexuelles. Il se rencontre chez beaucoup de Protistes à l'état simple (isogamie), et chez les Infusoires ciliaires à l'état de différenciation.

II. — Deuxième degré :

Hermaphrodisme des tissus.

Le même tissu (*épithélium*) produit des cellules femelles (macrospores ou ovules) et des cellules mâles (micro spores ou spermatozoïdes) sans que se soient développées des glandes sexuelles spéciales. Algues inférieures chez les Métaphytes, Spongiaires chez les Métazoaires.

III. — Troisième degré :

Hermaphrodisme des organes.

Le même organe produit en qualité de glande hermaphrodite (*gamadénie*) des cellules des deux sexes. Quelques Rhizocarpées (Marsilea, Pilularia) parmi les Fougères; quelques Gastéropodes (Pulmonés) et Lamellibranches (Acéphales).

IV. — Quatrième degré

Hermaphrodisme des individus.

Couche de tissu simple (*monoclinie*). La grande majorité des Métaphytes, plantes à tissus avec fleurs hermaphrodites ou doublement sexuées. Beaucoup de Métazoaires des groupes inférieurs. Cténophores, Platodes, Vers fixes (Bryozoaires), beaucoup de Mollusques, quelques Vertébrés (Cirripèdes), quelques Poissons.

V. — Cinquième degré :

Hermaphrodisme des colonies.

Cormus de nombreux Histones (*monœcie*). Parmi les Métaphytes, la plupart des colonies sont pourvues de rejets hermaphrodites (monocliniques) ou différenciés (dicliniques) mélangés. Parmi les Métazoaires sont monœciques la plupart des colonies de Siphonophores et quelques Coraux.

DOUZIÈME TABLEAU

Echelle du Gonochorisme

I. — Premier degré :

Gonochorisme des cellules.

Les deux cellules sexuelles ne se distinguent que peu en grandeur et forme. Les cellules mâles, plus petites (microspores, androgamètes) vont à la recherche des cellules femelles, plus grandes (macrospores, gynogamètes) et fusionnent avec elles. Nombreux Protistes et Algues.

II. — Deuxième degré :

Gonochorisme des tissus.

Les deux cellules sexuelles diffèrent en grandeur et forme l'une de l'autre et se développent chez les Histones en des régions distinctes du tissu. Les cellules mâles plus petites se transforment d'ordinaire en cellules flagellées animées de mouvements rapides, et les cellules femelles en ovules immobiles, munies abondamment de matières nutritives. Beaucoup d'Histones inférieurs.

III. — Troisième degré :

Gonochorisme des organes.

Les deux cellules sexuelles se développent dans des organes séparés du même individu (hermaphrodisme) : les glandes mâles produisent des spermatozoïdes en qualité d'anthéridies, de tubes polliniques, ou de testicules; et les glandes femelles des ovules en qualité d'oogones, d'archégones ou d'ovaires.

IV. — Quatrième degré :

Gonochorisme des individus.

Histones à deux couches de tissu (*diclinie*) : Métaphytes avec répartition des deux glandes sexuelles sur des rejets différents (thallus ou culmus); végétaux à fleurs monosexuées; Métazoaires à individus mâles ou femelles : la plupart des animaux supérieurs.

V. — Cinquième degré :

Gonochorisme des colonies.

Cormus doubles de nombreux histones (diœcie). Certains troncs ne portent que des individus mâles, d'autres que des individus femelles. Parmi les Métaphytes : beaucoup d'arbres (saules, peupliers) et de plantes aquatiques (Myriophylles). Parmi les Métazoaires : la plupart des Polypes et des Coraux, et quelques Siphonophores.

TREIZIÈME TABLEAU

ECHELLE DE LA MÉTAGONIE

(Alternance régulière de la monogonie et de l'amphigonie).

---

1. — Métagonie des Protophytes.

Plusieurs générations cellulaires asexuées, qui se multiplient par division simple, alternent avec une génération sexuée: les deux cellules de celle-ci sont originairement des gamètes semblables (Desmidiacées, Diatomées et autres Algues); puis différenciées en macrospores femelles et en microspores mâles : beaucoup d'Algettes (Vaucheria et autres Siphonées).

2. — Métagonie des Protozoaires.

Plusieurs générations neutres, qui se multiplient par division simple ou sporulation, alternent avec une génération sexuée. Les deux gamètes de celle-ci sont originairement identiques, puis se différencient sexuellement. Beaucoup de Sporozoaires, de Rhizopodes et d'Infusoires.

3. — Métagonie des Métaphytes.

Une génération asexuée qui donne des spores, alterne avec une génération sexuée qui forme des ovules et des spermatozoïdes. La génération sexuée montre au début chez les Thallophytes (Algues et Champignons) de l'isogamie pure, puis de l'ovogamie. — Chez les Diaphytes, la génération neutre forme des paulospores, la génération sexuée des archégones mâles et des anthéridies femelles. La génération neutre des Mousses est un sporogone, celle des Fougères un cormophyte (à racine, tige et feuilles sporofères).

4. — Métagonie des Métazoaires.

Une génération sexuée, qui forme des ovules et des spermatozoïdes, alterne avec une ou plusieurs générations neutres qui se multiplient par bourgeons ou par spores. Lors de l'alternance progressive primaire (métagonie progressive ou alternogonie) les générations neutres (Polypes) se multiplient par bourgeonnement ou par division et les animaux sexuels (Méduses) par des œufs fécondés. Lors de la métagonie régressive secondaire ou hétérogonie, la génération neutre se multiplie par parthénogénèse : Aphides, Daphnides.

CHAPITRE XII

Mouvement.

Mécanique du plasma. — Phoronomie. — Mouvement vibratoire. Mouvement musculaire. — Liberté de la volonté.

Le problème jusqu'ici non résolu du mouvement animal nous apparaît maintenant, si la théorie de la tension superficielle se confirme par des preuves ultérieures, comme un problème d'ordre simplement physico-chimique. On voit combien ont eu tort tous ceux qui ont prétendu que les phénomènes fondamentaux de la vie, et surtout le mouvement des organismes ne pouvaient être entièrement expliqués par les sciences naturelles ; ou que la substance vivante contenait encore une forme spéciale d'énergie qui ne se rencontre pas dans la nature morte.

Julius Bernstein (1902).

SOMMAIRE

La mécanique comme science du mouvement (cinématique et phoronomie). — Chimisme du mouvement vital. — Mouvements actifs et passifs. — Mouvements d'imbibition. — Mécanismes d'imbibition. — Mouvements autonomes et réflexes. — Volition et volonté. — Mouvements composés. — Mouvements de croissance. — Direction du mouvement vital. — Direction de l'énergie de cristallisation. — Direction de la cosmokinèse. — Mouvements des Protistes. Mouvements amiboïdes, myophènes, hydrostatiques, sécrétoires, vibratoires; flagellums et cils. — Mouvements des Histones, des Métaphytes et des Métazoaires. — Mouvement des animaux à tissus; mouvement vibratoire et mouvement musculaire. — Muscles dermatiques. — Organes de locomotion actifs et passifs. — Radiolaires, Articulés, Vertébrés, Mammifères. — Locomotion chez l'Homme.

BIBLIOGRAPHIE

ISAAC NEWTON. 1687. — *Philosophiæ naturalis principia mathematica*. Londres.

JOHANNES MUELLER. 1822. — *De phoronomia animalium*. Bonn. *Von den Bewegungen*, IVe livre de la *Physiologie des Menschen*. 1883. Coblence.

EUGEN DUEHRING. 1873. — *Kritische Geschichte der allgemeinen Principien der Mechanik* (3e éd. 1887).

HEINRICH HERTZ. 1894. — *Die Principien der Mechanik in neuem Zusammenhange dargestellt*. Bonn.

ERNST MACH. 1897. — *Die Mechanik in ihrer Entwickelung. Historisch-kritisch dargestellt*, 3e éd. Leipzig.

ERNEST HAECKEL. 1862. — *Monographie der Radiolarien*. Berlin.

MAX VERWORN. 1892. — *Die Bewegung der lebendigen Substanz. Eine vergleichend-physiologische Untersuchung der Contractions-Erscheinungen*. Iéna.

— 1894. — *Vom Mechanismus des Lebens*, VIe chapitre de l'*Allgemeine Physiologie*, 4e éd. 1903.

JULIUS BERNSTEIN 1902. — *Die Kräfte der Bewegung in der lebenden Substanz*. Braunschweig.

WILHELM ENGELMANN. 1879. — *Physiologie der Protoplasma und Flimmerbewegung*, in Hermann's *Handbuch der Physiologie*. T. I.

MAX KASSOWITZ. 1904. — *Die dynamischen Leistungen des Protoplasma*, IIIe vol. de l'*Allgemeine Biologie*. Vienne.

ARNOLD LANG. 1888. — *Ueber den Einfluss der festsitzenden Lebensweise auf die Thiere*. Iéna.

TRAUGOTT TRUNK (N. KURT). 1902. — *Das Willensproblem in systematischer Entwickelung und kritischer Beleuchtung*. Weimar.

PAUL RÉE. 1903. — *Die Willensfreiheit (Philosophie)*. Berlin.

Toutes choses, dans le monde, sont toujours en mouvement : *Universum, perpetuum mobile.* Nulle part ne règne un calme absolu. Le calme n'est jamais qu'apparent et relatif. La chaleur elle-même, qui change sans cesse, n'est pas autre chose que du mouvement. Les corps cosmiques, les soleils et les planètes innombrables tournent sans repos dans l'espace infini. A chaque combinaison, à chaque décomposition chimiques, les atomes se meuvent, et les molécules, que composent les atomes. La transformation incessante de la substance vivante tient au mouvement continuel de ses parties composantes, à la formation et à la destruction des molécules de plasma. Nous ne nous occuperons pas ici de ces mouvements élémentaires de la substance, afin de nous restreindre à une courte description de celles d'entre ces formes de mouvement qui appartiennent en propre à la vie organique et à une comparaison de ces formes avec celles qui leur correspondent dans la nature inorganique.

Mécanique (cinématique et phoronomie). — Le concept de la science du mouvement ou *mécanique* est employé actuellement dans plusieurs sens très différents : 1° dans le sens le plus large, on identifie la mécanique soit au monisme soit au matérialisme ; 2° dans un sens plus étroit, on entend par là la science du mouvement, c'est-à-dire des lois de l'équilibre et du mouvement dans la nature tout entière, organique et inorganique ; 3° dans le sens le plus étroit, ce n'est qu'une partie de la physique, la *dynamique* ou science des forces motrices, par opposition à la statique ou science de l'équilibre ; 4° au sens purement mathématique, en tant que *cinématique*, c'est une partie de la géométrie qui a pour objet la détermination des grandeurs de mouvement ; 5° au sens biologique, en tant que *phoronomie,* c'est la science des mouvements spatiaux des organismes. Cependant ces diverses nuances ne sont pas admises par tous également dans la pratique et sont souvent confondues. Le mieux serait, et c'est ainsi que nous ferons à la suite de Johannes Müller, de restreindre le concept de phoronomie à la science des mouvements vitaux ne se produisant que dans les organismes. Nous opposons ainsi la phoronomie à la cinématique, science exacte des mouvements inorganiques de tous les corps. L'objet réel et matériel de la phoronomie est de nouveau le plasma, en tant que matière vivante et substrat matériel de tous les mouvements vitaux actifs.

Chimisme du mouvement vital. — D'après notre conception moniste de la vie organique, l'essence profonde de celle-ci consiste proprement en un *processus chimique* lequel est conditionné par les mouvements combinés de la molécule plasmatique et des atomes qui la forment. Comme nous avons étudié cette transformation de substance dans notre dixième chapitre, il nous suffira ici d'indiquer que les manifestations générales du mouvement plasmatique moléculaire ainsi que ses directions spéciales dans les diverses espèces végétales et animales se ramènent en dernière analyse à ce même chimisme et par suite obéissent, ainsi que tous les autres processus chimiques du monde organisé ou inorganique, aux lois de la mécanique. Nous nous opposons ainsi au vitalisme qui voit dans la *direction* du mouvement plasmatique l'influence surnaturelle d'une force vitale mystique ou des dominantes (Reinke). Par contre, nous sommes de l'avis d'Ostwald qui ramène ces mouvements complexes à une transformation de l'énergie à l'intérieur du plasma, c'est-à-dire en dernière instance à une transformation d'énergie chimique. Quant aux mouvements *visibles* des êtres vivants, et qui seront seuls considérés ici, il nous faut les distinguer en mouvements passifs et actifs et ceux-ci à leur tour en mouvements réflexes et autonomes.

Mouvements passifs et actifs. — Beaucoup de manifestations motrices d'organismes vivants, que le commun est porté à regarder comme des manifestations de la vie, ne sont pas autre chose que passives. Tantôt elles sont conditionnées par des causes extérieures, indépendantes du plasma vivant; tantôt elles le sont par la constitution physique de la substance organique mais déjà morte. Parmi les mouvements purement passifs, lesquels jouent un rôle important dans la bionomie et dans la chorologie, il faut ranger les courants de l'eau et de l'air, qui occasionnent de grands changements locaux et des « migrations passives » d'animaux et de végétaux. Purement physique est encore le « mouvement moléculaire de Brown » qu'on peut constater dans le plasma soit mort, soit vivant à l'aide de forts grossissements.

Si l'on mélange également des granules (par exemple de la poussière de charbon) à un liquide d'une certaine consistance, ils se meuvent incessamment en tremblant ou en dansant. Ce mouvement est passif : il est conditionné par les chocs des molécules invisibles du liquide, qui sont agitées d'une trépidation continuelle. On constate précisément un « courant de granules » dans le plasma vivant des Rhizopodes, ces Protozoaires étonnants dont l'organisme monocellulaire jette une lumière si vive sur les secrets obscurs des Merveilles de la Vie. A l'intérieur du cytoplasma des Amibes se meuvent des granules dans différentes directions ; sur les longs fils plasmatiques (pseudopodes) qui rayonnent à partir du corps monocellulaire des Radiolaires et des Thalamophores se meuvent des milliers de granules, comme des promeneurs sur une grand'route. Ce mouvement ne provient pas des granules, qui sont passifs, mais des molécules invisibles, actives, du plasma qui changent sans cesse de place. De même : les mouvements des cellules sanguines que permet de voir le microscope dans le courant circulatoire d'un jeune Poisson ou dans la queue du Têtard ne proviennent pas de l'activité vitale des cellules sanguines mêmes, mais du courant sanguin produit par les battements du cœur.

Mécanismes d'imbibition. — Le phénomène physique qu'on nomme imbibition joue un rôle important dans la vie de nombreux organismes, notamment chez les plantes supérieures. Il consiste en ce que de l'eau pénètre entre les molécules des corps solides, attirée par ce qu'on nomme « l'attraction moléculaire » et les écarte les unes des autres. D'où, augmentation du volume du corps et mouvements qui présentent l'aspect de mouvements vivants. On sait que l'énergie du corps doué du pouvoir d'imbibition est proprement formidable : on peut par exemple fendre des pierres et des roches énormes par gonflement de coins de bois. Comme la membrane en cellulose des cellules végétales possède à un degré élevé ce pouvoir (dans les cellules mortes comme dans les cellules vivantes), les mouvements qu'il provoque présentent un intérêt considérable au point de vue physiologique. Tel est le cas surtout lorsque l'imbibition de la paroi cellulaire est unilatérale et entraîne une déformation de la cellule. Par suite d'une tension inégale lors de la dessication, un grand nombre de fruits s'ouvrent avec violence et jettent au loin les graines qu'ils renfermaient (Pavot, Balsamine, etc.). De même les capsules des Mousses se débarrassent de leurs spores par suite de déformations consécutives à une imbibition. Les fruits hydroscopiques de l'Erodium sont, lorsque secs, enroulés en forme de pas de vis et si humides, allongés; c'est pourquoi on s'en sert parfois comme d'hygromètres. L'Anastatica, la Rose de Jéricho, la Selaginella lepidophylla qui sont recroquevillées à l'état sec étendent leurs feuilles à plat dès qu'elles sont humectées, par imbibition de la face interne. Il ne s'agit pas ici d'un « rappel à la vie », comme on le croit d'ordinaire, qui serait comparable à la « résurrection de la chair » de certaine mythologie. Ces phénomènes d'absorption ne sont d'ailleurs nullement des manifestations actives de la vie. Ils sont indépendants du plasma vivant et conditionnés uniquement et tout entiers par la constitution physique de la membrane cellulaire morte.

Mouvements autonomes ou spontanés et réflexes ou paratoniques. — Aux mouvements passifs dont nous venons de parler s'opposent les mouvements actifs, qui proviennent du plasma vivant. Sans doute ils se ramènent eux aussi, en fin de compte, à des lois physiques. Mais leurs causes ne sont pas aussi simples et aussi visibles. Elles sont plutôt en relation avec les processus moléculaires chimiques, si compliqués, du plasma vivant. Nous savons sans doute que ces processus obéissent eux aussi à la physique, mais nous n'en connaissons pas encore dans le détail le mécanisme. On peut répartir les mouvements dont il s'agit, et qui sont proprement des mouvements vitaux, dans deux catégories, selon que l'excitation qui les provoque peut être constatée directement ou non. Dans le premier cas, il s'agit des mouvements réflexes ou paratoniques; dans le second des mouvements volontaires, dits spontanés ou autonomes. Comme la volonté semble libre, dans le second cas, beaucoup de physiologistes laissent de côté cette catégorie de mouvements et la considèrent comme du domaine « métaphysique » des psychologues. A notre point de vue moniste, c'est là une erreur grave que le « psychomonisme » ne saurait excuser en se réclamant d'une théorie de la connaissance purement introspective, c'est-à-dire fausse. La volonté consciente n'est, de même que le sentiment conscient. qu'un processus purement physique et chimique, au même titre que le mouvement involontaire ou que la sensation inconsciente. Ils sont soumis également à la loi toute puissante de la substance. La différence tient à ce que les excitations extérieures qui provoquent les mouvements réflexes nous sont en grande partie connus et peuvent être reproduits expérimentalement, au lieu que les excitations internes, qui sont à la base de la volonté, sont encore en majeure partie inconnues et ne peuvent être l'objet de recherches directes. Ces dernières sont conditionnées par la structure compliquée du psychoplasma, obtenue par accumulation héréditaire au cours de l'évolution, poursuivie des millions d'années, du processus phylogénétique.

Volonté et volition. — J'ai déjà traité à fond (Chapitre VII de mes *Enigmes de l'Univers*) de la grande Enigme de la volonté et de la liberté de la volonté, la septième et dernière des énigmes de Dubois-Raymond. Mais comme n'ont cessé ni les contradictions accumulées à propos de ce difficile problème psychologique, ni l'incertitude au sujet de ses raisons profondes véritables, ni la confusion des idées et des termes, je me vois obligé d'y revenir encore brièvement. Je ferai d'abord remarquer qu'on do'', afin de bien poser la question, restreindre le concept de *volonté* aux mouvements exécutés en vue d'un but et accompagnés de conscience qui se produisent dans le système nerveux central de l'homme et des animaux supérieurs. Il faut par contre réserver aux *processus* correspondants se manifestant dans le psychoplasma des animaux inférieurs, des plantes et des Protistes le nom de *tendances* ou de *tropismes*. Car les actes exécutés en vue d'une fin déterminée auxquels convient l'épithète de volontaires ne sont possibles que grâce au mécanisme complexe du cerveau perfectionné des animaux supérieurs combiné à des organes sensoriels différenciés d'une part, et de l'autre à un système musculaire adéquat.

Mouvements composés. — La distinction entre mouvements autonomes et mouvements réflexes, pour claire qu'elle soit en théorie, ne saurait être toujours nettement tracée dans la pratique. Tout d'abord il est naturel que la transition de l'une de ces formes de mouvement à l'autre est progressive. De même, on ne saurait tracer une ligne de démarcation absolue entre la sensation consciente et la sensation inconsciente. Le même acte se présente tantôt comme un acte volontaire (marche, parole, etc.(tantôt comme un réflexe inconscient. Il est en outre un grand nombre de mouvements importants, dits instinctifs, dont le point de départ est tantôt une excitation interne, tantôt une excitation externe. C'est dans cette catégorie que rentrent les mouvements de croissance.

Mouvements de croissance. — Tout corps en cours de croissance s'étend, c'est-à-dire occupe une portion d'espace de plus en plus grande par mouvements déterminés de ses particules composantes. Ceci vaut pour les cristaux inorganiques comme pour les organismes vivants. La différence essentielle entre les deux modes de croissance consiste en ce que celle des cristaux se fait par accumulation intérieure de particules (apposition) au lieu que les cellules naissent par assimilation à l'intérieur du plasma de particules étrangères (intussusception ; voir le Chapitre X). En outre la croissance des organismes et leur constitution est conditionnée par deux facteurs concomitants très importants : l'excitation interne qui repose sur la constitution chimique spécifique et est transmise par *hérédité ;* et l'excitation externe qui provient de la lumière, de la chaleur, de la pesanteur et d'autres conditions physiques et est conditionnée par l'*adaptation* (phototaxie, thermotaxie, géotropisme, etc.).

Direction des mouvements vitaux. — L'une des caractéristiques spéciales de nombre de mouvements vitaux, mais non de tous, est leur direction déterminée, qu'on regarde souvent comme intentionnelle. Au sens téléologique, c'est là l'un des arguments les plus chers, et auxquels l'on accorde le plus de poids, de la conception dualiste de la nature dans le vitalisme ancien et moderne. C'est ainsi que Baer a insisté sur la « tendance à la finalité » de tout mouvement vital. Reinke lui a donné ces temps derniers une signification plus précise. Ses « dominantes » sont des « énergies directrices intelligentes » différentes en principe de toutes les formes d'énergie et de toutes les forces naturelles autres, et non soumises à la loi de la substance. Ces « esprits vitaux métaphysiques » équivalent au fond aux âmes immortelles de la psychologie dualiste ou aux émanations divines de la théosophie ancienne. Elles doivent, non seulement diriger le développement spécial et la constitution de chaque espèce animale et végétale vers un but prédéterminé, mais aussi régler tous les mouvements de l'organisme et de ses organes, et jusqu'aux cellules. Ces « forces hypergénétiques » équivalent au « principe organisant » et à la « volonté inconsciente » de Hartmann, aux « forces organisatrices et directrices du plasma » de Hanstein, etc. Toutes ces représentations métaphysiques, supra-naturalistes et téléologiques, reposent, ainsi que la vieille idée mystique de la « force vitale », sur ce que la raison critique est aveuglée par la liberté apparente et par l'organisation semble-t-il finalière des organismes supérieurs. Mais on oublie ainsi ce fait, que cette finalité provient par évolution phylogénétique des mouvements physiques simples des organismes inférieurs. D'autre part, on dédaigne ou on nie la « direction » des formes d'énergie inorganiques, bien qu'elle soit aussi manifeste dans la formation d'un cristal que dans la composition du cosmos, dans les courants aériens que dans les révolutions des planètes. Il est donc nécessaire de se souvenir toujours de la concordance de ces deux formes de l'énergie mécanique et de leur identité essentielle avec la direction motrice vitale.

Direction de l'énergie cristallogène. — Le mouvement qui se manifeste dans le corps chimique simple lors de la formation des cristaux présente une direction aussi déterminée que celui qui préside à la formation des cellules. De part et d'autre, la comparaison de la cellule avec le cristal, formulée déjà dès 1838, par Schleiden et Schwann, les fondateurs de la théorie cellulaire, est parfaitement fondée, bien que ne répondant pas aux faits à d'autres points de vue. Lorsque le cristal se forme dans une solution mère, les particules semblables de la substance chimique se juxtaposent suivant une direction parfaitement déterminée, de sorte qu'il s'établit des plans de symétrie et des axes mathématiquement déterminés, ainsi que des angles polyédriques. Les cristallographes distinguent en conséquence six « systèmes » différents de cristaux. Cependant une même substance peut dans des conditions particulières se cristalliser suivant deux ou trois de ces systèmes (dimorphisme et trimorphisme des cristaux). C'est ainsi que le carbonate de chaux se cristallise comme spath d'Islande dans le système hexagonal et comme arragonite dans le système rhomboïdal. Pour être logique, s'il le pouvait, Reinke devrait admettre pour chaque cristal une « dominante » qui conditionnerait la position et la direction des particules de formation. Il est vrai qu'il affirme (1899, p. 141) que la direction « n'est pas une grandeur mesurable » comme l'énergie, et n'est pas, par suite, soumise comme celle-ci à la loi de la substance. Pourtant on peut déterminer « la direction de la force formative » chez le cristal aussi exactement que chez la cellule.

Direction de la cosmokinèse. — Si nous appelons cosmokinèse l'ensemble des mouvements des corps célestes dans l'espace cosmique, nous ne pouvons leur refuser une direction déterminée bien que leurs rapports étroits nous demeurent encore inconnus. Nous connaissons exactement et calculons les distances, les vitesses et les directions des planètes qui tournent autour de notre soleil. Nous concluons de nos observations et de nos calculs astronomiques à l'identité des lois suivant lesquelles évoluent les corps innombrables de l'espace infini. Mais nous ne connaissons ni le point de départ de ces mouvements enchevêtrés, ni leur but final. Et pourtant nous sommes sûrs, grâce aux découvertes étonnantes de l'analyse spectrale et de la photographie céleste, que la loi de la substance et la loi de l'évolution régissent autant le monde des corps célestes immenses que la vie grouillante des organismes les plus petits, habitants de notre planète depuis des millions d'années.

Mouvements des Protistes. — La multiplicité des mouvements vitaux qu'on rencontre partout chez les organismes supérieurs se manifeste déjà chez les Protistes. Ici encore, les Monères les plus simples comme les Chromacées et les Bactéries, développement par métasitisme des Monères animales, présentent l'intérêt scientifique le plus important. Comme on ne saurait démontrer chez ces cellules sans noyau l'existence d'une organisation finalière et que leurs corps plasmatiques homogènes ne présentent pas d'organes différenciés, il nous faut regarder leurs mouvements comme des effets directs de leur structure moléculaire chimique. Ceci vaut aussi pour nombre de cellules nucléées, parmi les Protophytes comme parmi les Protozoaires. Mais dans ce cas les rapports ne sont pas aussi simples parce que le noyau ainsi que le plasma qui l'entoure immédiatement sont animés de mouvements complexes appelés karyokinèse. En dehors de ces mouvements, il n'en est pas d'autres, chez beaucoup d'êtres monocellulaires, comme les Paulotomées et les Calcocytées, qu'on puisse regarder comme des mouvements vitaux. A la limite entre la nature organique et la nature inorganique se placent, également au point de vue des phénomènes de mouvement, les formes les plus simples des Chromacées, à savoir les Chroococcacées. Le mouvement vital ne s'y manifeste que par les légers changements de forme qui se produisent au moment de la multiplication par division. Les mouvements moléculaires internes de la substance vivante, qui occasionnent le changement de substance plasmodomique et la croissance, échappent à nos regards. La reproduction elle-même dans sa forme la plus simple, la division, n'est qu'une croissance transgressive de la sphérule de plasma homogène. (Voir les chapitres IX et X).

Mouvements plasmatiques internes. (Plasmokinèse). — La plupart des Protistes se présentent individuellement sous forme d'une cellule vraie, à noyau. Ici l'on distingue donc déjà deux catégories de mouvements, les mouvements internes dans le karyoplasma du noyau, les mouvements externes dans le cytoplasma du corps. Tous deux collaborent au moment de la division du noyau ou karyolyse. Lors de cette modification et de cette fusion partielle des parties constitutives des cellules se produisent des mouvements complexes que nous ne connaissons pas encore à fond. Ils sont accomplis par les grains de chromatine comme par les filaments achromatiques. On nomme l'ensemble de ces mouvements karyokinèse. Ces temps derniers on a tenté d'en donner une explication purement physique. Ceci vaut également pour les courants plasmatiques qu'on rencontre dans les plasmodies des Amibes et des Mycétozoaires, ainsi que dans l'endoplasma de nombreux Protophytes et Protozoaires.

Mouvements amiboïdes. — Les déplacements lents de la molécule de plasma ont pour conséquence des modifications extérieures des cellules nues simples. Il se forme à leur surface des prolongements en forme de doigts appelés *lobopodes*. Comme on les constate avec le plus de facilité sur les Amibes, cellules à noyau de l'espèce la plus simple, on nomme ces mouvements amiboïdes. Dans cette catégorie rentrent les mouvements alternatifs des Rhizopodes, des Radiolaires et des Thalamophores. C'est par centaines que les fils ténus s'échappent du corps nu ; et la formation de ces *pseudopodes*, de leurs embranchements et de leurs conjonctions sans direction déterminée, est, elle aussi, regardée par les savants récents (Bütschli, R. Hertwig, Rhumbler, etc.), comme reposant uniquement sur des conditions physiques.

Ceci est d'une démonstration plus difficile dès qu'on passe aux Protozoaires déjà plus différenciés, comme les Infusoires. Le mouvement libre de l'animal primitif monocellulaire se fait par le moyen de prolongements constants en forme de cheveux (longs flagellums chez les Flagellés, nombreux petits cils chez les Ciliaires) qui sortent de la cellule et sont doués de contraction et d'expansion tout comme les tentacules et les membres des animaux supérieurs. La liberté apparente et les différences de modalité de ces mouvements ressemblent chez tant d'Infusoires aux mouvements volontaires autonomes des Métazoaires, que nombre de savants ont reconnu aux Infusoires une âme individuelle, parfois même douée de conscience. On voit qu'à l'intérieur même du groupe des Protistes les manifestations motrices de la vie se présentent sous plusieurs aspects. Les Monères les plus simples (Chromacées) se rattachent à la nature inorganique. Et les Infusoires supérieurs (Ciliaires) se meuvent de telle manière qu'on est porté à leur reconnaître une liberté comparable à celle des animaux supérieurs. Ici encore on ne saurait tracer de ligne de démarcation absolue.

Mouvements des myophènes. — Il se développe chez la plupart des Protozoaires supérieurs des organes de mouvement qui ressemblent aux muscles des Métazoaires. Ce sont des filaments qui proviennent du cytoplasma et possèdent, tout comme les fibres musculaires des Métazoaires, le pouvoir de se contracter et de se détendre suivant une direction déterminée. Ces *myophènes* ou *myonèmes* constituent chez beaucoup d'Infusoires, tant Ciliaires que Flagellés, une couche mince spéciale de filaments parallèles ou entrecroisés située au-dessous de l'exoplasma ou membrane de la cellule. La forme métabolique du corps des Infusoires peut être modifiée de bien des manières par ces contractions autonomes. Quant aux *myophrisques* des Acantharies, filaments contractiles qui entourent en cercles concentriques les rayons de ces Radiolaires, on les doit considérer comme une catégorie spéciale de myophènes. Ils s'insèrent sur le calymma dont ils entraînent l'extension par leurs contractions; d'où pour l'individu une diminution de poids spécifique.

Mouvements hydrostatiques des Protistes. — Beaucoup de Protophytes et de Protozoaires aquatiques possèdent un pouvoir de mouvement autonome qui semble à première vue une manifestation volontaire. Parmi les animaux primitifs d'eau douce les plus simples, il faut ranger les Foraminifères (Thécoloboses, Difflugia, Arcella), petits Rhizopodes qui se distinguent des Amibes nues par la possession d'une coquille solide. Dans certains cas, ils montent à la surface de l'eau, à l'aide comme l'a montré Wilhelm Engelmann, d'une petite bulle d'acide carbonique qui distend leur corps monocellulaire comme un ballon; d'où diminution suffisante du poids spécifique du corps cellulaire, plus lourd à lui seul que l'eau. C'est de la même façon que montent et descendent les petits Radiolaires qui forment le plancton de la mer. Leur corps monocellulaire, à l'origine en forme de sphère, est divisé par une membrane en une capsule interne solide et une enveloppe extérieure molle. Celle-ci, appelée calymma, est parsemée de petites cavités ou vacuoles. Ces vacuoles peuvent se remplir par osmose soit d'acide carbonique soit d'eau pure (débarrassée de son sel marin) ce qui a pour effet de diminuer le poids spécifique de l'animal et de lui permettre de monter à la surface. Pour descendre, les vacuoles crèvent et se vident de leur contenu léger. Ces mouvements hydrostatiques des Radiolaires (que produisent chez les Acanthaires les myophrisques à constitution plus compliquée encore) sont obtenus par des moyens simples auxquels correspondent chez les Poissons et les Siphonophores des vessies natatoires dilatables à volonté.

Mouvements de sécrétion des Protistes. — Plusieurs êtres monocellulaires changent de place par sécrétion latérale d'une matière gluante qui se colle à la partie inférieure. Pendant le cours de la sécrétion il se forme une tige au moyen de laquelle la cellule rampe lentement en avant, tout comme une barque est poussée au moyen d'une perche. Ce mouvement à base sécrétoire se rencontre parmi les Protophytes chez beaucoup de Desmidiacées et de Diatomées, parmi les Protozoaires chez quelques Gregarines et Rhizopodes. Les mouvements de balancement si curieux des Oscillaries (chaînes en forme de fil de cellules vert-bleu et sans noyau, proches parentes des Chromacées) se fait au moyen de produits sécrétés. Par contre les mouvements de glissement de beaucoup de Diatomées doivent être attribués à de petits prolongements qui proviennent soit de la soudure de l'écaille double, soit enfin des pores de celle-ci

Mouvements vibratoires des Protistes. — Beaucoup de monocellulaires peuvent se mouvoir d'un lieu dans un autre grâce à des prolongements en forme de cheveux qu'on nomme cils vibratiles. Lorsque ce sont des filaments longs qui ressemblent à un fouet, on les appelle *flagellum*, et s'ils sont courts, *cils*. La motion à l'aide de flagellums se rencontre déjà chez une partie des Bactéries, et surtout chez les Infusoires mastigophores, chez les Mastigotes des Protophytes et chez les Flagellés des Protozoaires. D'ordinaire il se détache un ou deux (rarement davantage) prolongements minces en forme de fouet de l'un des pôles de l'axe longitudinal. Ces flagellums se meuvent de diverses manières et servent non seulement à nager ou à ramper, mais aussi à sentir la nourriture et à la saisir. Des cellules flagellées existent aussi dans le corps d'animaux à tissus, d'ordinaire réparties en une couche placée à la surface externe ou interne (épithélium à cellules flagellées). Lorsque des cellules se détachent isolément de cette couche, elles peuvent vivre quelques temps séparément, en qualité de biontes, et se mouvoir ; et dans ce cas elles ressemblent à des Infusoires flagellés libres. Ceci vaut également pour les spores de nombreuses Algues et pour les spermatozoïdes des animaux et des plantes. Ces cellules ressemblent le plus souvent à une épingle, avec leur tête arrondie, ovale ou piriforme et leurs corps piliforme. Lorsque, il y a 200 ans, on les vit pour la première fois se mouvoir dans le sperme mucilagineux de l'Homme (dont chaque goutte en contient plusieurs millions) on les prit pour des animaux autonomes comme les Infusoires et on leur donna aussitôt le nom de spermatozoïdes, animaux du sperme. Ce n'est que plus tard, il y a 60 ans qu'on les reconnut pour des cellules détachées qui ont pour fonction de féconder les cellules femelles. On constata aussi que des mouvements vibratoires identiques se retrouvent chez beaucoup de plantes (Algues, Mousses, Fougères). Beaucoup d'entre elles, par exemple les spermatozoïdes des Cycadées, possèdent, au lieu de flagellums en petit nombre, des cils nombreux et ressemblent par là aux Infusoires ciliaires, d'un degré plus développés.

Mouvements vibratoires des Ciliaires. — Il apparaît comme la forme perfectionnée du mouvement vibratoire parce que leurs nombreux cils sont utilisés par les Infusoires dans divers buts et se sont progressivement différenciés par spécialisation du travail, les uns servant à la marche ou à la nage, d'autres à la préhension et au toucher, etc. Dans les organismes supérieurs, les cellules ciliées se rencontrent dans l'épithélium cilié des poumons, des fosses nasales, de l'oviducte des Vertébrés.

Mouvements des Histones. — Chez les animaux pluricellulaires, la motion du corps entier est la résultante des mouvements combinés des nombreuses cellules qui constituent le tissu. Une recherche anatomique précise et une expérience physiologique des processus moteurs chez les Histones doit donc déterminer la nature et l'activité des différentes cellules composant les tissus, puis, mais alors seulement, la structure et les fonctions du tissu même. En suivant cette voie, nous constatons une concordance de la phoronomie dans les deux règnes des Métaphytes et des Métazoaires dans ce sens que les processus physico-chimiques du mouvement se ramènent chez les organismes les plus bas à des changements de substance dans les cellules constitutives du tissu. Aux degrés supérieurs, par contre, le problème se complique par le caractère volontaire de nombreux mouvements autonomes, c'est-à-dire par adjonction de la question, soi-disant d'ordre métaphysique, du déterminisme.

En outre, les animaux à tissus présentent, par suite de la plus grande différenciation des organes des sens et de la centralisation du système nerveux, une plus grande diversité et complexité dans leurs mouvements que les plantes à tissus. Celles-ci, à la différence des animaux, ne peuvent changer de place. De même, le *mécanisme* spécial des organes de mouvement diffère beaucoup dans les deux groupes. Les principaux organes moteurs sont chez la plupart des animaux à tissus les muscles qui possèdent développé à un haut degré le pouvoir de *contraction* et d'*extension*. Par contre chez la plupart des plantes à tissus, les mouvements tiennent à une *tension* du plasma vivant, à ce qu'on nomme la *tur-*

gescence de la cellule végétale. Celle-ci est produite par la pression osmotique du liquide cellulaire interne et par l'élasticité de la paroi cellulaire. Dans les deux cas cependant, de même que dans tous les phénomènes vitaux, ce sont en dernière instance les transformations de l'énergie dans le plasma actif qui sont la véritable cause du « merveilleux » phénomène de la vie.

Mouvements des Métaphytes. — Les plantes à tissus sont, sauf rares exceptions, fixées au sol toute la durée de leur existence, ou libres seulement pendant leur première enfance. En ceci elles ressemblent aux animaux à tissus inférieurs, aux Spongiaires, Polypes, Coraux, Bryozoaires, etc. Les mouvements qu'elles exécutent ne sont que ceux de parties du corps ou d'organes spéciaux, et sont en majeure partie réflexes, c'est-à-dire provoqués par des excitations extérieures. Fort peu de plantes supérieures ont en outre des mouvements autonomes ou spontanés, dont la cause excitatoire nous est inconnue et qu'on peut comparer plus ou moins aux mouvements « libres » des animaux supérieurs. Les feuilles latérales d'une fleur indienne (Hedysarum gyrans) se meuvent circulairement sans excitation externe appréciable, tels deux bras animés d'un mouvement giratoire; les changements d'intensité de la lumière sont ici sans action: chaque mouvement complet demande deux minutes. Par contre des mouvements spontanés semblables de quelques variétés de trèfle et d'oseille ne se produisent que dans l'obscurité, mais non à la lumière. La feuille terminale du trèfle des prés fait sa révolution de 120 degrés en 2 à 4 heures. La cause mécanique de ces mouvements spontanés semble tenir à des variations de turgescence.

Mouvements de turgescence des Métaphytes. — Les mouvements dus au mécanisme de la turgescence sont très répandus dans le règne végétal. C'est dans cette catégorie que rentrent les mouvements du sommeil ou nyctitropiques. Beaucoup de feuilles et de fleurs se placent perpendiculairement aux rayons du soleil et se replient les unes sur les autres à mesure que tombe la nuit. Nombre de fleurs ne s'ouvrent même qu'à des heures déterminées de la journée et demeurent fermées la plupart du temps. Le mécanisme des variations par turgescence, qui cause ces mouvements d'ouverture et de fermeture, tient à l'action combinée de la pression osmotique du liquide cellulaire interne et de l'élasticité de la membrane tendue qui entoure le cytoplasma. La tension de la membrane de cellulose et du canal primordial qui y adhère intérieurement augmente par introduction osmotique de substances actives au point de monter à une pression de plusieurs atmosphères qui distend la membrane de 10 à 20 pour cent. Lorsque une cellule ainsi gonflée perd de son eau, la membrane se rétracte, la cellule devient moindre, le tissu plus mou. La lumière, la chaleur, la pression, l'électricité peuvent provoquer cette turgescence et les mouvements réflexes qui l'accompagnent. Les exemples les plus frappants et les plus connus sont ceux des plantes carnivores (Dionée muscipula) et des sensitives (Mimosa pudica) dont les feuilles se rabattent les unes sur les autres sous l'influence d'excitations tactiles.

Mouvements des Métazoaires. — La plupart des animaux supérieurs possèdent le pouvoir de translation libre et volontaire d'un endroit dans un autre. Ce pouvoir manque par contre chez beaucoup de classes inférieures, qui sont toute leur vie attachées au sol sous-aqueux, tout comme des plantes. C'est pourquoi on les regarda jadis comme des plantes, tels les Spongiaires, les Polypes, les Coraux. Même des classes supérieures se sont adaptées à une vie fixe, comme les Bryozoaires, les Spirobranchies parmi les Vers, les Huîtres, les Ascidies parmi les Tuniciers, les Crinoïdées parmi les Etoiles, puis les Tubicolées parmi les Annélides et les Cirripèdes parmi les Crustacés. Tous ces animaux à tissus sont lors de leur première jeunesse libres de se mouvoir dans leur milieu sous forme de *gastrula*. Ils ne se sont accoutumés que plus tard à une vie sédentaire et ont alors subi des modifications importantes, d'ordinaire régressives, par perte des organes des sens supérieurs, des jambes, parfois même de la tête. C'est ce qu'a montré clairement Arnold Lang dans son excellent travail sur l'influence de la vie sédentaire sur les animaux (Iéna, 1888). La comparaison de ces métamorphoses régressives est très importante pour la théorie de l'hérédité progressive et de la sélection. Elle démontre en même temps, la portée considérable de la liberté de mouvement pour le développement sensoriel et intellectuel des animaux et de l'homme.

Mouvements vibratoires des Métazoaires. — Chez beaucoup d'animaux inférieurs vivant dans l'eau, la surface du corps est couverte d'un épithélium vibratile, c'est-à-dire d'une couche de cellules qui portent soit un flagellum long et mobile, soit plusieurs cils courts. L'épithélium flagellé se rencontre surtout chez les Tuniciers et les Eponges; l'épithélium cilié chez les Vermaliés et les Mollusques. Les flagellums et les cils font sans cesse venir au contact du corps un courant d'eau nouvelle et par là contribuent à la respiration par la peau. Mais chez beaucoup de petits Métazoaires ils servent en même temps à la locomotion, par exemple, chez les Gastréades, les Turbellariés, les Rotatoires, les Némertines et les jeunes larves de beaucoup d'animaux à tissus. L'appareil vibratile est surtout développé chez les Cténophores. Le corps extrêmement mou et tendre de ces animaux en forme de concombre est mû dans l'eau par des milliers de petits cils en forme de palette, disposés d'après huit séries méridiennes. Chaque petite rame est formée par les longs poils vibratiles d'un groupe de cellules épithéliales.

Mouvements musculaires des Métazoaires. — Les principaux organes de mouvement des animaux à tissus sont les muscles qui constituent la « chair » proprement dite. Le tissu musculaire est formé de cellules contractiles, c'est-à-dire de cellules dont la qualité propre est la contraction. En se contractant, la cellule musculaire devient plus courte et en même temps plus épaisse. Par là sont rapprochées les parties du corps aux extrémités desquelles elles sont fixées. Chez les Histones inférieurs, les cellules musculaires ne présentent pas d'ordinaire de constitution spéciale. Chez les Histones supérieurs par contre le plasma contractile présente une différenciation visible à l'aide du microscope, sous forme de « croisement » de la cellule allongée. C'est pourquoi l'on distingue les muscles à croisement des muscles plats. Plus les contractions se répètent énergiquement, vite et nettement, plus le caractère de croisement des cellules se manifeste avec force. Le muscle à contraction en croix est la « dynamo la plus parfaite qu'on connaisse » (Verworn). Le cœur normal humain exécute chaque jour, d'après Zuntz, un travail de 20.000 kilogrammètres, c'est-à-dire développe une force capable de soulever un poids de 20.000 kilogrammes à 1 mètre de hauteur. Chez nombre d'insectes, par exemple chez la Mouche, les muscles du vol se contractent à raison de 300 à 400 fois par seconde.

Musculature de la peau. — Chez les classes histonales inférieures et les plus anciennes, la musculature se réduit à une mince couche de chair qui s'étend sous l'épiderme. Ce tube musculaire dermatique est formé de cellules musculaires qui proviennent primitivement de l'ectoderme comme prolongements contractiles internes des cellules de la peau. Tel est le cas chez les Polypes. Dans d'autres, les cellules musculaires proviennent des cellules de jonction du mésoderme ; par exemple chez les Cténophores, cette musculature mésenchymateuse est peu répandue, bien moins que la musculature épithéliale. Chez la plupart des Vermaliens, la musculature hypodermique se divise en deux couches, à l'extérieur de muscles circulaires, à l'intérieur de muscles allongés. Ceux-ci se divisent chez les Vers cylindriques (Nématodes, etc.) en quatre bandes parallèles, une paire dorsale et l'autre ventrale. Aux endroits du corps utilisés pour la locomotion, le tissu musculaire se développe davantage, c'est-à-dire à la partie abdominale chez les Mollusques. Elle se développe ensuite en une sorte de pied, le podium, qui diffère suivant les classes de Mollusques ; chez la plupart des Escargots, qui rampent sur le sol, elle devient un pied plat (gastéropode) ; chez les animaux à coquilles, qui divisent le sol limoneux comme un soc, un pied en forme de hache (pélécypode). Les Escargots hétéropodes se vissent dans l'eau comme une hélice ; les Ptéropodes semblent voler dans l'eau comme des Papillons. Enfin chez les Mollusques les plus développés, les Céphalopodes, le pied se divise en quatre ou cinq paires de bras très musclés qui partent de la tête et dont les appareils de succion sont pourvus d'une musculature particulière. Tous ces Mollusques et Vermaliens sont dépourvus de squelette dur ou possèdent des parties solides (coquilles) qui ne sont pas en relation avec le système musculaire.

Organes de locomotion actifs et passifs. — Les groupes supérieurs du règne animal qui possèdent un squelette dur caractérisé servant de point d'appui aux muscles et de soutien au corps tout entier sont ceux des Echinodermes, des Articulés et de Vertébrés. Tous trois sont fort riches en formes qui sont de beaucoup les plus parfaites du règne animal. Cependant l'existence e le développement ultérieur du squelette comme appareil passif d' soutien et la corrélation des muscles comme appareils actifs de traction diffèrent avec les groupes et servent à définir des *types*,

On constate ainsi que ces trois troncs proviennent de racines différentes, à savoir de trois types différents de Vermaliens. Chez les Echinodermes, le squelette se forme par dépôts de calcaire, chez les Articulés par excroissances de chitine provenant de l'épithélium, chez les Vertébrés par formation interne du périchorde mésodermal (cf. *Anthropogénie*, 5e éd., 1903, 26e leçon).

Organes de locomotion des Echinodermes. — Ce groupe étonnant se distingue de tous les autres par nombre de particularités remarquables, entre autres par la formation spéciale de ses organes de locomotion actifs et passifs ainsi que par la forme particulière du développement individuel. Dans cette ontogenèse se présentent successivement deux formes tout à fait différentes, l'*astrolarve*, très simple, et l'*astrozoon*, à l'organisation très complexe. L'astrolarve, qui nage librement dans la mer n'a encore ni muscles, ni vaisseaux aquifères ou sanguins ; elle se meut à l'aide de bandes de cils, bandes vibratiles qui sont insérées sur des prolongements de la surface du corps. Par suite d'une évolution très particulière, cette petite astrolarve bilatérale se transforme en astrozoon pentaradial apte à se reproduire sexuellement, pourvu de muscles, d'un squelette dermatique avec des vaisseaux et un « système ambulacral ».

Organes de locomotion des Articulés. — Ce grand groupe, le plus riche en espèces de tous, comprend les trois classes des Annélides, des Crustacés et des Trachéates. Tous trois concordent par les grandes lignes de leur organisation, surtout par la métamérie de leur long corps bilatéral, puis par la répétition de chacun des organes internes dans chaque membre ou dans chaque segment. Chaque membre possède originairement un nœud du centre nerveux ventral, une chambre du cœur dorsal, un anneau de chitine du squelette dermatique et un groupe musculaire. Les Annélides sont issus directement des Vermaliens, desquels ils sont encore proches, surtout des Némertines et des Nématodes. Les deux autres classes sont plus jeunes et sont issues indépendamment l'une de l'autre de deux formes d'Annélides. Les Annélides (par exemple les Sangsues), ont d'ordinaire une homonomie parfaite ; leurs segments ou métamères ont tous la même constitution musculaire ; une coupe montre l'existence sous chaque couche de muscles circulaires une paire de muscles dorsaux et une paire de muscles ventraux.

Les deux autres classes d'Articulés possèdent des pieds longs et complexes et les différents membres prennent par suite d'une division du travail des formes différentes. Cette hétéronomie s'accuse davantage à mesure que l'organisation se perfectionne. Ceci vaut pour les Crustacés, qui vivent dans l'eau et respirent au moyen de branchies, comme pour les Trachéates, Mille-pattes, Araignées et Insectes. La carapace de chitine, encore mince et tendre chez la plupart des Annélides, s'épaissit chez les Crustacés et les Trachéates, parfois par dépôt de calcaire, et forme sur chaque segment un anneau solide au-dessous duquel sont disposés les muscles. Ces anneaux sont réunis par des anneaux plus minces et mobiles, de sorte que le corps entier possède à un haut degré de l'élasticité, de la solidité et de la mobilité. Les jambes sont construites de même ; elles sont fixées par paires aux segments. Le caractère typique des organes de locomotion des Articulés est donc la disposition des muscles à l'intérieur de tubes de chitine et leur continuation à travers les divers membres.

Organes de locomotion des Vertébrés. — Ici se développe un squelette solide interne suivant l'axe longitudinal du corps, sur lequel les muscles s'insèrent extérieurement. La métamérie n'est pas visible du dehors, mais ne se manifeste que dans le système musculaire, après qu'on a écarté le derme qui le recouvre. On constate alors déjà chez les Vertébrés inférieurs dépourvus de crâne, les Acraniens, dont le squelette consiste en une tige, la chorda, solide et élastique, une double série de muscles (de 50 à 80 chez l'Amphioxus). Les membres disposés par paires manquent encore, tout comme chez les Cyclostomes (Myxinoïdes et Petromyzontes). Ce n'est que chez la troisième classe de Vertébrés, chez les Poissons proprement dits, qu'apparaissent deux paires de membres latéraux, les nageoires pectorales et ventrales. C'est de là que sont sorties, par évolution, les deux jambes des Amphibies les plus anciens (carbonifère), jambes antérieures ou carpomèles et jambes postérieures ou tarsomèles. Ces quatre jambes latérales à cinq doigts ont une constitution très caractéristique tant squelettique que musculaire. Des Tétrapodes, cet appareil de locomotion s'est transmis à leurs descendants qui se répartissent en trois classes, les Reptiles, les Oiseaux et les Mammifères.

Organes de locomotion des Mammifères. — Les deux parties de l'appareil de locomotion présentent chez la classe des Mammifères un grand nombre de formes dues à l'adaptation aux diverses conditions de vie. Mais, malgré ces différences en quelque sorte extérieures, les caractères fondamentaux sont tels dans toute cette classe d'êtres qu'on les doit tous regarder comme descendant d'un même être, le Promammifère, qui vécut pendant l'époque triasique et qui lui-même provenait des Amphibies du carbonifère par les Reptiles du permien. Parmi ces caractéristiques, il faut ranger l'architecture du squelette et du crâne et la disposition des muscles; ainsi le muscle principal de l'abdomen, le diaphragme, est propre à la classe des Mammifères.

Organes de locomotion de l'Homme. — Ils sont pour leur contexture et leur mécanisme les mêmes chez l'Homme que chez les Singes anthropoïdes : de part et d'autre il y a 200 os qui forment le squelette et 300 muscles qui le mettent en mouvement. Les différences de forme et de grandeur sont toutes dues à l'adaptation à des conditions extérieures différentes et ont été fixées par l'hérédité. La principale est due à la marche verticale acquise par l'Homme, alors que les Singes ont pour locomotion propre de grimper aux arbres; comme parallèles de modification, du même ordre on citera les Kangourous et les Pingouins, dont les membres antérieurs ont dégénéré.

La *volonté humaine* ne diffère pas, en tout cas, quant à son principe, de celle des Singes et des autres Mammifères; car les cellules nerveuses ou neurones et les cellules musculaires travaillent partout de la même manière et sont également soumises à la loi de la substance. (Voir sur toute cette question le VIIe chapitre des *Enigmes de l'Univers*).

TABLEAU XIV

LES PRINCIPAUX MODES DE MOUVEMENT VISIBLES DU PLASMA

I. Courant plasmatique ou Plasmokinèse.

Mouvements réflexes (paratoniques) ou autonomes (spontanés), en partie limités à l'intérieur de la cellule, en partie se manifestant par la formation de prolongements externes.

I. A. ***Mouvements internes ou plasmorhèse.***

Changement de place des parties plasmatiques à l'intérieur de la cellule; se rencontre en règle générale chez les Protistes et les Histones; est lié aux fonctions de l'échange de substance (métabolisme), de la croissance, de la karyokinèse, etc.)

I. B. ***Mouvements externes ou plasmopédèse.***

Formation de prolongements externes, transitoires et changeant de forme · sarcopodes; tantôt sarcantes courts, en forme de doigt (lobopodes des Amiboïdes) tantôt sarcantes longs, ou filiformes (pseudopodes des Rhizopodes).

II. Mouvement vibratoire ou Marmakinèse.

De la surface de la cellule partent des prolongements fins, en forme de poil, qui se meuvent, d'ordinaire avec vivacité et rythmiquement (cils vibratils).

II. A. ***Mouvement flagellatoire.***

Deux (rarement davantage) flagellums longs partant d'un même point: Infusoires flagellés; cellules spermatiques de nombreuses Algues, Mousses et Fougères, de la plupart des Histones; épithélium flagellé des Métazoaires inférieurs.

II. B. ***Mouvement ciliaire.***

Nombreux cils courts; Infusoires ciliés; cellules sexuelles de nombreuses plantes à tissus inférieures (Cycadées); épithélium cilié des Métazoaires supérieurs.

III. Mouvement musculaire ou Myokinèse.

Des groupes de cellules déterminés de la couche médiane des Métazoaires forment des muscles, organes dont l'unique fonction consiste en contractions et en extensions successives. De l'activité musculaire involontaire des Métazoaires inférieurs se développe peu à peu chez les Métazoaires supérieurs le mouvement volontaire.

III. A. ***Mouvement musculaire hypodermique des animaux inférieurs.***

Appareil encore imparfait chez les Cœlentérés : Spongiaires, Cnidaries, Platodes, Vermaliens, Mollusques. Tube musculaire dermatique. Pas de squelette articulé servant à la locomotion. Couche musculaire continue sous la peau.

III. B. ***Mouvement musculaire squelettique des animaux supérieurs.***

Mode de locomotion le plus parfait des Cœlomaires. Un squelette articulé formé de plusieurs parties solides reliées entre elles. Nombreux muscles différenciés s'insérant sur ce squelette et faisant mouvoir les divers membres.

III. B. 1. ***Appareil de locomotion des Articulés.***

Le corps articulé extérieurement forme un squelette articulaire (tubes de chitine, souvent renforcé de calcaire). Les muscles sont à l'intérieur de ces tubes.

III. B. 2. ***Appareil de locomotion des Echinodermes.***

A cinq rayons et à formes sexuelles mûres; squelette hypodermique calcaire; nombreux muscles faisant mouvoir les diverses parties, servent en outre à la locomotion des pieds creux ou tentacules, remplis d'eau grâce à un système de canaux spécial (système ambulacral).

III. B. 3. ***Appareil de locomotion des Vertébrés.***

Le corps renferme un système squelettique auquel correspond un système musculaire qui le met en mouvement : chorde et perichorde; celui-ci forme par évolution des vertèbres et des os.

CHAPITRE XIII

La Sensibilité.

Conscience. — Excitation. — Dégagement. — Réaction aux excitations. — Tropismes. — Sensations organiques et inorganiques.

> Une obscurité presque impénétrable règne encore sur l'essence de la sensibilité. On peut consulter un manuel après l'autre, nulle part on ne trouve sur ce point de réponse satisfaisante. L'explication de cette surprenante ignorance de ce qui constitue la pierre angulaire de notre humanité tient à ce qu'on n'a pas appliqué à l'étude de ce phénomène la méthode génétique.
>
> Léopold Besser (1881).

> La sensibilité est un processus tout à fait général dans la nature. Par là est donnée en même temps la possibilité de ramener la pensée à ce phénomène général. « Penser, c'est lire les Evangiles des sens en les rattachant l'un à l'autre ». Toute science est en dernière instance connaissance des sens. Les faits sensoriels sont par là, non pas niés, mais interprétés.
>
> Albrecht Rau (1896).

SOMMAIRE

Sensibilité et conscience. — Sensations conscientes et inconscientes. — Sensibilité et excitabilité. — Sensations réflexes et aperception de l'excitation. — Sensibilité et puissance d'action. — Réaction aux excitations. — Dégagement par excitations. — Excitations externes et internes. — Direction des excitations. — Sensibilité et tendance. — Sensation et sentiment. — Sensation organique et inorganique. — Sensation de lumière, phototaxie, vue. — Sensation de chaleur, thermotaxie. — Sensation de matière, chimiotaxie. — Goût et odorat. — Chimiotropisme érotique. — Sensibilité sexuelle. — Sensation de pression. — Géotaxie. — Sensation de son. — Sensation électrique.

BIBLIOGRAPHIE

Johannes Müller, 1840. — *Specielle Physiologie der Sinne und der Seele.* Ve et VIe livres de sa *Physiologie des Menschen.* Coblence.

Hermann Helmholtz, 1884. — *Populäre wissenschaftliche Vorträge und Reden.* 2 vol. 3e éd. Brunswick.

Ernest Hæckel, 1879. — *Ueber Ursprung und Entwickelung der Sinneswerkzeuge Gemeinverständliche Vorträge,* T. II (2e édit. 1902). Bonn.

Louis Feuerbach, 1841. — *Das Wesen des Christentums. Wider den Dualismus von Leib und Seele, Fleisch und Geist.* Leipzig.

Léopold Besser, 1881. — *Was ist Empfindung?* Bonn.

Ernst Mach, 1885. — *Die Analyse der Empfindungen und das Verhältniss des Physischen zum Psychischen* 4e édit. 1903. Vienne.

Albrecht Rau, 1896. — *Empfinden und Denken. Eine philosophische Untersuchung über die Natur des menschlichen Verstandes.* Giessen.

Max Verworn, 1894. — *Von den Reizen und ihren Wirkungen.* 5e chapitre de son *Allgemeine Physiologie*, p. 351-480. Iéna.

Le Même, 1889. — *Psychophysiologische Protisten-Studien. Experimentelle Untersuchungen.* Iéna.

Robert Tigerstedt, 1902. — *Ueber die Sinnesempfindungen.* 16e chapitre de son *Lehrbuch der Physiologie.* Leipzig.

G. Haberlandt, 1904. — *Die Sinnesorgane der Pflanzen.* Leipzig.

Fritz Noll, 1894. — *Physiologie der Pflanzen* (Strasburger's *Lehrbuch der Botanik*). 6e édit. 1904. Iéna.

Wilhelm Boelsche, 1903. — *Das Liebesleben in der Natur. Eine Entwickelungsgeschichte der Liebe.* Leipzig

Ch. Darwin, 1872. — *Ueber den Ausdruck der Gemütsbewegungen beim Menschen und bei Thieren.* Stuttgart.

La notion de *sensibilité* est l'une de ces notions générales comme celle d'*âme* qui ont de tout temps été comprises de bien des manières. Pendant le XVIIIe siècle, on pensa que l'activité vitale appelée sensibilité appartenait en propre aux animaux, mais nullement aux plantes. Ceci s'exprima dans la phrase lapidaire de Linné (*Systema naturæ*, 1735) : « les pierres croissent, les plantes croissent et vivent, les animaux croissent, vivent et sentent ». A. Haller, qui donna le premier, dans ses *Elementa Physiologiæ* (1766) une synthèse des connaissances d'alors sur la vie organique, distingua deux qualités fondamentales, la sensibilité et l'irritabilité, attribuant la première aux nerfs, la seconde aux muscles. Plus tard cette distinction erronée fut réfutée ; et de nos jours c'est précisément l'irritabilité qu'on regarde comme une propriété générale de toute substance vivante.

Les grands progrès de l'anatomie comparée et de la physiologie expérimentale des animaux et des plantes pendant la première moitié du XIXe siècle firent bientôt reconnaître que l'irritabilité ou sensibilité est une propriété vitale de tous les organismes et qu'elle est l'un des signes distinctifs de la force vitale (Cf. le chapitre II). C'est Johannes Müller qui s'est acquis sur ce point le plus grand droit à notre reconnaissance : il fonda, dans son *Manuel de physiologie humaine* (1840) sa doctrine de l'énergie spécifique des nerfs et de leur relation d'une part avec les organes des sens, de l'autre avec la vie psychique (voir ses chapitres V et VI).

Au cours de la deuxième moitié du XIXe siècle, l'idée qu'on se faisait de la sensibilité se modifia, grâce aux progrès de la méthode expérimentale et des sciences physico-chimiques. Les recherches de Helmholtz et de Hering sur la physique des sens, de Matteucci et de Dubois-Reymond sur l'électricité des muscles et des nerfs, les progrès de la physiologie des plantes dus à Sachs et à Pfeffer, de la chimie physiologique dus à Moleschott et à Bunge conduisirent à reconnaître que ces merveilles de la vie jusqu'ici si incom préhensibles se ramènent à des processus physico-chimiques, et qu'il était même possible de soumettre les divers excitants (lumière, chaleur, électricité) aux lois et aux formules mathématiques. La science des « excitants et de leurs effets » reçut ainsi un caractère proprement physique.

Par contre on dédaigna l'étude des processus vitaux, surtout de l'activité nerveuse, qui transforme les fonctions sensorielles en vie psychique. On laissa même de côté la notion fondamentale de sensibilité; nombre de manuels de physiologie modernes ne lui consacrent que bien peu de pages. Ceci tient à la séparation artificielle qu'on a réussi ces temps-ci à tracer de nouveau entre la physiologie et la psychologie. Les physiologistes, résolus à ne s'occuper que de phénomènes soumis à l'observation « exacte », ont laissé aux psychologues spécialisés, c'est-à-dire aux métaphysiciens, le soin d'étudier les processus psychiques; et les psychologues de leur côté se sont déchargés sur les physiologistes du soin pénible de faire des recherches directes, notamment d'étudier à fond l'anatomie et la physiologie du cerveau.

Sensation et conscience. — L'erreur la plus grave commise par la physiologie dualiste moderne est le dogme que toute sensation est accompagnée de conscience. Etant donné que la plupart des physiologistes acceptent le point de vue de Dubois-Reymond, que la conscience n'est pas un phénomène naturel mais une « énigme » supraphysique, il leur a été facile d'éloigner du champ de leurs recherches cette incommode « sensibilité ». La métaphysique régnante a accepté avec joie cette manière de faire, car il lui faut la nature trancendante de la sensibilité, comme celle de la volonté, afin de s'opposer aux sciences expérimentales et de fonder le domaine de l'analyse introspective. On s'étonne que des physiologistes monistes se soient laissés abuser par cette manœuvre de prestidigitation.

Sensation inconsciente. — Il nous suffit d'examiner en nous-mêmes ces deux phénomènes pour reconnaître qu'il ne sont pas nécessairement liés; et ceci vaut aussi pour la troisième activité psychique, la volonté. En apprenant par exemple à peindre ou à jouer du piano, nos actes d'abord voulus et conscients deviennent progressivement mécaniques et inconscients. Il suffit d'un premier désir de peindre ou de jouer pour mettre en mouvement tout l'ensemble d'actes et de sensations correspondantes. On finit par jouer « comme en rêve » même le morceau le plus difficile. Cependant une excitation quelconque, par exemple une faute, suffit pour ramener l'attention et faire de la répétition un acte conscient. Ceci vaut pour des milliers de sensations et d'actes, conscients pendant l'enfance, puis devenus inconscients : marche, parole, etc., et revient à dissocier la sensation de la conscience, laquelle apparaît comme énigmatique bien que la notion en soit, en nous, fort claire : nous savons que nous savons, sentons et voulons.

Sensibilité et irritabilité. — Par irritabilité les physiologistes modernes entendent que la substance vivante possède la propriété de réagir aux excitations, c'est-à-dire de répondre aux modifications de leur milieu par d'autres modifications. L'excitation, ou action sur le plasma d'une énergie étrangère, doit être sentie par celui-ci pour réagir. La question de savoir si cette sensation est consciente ou, comme c'est le cas ordinaire, inconsciente, n'a en réalité que peu d'importance. La plante que la lumière pousse à ouvrir son calice agit inconsciemment au même titre que le corail, excité de la même manière, développe sa couronne de tentacules. Et lorsque la Dionée gobe-mouches referme ses feuilles sur sa proie, elle agit tout comme l'Actinie qui replie dans le même but ses tentacules : sans conscience. On appelle ces mouvements consécutifs à des excitations des *réflexes* (Cf. sur les réflexes le chapitre VII des *Énigmes*). Cette activité psychique élémentaire est fondée sur une jonction de la sensibilité avec le mouvement.

Sensibilité et énergie. — Ce qu'on nomme sensibilité peut être regardé comme une forme particulière de « l'énergie vitale » (Ostwald.) Par contre l'irritabilité est une forme de l'énergie potentielle. La substance vivante sensible ou excitable se trouve en état d'équilibre et se conduit indifféremment vis-à-vis de son milieu. Par contre le plasma, mis en mouvement, excité et qui ressent cette excitation, éprouve une rupture d'équilibre et réagit sur son milieu. Cette réaction des corps vivants est de même ordre que la réaction chimique. Toute excitation transforme l'énergie potentielle (sensibilité) en force vive ou en acte (sensation). L'occasion de cette transformation due à l'excitation est appelée dégagement. La relation de la sensation avec la loi de la substance sera exposée dans le chapitre XIX.

Réaction aux excitations. — La notion de réaction signifie ordinairement la modification déterminée éprouvée par un corps sous l'influence ou l'action d'un autre corps. Tel est le sens qu'on donne généralement à ce mot en chimie. Et ici aussi on doit admettre que les deux corps « sentent » leur action réciproque; c'est pourquoi les chimistes parlent plus ou moins d'une « réaction sensible ». En soi, cette réaction ne diffère pas de celle qui se produit dans les êtres organisés et qui se ramène au fond à un processus physico-chimique. Enfin la « réaction psychique » est encore un phénomène qui rentre dans la même catégorie, bien que plus complexe. Elle se décompose en : 1° une impression externe ; 2° une réaction de l'organe sensoriel ; 3° un transport de l'organe périphérique à l'organe central ; 4° une sensation interne ; 5° la conscience de cette sensation.

Dégagement par excitations. — L'impulsion à la modification éprouvée par le protoplasma sous l'influence d'une excitation est dite dégagement. Cette notion importante est elle aussi empruntée à la physique, la lumière ou la chaleur correspondant au choc qui fait exploser un mélange détonnant. De même le contact d'une cellule mâle avec une cellule femelle est l'impulsion qui détermine la formation d'un œuf et par suite celle d'un être nouveau. Cette impulsion est le plus souvent fort petite. On ne doit pas la considérer comme la cause du processus de la modification physico-chimique mais seulement comme l'occasion première de ce processus. C'est en réalité la transformation d'une énergie potentielle en énergie dynamique. La grandeur des forces n'est pas en rapport avec celle de l'impulsion ; c'est là ce qui distingue l'excitation de l'action purement mécanique de deux corps l'un sur l'autre, où précisément la quantité d'énergie demeure constante et où il n'y a pas d'impulsion.

Excitations externes et internes. — L'action immédiate d'une excitation sur la substance vivante se constate le mieux lorsqu'elle est extérieure et d'ordre physico-chimique : lumière, chaleur, pression, son, électricité, action chimique. L'investigation physique peut souvent ici soumettre le processus vital aux lois de la nature inorganique. Ceci est plus difficile à démontrer quand les excitations sont internes et par suite ne peuvent être que partiellement soumises à l'investigation physiologique. Les phénomènes sont alors trop complexes pour pouvoir être, comme il le faudrait, interprétés immédiatement suivant les lois physico-chimiques. Pourtant ceci est démontré déjà pour des excitations compliquées, par exemple pour les activités psychiques, y compris la science et la raison.

Chez l'homme comme chez les animaux supérieurs, les impressions subies par les organes des sens sont transmises par les nerfs à l'organe central ; celui-ci, situé dans le cerveau, transforme ces impressions en sensations spécifiques ou bien les transmet aux centres moteurs. Chez les animaux inférieurs et chez les plantes, cette adduction des impressions est plus simple : les cellules des tissus se touchent directement ou sont reliées directement par des fils de plasma (plasmodèmes). Chez les Protistes l'excitation peut se produire en n'importe quel endroit de la surface et se transmet immédiatement à toutes les parties composantes du plasma cellulaire.

Sensation inconsciente et consciente. — Nous nous convaincrons au cours de ces recherches que la forme la plus simple de la sensation se rencontre chez tous les anorganes aussi bien que chez tous les organismes, c'est-à-dire que la sensibilité est en réalité une propriété fondamentale de la matière et de toute substance. On est donc conduit à reconnaître même aux atomes de la sensibilité. Cette idée fondamentale de l'hylozoïsme, exprimée déjà par Empédocle, a été reprise récemment par Fechner, le fondateur de la psychophysique (Cf. *Enigmes*) qui reconnaît à la substance cette *sensibilité consciente* c'est-à-dire, pour parler comme Spinoza, la *pensée*. Pour nous cependant, la conscience n'est qu'un produit psychique secondaire, propre seulement aux animaux supérieurs et à l'homme et qui dépend du degré de centralisation du système nerveux (Cf. *Enigmes de l'Univers*). Il est donc utile de distinguer la sensation inconsciente des atomes *(æsthesis)* de la sensation consciente ou tendance *(tropesis)*; cette dernière se manifeste comme un mouvement suivant une direction déterminée *(tropisme* ou *taxie)*.

Sensation et sentiment. — Ces deux notions sont souvent confondues aussi bien en physiologie qu'en psychologie. Les métaphysiciens, qui les séparent l'une de l'autre, et les physiologistes qui admettent cette séparation, regardent le sentiment comme une fonction psychique ou une pure faculté de l'âme, et la sensation comme une activité des sens. Pour nous, l'une et l'autre notions sont d'ordre physiologique et ne sauraient être distinguées, sinon en ceci que la sensation constitue plutôt un processus extérieur (objectif) et le sentiment un processus interne (subjectif). Pour mieux dire, la sensation est une aperception quantitative des excitations, le sentiment leur aperception qualitative. Dans ce sens, on peut attribuer le sentiment aux atomes et s'expliquer ainsi « l'affinité élective. »

Sensations organiques et inorganiques. — Notre théorie moniste (qu'on la nomme énergétique, matérialisme ou hylozoïsme) admet que toute substance est animée, c'est-à-dire douée d'énergie. L'analyse ne décèle pas dans les organismes d'autres éléments que ceux qu'elle rencontre dans les corps inorganiques. Leurs mouvements obéissent toujours aux lois de la mécanique ; la transformation de l'énergie s'y fait de la même manière et est produite par les mêmes excitations. D'où suit que dans les deux classes de corps l'aperception de l'excitation, en tant que sensation au titre objectif et que sentiment au titre subjectif, se produit également. Tous les corps naturels sont à un certain point de vue « sensibles ». C'est précisément par cette conception énergétique de la substance que notre monisme se distingue du matérialisme et du réalisme et constitue comme un chaînon qui les relie tous deux au spiritualisme et à l'idéalisme. Mais il est entendu que pour nous la vie organique est soumise aux mêmes lois que la nature inorganique. Dans les deux cas l'excitation externe agit sur la vie interne. C'est ce qui se démontre par l'étude des divers modes d'excitation.

Sensation de lumière. — L'action de la lumière sur la substance vivante, qui s'exprime par des modifications d'ordre chimique, est d'une grande portée physiologique pour tous les organismes. On peut même dire que la lumière solaire est la source la plus ancienne et la plus importante de la vie organique ; toutes les autres formes de l'énergie dépendent en dernière analyse de l'énergie solaire. L'activité fondamentale du plasma, qui en conditionne même la formation, c'est l'assimilation carbonée ; or cette plasmodomie dépend directement de la lumière solaire. Si celle-ci n'atteint l'organisme qu'unilatéralement, il se produit la direc tion de mouvement qu'on nomme phototaxie ou héliotropisme. Cette tendance est *positive* chez la grande majorité des organismes, tant chez les Protistes que chez les Histones : c'est-à-dire qu'ils recherchent la source lumineuse. Chacun sait que les fleurs placées dans une chambre se dirigent vers la lumière. Pourtant beaucoup d'êtres qui vivent habituellement dans l'obscurité sont négativement héliotropiques : tels les Champignons, plusieurs Mousses et Fougères et nombre d'animaux vivant au fond des mers.

Yeux et vision. — Les principaux organes sensibles à la lumière sont les yeux ; ils manquent chez les animaux inférieurs. La différence essentielle entre la partie dermatique qui est sensible à la lumière et l'œil est que celui-ci donne une image des objets extérieurs. Cette aperception, nommée vision, dépend de la formation d'une petite lentille en un endroit de la peau. A partir de cette forme primordiale phylogénétique de l'organe de la vision, toute une série de gradations conduit jusqu'à l'œil perfectionné de l'homme et des animaux supérieurs, gradations comparables à celles qui vont de la loupe au microscope et au télescope. Cette « merveille de la vie » est d'un intérêt spécial pour la physiologie générale et la phylogénie. Nous pouvons voir ici clairement comment un appareil répondant à une fin déterminée s'est formé mécaniquement, sans plan directeur préconçu. Et nous constatons en même temps l'origine mécanique d'une activité *nouvelle* de l'organisme, de cette fonction importante qu'est la vision.

Sensation de lumière des plantes. — Toutes les plantes sont plus ou moins sensibles à la quantité, à la qualité, à la direction, etc. de la lumière. Celle-ci est absolument nécessaire à leur existence ; c'est pourquoi fleurs, feuilles et tiges se dirigent toujours vers cette source de leur vie. Par contre les racines, même si elles se trouvent à l'air, tendent vers l'obscurité, c'est-à-dire sont négativement héliotropiques. Plusieurs plantes modifient cependant leur tendance par adaptation : c'est ainsi que les tiges à fleurs de la *Linaria Cymbalaria* sont d'abord positivement héliotropiques, mais se détournent ensuite de la lumière, après la pollinisation, afin de cacher les capsules à graines dans les fentes des pierres et les interstices des murailles.

Sensation de lumière du plasma. — La vision parfaite des animaux supérieurs est constituée par plusieurs fonctions auxquelles correspond une complexité équivalente de composition anatomique de l'œil. Nul autre organe, le cerveau excepté, n'a joué un tel rôle dans la formation de la civilisation. Et pourtant combien les débuts de cette fonction sont modestes, puisqu'elle n'est que le développement de cette simple sensibilité que possède déjà le plasma. Celle-ci cependant se montre sous diverses formes déjà chez les Protistes monocellulaires, et même chez les plus anciens de tous, chez les Monères. Les diverses espèces de Chromacées et de Bactéries sont héliotropiques à des degrés variables et possèdent chacune une sensibilité propre à l'égard de la lumière.

Sensation de lumière des corps inorganiques. — La lumière excite aussi un grand nombre de corps inorganiques et produit en eux des modifications soit chimiques, soit seulement mécaniques. Chaque chimiste parle de substances qui sont plus ou moins « sensibles » à la lumière ; de même le photographe parle de plaques « sensibles », le peintre de « couleurs sensibles ». Nombre de combinaisons chimiques sont en effet si sensibles à la lumière qu'on les doit conserver dans l'obscurité parce qu'elles se décomposent dès qu'elles sont soumises à la lumière solaire. Pour désigner cette conduite variable des atomes les uns vis à vis des autres, et qui se manifeste si nettement sous l'influence d'excitations lumineuses, nous n'avons pas d'autre mot que celui de « sensation ». C'est là, il me semble un argument excellent en faveur de notre théorie moniste ou hylozoïque.

Sensation de chaleur. — La chaleur agit avec la même intensité que la lumière sur les organismes, qui ressentent alors des sensations que nous nommons différemment selon qu'elles nous sont agréables ou désagréables. L'organe qui ressent cette sensation est chez les Protistes la surface du corps plasmatique monocellulaire, chez les Histones l'épiderme. Chez tous les êtres vivants, la température du milieu extérieur (eau ou air) exerce une grande influence sur la régularisation de leurs activités vitales ; et chez les animaux fixés et les plantes, il en est de même de la température du sol. La température doit osciller entre le point de congélation et le point d'ébullition de l'eau, car au delà la substance vivante ne peut plus assimiler par imbibition les particules aqueuses nécessaires. Il est vrai que certains Protistes inférieurs (Chromacées, Bactéries) peuvent supporter des températures très basses ou très élevées, mais ceci seulement pendant quelque temps. On a vu des Protistes (Monères et Diatomées) vivre avec — 100° Cg. et d'autres avec plus de 100° Cg. Il y a de même des plantes arctiques et alpestres qui peuvent rester gelées plusieurs mois de suite, et ne vivre alors que d'une vie restreinte.

Limites de chaleur. — Mais l'activité vitale oscille chez la plupart des êtres entre des limites très rapprochées, par exemple chez les plantes et les animaux des tropiques, habitués depuis des siècles à une grande constance de température. Par contre la flore et la faune du Brésil central se sont accoutumées aux oscillations considérables caractéristiques des climats continentaux. C'est dire que le plasma vivant s'est adapté à des circonstances variables par modifications de son sens de la chaleur. Ceci est visible au cours d'expériences sur la thermotaxie ou thermotropisme, c'est-à-dire sur les mouvements occasionnées par une sensation unilatérale de chaleur.

Sensations de chaleur des corps inorganiques. — Ce qui a été dit sur ce point à propos des excitations lumineuses vaut aussi pour les excitations caloriques. Il existe pour les corps inorganiques aussi un minimum et un maximum de température, par exemple 0° et 100° pour l'eau. On peut dire d'une manière générale que la chaleur accélère, que le froid ralentit les processus chimiques dans les anorganes, tout comme les processus vitaux des organismes. Il est donc permis d'attribuer aux anorganes et aux atomes une sensibilité à l'égard de la chaleur analogue à celle des êtres vivants.

Sensation de matière (chimiesthésie). — Etant donné que toute la vie organique se réduit en fin de compte à des processus physico-chimiques, il va de soi que les excitations chimiques doivent jouer un grand rôle dans la constitution de la sensation. Depuis les Monères les plus simples jusqu'aux fleurs des arbres et aux pensées des hommes, partout les processus vitaux sont le résultat de processus physico-chimiques provoqués par des excitations chimiques internes. C'est l'aperception de ces excitations que nous nommons sens de la matière ou chimiesthésie ; elle est fondée sur les affinités réciproques des diverses éléments chimiques. Ces affinités, qui tiennent à la nature même des éléments, c'est-à-dire aux qualités des atomes qui les constituent, s'expliquent par l'hypothèse d'une sensation inconsciente, de sentiments intrinsèques de plaisir et de douleur ressentis par les atomes entrant en contact ; c'est « l'amour et la haine des éléments » d'Empédocle.

Excitations chimiques. — Les nombreuses excitations qui agissent chimiquement sur le plasma se répartissent en deux groupes, les excitations externes et les excitations internes. Celles-ci sont localisées dans l'organisme même et entraînent les « sensations d'organes » ; les autres proviennent du monde extérieur et se nomment : goût, odorat, sentiment sexuel, etc... Les animaux supérieurs possèdent pour les diverses catégories d'excitations des « organes sensoriels chimiques » spéciaux, que nous étudierons successivement. Ici encore règne la loi du minimum, de l'optimum et du maximum.

Sensation de goût. — On sait le rôle considérable joué dans la vie de l'homme par la fonction du goût et par les sensations de plaisir qui l'accompagnent. La gastronomie s'est même transformée en science sous le nom de gratrosophie. Les organes microscopiques de la langue et du palais s'appellent papilles et sont formés de cellules gustatives en forme de fuseau où se terminent des nerfs. Comme les papilles de cet ordre se rencontrent chez tous les animaux supérieurs, que l'on voit choisir leur nourriture, il faut admettre qu'ils éprouvent des sensations de goût comparables aux nôtres. On ne saurait en dire autant des animaux inférieurs, chez qui il n'est guère facile de distinguer le goût de l'odorat.

Sensation olfactive. — Chez l'Homme et les Vertébrés supérieurs, qui vivent dans l'air, le siège de l'odorat est situé dans la cavité nasale et plus spécialement dans la muqueuse, sur laquelle viennent passer les matières odorantes après avoir été divisées et humectées. Leur contact avec les cellules olfactives, minces et en forme de bâtonnets et munies de cils, excite les extrémités des nerfs olfactifs qui viennent s'y ramifier.

Chez beaucoup d'animaux, notamment les Mammifères, l'odorat joue un rôle bien plus grand que chez l'Homme, où il est relativement peu développé. Leurs cavités et leurs muqueuses nasales sont bien plus développées. Chez les animaux aquatiques, le goût et l'odorat sont unis, jusqu'à être identifiés chez les animaux inférieurs. Dans les deux cas, l'excitation se ramène à un processus physico-chimique.

Sensation de goût des plantes. — Un certain nombre de plantes possèdent une sensation de matière qui correspond au goût des animaux supérieurs. C'est ainsi que les feuilles de la *Drosera rotundifolia* sont pourvues de fines tentacules, ou poils gluants, qui peuvent distiller un suc digestif. Dès qu'un corps dur entre en contact avec ces tentacules, l'excitation éprouvée est telle que la feuille se replie; mais ce n'est que si le corps étranger contient de l'azote (comme la viande ou le fromage) que les tentacules distillent du suc digestif. Ainsi les feuilles de cette plante carnivore *goûtent* leur nouriture et la distinguent des autres corps non assimilables. On peut dire de même que les extrémités des racines sont des organes du goût, puisqu'elles se dirigent vers les sols nutritifs, tendance qu'on nomme chimiotaxie.

Chimiotaxie ou Chimiotropisme. — Les mouvements d'organismes monocellulaires occasionnés par des excitations chimiques sont intéressants surtout parce qu'ils sont la preuve de l'existence, même chez les organismes inférieurs, comme les Monères, de sensations du même ordre que le goût et l'odorat. Les expériences de W. Engelmann, de Max Verworn et d'autres ont prouvé que nombre de Bactéries, de Diatomées, d'Infusoires, de Rhizopodes et d'autres Protistes éprouvent des sensations gustatives; ces animaux se dirigent vers des substances déterminées qu'on a introduites dans la goutte d'eau où ils vivent. Beaucoup de Bactéries pathogènes secrètent des poisons (toxines) pour lesquels les leucocytes du sang humain ont un « goût » prononcé et vers lesquels ils se dirigent en masse pour les absorber. C'est là le rôle de police sanitaire que jouent les leucocytes s'ils sont assez forts pour assimiler les toxines; sinon ils transportent celles-ci en d'autres endroits du corps et occasionnent une infection locale ou générale.

Chimiotropisme érotique. — Fort intéressante est encore l'attraction exercée par les deux cellules sexuelles l'une sur l'autre et qu'on peut regarder comme l'origine phylogénétique de l'amour. (Voir mon *Anthropogénie*, 1874; 5ᵉ éd. 1903, p. 156, 875.) La fusion des deux cellules ne pourrait avoir lieu n'était leur différence chimique et leur attraction mutuelle. Cette « affinité élective sexuelle » se manifeste déjà aux degrés les plus bas de la vie végétale, chez les Protophytes et les Algues, dont les cellules mâles (microgamètes) et les cellules femelles (macrogamètes) nagent l'une vers l'autre. Chez les animaux supérieurs, ce n'est d'ordinaire que la cellule mâle qui est mobile ; elle se dirige vers la cellule femelle pour se fondre avec elle. La sensation qui agit ici est une excitation chimique voisine de l'odorat et du goût; c'est ce qu'ont montré les expériences de Pfeffer, qui démontra que les cellules flagellées mâles des Fougères sont attirées par l'acide malique, celles des Mousses par le sucre de canne, tout autant que par les cellules femelles. C'est aussi sur ce chimiotropisme érotique que repose la fécondation de tous les organismes supérieurs.

Sensation sexuelle (amour). — Mais il se développe en outre chez eux, grâce à l'existence d'organes spéciaux, des formes spéciales de sensation sexuelle. Chez l'homme, comme chez les animaux supérieurs, ces organes et ces sensations jouent un rôle considérable par leur association avec une vie sentimentale plus ou moins riche et complexe. W. Bölsche a assemblé dans son livre : *Das Liebesleben in der Natur* (1903) tout un choix d'exemples instructifs de « merveilles » de cet ordre. On sait que ce sens sexuel si raffiné chez l'Homme est évolué de celui des Singes, chez lesquels il se montre sous un aspect caricatural et repoussant. Chez tous cependant les organes des sens et leur énergie spécifique sont identiques. Les organes de la reproduction des Vertébrés, des Articulés et de nombreux Métazoaires (*penis* de l'homme, *clitoris* et *vagin* de la femme) sont munis de cellules spéciales qui sont le siège de la plus violente jouissance. (Voir mon *Anthropogénie*, 5ᵉ éd., p. 902, pl. 30.) De même les poils du pubis et ceux de la moustache sont des organes délicats du sens sexuel. En outre l'épiderme peut être regardé comme un organe sexuel secondaire, ainsi que le montre l'excitation des caresses, du baiser, etc. Notre plus grand lyrique, Gœthe, en même temps notre philosophe moniste le plus ferme et notre connaisseur d'hommes le plus profond, a exprimé sous la forme la plus parfaite la source à la fois sensuelle et suprasensuelle de l'amour. Enfin l'ontogénie enseigne que les organes élémentaires, à savoir les cellules épidermiques, proviennent toutes de l'ectoderme.

Sensations organiques. — La physiologie moderne désigne sous ce nom la sensation d'états internes déterminés, occasionnés dans les organes mêmes par des excitations en majeure partie chimiques mais parfois aussi mécaniques. Ces aperceptions par l'organisme même sont, subjectivement, appelés de préférence sentiments, et, si positifs, plaisir, bien-être, ravissement, etc., si négatifs, douleur, malaise, peine, etc. Ces sensations organiques, appelées aussi « sentiments généraux », ont une grande importance pour la vie régulière de l'organisme. Parmi les sensations organiques positives ne se rangent pas seulement celles de la satiété, du calme, du bien-être, mais aussi les sentiments psychiques de la joie, de la paix de l'âme, etc. De même appartiennent aux sensations organiques négatives, non seulement la faim et la soif, la fatigue corporelle, les douleurs, le mal de mer, mais aussi l'exténuation psychique, le vertige, la tristesse, etc. Entre ces deux groupes se place celui des sensations organiques neutres, qui ne sont ni joie ni douleur, mais seulement l'aperception de certains états internes, par exemple de la tension musculaire, de la situation respective des membres (en croisant les jambes), etc.

Sensation de matière des corps inorganiques. — Ils éprouvent aussi des sensations chimiques comparables à celles des êtres vivants. Car ici se manifeste précisément cette « affinité élective » d'ordre chimique dont nous avons parlé et qu'avait déjà comprise Empédocle dès le ve siècle avant notre ère. Sans doute cette attraction et cette répulsion sont inconscientes, dans le même sens que sont inconscients les « instincts » des animaux et des plantes. Si l'on veut éviter ici le mot de sensibilité, on peut employer celui d'*esthèse* et nommer *tendance* (tropèse) la capacité au tropisme (Cf. le chapitre XII des *Enigmes de l'Univers*). Voici un exemple : Si nous frottons l'un contre l'autre du soufre et du mercure, deux éléments bien différents, les atomes s'unissent entre eux et forment un corps nouveau, le cinabre. Comment cette synthèse simple serait-elle possible sans que les atomes des deux éléments éprouvent réciproquement une attraction qui en occasionne la combinaison ?

Sensation de pression (baresthèse). — Dans toute la nature est répandue la sensation d'une attraction des masses, dont la loi a été formulée par Newton. Cette attraction se ramène à une « sensation de masse » éprouvée par les atomes qui s'attirent réciproquement. La sensation locale éprouvée par un corps au contact d'un autre est dite pression (*baros*). L'excitation causée par cette pression appelle une réaction et une tendance à l'équilibre, dite *barotaxie* ou *barotropisme*. La sensibilité à l'égard de la pression est répandue dans toute la nature organisée et se laisse démontrer déjà pour les Protistes. Les animaux supérieurs possèdent des organes spéciaux pour l'apprécier, dits organes tactiles, fort nombreux, au bout des doigts et en d'autres parties sensibles du corps. Les animaux inférieurs ont dans le même but des tentacules tactiles, des antennes, etc. De même les plantes, surtout les plantes grimpantes, réagissent à la pression, et distinguent par exemple des supports lisses ou rugueux de supports minces ou épais. Enfin les sensitives et les plantes carnivores possèdent des organes tactiles spéciaux et expriment leur sensation par le mouvement de leurs feuilles. Le contact seul de quelque corps étranger occasionne chez les Protistes certains mouvements dits *thigmotaxie* ou *thigmotropisme* ; parfois, comme chez les Mycetozoaires, la pression entraîne des mouvements des liquides internes. (Cf. les expériences de E. Stahl sur l'*Aethalium Septicum*).

Elasticité. — L'élasticité des corps inorganiques, par exemple d'une lame d'acier, est un parallèle intéressant au thigmotropisme du plasma vivant, soit qu'un objet revienne, grâce à son élasticité à son point de départ, soit qu'il continue à vibrer autour de sa position d'équilibre.

Géotaxie ou géotropisme. — L'influence de la pesanteur sur la croissance des plantes est considérable : l'attraction vers le centre de la terre fait que les racines, positivement géotropiques, pénètrent dans le sol au lieu que les tiges, négativement géotropiques, s'élèvent dans l'air. Ceci vaut également pour les animaux fixes, comme les Polypes, les Bryozoaires, les Coraux, etc., et à un moindre degré pour les animaux libres de leurs mouvements, dont le maintien et la position sont déterminés par la pesanteur au cours de l'accomplissement des diverses fonctions. Toutes ces sensations géotropiques rentrent dans la même classe de phénomènes barotactiques que la chute des pierres.

Sens de l'espace. — D'où provient, chez les animaux supérieurs, doués d'un grand pouvoir de locomotion, un sens accusé de l'espace. La sensibilité pour les trois dimensions de l'espace devient ici un moyen d'orientation, à laquelle correspond sous forme de canaux semi-circulaires localisés dans l'oreille, la formation d'un organe spécial qui se développe à partir des Poissons jusqu'à l'Homme. Ces canaux entraînent ensuite la sensation de situation et de mouvement de la tête, celle de tenue normale du corps et d'équilibre. Si l'on détruit les trois canaux, l'équilibre disparaît : le corps oscille et tombe. Ces organes n'ont donc pas une fonction acoustique mais une fonction statique ou géotactique. Il en est de même des otocystes ou statocystes des animaux inférieurs, sortes d'ampoules contenant un corps dur dit otolithe qui presse sur les parois de l'ampoule selon que le corps change de position. Il semble d'ailleurs que le sens de l'équilibre est lié souvent à l'ouïe.

Sensation de son. — L'aperception de bruits, de sons et de tons, nommée ouïe, ne se rencontre pas chez les animaux supérieurs, en supposant que les ampoules dont il vient d'être parlé n'ont pas de fonction acoustique. La sensation spécifique de l'ouïe est produite par des vibrations du milieu ou de corps durs en contact avec le corps. Si ces vibrations sont irrégulières, on les nomme *bruit*, si régulières, *sons*; si plusieurs sons sont combinés, on parle de *tons*. Les vibrations des corps sonores viennent frapper les cellules acoustiques, où viennent aboutir les nerfs acoustiques. La sensation de l'ouïe se ramène donc à une sensation de pression, qui est à la base même de tous les perfectionnements apportés au cours des progrès de la civilisation à cette fonction si importante.

Sensation électrique. — Le grand rôle que joue l'électricité dans la nature, tant organisée qu'inorganique, n'a été reconnu que ces temps derniers. A tous les processus chimiques et optiques sont liés des processus électriques. Mais nous ne savons pas encore jusqu'à quel point il est permis de parler d'un sens de l'électricité, auquel ne correspondent, ni chez l'homme, ni chez les animaux supérieurs, d'organes spéciaux. Par contre, c'est le cas chez nombre d'êtres inférieurs, par exemple chez les Poissons électriques. Les larves de grenouille et les embryons de Poisson se placent, dans un vase plein d'eau à travers lequel on fait passer un courant, la tête vers l'anode, la queue vers la cathode (Hermann). De même les animaux marins phosphorescents, les Vers luisants, etc., sont sensibles à l'énergie électrique. Peut-être faut-il rattacher à ce sens hypothétique notre « sens musculaire ». Beaucoup de plantes réagissent directement aux influences électriques ; l'extrémité des racines soumises à un courant constant s'incurve vers la cathode.

Galvanotaxie des Protistes. — On sait aujourd'hui, grâce aux expériences de Max Verworn, que beaucoup de Protistes sont très sensibles aux courants électriques. La plupart des Infusoires ciliaires et nombre de Rhizopodes sont négativement galvanotactiques : si l'on fait passer un courant constant dans une goutte d'eau, des milliers de Paramæcium, qui auparavant fourmillaient en tous sens, se dirigent aussitôt, la partie antérieure devant, vers le pôle négatif autour duquel ils s'amassent. En changeant la direction du courant on voit toute la compagnie faire demi-tour et nager vers la nouvelle cathode. La plupart des Infusoires flagellés se conduisent en sens inverse, c'est-à-dire sont positivement galvanotactiques. Il suffit donc de faire passer un courant constant dans une goutte d'eau pour voir tous les Ciliaires se diriger vers la cathode, tous les Flagellés vers l'anode, puis de renverser le courant pour voir les deux armées se croiser et occuper de nouveau des positions opposées.

TABLEAU XV

ÉCHELLE DE LA SENSIBILITÉ ET DE L'IRRITABILITÉ

Premier degré :

Sensibilité des atomes. Affinité élective des éléments, au cours de chaque processus chimique.

IIe degré :

Sensibilité de la molécule (groupes d'atomes) : lors de l'attraction et de la répulsion des molécules (électricité positive et négative, etc.).

IIIe degré :

Sensibilité de la plastidule (Micelle, Biogène ou molécule de plasma) au cours du processus vital simple des Monères (Chromacées et Bacteries).

IVe degré :

Sensibilité des cellules : irritabilité des Protistes monocellulaires (Protophytes et Protozoaires) ; chimiotropisme érotique du noyau, trophique des corps cellulaires.

Ve degré :

Sensibilité des Cénobies (Volvox, Magosphæra). Avec la formation d'unions cellulaires se constitue l'association de sensations (sensation individuelle de la cellule liée à la sensation collective du groupe de cellules).

VIe degré :

Sensibilité des plantes inférieures. Chez les Métaphytes inférieurs toutes les cellules ont la même sensibilité ; pas d'organes des sens différenciés.

VIIe degré :

Sensibilité des plantes supérieures : Chez les Métaphytes supérieurs se développent en divers endroits des cellules ou groupes de cellules particulièrement sensibles et doués d'une énergie spécifique : organes des sens.

VIIIe degré :

Sensibilité des animaux inférieurs : pas de nerfs ni d'organes des sens différenciés. Cœlentérés inférieurs : Spongiaires, Polypes, Platodaries.

IXe degré :

Sensibilité des animaux supérieurs, doués de nerfs et d'organes sensoriels differenciés mais sans conscience (?) Cœlentérés supérieurs et la plupart des Cœlomaires.

Xe degré :

Sensibilité avec conscience naissante, avec développement propre du phronema. Articulés supérieurs (Araiguées, Insectes) et Vertébrés (Amphibies, Reptiles et Mammifères inférieurs).

XIe degré :

Sensibilité avec conscience et pensée : Amniotes, Reptiles supérieurs, Oiseaux, Mammifères ; Demi-civilisés et Barbares.

XIIe degré :

Sensibilité avec activité intellectuelle créatrice dans l'art et la science : Civilisés.

CHAPITRE XIV

Vie intellectuelle.

INTELLIGENCE ET AME. — PSYCHÉ ET PHRONÉMA. — DÉVELOPPEMENT DE L'INTELLIGENCE. — RAISON. — CIVILISATION. — SCIENCE.

Le progrès de la physiologie (en ce qui concerne la science de l'âme) est retardé par la transmission de formes verbales qui, formées d'après l'expérience la plus naïve, ont très tôt dominé la pensée de l'homme et ont passé de génération à génération en qualité de symboles intangibles. Tels les mots « âme » et « esprit » qui sont d'une part des termes collectifs pour la connaissance et la sensibilité, et de l'autre désignent l'expression parlée et active de processus internes de l'individu. Peu à peu ils en sont venus à se rapporter à des personnifications des concepts originaires, auxquelles les méthodes des sciences naturelles sont incapables d'assigner une raison d'être réelle.

HERMANN KROLL (1900).

Au sens le plus large, âme signifie le principe d'unité de notre vie corporelle et intellectuelle, unité que je juge comme évidente. Nous avons dépassé la période où l'on regardait l'esprit et le corps comme deux êtres artificiellement soudés l'un à l'autre mais différents de par leur essence même, tout comme des prisonniers ou des esclaves. Les sciences naturelles et la philosophie ont victorieusement démontré, au contraire, l'indissolubilité de leur union et leur parenté naturelle. Et si l'on peut discuter encore, ce ne saurait être que sur l'espèce de cette union et sur leurs relations réciproques.

EMIL HUSCHKE (1854).

SOMMAIRE

Esprit et âme. — Intelligence et raison. — Raison pure. — Dualisme de Kant. — Anthropologie. — Anthropogénie. — Histoire génétique de l'esprit. Esprit de l'embryon. — Esprit canonique. — Protection légale de l'embryon. — Histoire généalogique de l'esprit. — Paléontologie de l'esprit. — Psyché et phronéma. — Energie spirituelle. — Maladies de l'esprit. — Forces de l'esprit. — Vie spirituelle consciente et inconsciente. — Théorie moniste et dualiste. — Vie spirituelle des Mammifères, des Sauvages, des Barbares, et des Civilisés.

BIBLIOGRAPHIE

Johannes Mueller. 1840. — *Sinne, Seelenbelen, Zeugung*, 5e, 6e et 7e livres de la *Physiologie des Menschen*. Coblence.

Emil Hutschke. 1854. — *Schädel, Hirn und Seele des Menschen und der Thiere*. Iéna.

Paul Flechsig. 1894. — *Gehirn und Seele*. Leipzig.

Sigmund Exner. 1894. — *Entwurf zu einer physiologischen Erklärung der psychischen Erscheinungen*. Vienne.

Theodor Ziehen. 1902. — *Ueber die allgemeinen Beziehungen zwischen Gehirn und Seelenbelen*. Iéna.

L. Edinger. 1904. — *Vorlesungen über den Bau der nervösen Centralorgane des Menschen und der Thiere*, 7e éd. Leipzig.

Hermann Kröll. 1900. — *Der Aufbau der menschlichen Seele*. Leipzig.

— 1902. — *Die Seele im Lichte des Monismus*. Strasboug.

Ernest Hæckel. 1878. — *Ueber Zellseelen und Seelenzellen. Gemeinverständliche Vorträge*. T. I. Bonn.

— 1874. — *Anthropogenie*. 24e leçon. 5e éd. 1903. Leipzig.

Ludwig Buechner. 1877. — *Aus dem Geistesleben der Thiere*, 4e éd. 1897. Berlin.

Friedrich Jodl. 1903. — *Lehrbuch der Psychologie*. 2e éd. Vienne.

Léopold Besser. 1903. — *Unser Leben im Lichte der Wissenschaft*. Bonn.

John Romanes. 1885-1893. — *Die geistige Entwickelung im Thierreich und im Menschen*. Leipzig.

Fritz Schultze. 1897. — *Vergleichende Seelenkunde*. Leipzig.

Wilhelm Preyer. 1882. — *Die Seele des Kindes*, 3e éd. 1870. Leipzig.

Karl Groos. 1904. — *Das Seelenleben des Kindes*. Berlin.

M. Probst. 1904. — *Gehirn und Seele des Kindes*. Berlin.

De toutes les Merveilles de la Vie, la plus grande et la plus intéressante est sans contredit l'*intelligence* de l'homme. Car l'activité que nous nommons ainsi n'est pas seulement pour nous-mêmes la source la plus importante de toute joie de vivre et de toute valeur individuelle, mais aussi la propriété qui, d'après les idées courantes, distingue tout spécialement l'homme de l'animal. C'est pourquoi il importe à notre philosophie biologique de déterminer l'essence de l'intelligence et ses rapports avec le corps, son origine et ses développements.

Esprit et âme. — Dès le début de cette recherche nous nous heurtons à la difficulté de définir clairement le concept d'*esprit* et de le distinguer nettement de celui d'*âme*. Tous deux ont des sens multiples ; leur contenu a été en divers temps et par les divers représentants de la science défini de manière diverse. Au sens le plus large, on peut identifier « esprit » avec *Dieu*, en tant qu'*Esprit mondial* dans l'acception panthéiste ; ou avec *Energie*, en tant que *Force mondiale*, dans l'acception dynamiste. Au sens étroit, on nomme esprit cette partie de la vie psychique qui est liée à la pensée et à la conscience et ne se rencontre que chez les animaux supérieurs doués d'intelligence ou de raison. En un sens plus étroit encore, l'esprit n'est que la *Raison*, activité propre de l'homme et qui constitue sa supériorité sur les animaux. C'est ce sens qu'a adopté Kant, en faisant, par sa *Critique de la Raison pure*, de la philosophie la science même de la raison. Ce point de vue domine encore dans les milieux scientifiques ; c'est pourquoi nous étudierons d'abord l'activité intellectuelle dite raison.

Intelligence et raison. — Psychologues et métaphysiciens ne s'entendent pas sur la différence qui existe entre ces deux activités psychiques. Schopenhauer, par exemple, attribue comme fonction unique à l'intelligence la « causalité », et à la raison « la création de concepts » ; et seule la raison ainsi entendue distingue l'homme des animaux. Pourtant on rencontre déjà la faculté d'abstraction chez les animaux supérieurs, par exemple chez les chiens, qui n'ont pas seulement une notion des divers hommes ou des divers chats en tant qu'individus, mais se conduisent d'une certaine manière vis-à-vis du groupe homme et du groupe chat. D'autre part, la faculté d'abstraction n'est guère développée chez les demi-civilisés actuels les plus bas, qui ne s'élèvent guère pour leur raison au-dessus des chiens, des chevaux, etc. Il existe en réalité dans la nature toute une échelle de formes depuis les débuts de l'association des idées jusqu'à la raison proprement dite ; en sorte qu'on ne saurait nulle part indiquer une ligne de démarcation tranchée. La différence entre les deux activités psychiques n'est que relative : le plus qu'on puisse dire, c'est que l'intelligence renferme le cercle des associations concrètes, la raison, les associations abstraites. Toutes deux sont au même titre des fonctions du phronéma et dépendent de la constitution anatomique et chimique normale de cet organe.

Raison pure. — Emmanuel Kant a, par sa *Critique de la Raison pure* (1781) élevé cette notion au rang de l'une des plus importantes de la philosophie moderne ; et depuis elle est devenue comme la pierre angulaire de toute la théorie de la connaissance, tout en se modifiant peu à peu. Kant nommait raison pure la « raison indépendante de toute expérience ». Mais la psychologie moderne fondée sur la physiologie du cerveau et sur la phylogénie de ses fonctions (de l'âme) a démontré qu'il n'y a pas de raison *a priori* de cet ordre ; bien qu'elle semble l'être, la raison est toujours en réalité *a posteriori*, fondée sur des milliers d'expériences. En tant cependant qu'il s'agit de connaissance de la vérité, Kant a lui-même reconnu ceci à plusieurs reprises, entre autres dans ses « Prolégomènes à toute métaphysique future » (1783, p. 204) : « Toute connaissance des choses par l'intelligence pure seule ou par la raison pure seule n'est qu'apparence ; en l'expérience seule est la vérité ». Nous acceptons cette théorie empirique de la connaissance (Kant n° I) mais rejetons sa théorie transcendantale (Kant n° II) ; et nous n'entendons par raison pure que la « connaissance sans parti-pris », en dehors de tout dogme, et non influencée par des croyances.

Dualisme de Kant. — Le fameux « retour à Kant », cri de

rationnement de la métaphysique actuelle, a conquis en Allemagne non seulement les philosophes officiels mais aussi nombre de naturalistes. L'influence de l'autorité de Kant, comparable à celle d'Aristote au Moyen Age, tient surtout à ce que la *Critique de la Raison pratique* semble fonder métaphysiquement la croyance aux trois mystères centraux du christianisme : le dieu personnel, l'âme immortelle et le libre-arbitre. Mais on oublie ainsi que Kant avait commencé, dans sa *Critique de la Raison pure*, par ne pas découvrir de preuves de la vérité de ces trois dogmes. Raison sérieuse pour nous de parler de nouveau (voir *Les Enigmes de l'Univers*) du dualisme de la métaphysique de Kant, lequel d'ailleurs a été démontré à maintes reprises (voir le chapitre XIX).

L'Anthropologie de Kant. — Pour le philosophe de Königsberg, tout comme pour Platon, Aristote, Jésus-Christ et Descartes, l'homme est un être double, combinaison d'un corps physique et d'une âme transcendante. L'anatomie comparée et l'évolution ne naquirent qu'au XIXe siècle. Il en avait pourtant quelque idée préliminaire, comme l'a montré Fritz Schultze dans son *Kant und Darwin* (1875). On peut en un sens considérer Kant comme un précurseur de Darwin. Kant s'occupa aussi d' « Anthropologie pragmatique » de psychologie des peuples et d'ethnologie. Il est par suite d'autant plus étonnant qu'il ne soit pas parvenu à une notion phylogénétique de l'esprit et qu'il n'ait pas pensé à la possibilité d'un développement progressif de l'âme humaine à partir de celle des vertébrés. Nul doute, ce sont des idées mystiques qui l'en ont empêché. Si Kant avait eu des enfants et les avait étudiés, comme l'a fait par exemple Preyer (l'*Ame de l'enfant*) un siècle après, il aurait de suite reconnu l'erreur de sa théorie transcendantale de la raison.

En réalité, le point de vue dualiste, que nous rencontrons d'abord chez Platon et que Kant a systématisé, provient de ce qu'on n'a pas pensé qu'ici aussi s'est produit un développement historique, idée qui ne pouvait venir que par l'élaboration de la méthode comparative et génétique, mais jamais avec la méthode introspective, la seule appliquée par Kant et ses contemporains.

L'Anthropologie moderne. — L'admirable développement de la science de l'homme au XIXe siècle est dû à la coaction de plusieurs branches scientifiques. L'anatomie comparée a démontré que notre corps, avec toute sa complexité, est identique à celui des autres mammifères et ne diffère en particulier de celui des singes anthropoïdes que par des différences de croissance qui s'expriment par des différences de structure. L'histologie comparée du cerveau a démontré que cette proposition vaut aussi pour le cerveau en tant que siège de l'intelligence. L'embryologie comparée nous a appris que le développement individuel de notre corps se fait en partant de la cellule simple exactement comme chez les Singes anthropoïdes, et qu'à un certain stade de leur évolution les embryons des Hommes et des Singes anthropoïdes sont presque identiques. (Voir *La Création Naturelle*, 10e éd. Pl. II, 3; *Anthropogénie*, 5e éd. Pl. 11 — 15). La chimie animale comparée a démontré que les combinaisons chimiques que produisent nos organes et que les transformations d'énergie qui accompagnent l'échange de substance ressemblent à celles des autres Vertébrés. De même la physiologie comparée enseigne que toutes les activités vitales, la nutrition et la reproduction comme le mouvement et la sensibilité obéissent chez l'homme comme chez les autres Vertébrés aux mêmes lois. La paléontologie a prouvé ces temps derniers que l'espèce humaine vit depuis plus de 100.000 ans, mais n'est apparue que vers la fin du tertiaire. La préhistoire et l'ethnographie, que les civilisés ont été précédés par des barbares et ceux-ci par des sauvages qui se rapprochent physiquement et intellectuellement des singes anthropoïdes. Enfin la théorie de l'évolution nous a permis de faire la synthèse de tous ces résultats partiels et de définir la parenté de l'Homme avec les autres Primates. Ainsi s'est trouvée fondée une base moniste, qui n'accorde plus à l'homme une place à part dans la nature. J'ai tenté dans la dernière (5e) édition de mon *Anthropogénie* de dresser le tableau généalogique, à tous les points de vue, surtout embryologique, de l'Homme; et dans mes *Énigmes* j'ai montré la portée philosophique de l'anthropologie phylogénétique.

Anthropologie et anthropogénie. — La conception moniste du corps et de l'esprit humains a rencontré la plus vive opposition dans les cercles dualistes des métaphysiciens. Mais elle en a rencontré une aussi forte de la part de ceux d'entre les anthropologues qui s'adonnent aux recherches « exactes » du corps humain, à sa description et à sa mensuration. On se serait attendu à ce que l'anthropologie et l'ethnographie descriptives tendraient la main à l'anthropologie générale. Mais la plupart des chercheurs dans ces sciences ont repoussé la théorie de l'évolution et « la descendance de l'homme du singe » comme une hypothèse invérifiable, pour ne s'occuper activement que d'études de détail et accumuler ainsi des matériaux bruts sans aucun souci de leur utilité générale. Ceci vaut surtout pour l'Allemagne et la Société Allemande d'Ethnologie de Berlin, fondée et présidée par Rudolf Virchow. Ce naturaliste célèbre après avoir fondé l'anatomie pathologique et l'histologie, s'adonna, après 1856, date de son arrivée à Berlin, à la politique et à l'activité sociale de manière à ne plus être au courant des progrès de la science. Jamais il ne comprit le sens de la théorie darwiniste de l'évolution. En outre il se produisit en lui, comme en Wundt, Baer, Dubois-Reymond, et d'autres (voir le chapitre VI des *Enigmes*) une « métamorphose psychologique ». Son autorité et le zèle avec lequel il combattit jusqu'à sa mort (1903) la parenté de l'homme avec les autres vertébrés eurent une influence considérable sur l'opposition au transformisme, que renforça encore Joh. Ranke, secrétaire de la Société anthropologique de Munich. Ce n'est que ces temps derniers que s'est fait jour une autre tendance. Cependant mon *Anthropogénie* fut la première, et est restée l'unique tentative de présenter toute la généalogie de l'homme dans son rapport avec les autres animaux, et ce en prenant comme base l'embryologie.

Développement de l'esprit. — Dans les VIIIe et IXe chapitres de mes *Enigmes* j'ai posé cet axiôme fondamental que l'esprit évolue, tout comme les autres fonctions de notre organisme, dans une double direction : individuellement en chaque homme, phylétiquement dans l'espèce humaine. L'ontogénie de l'esprit — c'est-à-dire l'embryologie de l'âme — se présente à nous couramment dès que nous voyons croître et se développer un être humain. L'observation directe est par contre impossible pour l'espèce ; mais nous pouvons y suppléer par la comparaison et la synthèse des documents historiques (hommes du passé) et ethnographiques (demi-civilisés actuels). Ici s'applique avec succès la loi fondamentale biogénétique (chapitre XVI).

Embryologie de l'esprit. — L'enfant nouveau-né ne manifeste comme on sait, aucune trace de raison ni de conscience ; ces activités psychiques supérieures lui manquent, tout comme elles manquent au fœtus et aux cellules sexuelles dont il est le développement. La raison ne se développe que bien plus tard et par degrés; et la conscience se manifeste pour la première fois quand l'enfant, dans le courant de sa deuxième année dit « je » au lieu d'employer, en parlant de soi, la troisième personne. Alors seulement l'enfant s'oppose au monde extérieur et commence sa vie intellectuelle proprement dite.

Esprit de l'embryon. — En caractérisant la formation de l'intelligence par la « représentation du moi », nous acquérons le moyen de distinguer au point de vue physiologique du monisme les concepts d'âme (*psyché*) et d'esprit (*pneuma*). L'œuf lui-même est déjà animé dès sa formation : ce qui détermine les droits de l'embryon à être protégé par la société. On voit combien ce point de vue physiologique s'oppose à celui du droit ordinaire tel que l'expriment nos codes, conformément d'ailleurs à des conceptions qui proviennent pour la plupart du droit canon catholique.

Esprit d'après le droit canonique. — Fort intéressantes sont pour le psychologue les représentations dualistes sur la vie psychique de l'embryon humain qu'a élaborées l'Église au Moyen Age et qui ont acquis une importance pratique par leur passage dans le droit canon. Le droit canon a été formulé sous l'autorité de l'Eglise par les décisions des conciles catholiques et les décrétales des papes. Semblable en cela aux autres dogmes et aux décrets que la civilisation moderne doit à cette puissante hiérarchie, le droit canon est un assemblage de vieilles traditions et de déductions erronées, de dogmes politiques et de superstitions enfantines; il a pour but l'asservissement des masses ignorantes et la domination suprême de l'Eglise catholique romaine. C'est en fait, tout comme les *canons* pour les rois, *ultima ratio ecclesiæ*. Et les absurdités relatives à la vie psychique de l'embryon ne sont pas parmi les moins extravagantes de toutes celles qui s'y trouvent consignées pieusement. L'âme immortelle, est-il dit, (que le baptême délivrera plus tard du diable et du péché originel), ne pénètre dans l'embryon que plusieurs semaines après la conception. Or, à ce moment, c'est-à-dire jusqu'à la sixième semaine, le fœtus humain ne se distingue en rien de celui des singes et des autres mammifères. (Voir les 14 et 15 leçons de mon *Anthropogénie*, 5e éd. pl. VIII-XIV). On regarde souvent comme un grand bienfait du droit canon d'avoir reconnu un droit de protection à l'embryon et d'avoir décrété que l'avortement est un péché mortel identique au meurtre. En réalité ce droit à la protection appartient tout autant à l'embryon avant la semaine d'entrée de l'âme. Bien mieux : l'ovaire d'une jeune femme contient environ 70.000 ovules dont chacun pourrait, dans des conditions favorables s'unir à un spermatozoïde et donner naissance à un enfant. Comme l'Etat regarde comme désirable l'augmentation du nombre des citoyens et range la reproduction parmi un « devoir » civique, il doit, pour être logique, punir la stérilité comme un crime « par omission ». Et ce même « Etat civilisé » punit toute « destruction de fœtus » de plusieurs années de travaux forcés ou de prison. Il se montre ainsi l'esclave du droit canon, et dédaigne ce fait physiologique, que l'ovule est une partie du corps de la femme dont celle-ci peut faire ce que bon lui semble, puisque le fœtus qui en provient n'est, tout comme le nouveau-né, qu'une « machine à réflexes », un Vertébré inférieur, ce qui s'explique par la loi fondamentale biogénétique.

Généalogie de l'esprit. — C'est en effet sur les faits d'ordre ontogénique que nous nous fondons pour admettre que l'évolution de l'Homme répète l'évolution phylogénétique de tout le règne animal au cours de millions d'années. L'anatomie comparée démontre en effet que chez tous les animaux doués d'un crâne (craniotes), depuis les Poissons et les Amphibies jusqu'aux Singes et à l'Homme, le cerveau est disposé de la même manière et n'est qu'un soulèvement en forme de poche du canal médullaire exodermique. Il se divise ensuite par rétrécissements transversaux en trois puis en cinq parties (*Anthropogénie*, Leçon 24, p. 711, pl. XXIV). C'est la première de ces parties, le cerveau proprement dit qui devient ensuite le laboratoire chimique de la pensée. Mais chez les craniotes inférieurs (Poissons et Amphibies) il est encore petit et simple ; il ne commence à se développer que chez les amniotes, obligés, par leur vie terrestre, de s'adapter à des circonstances plus complexes et de les vaincre. Les habitudes ainsi contractées deviennent ensuite héréditaires et entraînent un développement parallèle de l'organe, le phronéma. Les recherches récentes et approfondies de Flechsig, Hitzig, Edinger,

Ziehen, O. Vogt, etc., ont fondé l'ontogénie et l'histologie définitives de l'organe de la pensée.

Paléontologie de l'esprit. — La phylogénèse du cerveau est en même temps éclairée par les restes fossiles d'espèces éteintes, et la paléontologie détermine aujourd'hui avec exactitude la sériation historique de nos ancêtres et prédécesseurs animaux. Les plus anciens Vertébrés se rencontrent dans le silurien, qui date de plus de 100 millions d'années : ce sont quelques Poissons, auxquels succèdent les Dipneustes du dévonien, forme de transition des Poissons aux Amphibies. Ceux-ci, en tant que Vertébrés les plus anciens, à quatre pieds et à cinq doigts, apparaissent dans le carbonifère. Puis viennent, dans le permien, les premiers amniotes (reptiles primitifs ou Tocosauriens) ; dans le trias, les premiers mammifères, comme les Monotrèmes (Pantothérie) ; dans le jurassique, les Marsupiaux ; dans le crétacé, les premiers Placentaires. Ceux-ci deviennent de plus en plus riches en formes pendant tout le tertiaire. Les crânes nombreux et bien conservés de tous ces placentaires permettent de se faire une idée de la formation quantitative et qualitative du cerveau suivant les divers ordres. Ainsi, les carnivores actuels ont un cerveau de 2 à 4 fois, les ruminants même de 6 à 8 fois plus grand (par rapport à la grandeur du corps) que leurs ancêtres directs du tertiaire. On constate en même temps que, pendant le tertiaire, le cerveau, l'organe de la pensée, s'est progressivement développé aux dépens du cervelet. On estime la durée de cette période géologique à 3 millions(quelques géologues même à 12-14 millions) d'années ; et c'est alors que s'est formée, par évolution lente, l'espèce humaine.

Esprit et phronéma. — Nous avons nommé phronéma cette partie du cerveau dont la fonction proprement dite est la pensée. Les recherches admirables de ces dernières décades sur la substance corticale (grise) du cerveau ont démontré que c'était là une vraie merveille anatomique, produit le plus parfait de l'activité du plasma, de même que l'esprit est le produit le plus étonnant de la « dynamo » cérébrale. Des millions de neurones, chacune ayant une structure fibrillaire et une constitution moléculaire très compliquées, sont localisées par groupes qui forment des organes de pensée spécialisés (phronètes) ; et le tout forme un système d'une sensibilité et d'une coordination étonnantes. Chaque cellule phronétale est un petit laboratoire chimique qui contribue pour sa part à la fonction centrale ou pensée. La frontière entre les phronètes et les centres sensoriels voisins n'est pas encore délimitée avec exactitude. Mais tous les biologistes sont d'accord qu'il existe, en effet, un organe central de la pensée, opinion que confirme la psychiâtrie.

Maladies de l'esprit. — L'étude de l'organisme malade a fait progresser celle de l'organisme sain et montré la vérité du vieil adage : *Pathologia physiologiam illustrat.* Car les maladies sont des expériences physiologiques qu'entreprend la nature même dans des conditions que la physiologie expérimentale ne saurait combiner. Ceci est vrai surtout des maladies de l'esprit, qui proviennent toujours de lésions anatomiques de régions du cerveau déterminées. Le progrès de nos connaissances sur la localisation des activités de l'esprit provient en grande partie de cette constatation que celles-ci disparaissent en même temps que telle ou telle région cérébrale. Ainsi, la psychiâtrie empirique moderne est venue donner un appui considérable à notre philosophie moniste. Elle aurait démontré à Kant l'erreur de son système dualiste ; et l'on ne peut que conseiller aux métaphysiciens modernes de visiter quelque temps les cliniques.

Énergie phronétique. — L'anatomie, la physiologie et la pathologie comparées du cerveau démontrent que la pensée est la fonction du phronéma formé de cellules phronétales. Ce qui revient à dire que la pensée est le résultat d'une transformation d'énergie. On peut donc étudier « l'énergie spirituelle » comme toute autre énergie nerveuse, ou comme l'énergie musculaire. Fechner avait montré que cette énergie peut être mesurée en partie et obéit aux lois mécaniques de la physique (*Énigmes de l'Univers*, chap. VI). Récemment Ostwald a, dans sa *Naturphilosophie* (chap. XVIII-XXI), nettement démontré que toutes les manifestations de la vie intellectuelle, sensibilité, vouloir, pensée, conscience se ramènent sans exception à l'énergie nerveuse. Nous pouvons donc nommer en bloc les forces de l'esprit énergie phronétale, pour les distinguer des autres formes de l'énergie nerveuse. Mais cette énergie phronétale est absolument liée au plasma vivant des neurones, tout comme l'énergie musculaire au myoplasma contractile des muscles. Ce n'est pas une entité à part, séparable de la matière.

Vie spirituelle consciente et inconsciente. — Dans le chapitre X de mes *Énigmes de l'Univers*, j'ai montré que la conscience, ce « mystère central psychologique » n'est pas un phénomène d'ordre transcendantal, mais qu'il est soumis lui aussi à la loi de la substance. La conscience de l'enfant ne se développe que peu à peu, tout comme les autres fonctions psychiques. Et la conscience elle-même ne provient que graduellement de l'inconscience. En outre, un état peut devenir conscient dès que l'attention s'y concentre ; et si l'attention s'affaiblit, l'état conscient peut redevenir inconscient. Dans tous les cas, ces processus sont accompagnés d'une transformation d'énergie chimique dans les cellules phronétales, lesquelles peuvent, à un moment donné, se fatiguer. Elles doivent acquérir de nouvelle énergie par apport de substance. Enfin, l'on sait les effets des boissons alcooliques et des anesthésiques sur la conscience, de même que les formes bizarres de conscience provoquées par des états pathologiques : ce qui suffit à démontrer que la conscience n'est pas d'une nature métaphysique, mais bien un processus physico-chimique ordinaire.

Théorie dualiste de la vie spirituelle. — Or, c'est à ce point de vue moniste, fondé sur les progrès des sciences naturelles au XIXe siècle, que s'oppose le point de vue dualiste répandu encore non seulement dans les masses ignorantes, mais aussi parmi nos universités, chaires de métaphysique et de philosophie. J'ai déjà insisté sur cet anachronisme dans mes *Énigmes*, chapitre X. Mais je crois nécessaire de m'élever encore une fois contre l'influence néfaste de Kant et de son idéalisme transcendantal, fondé sur l'introspection pure, au point qu'il a oublié à la fois le reste du monde animal et les groupements humains moins civilisés.

Vie spirituelle des Mammifères. — J'ai, dans mon *Anthropogénie*, admis comme un *fait historique* la théorie de l'évolution. Nos organes comme nos fonctions ne diffèrent de celles des singes anthropoïdes que par des détails minimes. Ceci vaut aussi pour l'esprit, qui n'est que la fonction du phronéma. Une comparaison de la vie intellectuelle des Singes supérieurs et des Hommes sauvages montre qu'entre ces deux catégories aussi la différence est peu considérable. Si donc l'on veut appliquer avec suite la théorie dualiste de Platon et de Kant, il faut reconnaître aux singes aussi la possession d'une « âme immortelle ».

Vie intellectuelle des Sauvages. — L'étude intensive et critique de la vie psychique des Sauvages, ainsi que les progrès de l'anthropogénie et de l'ethnographie ont, ces quarante dernières années, contribué à opposer directement deux théories : celle de la dégénérescence et celle de l'évolution. La première était en réalité fondée sur des conceptions religieuses, provenant de la Bible ; la seconde a conquis peu à peu la victoire grâce aux efforts de Lamarck, de Gœthe, de Herder, de Darwin et de Lubbock. Nous savons maintenant que la civilisation a été une acquisition lentement progressive et que nos Civilisés modernes sont les héritiers de perfectionnements dus aux Barbares, eux-mêmes héritiers des Sauvages.

Vie intellectuelle des Barbares. — Par Barbares j'entends le degré intermédiaire entre les Sauvages proprement dits et les civilisés. Nous reparlerons plus loin (chapitre XVII) de la classification et des caractéristiques des divers types de civilisation. On rencontre déjà chez les Barbares une tendance esthétique accusée, un désir de savoir et les germes de la raison.

Vie intellectuelle des Civilisés. — Ici entre en jeu la spécialisation du travail et l'organisation d'États : d'abord les Mongols, les habitants de l'Europe pendant l'antiquité et le moyen âge ; puis les états de la Chine, de l'Inde, de l'Egypte, etc. Enfin nous arrivons à la civilisation moderne, avec toute son efflorescence d'art et de science, d'abord ralentie au moyen âge, puis venue à pleine floraison à partir de la Renaissance, grâce à l'imprimerie, aux grands voyages de découvertes, au système de Copernic, etc. Et ce n'est qu'au XIXe siècle que la raison enfin finit par conquérir sa place définitive.

TABLEAU XVI

MONISME ET DUALISME DE L'ESPRIT

I. Théorie moniste de l'esprit humain	II. Théorie dualiste de l'esprit humain.
1. L'esprit de l'homme est un phénomène naturel, un processus physique, conditionné par un échange de substance chimique, et n'est pas un miracle transcendantal.	1. L'esprit de l'homme est un être surnaturel transcendantal, un miracle métaphysique, mais non un processus physico-chimique.
2. L'esprit humain est donc soumis à la loi de substance, tout comme les autres phénomènes naturels.	2. L'esprit humain est *libre*; il est indépendant de la loi de substance, immortel et éternel, non soumis à la transformation de la subtance et de l'énergie.
3. Le substrat matériel de la substance spirituelle, sans lequel nulle manifestation d'énergie n'est possible, c'est le *plasma des neurones* ou cellules psychiques.	3. L'essence de l'esprit est une *substance psychique immatérielle*, dont la libre manifestation d'énergie n'est que transmise par le plasma des neurones.
4. L'organe du corps humain dont la fonction est l'activité intellectuelle est une partie de l'écorce cérébrale (écorce grise) et se distingue comme phronéma des centres sensoriels voisins.	4. L'esprit se manifeste par l'intermédiaire de l'organe de la pensée (phronéma); son essence véritable n'est, en tant que « chose en soi » ni connaissable ni en aucune manière capable de représentation; c'est une image ou une effusion de l'esprit *divin*.
5. Le phronéma est une dynamo très perfectionnée dont les parties composantes, les phronètes, sont constituées par des millions de cellules physiques (phronétales). De même que pour les autres organes du corps, la fonction (spirituelle) de celui ci est le résultat final des fonctions des cellules composantes.	5. Le phronéma comme *organe* de la raison n'est pas autonome, mais n'est à l'aide de ses parties composantes (cellules phronétales) que l'intermédiaire entre l'esprit immatériel et le monde extérieur. La raison humaine est essentiellement différente de l'intelligence des animaux supérieurs et des instincts des animaux inférieurs.
6. La vie intellectuelle des Civilisés, dont les productions les plus élevées sont l'art et la science, s'est développée historiquement à partir de la vie intellectuelle inférieure des Demi-Civilisés (Barbares et Sauvages), de même que celle-ci provient par évolution progressive de la vie intellectuelle des Mammifères supérieurs et cette dernière enfin de celle des Vertébrés inférieurs.	6. L'activité physique inférieure des Demi-Civilisés (Sauvages et Barbares) provient de l'activité intellectuelle supérieure de l'homme d'abord parfait, par évolution régressive (péché); la raison inférieure des sauvages est immortelle et se distingue absolument de l'intelligence semblable, mais mortelle, des mammifères.

CHAPITRE XV

Origine de la Vie.

MYSTÈRE DE LA CRÉATION (CRÉATISME). — HYPOTHÈSE DE L'ÉTERNITÉ. ARCHIGONIE.

> La formation de l'organique à partir de l'inorganique est en première ligne non pas une question d'expérience et d'expérimentation, mais un *fait* qui est la conséquence de la loi de la conservation de la matière et de l'énergie. Du moment que tout, dans la vie matérielle, se tient suivant une causalité primordiale, et que tous les phénomènes se suivent d'après un ordre naturel, il faut que les organismes, qui sont formés de la même matière et se résolvent en définitive aussi en cette même matière, soient constitués par cette nature inorganique et proviennent primordialement de combinaisons inorganiques.
>
> CARL NÆGELI (1884).

SOMMAIRE

La merveille de l'origine de la vie. — Création des espèces : Moïse et Agassiz. — Création des cellules primordiales : Wigand et Reinke. — Point de vue agnostique : résignation. — Hypothèse de l'éternité ; dualiste avec Helmholtz ; moniste avec Preyer. — Hypothèse de l'archigonie : autogonie avec Hæckel et Nægeli ; cyane avec Pflüger et Verworn. — Génération spontanée. — Saprobiose ou Nécrobiose. — Expériences sur la formation primordiale. Pasteur. — Stades de l'archigonie. — Observation de l'archigonie. — Synthèse du plasma. — Valeur des expériences en vue de la formation artificielle de plasma. — Logique de la biologie expérimentale moderne.

BIBLIOGRAPHIE

ERNEST HÆCKEL. 1866. — *Allgemeine Untersuchungen über die Natur und erste Entstehung der Organismen, Generelle Morphologie.* T. I, p. 109-190.

EDUARD PFLUEGER. 1875. — *Ueber die physiologische Verbrennung in den Lebendigen Organismen.* Pflüger's *Archiv.* T. X. Bonn.

CARL NÆGELI. 1884. — *Mechanisch-physiologische Theorie der Abstammungslehre.*

MAX VERWORN. 1894. — *Die Herkunft des Lebens auf der Erde. Allgemeine Physiologie,* 4e éd., 1903, pp. 319-343. Iéna.

MAX KASSOWITZ. 1899. — *Der Ursprung des Lebens.* T. II. de l'*Allgemeine Biologie.* Vienne.

LUDWIG ZEHNDER. 1899. — *Die Entstehung des Lebens.* Fribourg-en-Brisgau.

HERMANN HELMHOLTZ. 1884. — *Ueber die Entstehung des Planeten-Systems. Gesammelte Vorträge und Reden.* T. II. Brunswick.

HERMANN EBERHARDT RICHTER. 1865. — *Zur Darwinischen Lehre.* Schmidt's *Jahrbücher für die Gesammte Medicin* ; — ib. 1871 Berlin.

WILHELM PREYER. 1880 — *Die Hypothesen über den Ursprung des Lebens. Naturwissenschaftliche Thatsachen und Probleme.* Berlin.

OTTO BUTSCHLI. 1901. — *Mechanismus und Vitalismus.* Leipzig.

AUGUST WEISMANN. 1902. — *Urzeuguug und Entwickelung. Vorträge über Descendenz-Theorie.* 36. Iena.

ALBERT LANGE. 1875. — *Geschichte des Materialismus.* 7e éd. 1902. Leipzig.

HEINRICH SCHMIDT. (Iena). 1903. — *Die Urzeuguug und Professor Reinke.* Fasc. 8. des *Gemeinverständliche Darwinistische Vorträge und Abhandlungen.* Odenkirchen.

Le problème de l'origine de la vie est à la fois l'un des plus intéressants et l'un des plus difficiles qui soient. Voici des siècles que l'humanité pensante peine à le résoudre, et accumule à son sujet les contradictions et les hypothèses. Et cela tient, non seulement à la difficulté même de ce problème, mais grandement aussi à ce que les termes en ont été souvent mal posés, surtout sous l'influence de croyances et de dogmes vénérables.

La merveille de l'origine de la vie. — Le procédé le plus simple et le plus commode pour dénouer ce nœud gordien, c'est de le couper à l'aide de la foi, en admettant une *création* surnaturelle. « Je crois que Dieu m'a créé, ainsi que tous les êtres, et m'a donné mon corps et mon âme, mes yeux, mes oreilles, et tous mes membres, ainsi que la raison et les sens ». Ainsi débute le *Credo* de Martin Luther, que doivent apprendre par cœur nos enfants dès leur première enfance. Cet article est fondé sur la *Genèse*, sur la valeur scientifique de laquelle je renvoie au chapitre II de mon *Histoire naturelle de la Création*. Encore enseignée dans les écoles, cette théorie a perdu toute importance dans les milieux scientifiques : la dernière réhabilitation qui en ait été tentée est celle de Louis Agassiz, qui publia son *Essay on classification* presque au moment (1858) où Darwin publiait le sien sur l'*Origine des Espèces*. Depuis, Wigand, de Strasbourg, et Reinke, de Kiel, ont considérablement rétréci le champ d'action de « l'Ingénieur » d'Agassiz en ne lui attribuant que la création des « cellules primordiales », qu'il a douées en même temps du pouvoir d'évoluer en organismes supérieurs. Wigand admettait une cellule primormordiale par espèce ; et Reinke une cellule par branche. Mais l'une et l'autre théorie ne sont que des romans scientifiques sur fonds religieux. (Cf. les chapitres I et III.)

Agnosticisme. — On nomme ainsi la résignation à l'ignorance quant au problème de l'origine de la vie. C'est cette position qu'ont entre autres adoptée Darwin et Virchow, qui pensent qu'on ne saura jamais rien de sûr à ce sujet. Mais c'est nier la signification essentielle de toutes nos recherches sur la nature. Car la vie terrestre n'est qu'un moment de l'évolution cosmique. Ce point de vue agnostique est d'ailleurs peu nuisible, et l'on ne saurait faire grand grief aux innombrables savants qui l'adoptent encore aujourd'hui, tout en jugeant que la vie est dès son origine un processus naturel.

D'autres cependant pensent que cette « Énigme de l'Univers » peut recevoir une solution, sans pouvoir cependant s'entendre sur la voie pour y parvenir. Tel Dubois-Reymond, et d'autres. Les hypothèses formulées peuvent se classer dans deux grands groupes : l'hypothèse d'éternité et l'hypothèse d'archigonie ; la première à son tour est dualiste avec Helmholtz, moniste avec Preyer.

Hypothèses d'éternité dualistes. — Elles admettent l'éternité de la cellule. H. E. Richter supposa dès 1865 que tout l'espace cosmique est rempli de germes de vie organique tout comme de corps inorganiques, tous étant dans un perpétuel « devenir et disparaître ». Lorsque l'un de ces germes arrive sur un corps céleste habitable, dont la température et l'humidité sont favorables, il commence à germer et à donner naissance à un monde organique riche et varié. Richter se représente ces germes comme des cellules vivantes et donne cette formule : « *Omne vivum ab æternitate e cellula* ». Le botaniste Anton Kerner (*Das Pflanzenleben der Erde*, t. II, p. 584) admet de même l'éternité de la vie organique et son indépendance par rapport au monde inorganique, mais sans donner à son hypothèse une forme précise. Les inconvénients et la faiblesse de ce point de vue l'ont empêché de se répandre.

Par contre, l'hypothèse des « cosmozoaires », soutenue, en dehors de Richter, par H. Helmholtz et par William Thomson fut fort remarquée et discutée. Helmholtz formula ce dilemne : ou bien la vie a commencé à un moment donné, ou bien elle existe depuis l'éternité. Il se range à la deuxième alternative parce qu'on n'a pas réussi à construire expérimentalement des organismes vivants. Il pense que les météores qui errent librement dans l'espace contiennent des germes qui, étant parvenus sur la terre ou sur d'autres planètes, ont germé si les conditions étaient favorables. Mais physiquement déjà cette hypothèse est insoutenable, parce que les conditions de l'espace (températures extrêmes, sécheresse absolue, défaut d'air atmosphérique, etc.) y rendent impossible l'existence de plasma vivant sur ou dans des météorites. Logiquement, elle ne résout pas le problème, mais le recule seulement.

Hypothèses d'éternité monistes. — Une idée différente de l'éternité de la vie a été développée par Théodore Fechner (1873) et par Wilhelm Preyer (1880). Ces deux philosophes naturalistes étendent la notion de vie au cosmos tout entier et suppriment toute frontière entre l'organique et l'inorganique. C'est en ce sens qu'ils sont monistes. Fechner va jusqu'à assigner la conscience à tout l'univers et à chacun des corps qui le composent. Et comme il identifie cette conscience à Dieu, il est en même temps panpsychiste et panthéiste. Preyer regarde aussi tout l'univers comme un organisme et revêt son idée de symboles mystiques. Mais cette hypothèse a le tort de supprimer une différence qui existe dans les faits, celle entre la biologie et l'abiotique.

Hypothèses archigoniques. — Ce troisième groupe d'hypothèses se fonde sur les propositions suivantes : 1° la vie organique est partout liée au plasma (ou protoplasma), substance chimique en état d'agrégation semi-fluide qui contient toujours de l'albumine et de l'eau. 2° Les mouvements caractéristiques de cette « substance vivante », qu'on range sous le concept de « vie organique », sont des processus physiques et chimiques qui ne peuvent se produire qu'à l'intérieur de limites de température déterminées (entre la congélation et le point d'ébullition de l'eau). 3° De part et d'autre de ces limites, le plasma vivant, peut dans certains cas continuer à vivre (mort apparente) mais seulement pendant un certain temps, d'ordinaire court. 4° Comme la terre, de même que les autres planètes, s'est trouvée longtemps dans un état de fusion ardente, avec une température de plusieurs milliers de degrés, il est impossible que des organismes (à albumine semi-fluide) aient vécu à ce moment et « de toute éternité ». 5° Ce n'est que lorsque l'écorce terrestre se fût assez refroidie pour permettre la condensation de l'eau, que put commencer la vie organique. 6° Les processus chimiques qui se produisirent lors de ce stade d'évolution de la terre furent des catalyses, qui eurent pour effet la formation de combinaisons albuminoïdes et enfin celle de plasma. 7° Les organismes primordiaux ainsi produits ne purent être que des

Monères, organismes sans organes et individus homogènes sans noyau, semblables aux Chromacées actuelles. 8° C'est de ces Monères primitives que sont ensuite issues les premières cellules, par différenciation d'un noyau (karyoplasma) et d'un corps périphérique (cytoplasma).

Cette hypothèse moniste, appelée *autogonie* a été proposée d'abord par moi en 1866, dans le livre II de ma *Generelle Morphologie* (p. 109-190) : La meilleure base nous en est donnée par les Monères, ces organismes sans organes qu'on avait jusqu'ici dédaignés, volontairement ou non. C'est d'elles qu'il faut partir, et non, comme on le fait encore parfois, de la cellule. Celle-ci est déjà un « organisme élémentaire » qui ne peut être qu'une formation secondaire ou tertiaire. Quant au côté chimique du problème, il a été étudié depuis spécialement par E. Pflüger qui a reconnu le cyane comme la partie la plus importante du plasma vivant. C'est pourquoi je distingue de mon hypothèse autogonique l'hypothèse cyanique de Pflüger.

Hypothèse autogonique. — La théorie que j'ai formulée dès 1866 et que j'ai développée depuis se fonde directement sur des faits d'ordre biochimique que nous a fait connaître la physiologie végétale moderne. Le principal de ces faits, c'est que chaque cellule verte vivante possède le pouvoir synthétique de plasmodomie (voir le chapitre IX). Tous les botanistes sont maintenant d'accord pour reconnaître dans ce processus de synthèse le processus fondamental de toute vie organique et de toute organisation dont l'accomplissement n'a nul besoin d'une force mystique ou d'un ingénieur transcendantal. Le petit laboratoire chimique où se produit cette transformation est chez les Chromacées le petit grain homogène de plasma (chroococcus) en son écorce bleu-vert. Chez la plupart des plantes, ces chromatelles ou chromatophores sont déjà différenciés du reste du plasma cellulaire. Pour ma théorie, il suffit d'admettre que cette activité, aujourd'hui fixée par l'hérédité, s'est présentée à l'origine de la vie comme un processus catalytique dont les conditions physiques et chimiques furent alors réunies dans la nature inorganique.

Hypothèse de l'idioplasma. — Mon hypothèse reçut un appui important de la part du botaniste Carl Nægeli, qui reprit en 1884 toutes mes propositions fondamentales et formula son opinion définitive dans le passage reproduit en tête de ce chapitre. Les nombreux savants « exacts », qui combattent encore ma théorie moniste comme une « hypothèse insoutenable » feraient bien de méditer ces phrases d'un savant aussi connu précisément pour ses recherches « exactes » que pour son esprit philosophique. Il est d'ailleurs allé plus loin et a cherché à expliquer les mouvements moléculaires qu'il avait déterminés au moyen de son hypothèse de l'idioplasma. Il admet que lors des débuts de l'organisation, l'arrangement autonome des petits fragments de plasma a eu une importance considérable. Ces « micelles » sont d'après lui des « groupes moléculaires cristallins » placés de diverses manières suivant les lignes parallèles.

Hypothèse des fistelles. — Une tentative pour pousser encore plus loin l'explication physique du processus vital fondamental est due à L. Zehnder qui suppose que les unités vitales les plus petites et les plus basses (*micelles* de Nægeli, *biophores* de Weismann, et mes *plastidules*) ont une constitution cylindrique ; c'est pourquoi il les nomme *fistelles*. Il admet que ces agrégats de molécules sont rangés au nombre de plusieurs milliers dans la cellule et sont différenciés de manière que les uns ont pour fonction l'endosmose, les autres la contraction, les autres encore le transport de l'excitation, etc. De même que l'hypothèse de Nægeli et d'autres, cette hypothèse a ce grand mérite d'être un essai d'explication physique de l'arrangement et des mouvements de la molécule plasmatique lors de l'archigonie.

Hypothèse cyanique. — Une tentative d'application à l'archigonie des principes de la chimie a été faite en 1875 par l'excellent physiologiste Edouard Pflüger. Il part également de ce fait fondamental que le plasma (ou protoplasma) est la base matérielle de toutes les manifestations de la vie et que cette « substance vivante » doit ses propriétés vitales à celles de l'albumine (qu'elle soit une unité chimique, protéine ou protalbumine, ou un mélange de diverses combinaisons). Mais Pflüger distingue nettement l'albumine vivante du plasma de l'albumine morte par exemple de l'œuf de poule. Seule l'albumine plasmatique se décompose d'elle-même en petite quantité, et en grande sous l'influence d'agents externes ; au lieu que l'albumine morte ne se décompose pas de longtemps dans certaines circonstances favorables. La condition de la décomposition de l'albumine vivante est l'acide intramoléculaire qui est introduit dans la molécule plasmatique par la respiration et y produit une dissociation des groupements d'atomes et une séparation des groupements atomiques nouveaux.

L'agent véritable de cette décomposition de l'albumine vivante est le cyane, corps merveilleux formé d'un atome de carbone et d'un atome d'azote et qui en se combinant avec le phosphore forme le prussiate de potasse. Alors que les produits de décomposition non azotés de l'albumine morte ou vivante sont identiques, ceux qui contiennent de l'azote diffèrent totalement. L'acide urique, la créatine, la guanine et tous les autres produits de décomposition de cette catégorie contiennent du cyane ; et le plus important d'entre eux, l'acide urique peut être reproduit artificiellement à l'aide de combinaisons cyaniques, comme l'avait montré Wöhler dès 1828. D'où l'on peut conclure que l'albumine vivante contient toujours le cyane, lequel manque à l'albumine morte. Cette idée que les propriétés caractéristiques du plasma sont précisément dues au cyane est encore renforcée par les ressemblances entre l'albumine vivante et les combinaisons cyaniques, notamment l'acide cyanique (CNO.H) : tous deux sont fluides à basse température et translucides, tous deux se décomposent d'eux-mêmes en présence de l'eau en acide carbonique et ammoniaque ; tous deux produisent de l'urée par dissociation, c'est-à-dire par modification intramoléculaire des atomes, mais non par oxydation. « La ressemblance des deux substances, continue Pflüger est si grande que je considère l'acide cyanique comme une molécule à demi-vivante. » Les deux corps croissent de la même manière, par « enchaînement d'atomes », c'est-à-dire par juxtaposition en forme de chaîne de groupes atomiques de même espèce.

Fort importante surtout est, pour la théorie archigonique, ce fait que le cyane et ses combinaisons (prussiate de potasse, acide cyanique, acide cyanhydrique, etc.) ne se forment qu'à très haute température, par exemple au contact de charbons ardents. Or d'autres éléments composants de l'albumine (alcools, etc.,) peuvent se former par synthèse à une température élevée « On s'explique donc la possibilité de la formation de combinaisons cyaniques alors que la terre était encore entièrement ou partiellement en fusion ou extrêmement chaude. La chimie nous montre le feu comme l'énergie qui a formé par synthèse les éléments de l'albumine. La vie provient donc du feu et date, quant à ses conditions fondamentales de l'époque où la terre n'était encore qu'une boule de feu. Si l'on considère maintenant la durée incommensurablement longue qu'il a fallu à la surface de la terre pour se refroidir progressivement, on admettra que le cyane et les combinaisons qui contenaient du cyane eurent tout le temps nécessaire pour obéir à leur tendance au déplacement et à la formation de polyméries (chaînes atomiques) et d'évoluer, sous l'influence de l'oxygène, puis de l'eau et du sel en cette albumine qui se décompose d'elle-même et qui constitue la matière vivante. » Ajoutons que de la formation du cyane sous l'action du feu à celle du plasma vivant se place toute une série d'intermédiaires chimiques.

La théorie cyanique de Pflüger ne s'oppose pas à ma théorie des Monères mais au contraire la consolide en déterminant le stade antérieur à la biogénèse. Je dois insister sur ce point parce que récemment Neumeister et d'autres vitalistes ont prétendu que « des combinaisons cyaniques aux substances à protéine s'ouvre un abîme insondable que rien ne saurait franchir ». Cette objection est réfutée par l'albumine vivante elle-même qui contient toujours dans ses produits de décomposition du cyane et des combinaisons cyaniques. Une autre objection est que « les combinaisons cyaniques qui se sont formées dans la chaleur auraient dû se décomposer très tôt par l'action normale de l'eau et de l'oxygène ». Mais cette objection ne vaut guère, parce que nous ne pouvons nous faire aucune idée précise des processus chimiques de cette époque. En tout cas nous savons que pendant toute cette période, qui dura des millions d'années, les conditions chimiques à la surface de la terre ont dû être très différentes de ce qu'elles sont aujourd'hui. La vraie raison de l'opposition de Neumeister et des autres vitalistes c'est leur conception dualiste de la nature, suivant laquelle il lui faut maintenir debout une limite absolue entre la nature organique et l'inorganique.

Max Verworn par contre définit la grande importance de la théorie de Pflüger parce que, dit-il, « elle maintient le problème sur le domaine purement physiologico-chimique et le poursuit jusque dans les détails ». Et il accepte cette opinion de Pflüger : « C'est pourquoi je dirai que la première albumine qui se forma fut de suite de la matière vivante, douée de la propriété d'attirer dans tous ses radicaux, avec une grande force, de préférence des particules identiques, afin de les incorporer à la molécule et de croître par là à l'infini. D'après cette conception, l'albumine vivante n'a nullement besoin d'un poids moléculaire constant, parce qu'elle est une molécule énorme sans cesse en voie de formation et de décomposition, et telle par rapport aux autres molécules qu'un soleil par rapport aux autres météores. » Cette opinion, que je regarde également comme exacte, est aussi admise par un grand nombre d'autres naturalistes qui se sont occupés spécialement de ce difficile problème de la nature et de l'origine des albuminoïdes.

Génération spontanée. — Après avoir passé en revue les différentes théories sur l'archigonie dont il valait la peine de faire mention, et avoir reconnu, avec Nægeli, pour un fait que « la substance organique provient de la substance inorganique », il nous faut consacrer quelques lignes aux hypothèses antérieures qui, sous le nom de théorie de la génération spontanée, ont été l'objet de grands débats. De nos jours elles sont sans doute abandonnées, mais les expériences qui s'y rapportent ont attiré l'attention de tous et conduit souvent à des opinions erronées.

Saprobiose (autrefois nécrobiose). — Les hypothèses les plus anciennes sur la génération spontanée se rapportent à la formation d'organismes inférieurs dans des parties en décomposition d'organismes supérieurs; c'est ce processus qu'on nomme nécrobiose ou mieux saprobiose. C'était déjà une idée courante pendant l'antiquité que des êtres vivants peuvent provenir de restes morts, par exemple les puces de fumier pourri, les poux de pustules, les mites de pelleteries abîmées, etc. Ces fables passèrent d'Aristote à Saint-Augustin et à d'autres Pères de l'Église et se maintinrent en qualité de croyances jusqu'au XVIIIe siècle. La première réfutation scientifique est due à Francesco Redi (1674) qui fut condamné pour cela au bûcher; il montra que tous ces animaux proviennent, tout comme les autres, d'œufs déposés dans le fumier, la peau, les fourrures, etc. Restait à donner la preuve correspondante pour les animaux qui vivent à l'intérieur (intestins, sang, cerveau, foie) d'organismes supérieurs. Ce fut l'œuvre, en 1840-1860, de Siebold, Leuckart, Van Beneden, Virchow, etc.

La théorie de la saprobiose ne fut donc plus acceptée ces temps derniers que pour les organismes les plus bas et les plus petits, autrefois nommés en bloc Infusoires, et découverts par Leuwenhœk en 1675. Il les croyait produits par les liquides de décomposition de la viande, de la mousse, etc. Mais dès 1687 l'abbé Spallanzani montra que ces liquides ne donnent pas naissance aux Infusoires si on les porte à ébullition et qu'on les tienne à l'abri de l'air. La génération spontanée continua cependant d'être admise, du moins pour les microorganismes les plus petits ou Bactéries par beaucoup de naturalistes notamment par Pouchet à Paris et par Charlton Bastian à Londres. Les discussions continuelles sur ce point firent que l'Académie des Sciences de Paris proposa en 1858 un prix pour des recherches méthodiques sur la question de la génération spontanée. Il fut attribué à Louis Pasteur qui démontra, à l'aide d'expériences admirables, que l'air contient des millions de germes qui se reproduisent au contact de l'eau. Il résuma le résultat de ses recherches, reprises et confirmées par R. Koch et d'autres, en cette formule : la génération spontanée est une fable.

Archigonie et saprobiose. — Mais cela ne signifie pas que l'hypothèse de l'archigonie soit elle aussi « une fable ». Il ne faut pas, en effet, confondre ces deux hypothèses, comme on le fait souvent, même encore de nos jours, à la fois par erreur de jugement et par paresse de pensée. Ce que Pasteur et ses continuateurs ont démontré, c'est que des liquides *organiques* placés dans des conditions déterminées, artificielles, ne peuvent pas donner naissance à des organismes nouveaux. Par contre ce qui nous intéresse, c'est cette question : de quelle manière sont sortis des substances *inorganiques* les premiers habitants organiques de notre globe? On devrait cependant se décider à voir la différence entre ces deux problèmes et ne pas se laisser abuser par le terme de génération primordiale.

Essais de génération primordiale. — On sait ce qu'est l'expérimentation : une question posée à la nature et qui reçoit, les mêmes conditions étant exactement remplies, toujours la même réponse. Ici cette question se formule : sous quelles conditions et de quelle manière se forme de la substance vivante (plasma) à l'aide de combinaisons inorganiques non vivantes? Il faut admettre que pendant la longue période de refroidissement où la vie apparut en premier lieu, les conditions d'existence étaient entièrement différentes de ce qu'elles sont maintenant, et telles que nous ne pouvons ni les imiter aujourd'hui ni même nous les représenter. Nous sommes tout aussi éloignés d'une connaissance chimique exacte des albuminoïdes, parmi lesquels se range le plasma. Tant que nous ignorerons la constitution moléculaire du protoplasma, toute tentative pour le refaire par synthèse sera inutile et folle. Mais de ce que les essais tentés dans cette direction conduisent à un échec, cela ne prouve nullement qu'on puisse en conclure : « il n'y a pas de génération primordiale ». Les expériences de Pasteur et de ses émules ne portaient d'ailleurs pas sur ce point spécial, mais sur l'impossibilité, pour les Infusoires, les Bactéries et autres Protistes, de naître par génération spontanée dans des liquides provenant de la décomposition de tissus morts d'histonaux supérieurs, et pas davantage.

Stades de l'archigonie. — Dans tous mes travaux, depuis 1866, j'ai tenté de déterminer les divers stades par lesquels a passé l'archigonie. J'ai distingué d'abord l'*autogonie* (formation de la première substance vivante de nitrocarburés inorganiques) et la *plasmogonie* (formation du premier plasma individualisé sous forme de Monère). Depuis, ces théories ont été étudiées de près et développées par Nægeli, qui nomme *Probiontes* ces premiers organismes vivants sans organes, puis par Max Kassowitz, qui pense que la vie n'est pas apparue d'un coup mais a été le terme de longues évolutions. En combinant tous ces points de vue avec la théorie cyanique de Pflüger on en arrive à formuler les propositions suivantes :

1° Comme stade préliminaire de l'archigonie, il faut regarder la formation de certains nitrocarbures qui peuvent être rangés dans la catégorie des cyanures et qui se formèrent alors que le globe terrestre était encore en fusion; 2° Après refroidissement de la surface se forma de l'eau de condensation sous l'influence de laquelle, ainsi que de l'air atmosphérique modifié et riche en acide carbonique, les cyanures simples se transformèrent en une série de nitrocarbures qui donnèrent enfin de l'albumine (ou de la protéine); 3° Les molécules d'albumine se rangèrent suivant un ordre déterminé et d'après leurs affinités chimiques pour donner naissance à des groupes moléculaires plus grands (pléones ou micelles); 4° Les micelles d'albumine s'associèrent pour former des corps de plasma homogène (plassonelles); 5° Les plassonelles en se développant se divisèrent et formèrent des sphères de plasma homogènes (monères ou probiontes). Par tension de la surface et différenciation chimique se forme une écorce solide (membrane) et un milieu mou (grain central) comme chez les Chromacées ; 7° Puis ces cytodes simples donnent les cellules simples à noyau par concentration de la matière héréditaire.

Répétition de l'archigonie. — La question de savoir si l'archigonie n'a eu lieu qu'une fois ou à plusieurs reprises au cours des temps est des plus intéressantes. Il y a de bons arguments pour l'une et l'autre opinion. Pflüger dit à ce sujet : « Dans la plante, l'albumine vivante continue à faire ce qu'elle a toujours fait c'est-à-dire à se régénérer sans cesse ou à croître. C'est pourquoi je crois que toute l'albumine du monde provient directement de cette albumine primordiale. C'est pourquoi aussi je doute de la génération spontanée dans les temps actuels. La biologie comparée aussi enseigne que toute vie provient d'une racine unique ». Mais ceci ne signifie pas que ce processus de plasmodomie spontanée se soit répété à plusieurs reprises dans des conditions identiques aux temps les plus anciens.

D'autre part Nægeli a indiqué avec raison qu'il n'y a aucun motif pour nier une répétition fréquente de l'archigonie, même jusqu'aux temps actuels. Dès que les conditions physiques pour le processus chimique de la plasmodomie sont données, il peut se reproduire à n'importe quel moment et en n'importe quel lieu. L'endroit le plus favorable est le rivage de la mer où se rencontrent en effet les organismes les plus divers, depuis les Monères les plus simples (Chroococcus) jusqu'aux cellules organisées des Radiolaires et des Infusoires et jusqu'aux plantes et aux mammifères. Il faut donc admettre ou bien que les Chromacées, les Bactéries, les Palmelles et les Amibes se sont maintenus tels quels depuis les origines de la vie, c'est-à-dire, depuis des millions d'années ; ou bien que le processus phylogénétique s'est répété plusieurs fois et se répète encore. Mais même si tel est le cas, il nous serait impossible de nous en assurer.

Observation de l'archigonie. — Et ceci pour les raisons suivantes : 1° (les organismes les plus âgés et les plus simples sont probablement des sphères de plasma sans structure visible, semblables aux Chromacées actuelles les plus simples (Chroococcus). 2° Ces Monères plasmodomes ne peuvent être distinguées des chromoplastes (grains de chlorophylle) qui continuent à vivre et à se multiplier après la mort de la plante qui les supporte. 3° Il nous faut admettre avec Nægeli que, malgré l'énormité relative de leurs molécules, les probiontes ne sauraient être vus au microscope. 4° De même l'échange primitif de substances et la croissance simple et lente de ces Monères ne pourraient être observés par nous directement. 5° En fait, nous rencontrons partout dans les eaux stagnantes et la mer de petits grains qui sont ou semblent formés de plasma et nous sommes accoutumés à les regarder comme des fragments de cadavres animaux ou végétaux décomposés; quant aux petits grains de chlorophylle isolés, tout aussi fréquents, nous les regardons comme des produits sortis de leur cellule végétale. Mais qui prouvera que ce ne sont pas là de jeunes Monères ou Plassonelles en voie de croissance et qui se joindront à d'autres individus identiques pour former des corps de plasma plus grands?

Synthèse du plasma. — On reproche souvent à notre conception moniste de l'archigonie de n'avoir pu réussir encore, dans nos laboratoires, à produire de l'albumine et surtout du plasma par synthèse. On déduit de cet échec que seule une force extérieure a pu donner la vie; mais l'on oublie que nous ne connaissons pas encore la structure compliquée des albuminoïdes, de même que nous ne savons pas ce qui se passe dans les grains de chlorophylle lorsque sous l'action de la lumière solaire ils forment du plasma nouveau. Comment, dans ces conditions, et avec les moyens grossiers de la chimie actuelle, faire la synthèse de corps dont nous ignorons la constitution intime? D'ailleurs cette discussion est oiseuse : ce n'est pas une raison parce que nous ne pouvons pas imiter artificiellement un processus naturel pour le regarder comme surnaturel.

TABLEAU XVII

HYPOTHÈSES SUR L'ORIGINE DE LA VIE

I. Premier groupe : Hypothèses de la Création.

La vie organique est un processus surnaturel, dû à une création (par la volonté d'un architecte du monde gazéiforme).

I. A. *Hypothèses créatistes spécifiques.*

Moïse, 1500 av. J.-C. Louis Agassiz, 1858.

Chaque espèce est une pensée créatrice de Dieu ayant pris forme.

I. B. *Hypothèses créatistes cellulaires.* (Dominantes).

Albert Wigand, 1874; Johannes Reinke, 1899.

Dieu a créé les cellules primordiales, d'où se sont nécessairement développées les diverses espèces (ou branches), conformément à un plan préétabli.

II. Deuxième groupe : Hypothèses de l'éternité.

La vie organique n'a pas eu de commencement, mais est de toute éternité.

II. A. *Hypothèses éternistes dualistes.*

Eberhard Richter, 1865; Hermann Helmholtz, 1884

La vie organique existe de toute éternité à côté et indépendamment de la nature inorganique.

II. B. *Hypothèses éternistes monistes.*

Théodore Fechner, 1873; Wilhem Preyer, 1880.

La nature organique est plus ancienne que la nature inorganique; les corps naturels dénués de vie proviennent primitivement des corps vivants.

III. Troisième groupe : Hypothèses de l'archigonie.

La vie organique sur terre a un commencement et est un processus chimique dont le début remonte à l'époque du refroidissement de l'écorce terrestre et de la condensation d'eau, qui permirent au carbone de remplir sa fonction organogène.

III. A. *Hypothèses de la plasmogonie.*

Ernest Haeckel, 1866; Carl Nægeli, 1884.

Les premiers organismes qui apparurent sur la terre furent des monères, ou plutôt des Probiontes plasmodomes, semblables aux Chromacées actuelles. C'étaient des sphères de plasma homogène, sans noyau, formées par séparation individuelle d'albuminoïdes avec transformation de substance (catalyse de substance colloïdale).

III. B. *Hypothèses du cyane.*

Edouard Pflüger, 1875; Max Verworn, 1894.

Le processus chimique qui a précédé la formation de plasma vivant est la formation de cyanures alors que la terre était encore en fusion. Le radical du cyane constitue la partie caractéristique de l'albumine vivante et est devenu après une longue série de permutations la base la plus importante du plasma.

CHAPITRE XVI

Evolution de la vie.

THÉORIE DE LA DESCENDANCE. — TRANSFORMISME ET DARWINISME. — PHYLOGÉNIE ET ONTOGÉNIE. — LOI FONDAMENTALE BIOGÉNÉTIQUE.

> L'Histoire de l'évolution des organismes se divise en deux branches voisines et intimement liées : l'*ontogénie*, ou histoire du développement des *individus* organiques et la *phylogénie* ou histoire du développement des *troncs* organiques. L'ontogénie est la récapitulation brève et rapide de la phylogénie, conditionnée par les fonctions physiologiques de l'hérédité (reproduction) et de l'adaptation (nutrition).
>
> *Generelle Morphologie* (1866).
>
> Nous avons dans nos travaux sur l'histoire de l'évolution, appliqué sans cesse la loi fondamentale biogénétique et nous avons trouvé dans de nombreux cas notre attente, non pas trompée, mais au contraire dépassée. Nul doute que, dans l'histoire de l'évolution des Vertébrés, la véritable *palingénie* joue un rôle considérable et que l'élément cénogénétique a bien moins de portée et même ne peut être découvert dans beaucoup de cas. En sorte qu'on se sent porté à donner à la loi fondamentale biogénétique une signification zoologique aussi considérable que celle de l'analyse spectrale en astronomie.
>
> Paul et Fritz SARASIN (1887).

SOMMAIRE

Evolution inorganique et organique. — Biogénie et cosmogénie. — Mécanisme de l'évolution. — Mécanisme de la phylogénèse. — Théorie de la descendance. — Théorie de la sélection. — Théorie de l'idioplasma. — Force vitale phylétique. — Théorie du plasma germinatif. — Hérédité progressive. — Morphologie comparée. — Plasma germinatif et masse héréditaire. — Théorie de la mutation. — Transformisme botanique et zoologique. — Néolamarckisme et néodarwinisme. — Mécanisme de l'ontogénèse. — Loi fondamentale biogénétique. — Ontogénie tectogénétique. — Histoire expérimentale de l'évolution. — Monisme et biogénie

BIBLIOGRAPHIE

Jean Lamarck, 1809. — *Philosophie zoologique.*

Charles Darwin, 1859. — *De l'origine des espèces.*

Ernest Haeckel, 1866. — *Generelle Morphologie der Organismen.* 2 vol. Berlin. — 1868. — *Histoire naturelle de la création.* 10e éd., 1902.

Carl Naegeli, 1884. — *Mechanisch-physiologische Theorie der Abstammungslehre.*

August Weismann, 1902. — *Vorträge über Descendenz-Theorie.* 2 vol. Iéna.

Theodor Eimer, 1888. — *Die Entstehung der Arten auf Grund von Vererben erworbener Eigenschaften.* Iéna.

Hugo de Vries, 1901. — *Die Mutationem uud Mutations-perioden bei der Entstehung der Arten.* Leipzig.

— 1903. — *Die Mutations-Theorie. Versuche und Beobachtungen uber die Entstehung von Arten im Pflanzenreich.* 2 vol. Leipzig.

Karl Ernst Baer, 1828. — *Entwickelungsgeschichte der Thiere. Beobachtung und Reflexion.* 2 vol. Konigsberg.

Carl Gegenbaur, 1889. — *Ontogenie und Anatomie, in ihren Wechselbeziehungen betrachtet. Morphologisches Jahrbuch.* T. XV. Leipzig.

Hugo Spitzer, 1886. — *Beiträge zur Descendenz-Theorie und zur Methodologie der Naturwissenschaft.* Graz.

Ludwig Plate 1903. — *Ueber die Bedeutung des Darwin'schen Selectionsprincips und Probleme der Artbildung.* 2e éd. Leipzig.

Kosmos, 1877-1886. — *Zeitschrift fur einheitliche Weltanschauung auf Grund der Entwickelungslehre.* 19 volumes. Leipzig.

Wilhelm Breitenbach, 1901. — *Darwinistische Vorträge und Abhandlungen.* (I. Plate : *die Abstammungslehre* ; II. Breitenbach, *Die Biologie in XIXe Jahrhundert*; V. Heinrich Schmidt, *Haeckel's biogenetisches Grundgesetz und seine Gegner*; XII. Francé, *Die Weiterentwickelung des Darwinismus*). Odenkirchen.

Ernest Haeckel, 1894-1896. — *Systematische Phylogenie. Entwurf eines natürlichen Systems der Organismen auf Grund ihrer Stammesgeschichte.* 3 vol. Berlin.

La portée fondamentale que la doctrine de l'évolution présente pour notre philosophie moniste a été mise en lumière dès 1866, dans ma *Generelle Morphologie*. J'ai donné un résumé de ce point de vue dans le chapitre XIII de mes *Enigmes de l'Univers*. C'est pourquoi je me contenterai ici de considérer le problème d'après les dernières découvertes des sciences naturelles, et surtout de peser les opinions opposées sur la forme et la valeur de la biogenèse.

Evolution inorganique et organique. — L'unité principale de la nature inorganique et organique vaut pour toute la série de ses évolutions, pour les causes et les lois de son apparition. Nous exclurons donc ici encore tout vitalisme et tout dualisme et admettrons que l'évolution des organismes se ramène toujours à des forces physico-chimiques. Comme le plasma en est la base, nous pouvons dire : l'évolution organique est fondée sur la mécanique et la chimie du plasma. Nulle « force vitale » spéciale n'explique, ni les fonctions physiologiques, ni les processus biogénétiques.

Biogénie et cosmogénie. — Si nous entendons par *biogénie* l'ensemble des processus d'évolution organique terrestre, par *géogénie* celle de la terre même, et par *cosmogénie* ceux du monde entier, il est évident que la biogénie n'est qu'une petite partie de la géogénie et celle-ci à son tour une parcelle de l'incommensurable cosmogénie. Ce rapport, quelque clair qu'il soit, a souvent été oublié ; il vaut pour le temps comme pour l'espace. Car s'il a fallu déjà plus de cent millions d'années avant que la terre ne se trouve à un stade tel de son refroidissement pour que la vie y devînt possible, il s'est écoulé un temps énorme avant que la terre même ne se sépare de la nébuleuse planétaire. L'hypothèse vitaliste, d'après laquelle cette marche mécanique aurait été interrompue de temps en temps par une « création » naturelle d'organismes contredit à la fois la raison, l'unité de la nature et la loi de la substance.

Mécanisme de l'évolution. — Le caractère mécanique de l'évolution de la nature inorganique, de la terre et de l'univers tout entier (par opposition au dogme de la Création) fut reconnu dès la fin du XVIIIe siècle et formulé mathématiquement par le grand Laplace, dans sa *Mécanique céleste* (1799). La cosmogénie de Kant, formulée par lui en 1755 dans son *Allgemeine Naturgeschichte und Théorie der Himmels* ne fut connue que plus tard (Cf. *Enigmes*, chapitre XIII). Mais la possibilité d'appliquer la mécanique à l'intelligence de l'évolution de la nature organique date de 1859, quand Darwin lui donna une base solide par sa théorie de la sélection. Le premier essai d'application fut tenté par moi, en 1866 dans ma *Generelle Morphologie* dont le sous-titre indique le sens : « Traits fondamentaux de la science des formes organiques, fondée sur la mécanique par la théorie complète de Charles Darwin sur la descendance ». J'ai tenté d'y démontrer que l'ontogénie comme la phylogénie se ramènent à des activités physiologiques du plasma, c'est-à-dire sont d'ordre mécanique dans le sens large du mot.

Mécanisme de la phylogénie. — Lorsque j'exposai pour la première fois la conception et le but de la phylogénie, ce premier essai parut étrange et irrationnel à la plupart des biologues, de même que le darwinisme dont c'était la conséquence naturelle. Même Dubois-Reymond le traita de « mauvais roman » et compara mes classifications à celles des philologues établissant les généalogies fabuleuses des héros d'Homère. Pourtant je n'avais présenté mes hypothèses que comme des essais provisoires, qui devaient indiquer leur voie à des recherches ultérieures. Depuis, le progrès a été considérable, comme le montre un regard jeté sur la riche littérature consacrée à la phylogénie, dont j'ai synthétisé les résultats dans ma *Systematische Phylogenie*. J'y ai montré que toutes les activités des organismes, dues à la transformation des espèces et à la formation d'espèces nouvelles dans la lutte pour la vie, se ramènent à des fonctions physiologiques, croissance, nutrition, adaptation, hérédité, lesquelles à leur tour tiennent à la mécanique et à la chimie du plasma. La lutte pour la vie aussi est un processus mécanique. Mais bien que tendant à une fin, on ne doit pas attribuer à cette mécanique physiologique un caractère de mystérieuse téléologie : elle ne fait que se subordonner à la causalité mécanique universelle, qui détermine tous les phénomènes de l'univers. La *finalité* naturelle n'est qu'un cas spécial de *causalité* mécanique; il faut subordonner la première à la seconde, et non faire l'inverse, comme l'a fait Kant.

Théorie de la descendance ou transformisme. — La tentative de Lamarck en 1809, dans sa *Philosophie zoologique,* de fonder le transformisme doit être reconnue comme très importante par la philosophie moniste parce qu'ainsi se trouvait expliquée pour la première fois la formation *naturelle* des innombrables formes organiques, classées sous le nom d'espèces. Lamarck concevait la transformation lente et continue des espèces organiques comme déterminée par deux fonctions physiologiques : l'adaptation et l'hérédité. Pendant un demi-siècle, cette idée géniale fut dédaignée, jusqu'à ce que Darwin l'eût complétée, en 1859 par la notion de la sélection. Quelle que soit la valeur du darwinisme primitif, il reste que l'idée transformiste est admise aujourd'hui définitivement, même par beaucoup de métaphysiciens, et malgré l'opposition formidable de nombreuses « autorités », à grand renfort d'érudition. Mais nul n'a été capable ni de réfuter la théorie transformiste, ni d'en édifier une meilleure.

Théorie de la sélection ou darwinisme. — Chacune des applications du darwinisme aux différentes branches de la biologie a été couronnée de succès. Loin d'être comme on l'a dit en recul ou mort, chose qui plairait fort aux théologiens et aux métaphysiciens, le darwinisme gagne du terrain. Et cela malgré des attaques dans le genre de celles de Hans Driesch, qui affirme que tous les darwinistes (c'est-à-dire l'immense majorité des biologistes) ont le cerveau ramolli et que le darwinisme n'est, comme l'hégélianisme, que l'hallucination de toute une génération. Toutes ces attaques ont été réfutées par Plate (5e éd. 1903); et le darwinisme a reçu un appui et un développement nouveaux par les travaux d'August Weismann, dont nous examinerons plus loin les théories.

Théorie de l'idioplasma. — En 1884, Carl Nægeli, l'un de nos botanistes les mieux doués affirma dans son livre déjà cité que le transformisme est l'unique théorie qui puisse expliquer la formation des espèces ; il traite aussi de la morphologie et de la systématique comme des sciences phylogénétiques, puis s'attaque à la difficile question de l'origine de la vie. Par contre il rejette la théorie de la sélection de Darwin et explique la formation des espèces par une « variation de direction déterminée » interne, indépendante des conditions d'existence du milieu extérieur. Mais, comme l'a déjà remarqué Weismann, ce principe interne d'évolution, qui nie l'adaptation, n'est pas autre chose au fond qu'une « force vitale phylétique », qui nous devient d'autant plus suspecte que Nægeli fonde sur elle un système métaphysique et un principe spécial « d'isagité ». Mais la théorie idioplasmatique qui s'y rattache a cette portée, qu'elle distingue deux parties physiologiquement différentes dans le plasma cellulaire, l'idioplasma comme masse héréditaire et le trophoplasma comme masse nutritive de la cellule.

Force vitale phylétique. — L'idée vitaliste et téléologique d'un principe d'évolution *interne* se rencontre non seulement chez Nægeli mais encore chez bien d'autres biologistes. Tous leurs essais sont les bienvenus auprès de la philosophie officielle, laquelle est fondée sur le principe dualiste de Kant (à droite la mécanique, à gauche la téléologie), qui tendent à sauver l'Intelligence cosmique de Reinke, la Sagesse du Créateur ou de Dieu. Mais c'est précisément sousestimer l'influence considérable du monde extérieur et de ses conditions sur la forme et la transformation des organismes. Ceci vaut aussi pour la théorie du plasma germinatif de Weismann.

Théorie du plasma germinatif. — Le désir de pénétrer plus profondément dans le mystère des phénomènes physiologiques qui se passent dans le plasma lors de l'adaptation et de l'hérédité a conduit à l'édification d'un grand nombre de théories *moléculaires*, dont les plus importantes sont la pangénèse de Darwin (1878), ma périgénèse (1876), la théorie idioplasmatique de Nægeli (1884), la théorie de Weismann (1885), la théorie des mutations de De Vries et autres. Je les ai exposées et discutées à maintes reprises. Aucune d'entre elles n'a résolu complètement le problème. Il faut mentionner surtout la théorie de Weismann, parce qu'elle est considérée par beaucoup de biologistes comme le progrès le plus considérable qu'ait fait la théorie de la sélection depuis Darwin. Malgré la logique de tout le système et le talent d'exposition de l'auteur, je dois m'élever en principe contre une telle application de la métaphysique aux sciences biologiques. La théorie même a été réfutée à fond par Max Kassowitz en 1902 et par Ludwig Plate, dans son livre sur le principe darwiniste de la sélection. Les hypothèses de Weismann sur la structure moléculaire du plasma et sa doctrine compliquée des biophores, des déterminantes, des ides, etc., ne sont pas fondées théoriquement ni utilisables pratiquement. Il y a donc lieu de combattre la position prise par Weismann par simple amour pour sa construction hypothétique, à l'égard du principe fondamental de Lamarck de l'hérédité des caractères acquis.

Hérédité progressive. — Lorsque je tentai en 1866 dans le chapitre XIX de ma *Generelle Morphologie* de formuler les « lois » de l'hérédité et de l'adaptation, je distinguai en premier lieu l'hérédité conservatrice de l'hérédité progressive, la première étant la transmission héréditaire de qualités héritées par l'individu de ses parents et de leurs ascendants, la seconde, transmission héréditaire de qualités héritées par l'individu de ses parents qui les ont acquises pendant leur vie individuelle. Ces dernières l'ont été surtout par l'usage des divers organes (capacité de penser, mémoire, etc., adresse des mains, de la voix, etc.). Lamarck avait déjà reconnu la grande importance morphologique de cet usage physiologique des organes. En 1866, je formulai la loi spéciale de l'adaptation accumulée : « Tous les organismes subissent des modifications considérables et durables (chimiques, morphologiques et physiologiques) lorsqu'une modification peu importante des conditions d'existence a agi sur eux pendant longtemps ou à de nombreuses reprises. » J'insistai en même temps sur la relation étroite entre ces deux groupes de phénomènes, c'est-à-dire l'influence extérieure (nourriture, climat, milieu, etc.), et l'influence intérieure (habitude, usage ou non des organes, etc.) L'action de l'influence extérieure (lumière, chaleur, électricité, pression, etc.) n'entraîne pas seulement la réaction de l'organisme atteint (énergie locomotrice, sensation, chimiose, etc.) mais aussi, en tant qu'excitant trophique, elle agit sur sa nutrition et sur sa croissance. Ce moment a été avec raison reconnu comme très important par Guillaume Roux (1881) dont l'adaptation fonctionnelle répond à une adaptation accumulée. Plate a son tour a récemment nommé ectogénèse (ou orthogénèse ectogénique) cette variation nettement dirigée.

Le combat à propos de l'Hérédité progressive dure encore avec des alternatives. Weismann la nie complètement, parce qu'elle ne concorde pas avec sa théorie du plasma germinatif et parce qu'elle manque encore, d'après lui, de preuves expérimentales. De nombreux et de célèbres biologistes se sont rangés de son côté ; mais beaucoup d'entre eux attribuent une grande valeur à des expériences sur l'hérédité qui ne prouvent rien, par exemple à ce fait que des mutilations ne se transmettent pas des parents aux enfants. Parfois d'ailleurs des vices de ce genre se transmettent, lorsqu'ils ont eu pour conséquence des maladies profondes et durables de la partie du corps mutilée. Mais ceci n'importe guère pour le problème de la formation de nouvelles espèces par orthogénèse, qui se fonde sur l'adaptation accumulée (voir les belles expériences de Standfuss et Fischer, de Zurich), ainsi que le prouvent l'anatomie et l'ontogénie comparées ou morphologie comparée.

Morphologie comparée. — Elle nous livre un trésor d'arguments importants non seulement pour le problème de l'hérédité progressive mais pour bien d'autres questions encore de la phylogénèse. J'en ai publié un grand nombre dans la 5ᵉ édition de mon *Anthropogénie*. Mais pour en comprendre la portée, il faut une compréhension suffisante de la méthode de comparaison critique, puis une connaissance étendue de l'anatomie, de l'ontogénie et de la systématique, enfin l'habitude du jugement et de la pensée d'ordre morphologique. Ces conditions manquent à la plupart de nos observateurs dits « exacts » qui pensent pouvoir acquérir des vues d'ensemble à l'aide seulement de recherches de détail. Plusieurs d'entre eux finissent par ne plus vouloir même des conceptions fondamentales de l'anatomie comparée, par exemple de la distinction entre homologie et analogie. Tel Wilhelm His qui déclare toute cette matière scolastique bonne à mettre au panier. Par contre ils font des expériences physiologiques pour résoudre des problèmes morphologiques où elles n'ont que faire. Il suffira, pour illustrer la valeur de l'anatomie comparée pour la phylogénie de rappeler les résultats acquis par à l'étude du squelette des Vertébrés, et ceci grâce à de grands esprits comme Gœthe, Cuvier,

Huxley, Gegenbaur et bien d'autres. Toutes les formes si diverses des différentes parties du squelette, par exemple des membres antérieurs et postérieurs adaptés à des conditions si variées du milieu, ne se conçoivent que par une hérédité progressive. La théorie du plasma germinatif n'en donne pas d'explication causale.

Plasma germinatif et masse héréditaire. — La plupart des biologistes actuels sont persuadés que le cytoplasma a pour fonction la nutrition et l'adaptation, et le caryoplasma la reproduction de l'hérédité. Je formulai d'abord ce point de vue, en 1866, dans le chapitre IX de ma *Generelle Morphologie* (t. II, p. 228) ; elle reçut dès 1875 sa preuve empirique par les recherches d'Eduard Strasburger, des frères Oscar et Richard Hertwig, etc. Les relations complexes et ténues découvertes par ces savants dans la division de la cellule conduisirent à ce point de vue que la partie colorable du noyau, la chromatine, est la « masse héréditaire » spéciale, le substrat matériel de « l'énergie héréditaire ». Weismann ajouta que le *plasma germinatif* vit à part des autres substances de la cellule ou *somaplasma*, dont les qualités nouvellement acquises ne sont pas transmissibles au plasma germinatif. C'est par là qu'il s'oppose à la théorie de l'adaptation progressive. Les partisans de celle-ci, parmi lesquels je me range, n'acceptent pas cette distinction absolue entre les deux sortes de plasma, mais les croient au contraire à l'état de mélange dans la cellule (karyolyse) et mises en relation, même dans les organismes à tissus, au moyen de plasmodèmes. La manière dont cette action réciproque est explicable par la structure moléculaire a été exposée par Max Kassowitz.

Théorie des mutations. — Au commencement du XXe siècle a été formulée une nouvelle théorie biologique qui a grandement attiré l'attention : les uns l'ont regardée comme une réfutation expérimentale de la théorie de la sélection de Darwin ; les autres, comme un excellent complément à la théorie darwinienne. L'excellent botaniste Hugo de Vries (d'Amsterdam) fit au Congrès des Naturalistes de 1901, à Hambourg, une communication sur les mutations et les périodes de mutations dans la formation des espèces. Se fondant sur de longs essais de sélection et sur des raisonnements à large portée, il pense avoir découvert un nouveau mode de transformation des espèces, subite et par sauts, qui réfuterait la doctrine darwinienne des modifications progressives et lentes. Dans son grand ouvrage (1903), De Vries a essayé de fonder définitivement sa théorie des mutations. L'assentiment qu'il a rencontré chez les botanistes, et surtout chez ceux s'occupant de physiologie végétale n'est pas partagé par les zoologues. C'est ainsi que Weismann (1902, II, p. 358) et Plate (1903, p. 174) se sont résolument élevés contre la théorie des mutations. Je suis de leur avis et renvoie à leurs travaux le lecteur qui s'intéresse à ces problèmes difficiles. Le point faible de sa théorie des mutations est d'ordre logique, c'est-à-dire dans sa distinction entre espèce et variété, entre mutation et variation. Il commence par accepter comme démontrée par l'expérience la « constance des espèces », mais sans tenir compte du degré de relativité de cette constance suivant les espèces. Dans certaines classes (p. ex. : les Insectes, les Oiseaux, beaucoup de Diatomées et de Graminées) on peut examiner des milliers d'individus d'une même espèce sans constater de différences individuelles. Dans d'autres au contraire (p. ex. : chez les Spongiaires, les Coraux, ordres des Rubus et des Nieracium) la variabilité individuelle est telle que le naturaliste en arrive à douter qu'il lui soit permis de définir des espèces. La distinction tranchée que fait De Vries entre les diverses formes de la variabilité n'est pas admissible. On ne peut distinguer nettement les variations continues, lesquelles seraient sans importance, des mutations brusques, qui entraîneraient la formation d'espèces nouvelles. Il faut se garder de confondre les mutations de De Vries, que dès 1866 (*Gen. morph.*, II, p. 204) je nommais modifications tératologiques, et les mutations paléontologiques de Waagen (1869) et de Scott (1894). Les changements de manière d'être observées par De Vries sur une seule espèce d'Œnothera sont extrêmement rares et ne peuvent être regardés comme le point de départ d'une nouvelle espèce. Cette espèce porte, coïncidence amusante, le nom d'*Œnothera Lamarckiana*, et les opinions de Lamarck n'ont pas été amoindries par celles de De Vries, et encore moins par les attaques consécutives de Dennert, de Driesch et de Fleischmann.

Transformisme zoologique et botanique. — Ce n'est pas seulement dans les travaux considérables de De Vries et de Nægeli, mais dans ceux de bien d'autres botanistes encore, que se manifeste une différence remarquable dans leur jugement sur plusieurs problèmes biologiques généraux comparé à celui que portent la plupart des zoologues. Cette différence ne tient évidemment pas à une différence de capacités intellectuelles, mais plutôt au sujet de leurs études. En premier lieu, il faut tenir compte de ce fait que l'organisme des animaux supérieurs est bien plus complexe et différencié que celui des plantes supérieures, et plus facilement intelligible à l'aide de l'anatomie et de la physiologie comparées. Les relations des organes élémentaires sont plus complexes chez les animaux supérieurs que chez les végétaux supérieurs et, pourtant, plus faciles à comprendre. Puis, l'histoire généalogique des plantes présente de plus grandes difficultés que celle des animaux. C'est pourquoi la loi fondamentale biogénétique est moins volontiers admise par les botanistes que par les zoologues. La paléontologie fournit encore très peu sur l'histoire du règne végétal. D'un autre côté, la grande cellule végétale, nettement délimitée, avec ses organelles simples, est bien plus utilisable que la petite cellule animale, pour les recherches physiques et chimiques d'ordre physiologique ; il en est de même du corps végétal. Cette opposition est moins tranchée pour le règne des Protistes, où les différences entre cellules animales et cellules végétales se réduisent à des différences dans le processus de la nutrition. Il est donc nécessaire de combiner les enseignements de la biologie végétale avec ceux de la biologie animale, si l'on veut atteindre une notion exacte des grands problèmes biologiques. C'est dans cette double connaissance qu'a résidé la puissance des grands fondateurs du transformisme, Lamarck et Darwin.

Néolamarckisme et néodarwinisme. — Parmi les différentes directions suivies récemment par les zoologues et les botanistes pour compléter la théorie de la descendance, il faut distinguer deux écoles. Mais cette distinction n'a de sens que si on désigne par là ces deux alternatives : avec ou sans la théorie de la sélection. Ce par quoi le darwinisme primitif se distingue du lamarckisme primitif, c'est le principe de la lutte pour la vie et par suite de la sélection. Mais on ne saurait regarder comme le point d'opposition de ces deux écoles la connaissance ou la négation de l'adaptation progressive. Darwin était aussi persuadé que Lamarck de l'importance primordiale de l'hérédité des caractères acquis, sauf qu'il lui attribuait un rôle un peu moindre. Weismann, par contre, veut tout ramener à la sélection; et, s'il a raison, si sa théorie du plasma germinatif est exacte, il a *seul* l'honneur d'avoir inauguré une nouvelle direction du transformisme. Mais on ne saurait, comme on le fait en Angleterre, traiter ce weismannisme de néodarwinisme, pas plus qu'on n'a le droit de traiter de néolamarckiens Nægeli, De Vries et leurs adeptes.

Problèmes de la phylogénie. — Si la théorie de la descendance est exacte, comme l'admettent tous les biologistes compétents, la morphologie se doit de déterminer, aussi exactement que possible, l'origine de chaque forme vivante. Elle doit essayer d'expliquer l'organisation actuelle de chaque être par son passé et de retrouver dans sa série ancestrale les causes de sa transformation. C'est ce que j'ai tenté de faire dans le deuxième volume de ma *Generelle Morphologie*, c'est-à-dire de fonder la phylogénie comme science naturelle autonome. A côté d'elle je plaçai l'ontogénie qui, jusqu'alors, avait été seule considérée comme « histoire de l'évolution ; » et dans l'ontogénie je rangeai toute l'histoire de l'individu, l'embryologie et la métamorphologie. L'ontogénie a cet avantage d'être une science purement descriptive de phénomènes actuels. Au lieu que la phylogénie doit déchiffrer des processus depuis longtemps terminés, à l'aide de sources connues en partie seulement et utilisées comparativement.

Sources de la phylogénie. — Les principales sont la paléontologie, l'anatomie comparée et l'ontogénie. La paléontologie est la source la plus sûre, car elle nous donne la succession temporelle des espèces depuis leurs origines. Malheureusement les fossiles sont rares, et rarement bien conservés. Les nombreuses solutions de continuité qui séparent les données positives doivent être comblées à l'aide de deux autres sources, l'anatomie comparée et l'ontogénie. Seule, l'utilisation concordante de ces trois éléments d'information peut conduire à des solutions satisfaisantes des problèmes phylogénétiques. Malheureusement, rares sont les spécialistes de l'une de ces trois sciences qui soient également versés dans les deux autres. Et, comme sources auxiliaires, il faut citer la chorologie et l'œcologie, puis la physiologie et la biochimie.

Phylogénie et géologie. — Bien que les bons travaux d'ordre phylogénétique se soient multipliés ces temps derniers, nombreux sont encore les naturalistes qui éprouvent à son égard de la méfiance. Il en est même qui prétendent qu'elle ne sait qu'accumuler des hypothèses. Telle est surtout l'attitude des physiologistes et des embryologistes, auxquels l'observation minutieuse tient lieu de méthode scientifique. Pourtant, voyons ce qui est advenu de la géologie. Nul n'en conteste plus aujourd'hui la grande valeur théorique et pratique, bien que, là encore, l'observation directe des processus soit impossible. On admet fort bien aujourd'hui la succession des diverses périodes anciennes, bien que nul homme n'en ait été témoin. On accepte aussi que les squelettes fossiles ne sont pas des jeux de nature énigmatiques, mais bien les témoins d'âges disparus. Si, maintenant, la phylogénie, appelant à l'aide les sciences auxiliaires, rétablit la généalogie de ces espèces animales et végétales, il faut accepter ses déductions comme des faits historiques, au même titre que les classifications géologiques. En fait, la phylogénie et la géologie sont des sciences historiques.

Hypothèses phylétiques. — Comme à toutes les sciences historiques, les hypothèses sont nécessaires à la phylogénie et à la géologie. Que ces hypothèses soient souvent faibles, et par suite souvent remplacées par d'autres, cela n'en prouve pas l'inutilité. Car mieux valent des hypothèses faibles, que pas d'hypothèses du tout, n'en déplaise aux observateurs « exacts ». Derrière leur peur des hypothèses s'abrite à la fois une impossibilité de penser synthétiquement et un faible besoin de causalité. Combien ils s'abusent volontairement c'est ce que prouve ce fait qu'ils tiennent la chimie pour une science exacte, alors que les atomes et les molécules dont elle se sert quotidiennement ne sont qu'hypothétiques, mais nullement dus à l'observation directe.

Mécanique de l'ontogénèse. — L'étroite relation de causalité dans laquelle se trouve l'ontogénie par rapport à la phylogénie a été mise en lumière dans ma *Generelle morphologie*, et dès ce moment j'ai insisté sur le caractère mécanique de ces deux disciplines, et tâché d'expliquer physiologiquement leurs phénomènes morphologiques. Jusque-là l'histoire de l'évolution, et l'on entendait par là l'embryologie, ne comptait que pour une science descriptive. C. E. Baer, qui lui avait donné en 1828 des bases solides, était sans doute parvenu à cette idée que toutes les manifestations du développement intellectuel se ramenaient aux lois de la croissance. Mais la finalité même de cette croissance lui était restée cachée. L'excellent anatomiste Wurtzbourgeois Albert Kölliker en était encore dans la 4ᵉ édition (1884) de son Manuel d'embryologie (1859) à ce point d'affirmer notre ignorance absolue quant aux lois de l'évolution des organismes. J'avais pourtant essayé, dès 1866, de démontrer que Darwin avait, avec sa théorie de la descendance, résolu non seulement le problème de l'origine des espèces mais donné en même temps le moyen de résoudre ceux de l'ontogénie. C'est pourquoi je formulai dans le chapitre XX de ma *Generelle morphologie* mes 44 *thèses ontogéniques* dont je reproduis ici les trois suivantes : 1) Le développement des organismes est un processus physiologique qui repose comme tel sur des causes mécaniques, c'est-à-dire sur des mouvements physico-chimiques. 40). L'ontogénèse ou développement de l'individu organique est directement conditionnée par la phylogénèse, c'est-à-dire par l'évolution du tronc (phylon) auquel il appartient. 41). L'ontogénèse est la récapitulation courte et rapide de la phylogénèse, conditionnée par les fonctions physiologiques de l'hérédité et de l'adaptation. » C'est dans ces thèses du nexus causal de l'évolution biontique et phylétique (ib. p. 300) que se trouve le noyau de mon théorème fondamental biogénétique. En même temps j'ai clairement exprimé mon opinion que je ramène le processus physique de l'ontogénèse comme celui de la phylogénèse à la mécanique pure du plasma, dans le sens que donne au mot la philosophie critique.

Loi fondamentale biogénétique. — Cette loi, je l'ai formulée d'abord en 1866 ; je l'ai expliquée en 1868, puis plus en détail en 1902, en la fondant de deux manières différentes. J'ai d'abord montré dans mes études sur la théorie gastréenne (1872-1874) que chez tous les Histones, depuis les Spongiaires et les Polypes jusqu'aux Articulés et aux Vertébrés, l'organisme pluricellulaire se développe à partir d'un germe (gastrula) qui est la répétition ontogénique de l'espèce (gastræa) correspondante. Puis, dans mon *Anthropogénie* (1874) j'ai tenté de faire l'épreuve de cette théorie sur le développement de notre propre organisme, tant du corps entier que de chacun de ses organes, en le rattachant à leurs formes ancestrales. Le résultat détaillé de ces recherches se trouve consigné dans la dernière édition (30 planches et 500 figures, et 60 tableaux généalogiques) de mon *Entwickelungsgeschichte des Menschen*. Pour des renseignements sur la portée de ma loi fondamentale biogénétique je puis renvoyer en outre à la brochure du Dr Heinrich Schmidt indiquée en tête de ce chapitre. Je me contenterai ici de décrire dans ses grandes lignes le combat qui s'est livré autour de cette loi ces 30 dernières années.

Portée générale de la loi fondamentale biogénétique. — Le titre même que j'ai donné à cette loi indique que je lui attribue une portée tout à fait générale. Chaque organisme répète d'après des lois spéciales d'hérédité dans son évolution individuelle une partie de l'évolution de sa race. Le mot de récapitulation indique qu'il s'agit d'une répétition partielle et abrégée de l'évolution phylétique et conditionnée par les lois de l'hérédité et de l'adaptation. Dès le début j'ai dit nettement que ma loi est formée de deux parties, l'une positive, palingénétique, et l'autre limitative, cénogénétique. La palingénèse décrit une partie de l'histoire primitive du tronc ; la cénogénèse déforme cette image par suite de modifications introduites postérieurement. Cette distinction a une grande importance par suite des malentendus qui se sont élevés au sujet de ma loi, acceptée en partie seulement par Plate et Steinmann, rejetée complètement par Keibel et Hensen, alors que Keibel comme embryologiste lui a fourni sans le savoir un nombre considérable de preuves.

Il faut regretter surtout que l'un des embryologistes les plus réputés, Oskar Hertwig, de Berlin a passé ces temps derniers du côté de mes adversaires. Ses « corrections » ont été rejetées même par Keibel et expliquées par H. Schmidt. Il s'agit ici d'une de ces métamorphoses psychiques assez fréquentes. Son frère cependant, à Munich, a conservé ses opinions monistes.

Ontogénie tectogénétique. — En opposition avec mon ontogénie mécanique s'est développé dans les milieux des embryologistes une tendance appelée « mécanique évolutioniste », à laquelle se rattache Wilhelm His qui tenta de ramener les phénomènes ontogéniques les plus compliqués à des facteurs physiques comme l'élasticité, la torsion, etc. Il juge notre méthode phylogénétique absolument inutile. En réalité His concevait la nature comme une couturière habile, c'est pourquoi on a appelé ses hypothèses des *théories de tailleur*. Le malheur est qu'elles ont eu une influence assez considérable sur de nombreux embryologistes et ont continué de se faire sentir jusqu'en ces temps derniers. (Voir mon *Anthropogénie*, 5ᵉ d. p. 55).

Doctrine de l'évolution expérimentale. — Les merveilleux résultats obtenus par la physiologie expérimentale moderne ont éveillé l'espoir que l'application de la même méthode en produirait d'aussi fructueux dans le domaine phylogénétique. Mais c'était oublier les différences des conditions; et d'ailleurs les tentatives de formation d'espèces n'auraient que peu de portée, ainsi qu'il a été dit ci-dessus. Pourtant quelques expériences réussies nous ont donné des renseignements utiles sur la physiologie et la pathologie de l'embryon. On trouvera aussi dans l'*Archiv für Entwickelungsmechanik* de Wilhelm Roux (depuis 1895) un grand nombre de documents d'ordre phylogénique et ontogénique intéressants (cf. mon *Anthropogénie*, 5ᵉ éd. p. 34).

Monisme et biogénie. — De tous les domaines, celui de la psychologie et celui de la biogénie ont été considérés jusqu'en ces temps derniers comme les plus fortes citadelles contre le monisme et en faveur du vitalisme. Mais la loi biogénétique les a ouverts à l'explication mécanique. Dès mon étude sur la théorie gastréenne j'ai formulé ce principe : la phylogénèse est la cause mécanique de l'ontogénèse. Ainsi se trouve nettement fondé notre point de vue moniste. Et depuis, la biogénie conçue comme biogénie mécanique est devenue l'un des appuis les plus puissants de la philosophie moniste.

CHAPITRE XVII

Valeur de la Vie.

BUT DE LA VIE. — NATURE ET CIVILISATION. — SAUVAGES, BARBARES ET CIVILISÉS. — VALEUR DE VIE PERSONNELLE ET SOCIALE.

> « La psychologie comparée est, dans le sens le plus large, une histoire naturelle de la formation et de l'évolution du psychique. Sa partie la plus importante c'est la psychologie des sauvages, qui seule permet de résoudre, dans les limites du possible, les énigmes que présente l'esprit humain. La psychologie de l'enfant ne vient qu'en second lieu, parce qu'elle ne fait que répéter ontogéniquement ce qui est fondé phylogénétiquement dans la psychologie des peuples. Celle-ci seule permet de résoudre les problèmes fondamentaux de la théorie de la connaissance, de l'esthétique, de la philosophie, de la morale et de la religion qui se ramènent à cette formule : *inné ou évolué?* Et la réponse définitivement donnée par la science est bien nettement celle-ci : *évolué et hérité.* »
>
> FRITZ SCHULTZE (1900).

SOMMAIRE

Succession des vies. — But de la vie. — Progrès. — Buts historiques. — Ondulations historiques. — Valeur de vie des classes et des races humaines. — Psychologie des sauvages. — Sauvages. — Barbares. — Civilisés. — Trois stades d'évolution (inférieure, moyenne, supérieure) dans chacune de ces catégories. — Valeur personnelle et sociale de la vie civilisée dans les cinq domaines de la nutrition, de la reproduction, de la locomotion, de la sensibilité et de la vie intellectuelle. — Évaluation de la vie humaine.

BIBLIOGRAPHIE

Fritz Schultze. 1900. — *Psychologie der Naturvölker. Eine naturliche Schöpfungsgeschichte des menschlichen Vorstellens, Wollens und Glaubens*. Leipzig.

Bl. Sutherland. 1898. — *On the origin and growth of the moral instinct*. 2 vol. Londres.

Herbert Spencer. 1889. — *Principes de Sociologie et d'Ethique*.

J. W. Draper. 1863. — *Geschichte der Conflicte zwischen Religion und Wissenschaft*, Leipzig.

Natur und Staat. 1903. — *Beiträge zur naturwissenschaftlichen Gesellschaftslehre* (publié sous la rédaction de H.-E. Ziegler). Iéna.

Wilhelm Schallmayer. 1903. — *Vererbung und Auslese im Lebenslauf der Völker*. *Natur und Staat*. T. III.

Heinrich Matzat. 1903. — *Philosophie der Anpassung*. *Natur und Staat*. T. II.

Ludwig Woltmann. 1903. — *Politische Anthropologie Eine Untersuchung über den Einfluss der Descendenz-Theorie auf die Lehre von der politischen Entwickelung der Völker*. Eisenach.

P. Kropotkine, 1904. — *Mutual Aid*. Londres.

A. de Gobineau, 1853. — *Essai sur l'inégalité des races humaines* (trad. all. 1897).

Gottfried Herder. 1784. — *Ideen zur Geschichte der Menschheit*.

Friedrich Ratzel. 1886. — *Völkerkunde*. 2e éd. 1894. Leipzig.

Friedrich Jodl. 1878. — *Die Culturgeschichtsschreibung, ihre Entwickelung und ihre Probleme*. Halle.

Friedrich Hellwald. 1875. — *Culturgeschichte in ihrer naturlichen Entwickelung bis zur Gegenwart*. 4e éd. 1890. Augsbourg.

John Lubbock. 1875. — *Die Entstehung der Civilisation und der Urzustand des Menschengeschlechts*. Leipzig.

Carus Sterne (Ernst Krause). 1889. — *Die allgemeine Weltanschauung in ihrer historischen Entwickelung. Charakterbilder aus der Geschichte der Naturwissenschaften*. Stuttgart.

Ernest Hæckel. 1874. — *Anthropogenie oder Entwickelungsgeschichte der Menschen*. T. I. *Ontogenie*; T. II, *Phylogenie*. Avec 30 planches, 500 figures dans le texte et 60 tableaux généalogiques.

La valeur de notre vie nous apparaît aujourd'hui, grâce à la doctrine de l'évolution, sous un tout autre jour qu'il y a cinquante ans. Nous nous sommes habitués à regarder l'homme comme un être naturel, le plus développé que nous connaissions. Les lois d'airain qui règlent la marche de l'évolution du cosmos entier dominent aussi notre propre vie. Le monisme donne cette conviction que l'Univers mérite vraiment son nom et est un tout en soi, de quelque nom, Dieu ou Nature, qu'on l'appelle, L'anthropologie moniste a reconnu nettement que l'homme n'est qu'une particule de ce tout, un mammifère placentaire qui date à peine de la fin du tertiaire. Il nous faut donc considérer la valeur de la vie par rapport à la valeur de la vie organique dans son ensemble.

Succession des vies. — Un examen général sans parti pris de l'histoire de la vie organique terrestre enseigne d'abord que celle-ci est soumise à une transformation perpétuelle. Chaque seconde voit mourir des millions d'animaux et de plantes, pendant que d'autres millions naissent. Chaque individu a sa limite d'âge déterminée, tant l'Éphémère et l'Infusoire qui vivent quelques secondes à peine, que le Wellingtonia et les arbres géants qui atteignent plusieurs milliers d'années. L'espèce aussi est transitoire, et de même les ordres et les classes. Il est peu d'espèces qui aient vécu pendant plusieurs périodes géologiques, il n'en est pas une seule qui ait vécu pendant toutes. La phylogénie et la paléontologie démontrent abondamment que chaque forme vivante spécifique n'existe que pendant une faible partie des cent millions d'années (et davantage) que comprend l'histoire de la vie organique.

But de la vie. — Tout être vivant est à lui-même sa fin. Telle est l'opinion de tous les penseurs, qu'ils admettent une entéléchie ou dominante comme régulatrice du mécanisme vital, ou qu'ils expliquent mécaniquement la formation de chaque forme vitale spéciale par sélection et épigénèse. L'ancien point de vue anthropocentrique, d'après lequel les animaux et les plantes ont pour but « l'utilité de l'homme » et que les rapports des êtres entre eux sont conçus d'après un plan de création, ne rencontre plus aucune créance dans les milieux scientifiques. Mais de même que tout individu n'est là que pour lui-même, de même l'espèce n'existe que pour elle, et sa fin est limitée temporellement et transitoire. Toute forme vitale, individuelle ou scientifique, est donc un *épisode biologqiue*, un phénomène de passage. L'homme n'est pas une exception. « Rien ne dure que le changement » dit le vieil adage ; et il dit vrai.

Progrès. — La succession historique des espèces et des classes est liée, dans le règne animal comme dans le règne végétal, à un progrès continu. C'est ce que nous montre avec évidence la paléontologie. Les « médailles de la création », les fossiles, sont des preuves absolues de ce progrès phylogénétique. C'est ce que j'ai exposé dans mon *Histoire naturelle de la Création,* et aussi la perfection graduelle des espèces et leur complexité croissante s'expliquent mécaniquement comme des conséquences nécessaires de la sélection. Nul besoin ici d'un Créateur travaillant d'après un plan et une finalité transcendentale. La preuve détaillée et strictement scientifique en a été donnée dans les 3 volumes de ma *Systematische Phylogenie* (1894). Je rappellerai l'histoire génétique des plantes à tissus et des Vertébrés. Parmi les Métaphytes, ce sont les Fougères qui constituent l'espèce dominante pendant le paléozoïque, les Gymnospermes pendant le mésozoïque, les Angiospermes pendant le cénozoïque. Et parmi les Vertébrés, on ne trouve que des Poissons pendant le silurien, des Dipneustes pendant le dévonien, des Amphibies dans le carbonifère, des Reptiles pendant le permien; et les premiers Mammifères apparaissent dans le trias.

Buts historiques. — Toute cette série de faits d'ordre paléontologique ont parfois conduit à des conclusions téléologiques fausses. On a considéré la forme la plus récente de chaque série comme la fin vers laquelle ont tendu les formes précédentes moins parfaites. C'était agir comme font beaucoup d'historiens des peuples (*Histoire générale*): quand une race, un peuple, une nation acquièrent dans la civilisation une situation de prépondérance par suite de leurs qualités naturelles supérieures et des conditions favorables d'évolution, ces historiens le traitent de « peuple élu » et regardent ses stades antérieurs d'évolution moins parfaits comme des stades voulus d'avance et tendant à un but déterminé. En réalité, ces stades se sont succédé nécessairement sous l'influence des conditions internes (hérédité) et externes (déterminant l'adaptation). Une détermination consciente prise en vue d'un certain but se nommera prédestination théiste ou finalité panthéiste : mais pour nous il n'existe qu'une causalité mécanique, dans le sens du monisme ou psychomécanique ou hylozoïsme.

Ondulations historiques. — Bien que d'une manière générale l'histoire des plantes et des animaux et celle de la civilisation humaine accusent un progrès, il s'en faut que ce progrès ait été absolument continu. Il y a eu des arrêts, puis des reprises, c'est-à-dire des ondulations. Elles sont très irrégulières, tantôt lentes, tantôt rapides ou brusques. Des groupes jeunes se superposent souvent à des groupes âgés, assimilent leur civilisation et lui donnent un nouvel essor. Il y a aussi diminution progressive d'un groupe parallèlement au perfectionnement progressif d'un autre. Les Fougères actuelles sont de bien maigres survivants des puissants Pteridophytes du dévonien et du carbonifère ; elles furent repoussées à l'époque secondaire par leurs épigones gymnospermes (cycadées, conifères) et ceux-ci à leur tour à l'époque tertiaire par les plantes à fleurs. Même phénomène avec les Reptiles qui, colossaux à l'époque secondaire, sont depuis le tertiaire dépassés par les Mammifères. De même le Moyen âge chrétien est comme une masse obscure entre les deux foyers lumineux de l'antiquité classique et de la civilisation moderne.

Valeur de vie des classes. — Ces quelques indications suffisent déjà pour montrer que les divers ordres et classes d'êtres vivants ont, comparés entre eux, une valeur de vie différente. Sans doute, quant à leur finalité interne, la conservation de soi-même, tous les organismes ont le même droit et la même valeur, mais qui diffèrent par rapport à tout l'ensemble des êtres vivants et par rapport à la nature entière. Ceci vaut pour les animaux et les plantes comme pour les groupements humains. La petite Grèce a dominé pendant un temps toute la vie intellectuelle de l'Europe ; les nombreuses tribus indiennes de l'Amérique se sont développées par endroits mais sans influer sur la marche générale de la civilisation supérieure.

Valeur de vie des races humaines. — Bien que les différences d'intelligence et de civilisation entre les diverses races humaines soient connues généralement, elles sont trop peu estimées et par suite entraînent de fausses évaluations. Ce qui distingue l'homme des mammifères supérieurs et augmente sa valeur de vie, c'est la civilisation, et la raison qui en est la condition. Mais la raison n'appartient guère qu'aux races humaines supérieures, mais fort peu aux autres. Les hommes de nature (Weddas, Australiens) sont au point de vue psychologique plus proches des mammifères (singes, chiens) que les Européens civilisés. C'est pourquoi leur valeur de vie doit être jugée tout autre. A ce point de vue les nations européennes, possédant de vieilles colonies sont plus réalistes que nous, qui nous conduisons vis-à-vis de ces êtres inférieurs d'une manière trop idéale, conformément à des règles formulées par nos métaphysiciens. D'où beaucoup d'erreurs pratiques commises dans l'administration de nos jeunes colonies, et qui eussent été évitées avec une connaissance plus approfondie de la psychologie des peuples de nature (Cf. Gobineau et Lubbock, p. 444).

Psychologie des peuples de nature (sauvages). — Les erreurs grossières que commet depuis des siècles la psychologie tiennent surtout à la non-utilisation de la méthode comparative et génétique et à l'emploi unique de l'introspection ; d'autre part, à ce que les métaphysiciens ont pris pour point de départ leur âme hautement développée, c'est-à-dire l'activité psychique d'un homme civilisé élevé dans la méthode scientifique, pour en faire le représentant de l'âme humaine en général et construire ainsi un schéma idéal. Or, la différence entre l'âme pensante du civilisé et l'âme sans pensée et animale du sauvage est considérable, plus grande que la différence entre cette dernière et l'âme du chien. Kant aurait évité beaucoup de fautes dans sa philosophie critique et laissé de côté maints dogmes pesants s'il avait étudié quelque peu l'activité psychique des demi-civilisés.

L'importance de cette étude comparative et phylogénétique a été mise en lumière ces temps derniers par Lubbock, Romanes etc., et surtout par Fritz Schultze (1900) dont le livre est la première bonne tentative pour déterminer l'évolution intellectuelle, esthétique, éthique et religieuse de l'humanité en partant des stades les plus primitifs. En supplément, il résume le grand ouvrage d'Alexandre Sutherland sur l'origine et le développement de l'instinct moral (Londres, 1898). Sutherland répartit l'humanité en quatre grandes classes d'après leur civilisation matérielle et leur développement psychique : 1° sauvages ou incultes ; 2° barbares ou demi-sauvages ; 3° civilisés ; 4° civilisés supérieurs (1).

Valeur de la vie civilisée. — Les mauvais côtés de notre vie civilisée ont été fort bien mis en lumière par Max Nordau dans ses *Mensonges conventionnels*. Ils s'amélioreront quand la raison acquerra plus d'empire dans la vie pratique par application de la philosophie moniste et évincera les dogmes vieillis. D'ailleurs les côtés lumineux de la civilisation dépassent de beaucoup les autres, en sorte que nous pouvons attendre l'avenir avec confiance. Il suffit de regarder 50 ans en arrière pour constater l'amélioration de nos conditions d'existence et admettre qu'il y a eu progrès culturel général. Si nous regardons l'État civilisé actuel comme un organisme bien développé, comme un individu social de classe supérieure, et ses citoyens comme les cellules d'une histone perfectionné, la différence entre cet État et les hordes de sauvages est aussi grande qu'entre un Métazoaire supérieur, p. ex. un Vertébré, et une cénobie de Protozoaires. La division du travail entre les individus sociaux d'une part et de l'autre la centralisation rend le corps social capable d'activités bien supérieures à celles des individus isolés et en augmente la valeur de vie. Pour nous en convaincre, il nous suffira de comparer la valeur sociale de la civilisation avec sa valeur individuelle dans les cinq grandes catégories d'activités vitales.

Valeur personnelle de la nutrition. — Le premier besoin de tout organisme individuel c'est la conservation de soi-même : elle s'obtient dans nos civilisations modernes bien plus facilement que jadis. Le sauvage se contente des produits naturels bruts, que lui procurent la chasse, la pêche, la cueillette. Puis se développa l'élevage et l'agriculture. Mais il a fallu gravir de nombreux échelons jusqu'à ce que les conditions de nourriture, d'habitation et de vêtement fussent telles que l'homme puisse se consacrer à des activités d'ordre esthétique et intellectuel.

(1) Consulter de préférence l'excellent manuel de J. Deniker, *Races et Peuples de la Terre*, Paris, 1900. — N. du Tr.

Valeur sociale de la nutrition. — Tout autant a gagné la nutrition de l'union sociale qui constitue l'Etat. Les progrès de la chimie et de l'agriculture ont rendu possible la production de denrées alimentaires en quantités suffisantes pour les besoins de grandes agglomérations. Le développement des voies et moyens de communication permet une répartition plus égale de ces denrées sur toute la surface terrestre. La médecine et l'hygiène ont trouvé des procédés pour dimimuer les risques de maladies et en prévoir la diffusion épidémique. Les villes d'eaux, les salles de gymmastique, les cuisines populaires, les jardins publics, etc., agissent favorablement sur la santé de tous. La distribution des demeures modernes, leur chauffage et leur éclairage se sont améliorés. La politique sociale actuelle tend à faire profiter de tous ces perfectionnements les classes inférieures. Sans doute il reste encore beaucoup à faire dans toutes ces directions. Mais d'une manière générale, il est évident que les conditions de la nutrition sont de nos jours en progrès considérable sur ce qu'elles étaient au Moyen Age et au stade barbare.

Valeur personnelle de la reproduction. — En aucun autre domaine de la physiologie ne se présente à nous avec autant de force la haute valeur de la civilisation et le progrès acquis depuis la condition sauvage qu'en celui de la reproduction, c'est-à-dire de la conservation de l'espèce. La satisfaction de l'instinct sexuel ne s'obtient chez la plupart des sauvages et beaucoup de barbares que d'une manière comparable à celle des Singes et des autres Mammifères. La femme n'est alors encore que le support de la jouissance ou une esclave sans droits qui se vend et s'utilise comme tout autre bien. Ce n'est que peu à peu que s'élève la valeur de cette propriété et qu'elle acquiert par le mariage réglementé la garantie de la fixité. La vie de famille devient alors pour les deux époux la source d'une jouissance de la vie plus élevée et plus raffinée. En même temps que la civilisation, cette valeur augmente : les qualités de la femme sont de plus en plus reconnues et à l'amour sensuel s'ajoute le lien sentimental entre les époux. Le soin commun et l'éducation des enfants, qui existent déjà chez nombre d'animaux (néomélie) conduit au perfectionnement de la vie de famille et à l'institution d'écoles. Mais seule la civilisation permet le développement de la vie sentimentale entre époux et parents et enfants. Le beau s'unit alors au vrai et au bien en trinité harmonique. C'est pourquoi *l'amour* est déjà depuis des siècles devenu la source la plus importante d'ennoblissement esthétique de l'homme, où tous les arts ont puisé : poésie et musique, peinture et sculpture. Pour l'individu même, l'amour n'a pas seulement acquis la valeur suprême parce qu'il affine et ennoblit l'instinct sexuel brutal, mais aussi parce que l'influence mutuelle des deux sexes et la jouissance commune des biens vitaux idéaux agit sur le caractère des individus. Un mariage vraiment heureux — et il en est peu sans doute aujourd'hui — doit donc être regardé du point de vue psychologique et du point de vue physiologique comme le but vital le plus élevé pour chaque être civilisé.

Valeur sociale de la reproduction. — Comme le mariage ainsi conçu est la meilleure forme de la famille et par suite la meilleure base de l'Etat, on en voit de suite la haute valeur sociale. L'inclination amoureuse et le don réciproque des deux sexes effectuent, plus que tout la loi dorée de la morale, l'équilibre entre l'égoïsme et l'altruisme. C'est ce qu'a remarqué Fritz Schultze (2e partie, p. 97), qui conclut en disant avec raison que la famille est la source de tout sentiment et toute vie vraiment moraux. Et c'est dans l'ennoblissement de la famille que réside en grande partie la valeur supérieure de notre civilisation.

Valeur personnelle des moyens de locomotion. — Si maintenant nous jetons un regard sur les avantages de notre civilisation quant à la faculté pour l'homme de se déplacer, nous constatons de nouveau un progrès certain. Les hommes les moins civilisés, parmi lesquels étaient nos ancêtres, grimpaient aux arbres et ne vivaient que rarement sur terre, tels des singes anthropoïdes. C'est plus tard seulement qu'on domestiqua le cheval. Beaucoup d'habitants d'îles et de côtes apprirent tôt à se construire des canots. Puis on inventa la voiture et ce n'est que bien plus tard qu'on construisit des routes. Enfin au XIXe siècle on inventa les chemins de fer et les bateaux à vapeur. Tout le système des communications se trouva ainsi modifié de fond en comble, que perfectionnèrent encore les découvertes en électro-chimie. Nos conceptions actuelles de l'espace et du temps sont devenues tout autres que celles de nos parents. Nous parcourons en une heure une distance à laquelle il fallait à la diligence cinq fois et au piéton dix fois plus de temps. Les essais récents tentés aux environs de Berlin ont démontré qu'il est possible de faire plus de 200 kilomètres en une heure. Le voyage d'Europe aux Indes se fait aujourd'hui en trois semaines alors que jadis il fallait trois mois à un bateau à voiles. L'économie de temps ainsi faite équivaut à un allongement de notre vie. Ceci vaut aussi pour d'autres moyens de locomotion (automobiles, bicyclettes, etc.). Ces avantages sont évidemment connus de tous : mais ils ne sont vraiment appréciés que par qui a vécu assez longtemps en un pays dénué de routes ou parmi des sauvages.

Valeur sociale des moyens de locomotion. — Toute aussi considérable est la valeur sociale des nouveaux moyens de locomotion. Si nous regardons l'Etat comme un organisme supérieur, le réseau des voies de communication équivaut au système circulatoire, dont la perfection relative conditionne la récréation des êtres. Le transport facile et à bon marché des besoins vitaux au centre, aux régions les plus éloignées, le développement des chemins de fer et des vapeurs sont jusqu'à un certain point l'étalon du degré de civilisation. Sans compter le grand nombre de personnes employées, et assurées de leurs moyens d'existence.

Valeur personnelle de la sensibilité. — Si nous comparons le vaste domaine de la sensibilité chez l'homme civilisé avec celle du non-civilisé, il nous faut considérer d'abord l'activité des organes des sens, puis celle du cerveau. Ici encore Fritz Schultze a exposé avec raison (p. 21-45) que l'homme de nature est plutôt un sensitif, l'homme civilisé plutôt un intellectuel. Ce qui revient à dire que le phronéma, l'organe central de la pensée, est plus développé chez le second que chez le premier. L'activité sensorielle du sauvage est plus forte quantitativement, mais plus faible qualitativement que celle du civilisé. Ceci vaut surtout pour les fonctions complexes que nous nommons sensations esthétiques et qui sont la source de l'art et de la poésie. Très développés surtout sont chez les sauvages les sens objectifs (vue, ouïe, odorat); par contre les sens subjectifs (goût, sens sexuel, tact, sens de la température) le sont bien moins. Et dans l'une et l'autre direction le civilisé est bien supérieur pour la finesse et le développement esthétique. En outre, l'invention d'instruments, comme le microscope et le télescope, qui suppléent à l'insuffisance des sens, ont contribué à en perfectionner l'usage et à en renforcer la portée intellectuelle. Les jouissances esthétiques que nous procure l'art, arts plastiques pour l'œil, musique pour l'oreille, parfums pour le nez, cuisine pour le palais, etc., sont en majeure partie incompréhensibles pour les sauvages, quoiqu'ils voient, entendent et sentent avec plus d'acuité que les civilisés. Dans les sens subjectifs, ils sentent également d'une manière plus grossière, sans faire de différence d'ordre esthétique.

Valeur sociale de la sensibilité. — Au point de vue social, c'est surtout la valeur inestimable de l'art et de la science qui importe, leur encouragement par l'Etat et l'utilisation pour le développement des jeunes gens. C'est pourquoi on devrait développer autant les sens que la raison et cela dès l'enfance par l'observation directe de la nature et l'enseignement du dessin ; on devrait, dans l'enseignement, donner une plus grande place à l'art, par des expositions dans l'école de statues et de peintures, et par des voyages et des promenades en pleine nature. Ainsi les enfants civilisés acquerraient sans efforts des sommes de plaisir dont l'idée même est inconnue du sauvage.

Valeur personnelle de la vie intellectuelle. — L'activité psychique supérieure que l'homme civilisé nomme sa « vie intellectuelle » et regarde même comme une Merveille qui lui appartient en propre, n'est qu'un développement de celle qu'on rencontre chez les sauvages, ainsi, d'ailleurs que chez les Vertébrés supérieurs. La psychologie comparée nous fait connaître la longue série d'évolutions par laquelle a passé l'âme depuis les Protistes jusqu'à l'Homme. Il en est de même de son organe, le phronéma et de l'association des représentations qui constitue la pensée. La différence entre un civilisé supérieur comme Darwin, Laplace ou Kant et un Akka, un Vedda ou un Australien est bien plus considérable qu'entre ces derniers et les singes anthropoïdes (Orang, Chimpanzé, Gibon) ou les mammifères supérieurs (cheval, chien, éléphant). Remarquable surtout est la différence, sur laquelle a insisté Fritz Schultze, entre la pensée concrète du primitif et la pensée abstraite du civilisé.

Valeur sociale de la vie intellectuelle. — A la hausse de valeur de l'homme civilisé individuel pendant le XIXe siècle correspond une hausse de valeur de l'Etat. La combinaison des nombreuses découvertes dans tous les domaines scientifiques et techniques, l'association en vue du progrès des relations et de la production, des arts et des sciences ont eu pour conséquence un développement général de l'activité intellectuelle dans la société. Jamais la science véritable, et surtout sa base, la connaissance de la nature, n'avait atteint un tel degré de perfection qu'au XIXe siècle. Jamais l'esprit humain n'avait pénétré si avant dans les mystères de la nature, ne s'était fondé sur elle pour édifier la théorie de son unité, n'avait appliqué à ce degré cette connaissance à la technique et à la pratique de la vie humaine. Les triomphes de l'homme civilisé n'ont été possibles que par la division du travail et par l'appui prêté aux recherches scientifiques par les divers Etats civilisés.

Nous sommes loin cependant d'avoir atteint notre but. L'organisation sociale de nos Etats, si développée sur certains points, est fort en retard sur d'autres. Toujours encore sont vraies ces paroles d'Alfred Wallace citées à la page 7 de mes *Énigmes :* « Comparés à nos étonnants progrès dans les sciences physiques et leurs applications pratiques, notre système de gouvernement, notre justice administrative, notre éducation nationale, et toute notre organisation sociale et morale sont restés à l'état de barbarie ». Pour sortir de cet état, les peuples de l'avenir devront n'accepter qu'un seul guide, la raison, afin de comprendre enfin la place de l'homme dans la nature.

Valeur d'évaluation de la vie humaine. — Si nous récapitulons tout ce qui vient d'être exposé brièvement, nous admettrons sans doute que la valeur sociale du civilisé moderne est de beaucoup supérieure à celle de ses ancêtres sauvages. Notre vie est assurée, ainsi que notre propriété par l'organisation sociale ; elle est plus belle, plus longue, plus riche que celle du sauvage. Sans doute, à l'intérieur même de la vie civilisée, il y a des degrés. Plus la nation est répartie, par suite de la division du travail, en classes et en groupes hiérarchisés, plus s'accuse la différence entre les parties développées et les masses plus incultes de la nation. Et ceci se manifeste surtout si on compare la valeur de vie des grands esprits du XIXe siècle avec celle de l'homme moyen qui mène à demi-inconscient une existence monotone et pénible.

Valeur d'évaluation personnelle et sociale de la vie. — L'État juge autrement de la valeur de vie d'un individu que cet individu même. L'État réclame de chaque citoyen de collaborer à sa protection ; pour notre justice, la valeur de la vie est uniforme, qu'il s'agisse d'un fœtus de sept mois, d'un enfant nouveau-né, (qui n'a pas encore de conscience), d'un crétin sourd-muet ou d'un génie véritable. La différence entre l'évaluation individuelle et l'évaluation sociale s'exprime dans nos règles de morale. Le meurtre individuel est criminel, le meurtre en masse héroïque : que devient en ceci la doctrine chrétienne du pur amour ?

Le devoir principal de l'Etat futur sera d'assurer l'harmonie entre l'évaluation individuelle et l'évaluation sociale. Ceci entraîne une réforme radicale de l'enseignement, de la justice et de l'organisation sociale. Ainsi seulement sortirons-nous de l'ère de barbarie dont parle Wallace.

Valeur de vie subjective et objective. — Il va de soi que chaque organisme attribue la plus grande valeur à sa propre vie individuelle. C'est la tendance à la conservation, à laquelle correspond dans la nature inorganique la loi de l'inertie. A cette évaluation subjective, s'oppose celle qui est objective, c'est-à-dire qui juge la valeur de l'individu vis-à-vis du monde extérieur. Cette valeur augmente avec le développement de l'individu et l'extension de ses relations sociales. Les plus importantes tiennent à la division du travail entre individus semblables puis dans leur association en vue d'un but commun et de la formation d'un tout supérieur. Ceci vaut pour les colonies de cellules comme pour les cormus, les troupeaux d'animaux et les sociétés humaines. Plus le besoin des individus les uns des autres augmente, plus aussi croît leur valeur objective pour le tout, et plus elle diminue la valeur subjective des individus. De là vient une lutte continue entre les intérêts individuels, qui poursuivent leur but vital propre, et ceux de l'Etat, pour lesquels ils n'ont d'importance qu'en tant que parties composantes d'une machine.

CHAPITRE XVIII

Mœurs.

ADAPTATION ET HABITUDE. — INSTINCT ET MORALE
MODE ET RAISON

La renommée qu'a Kant d'être a véracité personnifiée, est usurpée. Il a été le *mensonge personnifié*, et ses mensonges ne sont pas de l'ordre qu'il faut. Le mensonge est, doit exister dans la vie; il lui est nécessaire. Mais le mensonge n'a rien à faire dans la philosophie. Kant fut honnête dans la vie, malhonnête en philosophie : il y mentait. — Si l'on voulait énumérer toutes les obscurités et toutes les malhonnêtetés de Kant, il faudrait citer tous ses ouvrages. — Kant, le philosophe de l'éthique, est à moitié fumiste, à moitié faible d'esprit. Fumiste, en ce sens qu'il va puiser au fond du puits profond et sombre de la philosophie, avec un sérieux terrifiant, tout ce qu'il y a lui-même plongé en secret : des nécessités d'Etat et des nécessités d'Eglise. Faible d'esprit, en ce sens qu'il se persuade à lui-même que ses conclusions découlent d'un travail philosophique honnête. — L'Ethique de Kant peut être attaquée sur divers points, et chaque attaque la détruit. La momie, en quelqu'endroit qu'on y touche, tombe en poussière. — Les impératifs catégoriques sont des formules abrégées, que Kant n'a su lire : il a pris l'abréviation pour un raisonnement complet.

Paul RÉE (1903.)
Die Philosophie Kant's. Berlin.

SOMMAIRE

Ethique dualiste. — Impératif catégorique. — Ethique moniste. — Coutume et adaptation. — Variation et adaptation. — Habitude. — Chimisme de l'habitude. — Excitation trophique. — Accoutumance des organes. — Instincts. — Instincts sociaux. — Instinct et mœurs. — Droit et devoir. — Mœurs et morale. — Bien et mal. — Mœurs et mode. — Sélection sexuelle. — Mode et pudeur. — Mode et raison. — Cérémonies et culte. — Mystères et sacrements. — Baptême. — Communion. — Transsubstantiation. — Miracle de la rémission des péchés. — Sacrements du catholicisme. — Mariage. — Modes actuelles. — Honneur. — Phylogénie des mœurs.

BIBLIOGRAPHIE

Emmanuel Kant, 1788. — *Critique de la raison pratique.* Königsberg.

Bartholomæus Carneri, 1871. — *Sittlichkeit und Darwinismus. Drei Bücher Ethik,* 1891. — *Der Moderne Mensch. Versuche uber Lebensführung. Entwickelung und Glückseligkeit.* 1886. Stuttgart.

Herbert Spencer, 1873-1893. — *Faits et principes de l'éthique.*

Benjamin Vetter, 1890. — *Die moderne Weltanschauung und der Mensch (Sechs Vorträge).* 4ᵉ éd., 1902. Iéna.

Arthur Schopenhauer, 1841. — *Fundamente der Ethik.*

Max Nordau. 1883. Francfort. — *Les mensonges conventionnels.*

M. Fischer. — *Modethorheiten.* Augsbourg.

M. Kleinwæchter, 1880. — *Zur Philosophie der Mode.* Berlin.

A. Brehm, 1876. — *Illustriertes Thierleben.* 12 vol. 3ᵉ éd., 1878. Leipzig

H.-E. Ziegler, 1904. — *Der Begriff des Instinctes einst und jetzt.* Iéna.

Heinrich Matzat, 1903. — *Philosophie der Anpassung mit besonderer Berucksichtigung des Rechtes und des Staates.* Iéna.

Friedrich Nietzsche, 1882. — *Die fröhliche Wissenschaft,* 1895. *Der Wille zur Macht.* I. Theil : *Antichrist.* Leipzig.

Theobald Ziegler, 1881-1892. — *Geschichte der Ethik.* Bonn.

Friedrich Jodl, 1882-1889. — *Geschichte der Ethick in der neueren Philosophie.*

Paul Rée, 1903. — *Philosophie (Nachgelassues Werk).* I. *Die Entstehung des Gewissens.* II. *Die Materie.* III. *Das Kausalgesetz.* IV. *Die Eitelkeit.* V. *Erkenntniss-Theorie.* VI. *Die Philosophie Kant's und Schopenhauer's.* VII. *Die Willens freiheit.* VIII. *Die Religion, Moral und Psychologie.*

Richard Sémon, 1904. — *Die Mneme als erhaltendes Princip im Wechsel des organischen Geschehens.* Leipzig.

La vie pratique de l'homme, comme celle de tous les animaux supérieurs sociaux est dominée par des instincts et des habitudes qu'on nomme communément *mœurs*. La science de ces mœurs, dite *morale* ou *éthique* est regardée par le dualisme régnant comme intimement liée d'une part à la religion, de l'autre à la psychologie. Ce point de vue régna tout le XIXe siècle par suite de l'autorité formidable de Kant et de son impératif catégorique et parce qu'elle concordait avec les dogmes chrétiens. Notre monisme au contraire regarde l'éthique comme une science naturelle et part de ce point de vue que les mœurs n'ont pas une origine surnaturelle mais sont le résultat de l'adaptation aux conditions d'existence naturelles. La biologie ne voit donc dans les mœurs que l'action des activités physiologiques de l'organisme.

Éthique dualiste. — Toute notre vie civilisée moderne se débat encore dans les erreurs traditionnelles de la morale fondée sur la révélation. Le christianisme a emprunté au judaïsme les dix commandements et les a combinés avec la métaphysique mystique du platonisme. Et ce monument a reçu ses assises philosophiques de Kant avec sa Critique de la Raison pure. La puissance pratique des trois dogmes fondamentaux du dieu personnel, de l'âme immortelle et du libre arbitre tient à ce que Kant a fondé sur la morale son dogme de l'impératif catégorique.

Impératif catégorique. — L'influence de la philosophie dualiste de Kant, même de nos jours encore tient surtout à ce qu'il a assigné à la raison pratique la suprématie sur la raison pure. La loi morale que Kant voulait voir reconnue de tous s'exprimait, comme impératif catégorique, de la manière suivante : « Agis toujours de telle manière que la maxime (ou la formule subjective de ta volonté) puisse servir en même temps de règle générale ». J'ai montré déjà, dans le chapitre XIX de mes *Enigmes* que cet impératif catégorique, tout comme la doctrine de la chose en soi, était fondé sur des bases non pas critiques mais dogmatiques. C'est pourquoi il est intéressant de chercher comment Schopenhauer, qui sur tant de points fut d'accord avec Kant, s'exprime à ce sujet : « L'impératif catégorique de Kant est plutôt désigné de nos jours sous le nom moins resplendissant mais plus simple et commode de « loi morale ». Les faiseurs de manuels s'imaginent, avec la naïveté de l'incompréhension, avoir fondé l'éthique quand ils en appellent à cette loi morale soi-disant inhérente à notre raison puis y ajoutent quelques phrases générales et confuses qui réussissent à rendre incompréhensibles les rapports les plus clairs et les plus simples de la vie. Et tout ceci, sans jamais s'être demandé sérieusement s'il existe vraiment une loi morale inscrite comme un code commode dans notre tête, notre poitrine ou notre cœur. Ce large coussin est ôté à la morale par la preuve que l'impératif catégorique de Kant fondé sur la raison pratique est une hypothèse entièrement injustifiée, non fondée et inventée. De même que toute la doctrine de Kant de la raison pratique repose sur des bases non pas critiques mais dogmatiques, de même son impératif n'est que le dogme pur ; c'est un article de foi qui contredit directement les connaissances empiriques de la raison pure sans parti-pris ».

Le *devoir*, que l'impératif catégorique regarde comme une loi nécessaire de l'âme et s'y trouvant implantée *a priori* — c'est-à-dire comme un instinct moral — se ramène à toute une série de modifications phylétiques de l'écorce grise du phronéma. Le devoir est un ordre social qui s'est développé historiquement comme résultat *a posteriori* des relations compliquées entre l'égoïsme des individus et l'altruisme des sociétés. Le sentiment du devoir ou conscience morale est la détermination de la volonté par la conscience du devoir et varie avec les individus.

Ethique moniste. — Le jugement d'ordre que nous portons sur les lois morales est fondé sur les sciences naturelles, la physiologie et l'histoire de l'évolution, l'ethnographie et l'histoire de la civilisation. Ces lois reposent sur une base biologique et se sont développées naturellement. Toute notre morale actuelle, notre organisation étatiste et administrative s'est développée au XIXe siècle à partir de stades antérieurs et inférieurs que nous avons aujourd'hui « dépassés ». La morale civile du XVIIIe siècle à son tour provient de l'éthique des XVIe et XVIIe siècles ; et ainsi de suite en passant par l'éthique des Barbares et des Sauvages. De là, il nous faut remonter aux instincts sociaux des Singes anthropoïdes, puis des Vertébrés. La psychologie comparée nous fait ensuite reconnaître que les instincts sociaux des Mammifères et des Oiseaux se rattachent aux instincts inférieurs des Amphibies et des Reptiles, puis des Poissons. Et de proche en proche nous remontons ainsi aux Protistes, où règne déjà le principe de l'association, ou formation d' « unions de cellules ». L'adaptation des cellules individuelles les unes par rapport aux autres et aux conditions communes d'existence de l'extérieur, telle est la base physiologique des premiers débuts de la morale chez les Protistes. Tous les monocellulaires qui abandonnent la vie isolée pour s'intégrer à des cénobies ou unions de cellules s'obligent par là à limiter leur égoïsme au profit de l'altruisme utile à la communauté. Et c'est de ce compromis des deux tendances que sort tout le développement moral.

Mœurs et adaptation. — Les mœurs, qu'on donne à ce mot un sens large ou étroit, se ramènent toujours à la fonction physiologique de l'adaptation qui est intimement liée à la conservation de l'organisme par la nutrition. Les modifications du plasma entraînées par l'excitation trophique sont toujours fondées sur l'énergie chimique du changement de substance. (Voir le chap. IX). Mais peut-être ne sera-t-il pas inutile de définir ici le concept d'adaptation. Dans le chapitre XIX de ma *Generelle Morphologie* j'ai écrit (p. 191) : « L'adaptation ou variation est une fonction générale des organismes qui est intimement liée à la fonction fondamentale de la nutrition. Elle s'exprime par ceci que tout organisme individuel se modifie sous l'influence des conditions extérieures et acquiert des qualités que ne possédaient pas ses parents. Les causes de la variabilité tiennent essentiellement à une action réciproque matérielle des diverses parties de l'organisme et du milieu extérieur. La variabilité ou adaptabilité n'est donc pas une fonction organique mais une conséquence du processus physico-chimique de la nutrition ». On trouvera des développements de ces idées dans la dixième conférence de l'*Histoire naturelle de la Création*.

Adaptation et variation. — La définition de la notion de l'adaptation et de sa relation avec la variation diffère souvent de celle que j'ai donnée ci-dessus. Ces temps derniers, Ludwig Plate a limité ce concept; il ne veut entendre par adaptation que les variations *utiles* à l'organisme. Il en profite pour critiquer mon point de vue plus large et le traite « d'erreur évidente » ; il pense que je ne m'en encombre que parce que je suis incapable d'augmenter mes connaissances. (*Probleme der Artbildung*, p. 209). Si je voulais répondre à de tels reproches, je montrerais à Plate combien il a mal compris ma loi fondamentale biogénétique. Cependant je me contenterai de lui faire remarquer que cette limitation de la notion d'adaptation est inadmissible et conduit à des erreurs. Car, il y a dans la vie de l'homme comme des autres organismes des milliers d'habitudes et d'instincts qui ne sont pas utiles, mais plutôt neutres et parfois nuisibles à l'organisme et qui cependant rentrent dans l'adaptation, se transmettent par hérédité et modifient la forme. Ceci est surtout frappant chez les hommes, et les animaux et plantes domestiques, chez qui se rencontrent par milliers des adaptations de cet ordre, utiles, neutres ou nuisibles, et dues à l'éducation, au dressage, à la dépravation, etc. Même la formation d'organes inutiles, et souvent nuisibles, provient de l'adaptation.

Habitude. — L'habitude est une seconde nature, disait avec raison l'adage latin, dont la portée n'a été comprise entièrement que grâce à la théorie de la descendance de Lamarck. L'habitude simple de l'organisme isolé devient par adoption par la communauté une coutume puissante. L'habitude vient de la répétition d'une même activité physiologique et se ramène par suite à l'adaptation cumulative ou fonctionnelle. La répétition de cette même activité et l'exercice, lequel est lié à la mémoire plasmatique, entraîne une modification durable tant positive que négative : positive, c'est-à-dire que l'organe se développe davantage, devient plus fort; négative, c'est-à-dire que l'organe régresse et s'affaiblit par suite de non exercice. L'accumulation de modifications de ce genre petites et en soi insignifiantes rend l'adaptation à tel point active que des organes nouveaux se forment, ou que des organes existants deviennent rudimentaires et disparaissent.

Excitation trophique du plasma. — Si nous étudions de près les phénomènes de l'habitude chez les organismes inférieurs, nous constatons qu'elle repose, tout comme les autres adaptations, sur des modifications chimiques du plasma lesquelles sont provoquées par des excitations trophiques. C'est ce qu'avait déjà vu Ostwald, ainsi qu'il a été dit plus haut. Un facteur important de ces modifications est la *mémoire* qu'avec Hering je regarde comme une propriété de toute substance vivante « grâce à laquelle des phénomènes laissent dans l'être vivant des effets qui favorisent la répétition de ces phénomènes. » Et d'accord avec Ostwald, je pense que « l'importance de cette propriété ne saurait être exagérée. Sous ses formes les plus générales, elle entraîne l'adaptation et l'hérédité, sous son développement le plus élevé la mémoire consciente » (Cf. encore le livre récent de Richard Semon *Mneme*). A la conscience qui caractérise le degré le plus élevé de l'évolution phylétique correspond tout au bas de l'échelle l'adaptation des Monères. Parmi celles-ci, les Bactéries, dont l'importance dans le monde organique est si grande, présentent des cas d'adaptation fondée sur des habitudes du plasma et en fin de compte sur son énergie chimique et sa structure moléculaire encore inconnue. Ici encore les Monères sont les intermédiaires entre le monde organique et l'inorganique.

Accoutumance des organes. — Bien que l'on regarde d'ordinaire l'habitude comme un processus purement biologique, il existe des domaines dans la nature inorganique qui lui sont également soumis. Ostwald en donne l'exemple suivant : « Si l'on prend deux échantillons d'acide nitrique et qu'on dissolve dans l'un du cuivre métallique, il acquiert la propriété de dissoudre ensuite un deuxième morceau du même métal bien plus vite que le premier échantillon qui est resté non modifié. La cause de ce phénomène, qui se manifeste aussi si l'on prend du mercure ou de l'argent, tient à ce que les oxydes dégagés accentuent catalytiquement l'action de l'acide azotique sur du métal frais. On obtient le même résultat en adjoignant un peu de ces oxydes à l'acide. L'accoutumance tient donc ici à la formation d'accélérateurs catalytiques pendant la réaction. On peut comparer l'accoutumance inorganique non seulement à l'adaptation organique que nous nommons habitude et exercice, mais aussi avec l'imitation, transfert catalytique d'habitudes à des êtres vivants socialement unis.

Instincts. — Par instincts l'on entendait autrefois les tendances inconscientes des animaux qui conduisent à des actes finaliers ; et l'on admettait que chaque espèce animale avait reçu ses instincts spéciaux lors de la création. On regardait avec Descartes les bêtes comme des machines inconscientes et insensibles dont les actes se suivaient nécessairement suivant une ligne fixée par la raison divine. Bien que ce point de vue soit encore assez courant chez les métaphysiciens et les théologiens, il est depuis longtemps vaincu par le point de vue moniste. Lamarck déjà avait prétendu que les instincts se sont formés en majeure partie sous l'influence de l'habitude et de l'adaptation et se sont ensuite fixés par l'hérédité. Puis Darwin et Romanes ont montré que ces « habitudes devenues héréditaires » sont soumises aux mêmes lois de modification que les autres activités physiologiques. Plus récemment cependant, Weismann s'est donné beaucoup de peine, dans ses *Conférences sur la théorie de la Descendance* (XXIII) pour réfuter cette opinion, ainsi que l' « hypothèse de l'hérédité des modifications fonctionnelles », parce qu'elles ne cadrent pas avec sa théorie du plasma germinatif. Et M. Ziegler, à qui l'on doit une analyse approfondie de l'instinct (1904) accepte le point de vue de Weismann (1883) que : « tous les instincts naissent directement par sélection et ont leur racine, non pas dans l'exercice de la vie individuelle, mais dans les variations du germe. » Mais où donc peut se trouver la cause de ces « variations du germe » sinon dans les lois de l'adaptation directe et indirecte ? A mon sens, les merveilleuses manifestations de l'instinct offrent au contraire une foule de preuves frappantes pour l'hérédité progressive, dans le sens de Lamarck et de Darwin.

Instincts sociaux. — La majeure partie des organismes vivent en société et ont des intérêts communs. Parmi les conditions d'existence de l'espèce, les plus importantes sont celles qui lient la vie de l'individu à celles d'autres individus de la même espèce. Ceci résulte déjà des lois de la reproduction sexuelle. De plus l'union entre individus d'une même espèce est un grand avantage dans la lutte pour l'existence. L'association des personnes prend chez les animaux supérieurs une signification d'autant plus grande qu'elle est liée à une division élaborée du travail entre les individus. Dans les « Etats » de Vertébrés (Abeilles, Fourmis, Termites) et les troupeaux de mammifères, l'instinct de conservation prend la double forme d'égoïsme individuel et d'altruisme social. Chez l'homme, l'antagonisme de ces deux tendances est d'autant plus important que la raison fait comprendre que l'une et l'autre sont justifiées. Les habitudes sociales deviennent des coutumes dont les lois sont ensuite, comme morale, enseignées en qualité de devoirs et deviennent la base de la juridiction.

Instincts et mœurs. — Les mœurs des peuples sous toutes leurs formes psychologiques et sociologiques sont en majeure partie des « instincts sociaux » acquis par adaptation et transmis de génération en génération par hérédité ou tradition. Autrefois, on distinguait les deux catégories d'habitudes en disant que les instincts des animaux sont des activités constantes et fondées sur leur organisation physique, et les mœurs de l'homme des puissances métaphysiques qui se transmettent par tradition intellectuelle. Mais la physiologie moderne a montré la caducité de cette distinction en ramenant aussi les mœurs humaines, comme toutes les autres activités psychiques à l'organisation du cerveau. Les habitudes de vie individuelle acquises pendant la vie de l'individu se transmettent à ses descendants; et ces habitudes familiales ne sauraient pas plus être distinguées des habitudes de la tribu que celles-ci des lois du devoir théologique ou des règles de droit de l'Etat.

Mœurs et droit. — Lorsqu'une coutume est regardée par tous les membres de la communauté comme importante et valable, et que son observation est ordonnée, sa contravention punie, elle devient du « droit ». Ceci vaut déjà pour les troupeaux de mammifères sociaux (Singes, Oiseaux de proie, Tisserands). L'ordre juridique, qui s'est formé ici par développement supérieur des instincts sociaux est surtout manifeste, et comparable à celui des Sauvages, lorsque des individus isolés remarquables (mâles âgés et forts) deviennent conducteurs du troupeau et surveillent l'exacte observance de la coutume. Beaucoup de troupeaux organisés sont même à plusieurs égards plus élevés que ceux d'entre ces Sauvages dont les familles vivent isolées ou ne sont unies que temporairement à d'autres familles en tribus lâches. Les progrès importants accomplis par le psychologie comparée et l'ethnologie, par l'histoire de la civilisation et le préhistorique pendant la seconde moitié du XIXe siècle ont démontré qu'il y a une longue série de transitions des institutions juridiques depuis les Primates sociaux et les Mammifères jusqu'aux Sauvages et de ceux-ci aux Barbares, puis aux Civilisés avec leur « science du droit » si élaborée.

Mœurs et religion. — Il faut de même faire remonter aux coutumes des Sauvages et aux instincts sociaux des animaux supérieurs les dogmes religieux. Chez les peuples préhistoriques déjà s'était développée cette activité psychique spéciale que nous nommons religion et dont les sources ont été multiples : culte des ancêtres, désir d'immortalité personnelle, besoin de causalité et d'une conception de l'univers, superstition de toute nature, consolidation des lois morales par une puissance divine, etc. Selon que l'imagination de chaque groupe le porta dans une direction ou une autre, se formèrent des centaines de formes religieuses. Peu d'entre elles subsistèrent pour en arriver à dominer (au moins en apparence) la vie intellectuelle moderne. Avec les progrès de la science, la religion se débarrassa peu à peu de la superstition pour ne plus faire porter son poids que sur la morale.

Mœurs et morale. — La soumission aux ordres divins que la religion réclame du croyant est souvent reportée par la société humaine sur des règles qui proviennent d'activités sociales subordonnées. C'est ainsi que se produit le mélange des mœurs et de la morale, aux formes extérieures conventionnelles et d'une nature intime pleine de valeur. Les notions du bien et du mal, du juste et de l'injuste, du moral et de l'immoral sont ainsi soumises à l'interprétation libre. La contrainte morale exercée par la communauté sur l'individu joue ici un rôle considérable. Quelque clairement et raisonnablement qu'un homme civilisé pense au cours de sa vie pratique, il doit souvent malgré tout se soumettre à la tyrannie de coutumes tout à fait déraisonnables qui régnent dans son milieu social. En réalité, c'est bien la raison pratique qui domine sur la raison pure dans la vie courante.

Mœurs et mode. — La domination de la coutume ne repose pas seulement sur les habitudes sociales mais aussi sur la puissance de la sélection. La sélection naturelle conditionne dans la formation des espèces animales et végétales la constance relative de la forme spécifique : de même elle agit puissamment sur la formation des coutumes et des mœurs. Ici joue un rôle considérable la faculté d'imitation, qui existe inconsciemment chez beaucoup d'animaux (mimétisme) et contribue ainsi que l'ont montré à l'aide de beaucoup d'exemples Darwin, Wallace, Weismann, Fritz, Müller Bates et d'autres, au maintien et à la formation des espèces. C'est dans cette catégorie que rentrent ces imitations collectives d'ordre extérieur qu'on désigne ensemble du nom de *mode* : et c'est à bon droit qu'on assimile la mode à une « singerie », car il y a un lien qui rattache étroitement à ce point de vue les Primates entre eux.

Mode et sélection sexuelle. — La grande importance attribuée par Darwin, dans son *Origine des Espèces*, à la sélection esthétique opérée par les deux sexes vaut autant pour l'Homme que pour les Vertébrés doués déjà d'un sentiment esthétique comme les Amniotes. Les couleurs voyantes, les ornements qui distinguent le mâle de la femelle ne s'expliquent que par la sélection individuelle opérée par cette dernière. C'est ainsi que s'expliquent les différentes formes du système pileux (barbe, cheveux) les couleurs du visage, la forme des lèvres, du nez, des oreilles qui se rencontrent chez l'Homme et le Singe mâle, puis le plumage merveilleux des Colibris, des oiseaux de paradis, etc. Pour les détails je renvoie à la XIe conférence de mon *Histoire Naturelle de la Création*, non sans attirer encore l'attention sur l'importance spéciale de cette partie du darwinisme pour l'intelligence de la formation des espèces et de celle des mœurs.

Mode et pudeur. — La mode a également joué un grand rôle dans la formation de tout cet ensemble de phénomènes psychologiques raffinés qu'on nomme pudeur. Les Sauvages ont aussi peu de pudeur que les animaux et les enfants : ils vont tout nus et exécutent l'acte sexuel sans honte aucune comme les Chiens (cynisme). Les débuts du vêtement qui se manifestent chez les Sauvages moyens ne proviennent pas du sentiment de la pudeur mais des exigences du climat (peuples polaires), de la vanité, du désir d'ornementation (ornements d'oreilles, de lèvres, de nez, étuis phallocryptes ornés de coquillages, de bouts de bois, de fleurs, etc.). Ce n'est que plus tard que naît la pudeur par recouvrement de certaines parties du corps par des feuilles, des ceintures, des tabliers, etc. La plupart des peuples cachent d'abord les parties sexuelles, d'autres plutôt le visage, par exemple dans l'Islam. Mais chez les peuples cultivés, à ce sentiment s'en ajoutent d'autres d'ordre esthétique et d'ordre érotique raffiné.

Mode et raison. — Plus les conditions de vie se compliquent, plus se fait sentir l'influence de la raison d'une part, et de l'autre celle de la tradition héritée et de la morale. En sorte que la lutte entre ces deux directions s'exacerbe. La raison cherche à juger sainement tous les rapports, à déterminer les motifs des phénomènes et à diriger conformément à ces jugements la vie pratique. La tradition au contraire, c'est-à-dire les « bonnes mœurs », regarde les rapports sociaux du point de vue des ancêtres, de leurs lois respectables et des règles religieuses. Elle ne s'occupe point des appréciations indépendantes de la raison ni des relations causales réelles. Elle veut que la vie pratique de l'individu se subordonne aux traditions de la race ou de l'Etat. D'où ces conflits incessants entre la raison et la tradition, la science et la foi qui durent encore. Souvent la vieille tradition est cependant remplacée par une « mode nouvelle », c'est-à-dire une coutume transitoire qui n'en impose que par sa nouveauté et sa rareté. Mais si elle arrive avec une adresse et une force suffisante à être mise en rapport avec « l'opinion publique », ou à recevoir le secours de l'Etat ou de l'Eglise, elle peut réussir à obtenir la même considération que la « bonne vieille coutume ».

Cérémonies et culte. — Les peuples les plus bas actuels (Pygmées de Ceylan, d'Afrique, etc.) sont pour leur vie psychique peu supérieurs à leurs ancêtres, les Primates pithécoïdes. Ceci vaut aussi pour leurs coutumes. Comme la majeure partie de leurs représentations consiste en opinions sensibles et concrètes, on peut à peine parler de représentations religieuses. Puis la tendance à discerner les causes commence à se développer et en même temps l'idée d'esprit qui existait derrière les phénomènes sensibles. La crainte de ces esprits et le culte qu'on leur rend conduisent au fétichisme et l'animisme, commencements de la religion. A ce stade du culte se forment des coutumes stables à sens symbolique ou secret. Ces cérémonies se développent chez les populations plus civilisées en fêtes religieuses, nommées mystères par les Grecs, où l'on constate un mélange d'images de toutes sortes liées à des représentations et à des superstitions plus élevées. Les fêtes, les processions, les danses, les chants, les sacrifices, etc., sont d'ordre plus ou moins secret et sont sacrés. Souvent, elles conduisent à des plaisirs des sens qui parfois dégénèrent en orgies.

Mystères et sacrements. — Les coutumes religieuses païennes et juives formèrent ensuite dans l'Eglise chrétienne les parties du culte qu'on regarde comme spécialement sacrées, les sacrements. Les miracles des sacrements, qui doivent avoir pour effet la renaissance et la résurrection de l'homme, furent de bonne heure, parmi les forces les plus grandes de l'Eglise, prétexte à nombreuses querelles théologiques, surtout après que Grégoire le Grand eut introduit les dogmes de l'enfer et de la messe. D'après Saint Thomas d'Aquin, les sacrements sont des canaux par lesquels la grâce divine se divise dans les hommes en état de péché. Au XIIe siècle, leur nombre fut fixé à douze par les Papes. Leur contenu superstitieux fut plus ou moins laissé de côté; mais leur autorité sacrée demeura. Le protestantisme n'a conservé que les deux sacrements fondamentaux, institués par Jésus-Christ même, le baptême et la communion.

Sacrement du baptême. — Le baptême chrétien est une continuation des anciennes cérémonies de lavage et de purification qui étaient répandues déjà depuis des siècles avant Jésus-Christ, chez tous les peuples de l'Orient ainsi qu'en Grèce. La valeur hygiénique des bains était liée à l'idée religieuse. Le baptême a pour effet, d'après Luther, « de faire pardonner les péchés, de délivrer de la mort et du diable et de donner à tous ceux qui y croient le bonheur éternel ». Saint Augustin, auquel on doit le dogme du péché originel, regardait le baptême de l'enfant comme nécessaire au rachat de son âme. Depuis, le baptême s'est compliqué de superstitions et a donné lieu à bien des luttes familiales. Et innombrables sont les chrétiens qui prennent encore à la lettre ce verset de saint Marc (16, 16) : « Quiconque croit et est baptisé sera sauvé ; mais qui ne croit pas sera condamné ».

Sacrement de la communion. — Le deuxième sacrement chrétien conservé par Luther, la communion, est d'après les Evangiles : « le corps et le sang véritables de N.-S. Jésus-Christ, qu'il nous a donné et versé pour la rémission des péchés, sous les espèces du pain et du vin, pour nous chrétiens, et institué par le Christ même », la nuit avant sa mort, lors de la Cène. Mais la Cène est liée à la Pâques dont elle n'est qu'une modification. Ce sacrement aussi fut cause de luttes violentes entre les théologiens.

Transsubstantiation. — Les différentes conceptions qu'on se fit au Moyen Âge de la communion se cristallisèrent en Luther et en Zwingli. Celui-ci, fondateur de l'église réformée libre, ne voyait dans la communion qu'un acte symbolique et une fête commémorative en commun. Luther au contraire affirma la qualité du miracle tel qu'il avait été fondé en 1215 par la doctrine de la transsubstantiation : le pain et le vin étaient réellement de la chair et du sang. Tel était encore l'enseignement que je reçus de mon pasteur en 1848 : mais en goûtant le pain et le vin, je n'eus pas la sensation de manger de la chair et de boire du sang, ce que j'attribuai à mon manque de foi, au sujet duquel mes parents durent me consoler.

Rédemption. — Le mystère central de la communion comme du baptême, c'est la notion de rédemption, qui est même le noyau de toute la théologie chrétienne. Le Christ obtint de Dieu le pardon du péché commis en tant qu'homme par le chrétien ; c'est le sacrifice volontaire de Jésus-Christ qui rachète nos péchés. C'est en ce sens que Jésus-Christ est le Sauveur. On s'est cassé la tête depuis 1900 ans à vouloir comprendre la signification causale du miracle de la rédemption. En réalité, c'est un amalgame de traditions juives sur le Messie, de métaphysique platonicienne (doctrine de l'immortalité), de souhaits de liberté politique (libération du peuple juif du joug étranger) et de superstitions anthropocentriques de toutes sortes.

Sacrements du papisme. — J'ai déjà donné mon opinion sur le papisme ou ultramontanisme dans le Chapitre XVII de mes *Enigmes*. Quiconque connaît, fut-ce peu, l'histoire de la civilisation et les transformations des religions, admettra volontiers que le papisme n'est qu'une mauvaise caricature du christianisme pur. Il en retient le nom et la raison sociale mais agit juste en sens inverse de ses principes éthiques. Et si les papes ont réussi du IVe au XXe siècles à édifier le merveilleux monument du catholicisme romain, ç'a été en s'éloignant de plus en plus du point de départ chrétien. Le but des papistes est toujours encore de dominer les masses aveugles. C'est à cela que servent les sacrements au caractère d'indélibilité. Du jour de sa naissance à celui de sa mort, le chrétien est sans cesse rappelé à l'obéissance et à la sujétion vis-à-vis de l'Église. Et par l'ordination, le prêtre seul est en mesure de servir d'intermédiaire entre le fidèle et son Dieu. Il n'est pas jusqu'aux quatre rites symboliques qui n'enveloppent le tout d'un voile de mystère impénétrable. Ceci vaut aussi pour le sacrement appelé mariage.

Sacrement du mariage. — Etant donnée l'importance de la famille pour la constitution de la société, il est nécessaire de la considérer tout spécialement du point de vue biologique. Ici encore, il faudrait se garder de prendre pour étalon les relations mutuelles telles qu'elles existent dans notre vie civilisée, mais au contraire en rechercher les stades préparatoires chez les demi-civilisés et les sauvages. On constate alors que la reproduction est, en tant que processus physiologique, exécutée par les primitifs de la même manière que par les singes anthropoïdes. On peut même dire que certains mammifères monogames et certains oiseaux ont atteint un degré plus élevé que les sauvages. La tendresse des rapports, les soins communs de la couvaison et l'élevage des petits ont conduit chez eux à la formation d'instincts sexuels et familiaux supérieurs auxquels on peut accorder un caractère moral. C'est ce qu'a montré W. Bölsche dans son livre sur *La vie amoureuse dans la nature* (1900). Et Westermarck a de son côté montré dans son *Histoire du mariage humain* combien lentement le mariage s'est développé à partir des formes brutales, proprement animales qui se rencentrent chez les sauvages. Plus la jouissance sexuelle pure s'est combinée avec les sentiments de sympathie et de l'inclination psychique, plus ceux-ci ont pris le dessus pour enfin prendre la forme de l'amour, source de tant de chefs-d'œuvre dans l'art, la musique et la poésie. Cependant le mariage est toujours resté par essence un acte physiologique, une « Merveille de la nature » fondée sur l'instinct sexuel organique. Beaucoup de peuples, même inférieurs, lui ont associé des cérémonies symboliques et des coutumes solennelles. Et les prêtres ont bien vite reconnu la portée de cérémonies de cet ordre et les ont utilisées pour le bien de leur Église. L'Église catholique a même élevé le mariage au rang de sacrement et lui a imprimé par là ce même caractère d'indélébilité qui fait du mariage une union indissoluble. La main-mise de l'Église sur le mariage dure encore, comme on le voit par l'opposition qu'elle a fait à l'introduction du mariage civil et du divorce, que réclame la raison. Et la raison réclame aussi que le mariage soit fondé sur l'amour, le respect et le dévouement mutuels, mais que si ces éléments font défaut, les individus soient libres de se séparer. La contrainte exercée dans cette direction par l'Église n'a pour effet que de faire des familles malheureuses et d'y introduire des relations sexuelles immorales.

Mœurs barbares et mœurs civilisées. — Mais cette contradiction entre les exigences naturelles de la raison et les mœurs traditionnelles se marque encore en bien d'autres domaines, surtout dans la vie publique des États et des communes. Si les doctrines de la religion chrétienne, la sympathie et l'amour du prochain, la patience et le sacrifice volontaire, agissent quelque peu sur la vie familiale et individuelle, il en est tout autrement dans les rapports entre les peuples et les États, où règne l'égoïsme pur. Chaque nation cherche à dominer sa voisine par la ruse ou la force, et si la voisine s'y refuse, elle lui fait la guerre. La misère sociale de toute sorte s'étend, avec le progrès de la civilisation, dans plusieurs directions. Alexandre Sutherland a raison en disant que les nations dirigeantes de l'Europe et leurs dérivés (États-Unis) ne sont que des peuples civilisés inférieurs, à peine, partiellement supérieurs aux Barbares.

Modes actuelles. — Combien les masses des nations civilisées actuelles sont encore éloignées de la civilisation supérieure et du règne de la raison pure, c'est ce que montre une étude de la situation sociale, juridique et ecclésiastique des nations directrices européennes, tant germaniques (Allemands et Anglais) que latines (Français et Italiens). Il suffit de parcourir les comptes rendus quotidiens de leurs parlements et de leurs tribunaux, de leurs gouvernements et de leurs sociétés, pour se convaincre que partout la puissance de la tradition et de la mode repousse les demandes justifiées et naturelles de la raison. Ceci se montre extérieurement par la contrainte qu'impose la mode en matière de forme et de couleur de vêtements. Ce n'est pas en vain qu'on se plaint de la « tyrannie de la mode ». Quelque incommode, laide et chère que soit une nouvelle forme de vêtement, chacun la suit dès qu'elle est lancée par une autorité en cette matière ou par les réclames habiles d'un fabricant. Je ne rappellerai que la crinoline et le faux-cul. Et l'une des plus malsaines et en même temps des plus tyranniques est celle du corset, aussi laid esthétiquement que malsain; et c'est à grand'peine que progresse le costume-réformé (*Reform-Costüm*). Tout aussi tyranniques sont les modes d'ordre domestique et social, les règles civiles et les lois de l'État : partout la raison met des années à se faire écouter.

Honneur et mœurs. — Tout aussi nuisible est le faux sentiment de l'honneur. L'honneur véritable de l'homme comme de la femme réside dans sa dignité morale, c'est-à-dire dans la conformité de ses actes avec ce qu'il juge bon et juste, mais non dans l'opinion de ses concitoyens ou dans les louanges sans valeur que porte la société conventionnelle. Ici, surtout, nous sommes les jouets de préjugés barbares et sauvages. C'est ce que montre, par exemple, la notion de l'honneur qui est à la base du duel, encore favorisé en Allemagne par les milieux princiers et militaires. Et, comme survivance moyenâgeuse, on peut citer les combats d'étudiants. La raison a peine à comprendre que la mort ou les blessures raccommodent un tel honneur une fois déchiré.

Moralité et immoralité. — Il est bien d'autres phénomènes de notre vie sociale où se manifeste la puissance formidable des habitudes; maintes coutumes, dites honorables et raffinées, ne sont que des survivances peu modifiées des époques primitives, et sont, pour la raison, des coutumes immorales. Celles-ci tombent comme les autres sous le concept de l'adaptation qui ne saurait, ainsi qu'il a été dit, ne comprendre que les habitudes utiles. Car, utiles, bonnes ou supportables, elles ne sont souvent devenues malfaisantes, mauvaises et inutiles que par suite de l'évolution générale. Ceci vaut, pour les règles de l'éducation, des relations sociales, de la jurisprudence, etc. Le seul but de nos efforts doit être d'agir d'après les préceptes de la raison pure. Mais son règne ne viendra que lentement. Et l'on peut voir en Allemagne se développer, avec l'accroissement du bien-être, un « matérialisme pratique » qui s'abrite sous le manteau de la crainte de Dieu, alors qu'on repousse le monisme en le traitant avec horreur de matérialisme théorique.

Phylogénie des mœurs. — En résumant tout ce que nous enseigne la science moniste moderne sur l'origine et le développement des mœurs humaines, nous pouvons établir l'échelle suivante : 1° Par adaptation à diverses conditions de vie, le plasma simple des organismes les plus primitifs, les Monères, éprouve certaines modifications. 2° Le plasma vivant réagit contre ces influences et ceci à plusieurs reprises et par là acquiert des habitudes (comme par la catalyse de certains processus chimiques inorganiques). 3° Cette habitude devient héréditaire par fixation des impressions habituelles dans le karyoplasma. 4° Cette transmission héréditaire se poursuivant pendant plusieurs générations et se renforçant par adaptation cumulative, devient un instinct. 5° Les « instincts sociaux » naissent déjà dans les cénobies des Protistes par association de cellules. 6° L'opposition des instincts de conservation individuelle et sociale, de l'égoïsme et de l'altruisme se développe dans le règne animal dans la même mesure que l'activité psychique et que la vie sociale. 7° Chez les animaux sociaux supérieurs se forment ainsi des mœurs déterminées qui deviennent des droits et des devoirs dont la société (troupeau, horde, peuple) ordonne l'observation et punit la transgression. 8° Les peuples de nature ou Sauvages, qui au degré le plus bas ne possèdent pas encore de religion, ne diffèrent pas, quant à leurs mœurs, des animaux sociaux supérieurs. 9° Les Sauvages supérieurs ont des représentations religieuses, combinent leurs coutumes superstitieuses (fétichisme, animisme) avec des principes éthiques et transforment les règles coutumières empiriques en règles religieuses. 10. Chez les Barbares, et plus encore chez les peuples presque civilisés, se forment, par associations, de ces concepts hérités d'ordre religieux, moral et juridique des lois morales mieux définies. 11. Chez les peuples plus civilisés, c'est l'Église qui coule, dans des moules de plus en plus déterminés, les règles religieuses et les lois juridiques ; la raison commence à poindre mais reste en majeure partie asservie à l'autorité de l'Église et de l'État. 12° Chez les peuples les plus civilisés, la raison pure acquiert une influence grandissante sur la vie pratique et repousse l'autorité de la tradition ; sur ces fonds de connaissances biologiques, voici que se développe une éthique naturelle, c'est-à-dire moniste.

TABLEAU XVIII

Opposition de l'éthique moniste et de l'éthique dualiste

Ethique moniste. (Morale physique).	**Ethique dualiste.** (Morale métaphysique).
1) Les mœurs de l'homme sont d'origine naturelle et proviennent par évolution des habitudes et des instincts sociaux de ses ancêtres animaux.	1) Les mœurs de l'homme sont d'origine surnaturelle et proviennent des ordres de Dieu ou d'un impératif catégorique.
2) Les lois morales se sont donc développées a posteriori sur fonds empirique; ce sont les produits physiologiques du monde sensible.	2) Les lois morales doivent donc être regardées comme données a priori, mais non comme évoluées; ce sont des cadeaux du monde intelligible.
3) L'impératif catégorique (de Kant et de son école) est un dogme inadmissible, abstrait par analyse introspective unilatérale de la raison du civilisé supérieur. Le devoir et la conscience sont tout autres chez le sauvage.	3) L'impératif catégorique (de Kant et de ses élèves) a une valeur inconditionnelle en tant que règle générale; en tant que produit de la raison pratique, il existe dans tous les hommes et est propre à l'homme.
4) Les concepts de bien et de mal sont donc relatifs, en majeure partie conventionnels et dépendent du degré de culture et du goût actuel.	4) Les concepts de bien et de mal sont absolus, non conventionnels, ni dépendants du degré de culture et de civilisation.
5) La morale inférieure des sauvages est une survivance de la situation morale primitive de nos ancêtres les plus reculés (éthique progressive).	5) La morale inférieure des sauvages est une dégénérescence de la situation morale primitivement pure du Paradis (avant le péché). (Ethique régressive).
6) Le péché, en tant que transgression voulue des règles conventionnelles, n'est punissable qu'en tant que nuisible au bien et à l'état normal de la société et de ses membres. Il n'y a de « rémission du péché » que par l'amélioration raisonnée, mais pas de « pardon du péché ».	6) Le péché, en tant que transgression voulue des ordres divins, est punissable nécessairement, qu'il soit héréditaire (péché originel) ou acquis (habitude); il peut être remis et pardonné par l'Eglise, en tant que puissance divine.
7) Comme les mœurs de l'homme proviennent par évolution de celles des Vertébrés supérieurs et qu'il n'y a chez aucun Vertébré de libre arbitre, l'éthique est-elle aussi déterminée.	7) Comme les mœurs de l'homme diffèrent absolument des instincts sociaux des Vertébrés supérieurs et reposent sur le libre arbitre, l'éthique est, elle aussi, libre.

CHAPITRE XIX

Dualisme.

MONDE DU CORPS ET MONDE DE L'ESPRIT. — RÉALISME ET IDÉALISME. — GŒTHE ET SCHILLER. — ANTI-KANTISME. — TRINITÉ DE LA SUBSTANCE.

> « Avec Kant on est comme à la foire; on y trouve de tout : esclavage de la volonté et liberté de la volonté; idéalisme et réfutation de l'idéalisme; athéisme et le bon Dieu. — Comme un escamoteur d'un chapeau vide, Kant tire de la notion du devoir, au grand ébahissement du lecteur : Dieu, liberté, immortalité. Sans doute ces bâtards de la philosophie kantienne ne se risquent pas trop au grand jour; ils ont honte de vivre, sans compter qu'ils ne savent ni l'un ni l'autre s'ils existent réellement. Mais ils *doivent* exister, parce que ce sont des êtres bienfaisants pour Dieu et pour les hommes, surtout pour les haut placés. — Kant fut honnête dans sa vie, obscur et malhonnête en philosophie. »
>
> Paul Rée (1903),
>
> *Die Philosophie Kant's.*

SOMMAIRE

Philosophie dualiste de Kant I et de Kant II. — Ses antinomies. — Dualisme cosmologique. — Les deux mondes. — Monde du corps et monde de l'esprit. — Vérité et invention. — Gœthe et Schiller. — Réalisme et idéalisme. — L'anti-Kant. — Loi de la substance. — Attributs de la substance. — Sensibilité et énergie. — Energie passive et énergie active. — Trinité de la substance : matière, force et sensibilité. — Conservation de la sensibilité. — Psyché et physis. — Conciliation des principes.

BIBLIOGRAPHIE

LUDWIG FEUERBACH, 1842. — *Wider den Dualismus von Leib und Seele, Fleisch und Geist.* — *Das Wesen des Christenthums.* Leipzig.

ALBRECHT RAU, 1896. — *Ludwig Feuerbach's Philosophie, die Naturforschung und die philosophische Kritik der Gegenwart.* Leipzig.

ALBERT LANGE, 1865. — *Geschichte des Materialismus und Kritik seiner Bedeutung in der Gegenwart.* 7e éd. 1902. T. II. *Kant und der Materialismus.* Leipzig.

OSWALD KÜLPE, 1895. — *Einleitung in die Philosophie.* 8e éd. 1904. Leipzig.

EMMANUEL KANT, 1781. — *Critique de la Raison pure.*

— 1783. — *Prolégomènes à toute métaphysique future.*

— 1788. — *Critique de la Raison pratique.*

— 1790. — *Critique du Jugement.*

RENÉ DESCARTES, 1641. — *Méditations*; 1644, *Principes.*

ARTHUR SCHOPENHAUER, 1819. — *Le Monde comme Volonté et Représentation.*

EDOUARD HARTMANN, 1869. — *Philosophie de l'Inconscient.*

PAUL DEUSSEN, 1902. — *Die Elemente der Metaphysik.* Leipzig.

ERNST MACH, 1886. — *Beiträge zur Analyse der Empfindungen.* 4e éd. 1903. Iéna.

MAX VERWORN, 1904. — *Stammbaum der Philosophie.* 2e éd. 1899. Leipzig.

PAUL RÉE, 1903. — *Philosophie.* (Œuvre posthume). Berlin. Cf. pp. 474. 507.

L'histoire de la philosophie nous enseigne comment l'homme s'est efforcé depuis plus de deux mille ans à atteindre par des voies différentes la connaissance de la vérité. Mais quelque soit le caractère de variété de tout ce travail systématique entrepris par de nombreux philosophes, il est possible de les ranger dans deux catégories opposées : le monisme ou philosophie unitaire et le dualisme ou conception du monde comme double. Les protagonistes du premier ont été surtout Lucrèce et Spinoza, ceux du second Platon ou Descartes. Mais entre ces deux tendances caractérisées oscillent les philosophes, et c'est la majorité, qui ont essayé de les concilier et ceux qui ont eu à divers moments de leur vie des conceptions opposées. Les contradictions sont alors l'indice d'un dualisme individuel, dont l'exemple le plus intéressant est Emmanuel Kant. Comme son système jouit encore d'une influence considérable et que plusieurs de mes critiques, entre autres, Erich Adickes (de Kiel) m'ont précisément opposé le philosophe de Kœnigsberg, je crois de mon devoir d'insister à nouveau sur ce dualisme de la pensée de Kant.

Les deux Kant. — J'ai déjà, dans l'Appendice à mes *Enigmes de l'Univers*, montré, contre Adickes et les autres Kantiens, la violente contradiction « entre les pensées évolutionnistes du philosophe de la nature Kant et les doctrines mystiques que le métaphysicien Kant mit plus tard à la base de sa théorie de la connaissance. Il y a donc lieu de se demander chaque fois de quel Kant il s'agit : Kant n° 1, le fondateur de la cosmogénie moniste et le fondateur critique de la raison pure — ou Kant n° 2, l'inventeur de la critique dualiste du jugement et le découvreur dogmatique de la raison pratique ? Kant n° 1 affirmait « la formation et l'origine mécanique de tout l'Univers d'après les principes de Newton » et énonça cette formule que le mécanisme est la seule explication réelle de tous les phénomènes. Kant n° 2, par contre, subordonna le mécanisme à la téléologie. Kant n° 1 démontra que les trois dogmes centraux de la métaphysique : « Dieu, liberté et immortalité étaient inconnaissables par la raison seule et indémontrables ». Kant n° 2, au contraire, affirma que ces trois symboles mystiques sont des postulats nécessaires de la raison pratique. Cette contradiction étonnante entre les deux principes inconciliables, entre la connaissance pure théorique et les articles de foi pratiques se poursuit tout au long des ouvrages de Kant. » D'ailleurs ces contradictions ont été déjà reconnues par tous les critiques impartiaux de son idéalisme transcendental, et tout récemment avec acuité par Paul Rée (1903). Il ne nous reste qu'à en rechercher les causes.

Antinomies de Kant. — Il est à supposer qu'un penseur aussi profond et aussi large que Kant avait conscience de toutes les contradictions fondamentales intérieures. Il tenta de les résoudre par sa doctrine des antinomies. Il affirma que la raison pure théorique entre en contradiction avec elle-même lorsqu'elle essaie de penser l'ensemble des phénomènes comme une totalité, comme un tout complet. Et ces antinomies se présentent nécessairement lors de chaque tentative pour acquérir une philosophie complète. C'est ainsi que la physique et la chimie affirment que la matière est formée en dernière analyse d'atomes, au lieu que pour la logique la matière est divisible à l'infini. D'après l'un de ces points de vue le temps et l'espace sont infinis, d'après l'autre finis et délimités. Kant essaya donc de concilier ces antinomies par son idéalisme transcendental, c'est-à-dire en admettant que les choses et leurs rapports n'existent que dans notre représentation, mais que leur essence est inconnaissable. C'est ainsi qu'il parvint à la fausse théorie de la connaissance qu'on a appelée « criticisme », alors qu'elle n'est en réalité qu'une forme du dogmatisme. Les antinomies ne sont nullement expliquées ainsi, mais seulement mises de côté. En outre, il est faux que les thèses et les antithèses sont également démontrables.

Dualisme cosmologique. — La célèbre œuvre de jeunesse de Kant, son *Allgemeine Naturgeschichte und Theorie des Himmels*, était hardie et moniste ; car il y tentait « d'expliquer la formation et l'origine mécanique de l'Univers d'après les principes de Newton ». Mais cette tentative ne fut fondée sur les mathématiques que 40 ans après, par le grand Laplace dans son *Exposition du* *système du monde* (1796). Ce penseur sans crainte était athéiste avec conséquence ; il répondit à Napoléon Ier qu'il n'y avait pas de place pour Dieu dans sa *Mécanique Céleste* (1799). Kant par contre trouva plus tard qu'il n'y a pas de preuves raisonnables de l'existence de Dieu mais qu'on doit croire en lui pour des motifs d'ordre moral. Il en dit autant du libre-arbitre et de l'immortalité de l'âme. Ceci l'obligea à construire un monde spécial, « suprasensible », dont l'existence nous est prouvée par la « conscience morale ». Et il en vint à donner à la raison pratique la prééminence sur la raison pure, c'est-à-dire à *subordonner le savoir à la foi.* Ainsi se trouvait justifiée la théologie.

Les deux mondes. — Alors qu'Anaximandre et son élève Anaximène (VIe siècle av. J.-C.) concevaient le monde du point de vue strictement moniste, Platon, qui vécut 200 ans plus tard fonda la science des deux mondes : le monde des corps, réel, sensible et transitoire, et le monde de l'esprit (ou des idées) suprasensible, idéal, inchangeable et immortel. Les objets matériels ne sont que les images des idées, lesquelles sont l'objet de la métaphysique. L'homme appartient à l'un et l'autre mondes ; et ce n'est qu'en passant que les idées éternelles demeurent dans le corps de l'homme ; et l'idée suprême du monde supra-sensible est l'idée du Bien ou Dieu. Les principes de Platon furent repris et élaborés davantage par Aristote et s'assimilèrent enfin au christianisme. Les philosophes postérieurs n'ont fait que se mouvoir dans cette même direction Même la métaphysique de Kant n'en est qu'une forme nouvelle, sauf que son caractère dogmatique est voilé par l'appareil critique.

Le monde sensible. — Les progrès étonnants des sciences naturelles pendant le XIXe siècle nous ont fait connaître les formes innombrables du monde réel mais ne nous ont pas fourni un seul fait qui porte à admettre un monde immatériel. Il s'est démontré de plus en plus que le monde des idées de Platon, le monde intelligible de Kant ne sont que des produits de l'invention poétique. Au cours de ce livre, les résultats acquis par les diverses sciences ont été exposés assez en détail pour qu'il soit évident pour le lecteur : que tout ce que la science humaine atteint est une partie du monde des corps, du monde sensible.

Le monde intelligible. — Dans ses réflexions sur le monde intelligible, Kant insiste beaucoup sur ceci qu'il est connaissable non par l'expérience mais par la foi. Notre « conscience morale » nous convainc de son existence mais ne nous permet pas de nous en faire une représentation adéquate. Les trois grands « mystères centraux de la métaphysique (dieu personnel, âme immortelle et libre arbitre) sont par suite des concepts vides, des visions de spiritiste. C'est pourquoi les adeptes de Kant ont tâché d'y mettre quelque chose, d'ordinaire en y adaptant les mythes traditionnels et les dogmes religieux. Ainsi en ont même agi des philosophes naturalistes critiques comme Schleiden, afin de réfuter le matérialisme scientifique moderne. Mais Lange avait déjà renvoyé à Kant et montré (T. II, p. 9) qu'il rejetait ces trois idées dans le domaine de la raison pratique. Lange ajoute : « Kant n'a pas voulu voir ce que Platon avait déjà vu, que le monde intelligible est un monde de l'invention poétique et que c'est de là précisément que lui vient sa valeur et son mérite » (T. II, p. 61). Mais à notre tour nous demanderons : dans ce cas, comment ce monde pourrait-il conduire à la connaissance de la vérité ?

Vérité et invention. — Et il ne sera pas inintéressant de rechercher quelle est l'importance de ces deux groupes de représentations pour la formation d'une philosophie déterminée. Sans doute, notre savoir humain est limité par l'organisation de notre cerveau et de nos organes, héritée de nos ancêtres, les Primates. Kant a donc raison en ce sens que nous ne connaissons, en effet, des choses que le phénomène, mais non leur essence, la « chose en soi ». Mais il a tort en niant par suite la réalité du monde extérieur et en n'admettant que l'existence de nos représentations. Il est faux que « la vie n'est qu'un rêve ». De ce que notre connaissance n'est que fragmentaire, il ne s'en suit pas qu'elle soit nulle. Et quand nous tâchons par la pensée de combler les solutions de continuité afin d'acquérir une représentation du tout, nous faisons œuvre d'invention poétique au sens large, hypothèses dans le domaine scientifique, croyance dans le domaine religieux. Mais ces productions de l'imagination doivent toujours prendre une forme concrète. (Cf. mes *Enigmes*). Ces « formes de la croyance » comme les nomme Svoboda, n'ont de valeur philosophique que si elles ne contredisent pas les connaissances acquises scientifiquement. Sinon elles peuvent avoir une valeur éthique ou pédagogique, mais n'auront pas pour cela le droit à la prééminence sur la connaissance empirique. C'est pourquoi je suis d'accord avec Lange (T. II, p. 1-63) lorsqu'il critique la philosophie de Kant. Mais je ne saurais le suivre lorsqu'il veut utiliser la théorie de la connaissance de Kant contre le monisme et le réalisme. Ce monde intelligible, Kant affirmait qu'on ne pouvait que le penser, mais non le voir ; c'est Schiller qui en a fait un monde *visible* en transformant le rêve en idéal. Aussi devons-nous, eu égard à l'influence de Schiller pour la diffusion de la morale pratique de Kant, examiner l'idéalisme de ce poète et la comparer au réalisme de l'autre grand poète allemand, Gœthe.

Gœthe et Schiller. — L'opposition fondamentale entre ces deux génies tient à leur tempérament même. Ils se complétaient mutuellement. Ceci a été démontré si souvent et si bien, qu'il suffit d'y faire allusion. Pour Gœthe, j'ai montré dès 1866 son importance historique pour notre doctrine moderne de l'évolution et pour le monisme qui se fonde sur elle. Le plus grand génie allemand trouva encore le temps, non seulement de consacrer plusieurs années à l'étude morphologique des organismes, mais encore de baser sur elle de larges théories biologiques. Sa métamorphose des plantes et sa théorie sur le caractère squelettique du crâne nous autorisent à le regarder comme l'un des principaux précurseurs de Darwin. Mais ces recherches morphologiques combinées à l'idée transformiste, le conduisirent directement à une philosophie moniste et à l'admiration pour le panthéisme moniste de Spinoza. Schiller n'éprouvait pour ce genre d'études ni goût profond ni intelligence suffisante. Il se sentit au contraire porté vers la métaphysique dualiste de Kant et l'acceptation des trois mystères centraux, dieu, âme et liberté. Schiller et Gœthe avaient des connaissances étendues en anthropologie et en psychologie, puisque Schiller fut chirurgien militaire ; mais ses connaissances anatomiques n'eurent aucune influence sur sa direction philosophique.

Réalisme et idéalisme. — Cette opposition de Gœthe le réaliste et de Schiller l'idéaliste correspond précisément au dualisme de tendances de tout le peuple allemand jusqu'à nos jours, et s'est exprimée en des œuvres nombreuses. Gœthe a au cours de sa vie réalisé pratiquement les idéals que Kant avait découverts théoriquement et que Schiller présentait comme le but futur le plus digne d'être poursuivi.

Il serait faux cependant de prétendre d'après quelques passages que Gœthe a admis dans son système philosophique le dualisme de Schiller. Ces passages sont dus à Eckermann: et l'on sait combien il faut se défier de ce naïf et maladroit disciple. Gœthe se nommait lui-même un « inchrétien décidé ». Le credo païen de Gœthe, et il l'a exprimé à bien des reprises, dans *Faust*, dans *Prométhée*, dans *Dieu et le monde* et dans une centaine de poésies, n'est autre que le monisme à tendance panthéiste, c'est-à-dire l'hylozoïsme tel que nous l'admettons. Et par là il diffère du matérialisme unilatéral du baron d'Holbach et de Carl Vogt comme du dynamisme extrême de Leibnitz et d'Ostwald. Schiller au contraire fuyait de ce monde réel dans le monde de l'esprit. Or, notre hylozoïsme théorique n'exclut nullement l'idéalisme pratique, ainsi que l'a montré Gœthe tout le long de sa vie. Par contre, nombre de princes et d'évêques nous font voir comment un idéalisme théorique s'accompagne fort bien d'un matérialisme pratique, ou hédonisme.

Anti-Kant. — En février 1904 le monde pensant fêta le centenaire de la mort de Kant. En de nombreux discours académiques, on le déclara le plus grand penseur allemand. Emmanuel Kant mourut le 12 février 1804 et cinq ans plus tard, jour pour jour, naquit Darwin. Il est certain que l'influence de Kant sur la philosophie allemande a été considérable. Mais tout en s'inclinant devant un génie aussi rare, il n'est pas permis d'en voiler les lacunes. Du point de vue moniste, il faut même regarder son influence pendant tout le XIXe siècle comme nuisible. Probe dans sa vie quotidienne, il ne le fut pas dans sa pensée. Et ce fut un grand malheur pour lui et pour son école qu'il ne put acquérir une connaissance approfondie et une représentation naturelle du monde réel. Emprisonné toute sa vie dans sa ville natale Kœnigsberg, jamais il ne franchit les frontières de la Prusse ni ne connut par des voyages le vaste monde. Dans l'étude de la nature, il se limita à la physique du monde inorganique, et dans l'étude de l'homme à celle de l'âme immortelle. Ayant terminé ses études universitaires, il dut pendant neuf ans (de 22 à 31 ans), gagner son pain comme précepteur, précisément pendant cette période importante de la jeunesse où se décide, après acquisition des connaissances générales, le développement autonome du caractère personnel et scientifique. Ajoutez que Kant avait hérité de ses pieux parents une tendance mystique intime, que renforça son éducation première, strictement religieuse. De là vient qu'avec l'âge, c'est la croyance aux trois mystères centraux qui prit de plus en plus le dessus. Il leur sacrifie la raison pure sans nier qu'on ne puisse aucunement obtenir de ces trois dogmes une représentation, soit positive, soit négative. Mais comment alors a-t-on le droit d'en faire le plus haut postulat de la raison pratique !

Réalisme. — Toute philosophie digne de ce nom doit d'abord se donner comme base du travail de pensée des représentations claires. C'est pourquoi les continuateurs de Kant ne se sont pas contentés de son précepte, de croire aux trois mystères : mais ils se sont efforcés de donner pour base aux trois concepts vides de dieu, liberté et immortalité des représentations précises. Ils ont ainsi, par adaptation des images religieuses, abandonné le domaine de la connaissance réelle pour le royaume transcendental de l'invention poétique. Mais notre hylozoïsme moniste repousse de tels compromis.

Critique de Kant. — L'étonnante glorification de Kant en cette année 1904 sembla étrange à nombre de naturalistes, qui ne voient dans l'idéalisme transcendental de Kant qu'un obstacle à la philosophie naturelle moniste. Elle s'explique cependant fort bien, et d'abord par les contradictions mêmes de Kant. Car chacun pouvait y puiser ce qui correspondait à son opinion : le physicien moniste, la reconnaissance de la domination mécanique des lois naturelles dans l'univers connaissable ; et le métaphysicien dualiste la libre domination de la fin divine dans le monde immatériel. Le médecin et le physiologiste peuvent voir que Kant n'a pu trouver aucune preuve dans la raison pure de l'existence de Dieu, du libre arbitre ni de l'immortalité de l'âme. Mais le juriste et le théologien peuvent avec autant de chances affirmer que Kant a donné à la raison pratique ces trois dogmes comme des postulats nécessaires.

Ce sont ces contradictions qui font le succès de la philosophie de Kant dans les cercles les plus larges. Le grand public qui désire posséder une opinion de l'Univers lit rarement les œuvres mêmes de Kant, au style contourné, et se contente d'extraits ou de résumés dus à des historiens de la philosophie qui affirment sans rire que le Vieux de Kœnigsberg a résolu la quadrature du cercle, c'est-à-dire la conciliation de la science avec les dogmes métaphysiques. Les autorités ont intérêt à propager cette idée, car elles redoutent avec raison la pensée libre. Ceci vaut surtout pour les ministères de l'instruction publique de Prusse et de Bavière qui subordonnent encore l'école à l'église et se tirent d'affaire en se réclamant de Kant. Et dans les universités allemandes, il faut, pour entrer, montrer d'abord qu'on a foi en Kant. Quiconque veut juger de l'influence néfaste ainsi exercée sur le développement des études scientifiques n'a qu'à lire l'œuvre posthume de Paul Rée (1903).

Loi de la substance. — Nous opposant à ce dualisme officiel, nous fonderons notre philosophie sur la loi de la substance qui unit la loi physique de l'énergie à la loi chimique de la matière. J'ai exposé la portée universelle de cette loi dans le chapitre XII de mes *Enigmes*, et n'ai à faire remarquer ici que ceci : sa portée universelle est indépendante de l'idée qu'on se fait du rapport entre la force et la matière. Ce sont là deux attributs indissolubles de la substance universelle. Et ainsi nous arrivons à la conception moniste de Spinoza et de Gœthe. Nous pouvons encore remplacer le mot substance par celui de Matière-Énergie proposé par Hermann Kröll.

Attributs de la substance. — Comme attributs premiers de la substance, connaissables par l'homme, Spinoza avait d'abord reconnu l'étendue et la pensée, qui correspondent à nos matière et force. Car Spinoza n'avait pas en vue la pensée cérébrale, mais l'énergie pensante universelle, que le dualisme met à part pour lui reconnaître une existence propre. La théorie du parallélisme psychophysique, récemment développée par Wundt (1892), insiste sur ce dualisme de la matière et de la pensée. (Cf. *Enigmes*, chap. VI.)

Substance sensible. — Il trouve son appui le plus puissant dans la difficulté de rattacher directement les processus de la sensation à ceux du mouvement. Les premiers sont alors regardés comme les formes psychiques, les seconds comme les formes physiques de l'énergie. La transformation de l'excitation externe (par exemple : rayons lumineux, ondes sonores) en une sensation interne (vue, ouïe) est regardée par la philosophie moniste comme un processus de transformation de l'énergie lumineuse ou acoustique en énergie nerveuse. La théorie de l' « énergie spécifique » des nerfs sensoriels, édifiée par Johannes Müller, sert ici de pont entre ces deux domaines énergétiques. Mais la représentation consécutive à ces sensations, c'est-à-dire l'opération centrale du phronéma qui les rend conscientes, est toujours encore regardée comme une « Merveille de la vie ». Or, j'ai montré dans le chapitre X de mes *Enigmes* que la conscience n'est qu'une forme de l'énergie nerveuse et Ostwald a développé davantage ce point de vue.

Sensibilité et énergie. — Les processus du mouvement que l'on constate lors de chaque transformation d'une forme d'énergie, lors du passage de l'énergie potentielle en énergie actuelle, obéissent aux lois générales de la mécanique. C'est à bon droit que la métaphysique dualiste a opposé au « point de vue mécanique » de n'avoir pas défini la cause intime de ces mouvements, et cette cause elle la cherche dans les « forces psychiques ». Mais, à notre sens, ce ne sont pas là des forces immatérielles ; elles sont simplement fondées sur la sensibilité générale de la substance que nous nommons *psychoma* et regardons comme le troisième attribut de la substance.

Trinité de la substance. — Les difficultés qui s'opposaient au rattachement de notre monisme à la doctrine de Spinoza sont vaincues dès qu'on dissocie la notion d'énergie de celle de sensibilité et qu'on la limite à la mécanique, de manière que le mouvement vienne se ranger, en qualité de troisième attribut fondamental, aux côtés de la matière (étendue) et de la sensibilité (pensée). On peut encore dissocier la notion d'énergie en énergie active (volonté au sens de Schopenhauer) et en énergie passive (sensibilité au sens large). En effet, l'énergie, à laquelle on accorde aujourd'hui une place considérable, n'en trouve point dans le système de Spinoza. Pour moi, la sensibilité est aussi liée à la matière que le mouvement et c'est cette trinité de la substance qui est la base la plus ferme du monisme moderne. Je la formule ainsi : 1° Pas de matière sans énergie ni sans sensibilité ; 2° Pas d'énergie sans matière ni sans sensibilité ; 3° Pas de sensibilité sans matière ni sans énergie. Ces trois attributs sont indissolublement unis dans tout l'Univers comme dans la plus petite de ses parcelles, molécule ou atome. Voyons maintenant ce qu'est au juste chacun de ces attributs.

A. **Matière.** — En tant que « substance étendue » (*extensa*), la matière remplit tout l'espace cosmique infini et chaque corps individuel occupe, comme substance réelle, une partie de cet espace. La *loi de la conservation de la matière* (Lavoisier, 1789) nous convainc que la somme de la matière est éternelle et inchangée. Ceci vaut aussi pour toutes les diverses formes de la masse que nous distinguons comme éléments chimiques, tant la matière pondérable que l'éther cosmique ou matière impondérable. Le dédain ordinaire pour la matière (et, par suite, le mépris du matérialisme) au profit de l'esprit s'explique en partie par la formule usuelle de « matière morte et vivante », en partie par le mysticisme que nous tenons de nos ancêtres barbares.

B. **Énergie.** — En tant que « substance en mouvement » (*dynamis*), nous nous représentons toutes les parties de l'espace infini comme un mouvement éternel et continu. Tout processus chimique, tout phénomène physique est lié à un changement de place des particules qui constituent la matière. La *loi de la conservation de la force*. (Robert Mayer, 1842), nous a enseigné que la somme de l'énergie contenue et active dans l'Univers demeure inchangée. Lors de la formation ou de la destruction de toute combinaison chimique, les particules de matière se meuvent les unes contre les autres ; et il en est de même au cours de tout processus mécanique thermique, électrique, etc. Les modifications concomitantes sont fondées dans le monde organique, comme dans l'inorganique, sur une transformation continuelle d'énergie. Une forme d'énergie se change en une autre sans que jamais il s'en perde une parcelle. De nos jours, on nomme cette loi, *loi de la conservation de l'énergie*, en distinguant celle-ci de la force et en la considérant comme le produit de la force et du parcours. Pourtant ce mot est encore entendu de plusieurs manières. Ainsi, on nomme encore force de tension l'énergie potentielle et force d'impulsion ou force vive l'énergie actuelle. Wundt ramène la force motrice de l'énergie à la volonté ; tel était à peu près l'avis de Crusius (1744) et de Schopenhauer.

C. **Sensibilité** (Psychoma). — Je regarde la sensibilité comme le troisième attribut de la substance et distingue la « substance sensible » de l'énergie, qui est la « substance en mouvement ». Pour l'extension de sens que je donne au mot de sensibilité, je renvoie ci-dessus, chapitre XIII. La sensibilité du plasma, pour toutes les excitations, qu'on nomme âme chez les animaux supérieurs, n'est qu'un degré plus élevé de l'excitabilité de toute substance. Telle était déjà à peu près l'opinion d'Empédocle qui attribuait à toutes choses « la sensibilité et la tendance ». Nægeli reconnaît aussi l'universalité de la sensibilité et son évolution.

Conservation de la sensibilité.— Si la sensibilité, au sens large, le psychoma, est un troisième attribut de la substance à côté de l'étendue (matière) et du mouvement (énergie), il nous faut appliquer la loi de constance, ou de conservation, aux trois attributs également. C'est-à-dire que la quantité de sensibilité est, dans l'Univers, éternelle et inchangée et que toute modification de sensibilité est qualitative, mais non quantitative. Et, en effet, l'étude de la vie psychique totale de l'humanité, en partant des sensations individuelles, enseigne cette constance du psychoma. Mais ce développement du travail plasmatique dans le cerveau humain provient par évolution des fonctions de la sensibilité chez les animaux inférieurs, et celles-ci, à leur tour, se ramènent aux formes simples de la sensibilité des corps inorganiques. Albrecht Rau a déjà, dans son livre *Empfinden und Denken* (1896, p. 372) affirmé que « la perception ou sensation est un processus général de la nature, ce qui revient à dire que la pensée se ramène elle aussi à ce processus général ». Et, récemment, Ernst Mach a noté que « les sensations sont les éléments communs de tous les phénomènes psychiques et physiques, lesquels consistent dans la forme différente de la liaison de ces éléments et dans leur interdépendance ». Si Mach arrive, par exagération des éléments de sensibilité subjectifs, à une sorte de psychomonisme, comme celui de Verworn, Avenarius et autres dynamistes, le caractère fondamental de son système philosophique est tout aussi moniste que l'énergétique d'Ostwald.

Psyché et physis. — Nous arrivons ainsi à établir une véritable *trinité du monisme* qui s'oppose point par point au dualisme de psyché et de physis, de matériel et d'immatériel des métaphysiciens. Des trois directions du monisme, la première *(matérialisme)* exagère l'importance de l'attribut matière et ramène tous les phénomènes de l'Univers à la mécanique des atomes, au mouvement des particules les plus petites. La seconde (*spiritualisme*) ne tient compte que de l'énergie, soit en ramenant tous les phénomènes à des manifestations d'énergie (*énergétique*), soit à des phénomènes psychiques (*panpsychisme*). Notre *hylozoïsme*, évite ces deux extrêmes, en admettant l'identité de la psyché et de la physis, au sens de Spinoza et de Gœthe ; et il détourne les difficultés de cette « doctrine d'identité » en dissociant l'attribut de la pensée (ou de l'énergie) en deux attributs coordonnés, la sensibilité (psychoma) et le mouvement (mécanique).

DIX-NEUVIÈME TABLEAU

La Trinité a la lumière du monisme et du dualisme

I. — *Trinité moniste de la substance.*

Philosophie panthéiste (comme résultat général de la science réaliste).

Le monde et Dieu sont inséparables.

« L'esprit de Dieu agit et vit en toutes choses. »

Le Cosmos est en même temps sujet et objet.

La substance (= *l'Univers*) *comme être universel infini* possède trois propriétés fondamentales inséparables et connaissables pour l'homme (attributs).

A. Matière.

Substance étendue et emplissant l'espace.

(Lui ont accordé l'importance unique : d'Holbac, Büchner).

B. Energie.

Substance mobile ou en mouvement.

Energie actuelle et potentielle; force de tension et force d'impulsion.

(Lui ont accordé l'importance unique : Leibnitz, Ostwald).

C. Sensibilité (psychoma).

Substance sensible et excitable.

(Substance psychique au sens du panpsychisme : Nægeli, Rau).

(Lui ont accordé une importance unique les sensualistes : Feuerbach, Condillac, et les psychomonistes, Ernest Mach, Max Verworn).

II. — *Trinité dualiste de la divinité.*

Philosophie théiste (comme résultat général de la foi idéaliste).

Dieu et le monde sont séparés en tant que sujet et qu'objet : « L'esprit de Dieu crée et conserve le monde comme œuvre d'art. »

Dieu comme être universel infini se révèle à l'homme (mammifère terrestre évolué vers la fin du tertiaire des Primates) en trois personnes différentes ; :

A. Dieu-Créateur.

Premier père du Christ d'après le dogme chrétien et le témoignage des Evangiles.

(Brahma, créateur du monde).

B. Esprit de Dieu.

« Esprit Saint » du dogme chrétien; deuxième père du Christ d'après les Evangiles.

(Vishnu, conservateur du monde).

C. Fils de Dieu.

« Jésus de Nazareth », fils des deux premiers dieux et de la « Vierge » Marie d'après le dogme chrétien.

(Siva, destructeur du monde).

VINGTIÈME TABLEAU

Les Antinomies d'Emmanuel Kant

I. — Kant n° 1, le physicien

(moniste).

« Kant qui broie tout. »

1. Il n'y a qu'un seul monde, où tout se passe suivant des lois stables, comme celles de la gravitation; leur base dernière est inconnaissable.
2. Dans l'Univers règne partout la loi naturelle, nulle part la liberté absolue.
3. « Il n'y a de vérité que dans l'expérience. » — « La partie intime de la matière ou chose en soi n'est qu'une lubie » un concept limitatif, négatif et vide.
4. Un monde immatériel de l'esprit est inaccessible pour notre expérience, et n'est qu'un produit de l'imagination.
5. Il n'y a pas de preuves positives accessibles à la raison pure de l'existence de Dieu; cette croyance vide de contenu, sans représentation possible, n'est qu'une invention poétique.
6. Il n'y a pas de preuves positives accessibles à la raison pure de l'immortalité de l'âme.
7. Il n'y a pas de preuves positives accessibles à la raison pure de la liberté de la volonté; l'impératif catégorique est un dogme.
8. « J'ai dû abandonner la foi (le dogme) pour obtenir de la place pour le savoir (la raison critique). »

Kant n° 1, l'Athée.

Avec raison pure.

II. — Kant n° 2, le métaphysicien

(dualiste).

« Kant qui voile tout. »

1. Il y a deux mondes, la nature connaissable (monde sensible) et le monde de l'esprit (monde intelligible) inconnaissable.
2. Dans la nature règne la nécessité absolue et dans le monde de l'esprit la liberté absolue.
3. La nature n'est connaissable par expérience, que comme phénomène. La chose en soi, laquelle constitue son essence intime, nous est cachée et inconnaissable.
4. L'existence du monde immatériel de l'esprit nous est prouvée par la foi, « la conscience morale qui est en nous ».
5. Nous ne pouvons nous faire de Dieu des représentations ni positives ni négatives; mais nous devons croire cependant à son existence.
6. L'âme doit être immortelle, car notre conscience nous en donne la conviction.
7. La « loi morale en nous » c'est-à-dire l'impératif catégorique nous convainc de la liberté de la volonté.
8. « J'ai dû abondonner le savoir (la raison pure) pour obtenir de la place pour la foi (la raison pratique). »

Kant n° 2, le Déiste.

Avec déraison pure.

CHAPITRE XX

Monisme.

La Philosophie comme science du général. — Sciences pures et appliquées du point de vue du Dualisme et du Monisme.

UNITÉ DE LA NATURE!

Tu entends les mots qui sortent de la bouche du prêtre!
C'est un tableau de rêve, confus et coloré!
Ces belles légendes tombent en poussière,
Et la Vérité règnera rayonnante et claire.

Vois-tu le soleil là-haut, au firmament?
Et les étoiles se mouvoir autour de lui
Vois, celle-ci rayonne dans l'espace depuis des éones
L'obscurité peut-elle durer dans leur royaume?

Tu peux faire la lumière du soleil
Mais l'éteindre? Non! Tu ne le peux!
Et comme ses rayons percent la nuit
Ainsi viendra la grande victoire de la Vérité!

Oh, ne crois pas les belles phrases de l'imagination!
Le vrai bonheur, tu ne l'y trouveras plus!
Tu le trouveras parmi ces allées fières,
Où les Nobles se consacrent à la Vérité nue.

Il n'est qu'une chose, dont se fait le monde
Et un est tout ce que ton œil perçoit!
Si dans la nature morte nous trouvons aussi l'esprit,
Il nous faut pour toujours dire que matière et esprit sont un.

Zurich, 1904.

Julius Gompertz.

SOMMAIRE

Justification du monisme. — Science pure et appliquée (raison théorique et pratique). — Sciences pures (théoriques) : physique, chimie, mathématiques, astronomie, géologie. — Biologie, anthropologie, psychologie, linguistique histoire. — Sciences appliquées (pratiques) : médecine, psychiâtrie, hygiène, technologie, pédagogie, éthique, sociologie, politique, droit, théologie. — Antinomie des sciences. — Disciplines rationnelles et dogmatiques. — Corrélation des sciences. — Les Facultés. — Réforme de l'enseignement. — Le monde idéal. — Harmonie du monisme.

BIBLIOGRAPHIE

Ernest Hæckel, 1866. — *Dualismus und Monismus.* Introduction critique et méthodologique à la *Generelle Morphologie der Organismen.* Berlin.

Du même. 1902. — *Le Monisme comme lien entre la religion et la science*, 10e éd. 1900. Bonn.

Benoit Spinoza. 1670. — *Tractatus theologo-politicus.* 1677. *Ethica, opera posthuma.* Amsterdam.

David Friedrich Strauss. 1872. — *Der alte und neue Glaube*, 14e éd. Bonn.

Giordano Bruno. 1584. — *Della causa, principio ed uno.* — *Dell' infinito universo e mondi.* Venise.

W. Gœthe. 1780-1830. — *Faust. Prometheus.*

S. Kalischer. 1878. — *Gœthes Verhältniss zur Naturwissenschaft und seine Bedeutung in derselben.* Berlin.

Herbert Spencer. 1862. — *Premiers principes.* — *Système de philosophie synthétique.*

Paul d'Holbach. 1770. — *Système de la Nature.* Paris.

L. Buechner. 1855. — *Force et Matière.*

Gottfried Leibnitz 1714. — *Monadologie*; 1710. *Théodicée.*

Wilhelm Ostwald. 1902. — *Vorlesungen über Naturphilosophie (Energetik).* Leipzig.

Albert Lange. 1865. — *Geschichte des Materialismus*, 7e éd. 1902. Leipzig.

Paul Carus 1891-1904. — *The Monist. Quarterly Magazine of Philosophy.* 14 vol *The Open Court, Monthly Magazine.* 18 vol. Chicago.

Walther May. 1904. — *Gœthe, Humboldt, Darwin, Hæckel.* Berlin.

Max Verworn. 1904. — *Naturwissenschaft und Weltanschauung. Eine Rede* Leipzig.

Ernest Hæckel. 1899. — *Les Enigmes de l'Univers.*

Parvenus au terme de notre long voyage sur le vaste domaine des « Merveilles de la vie », nous devons jeter un regard en arrière pour mettre de nouveau à l'épreuve notre philosophie moniste et assigner à la biologie la place qui lui revient parmi les sciences. Et ceci m'est d'autant plus nécessaire que ce volume est mon dernier travail philosophique. Ayant atteint l'âge de 70 ans, je voudrais combler encore quelques lacunes, répondre aux critiques les plus vives, et mettre la dernière main à l'image que je me suis faite de l'Univers pendant un demi-siècle de recherches.

Justification du Monisme. — Avant de parcourir à nouveau le domaine de la philosophie moniste, je dois en présenter au lecteur la justification en manière de carte d'entrée : car il n'est qu'une porte étroite pour entrer dans ce domaine et la philosophie officielle, maîtresse des Universités allemandes, la garde jalousement et en refuse surtout le passage à la biologie. Notre philosophie officielle allemande est encore tenue en lisière par la métaphysique du Moyen-Age sous la forme dualiste Kantienne. Quarante années de professorat à Iéna m'ont fait voir que nos examinateurs demandent surtout aux candidats « l'acrobatie des concepts » et l'observation introspective. Et toujours ils en reviennent à l'étrange théorie de la connaissance édifiée par Kant. Même importance accordée à l'introspection en psychologie ; par contre, dédain énorme pour l'analyse physiologique de l' « âme » et l'étude anatomique du phronéma, du cerveau et de ses fonctions. Bien mieux, beaucoup de nos métaphysiciens regardent la philosophie comme une spécialité scientifique à part, et même comme une « science de l'esprit » sublime, absolument indépendante des sciences naturelles empiriques. On pourrait presque leur appliquer cette boutade de Schopenhauer : « C'est un signe certain qu'un homme n'est pas philosophe s'il est professeur de philosophie ». A mon sens, tout homme instruit qui pense, qui cherche à se faire une conception déterminée de l'Univers est un « philosophe ». En tant que « reine des sciences », la philosophie a ce haut devoir de lier en faisceau les résultats *généraux* de toutes les recherches scientifiques et de centraliser en son foyer tous leurs rayons. Mais les différentes directions de pensée peuvent toutes prétendre à être reconnues et discutées scientifiquement, qu'elles soient dualistes ou monistes. En recherchant jusqu'à quel point le monisme à réussi à prendre racine dans les différentes sciences, nous distinguerons les sciences pures ou théoriques des sciences appliquées ou pratiques.

Science pure et appliquée. — La philosophie pure ne devrait avoir pour but que la connaissance de la vérité au moyen de la raison pure, ainsi qu'il a été dit dans le chapitre I de ce livre. Mais cette philosophie théorique entre dans les différentes sciences en contact souvent important avec notre vie pratique et acquiert en tant que « sagesse » une signification directrice pour la civilisation tout entière. Il arrive alors souvent que les nécessités réelles de la vie pratique entrent en contradiction avec les théories idéales fondées scientifiquement. A notre sens, la prééminence doit être accordée ici à la recherche pure de la vérité plutôt qu'à la sagesse pratique. C'est de nouveau nous opposer à Kant qui assigne nettement le premier rang à la raison pratique, devant la raison pure. Les autorités civiles et ecclésiastiques s'emparèrent de l'arme qu'il leur avait forgée pour donner aux articles de foi de la raison pratique dogmatique la suprématie sur les résultats de la raison pure critique.

1. Physique moniste. — En nous plaçant au point de vue de notre monisme naturaliste, nous pouvons regarder la physique au sens large du mot comme la science fondamentale. Car la notion de *physis*, qui équivaut à *natura*, embrasse tout le monde connaissable, le monde sensible de Kant. Quant à son monde intelligible (qui d'après sa définition même n'est pas connaissable : *lucus a non lucendo*), nous n'avons pas à nous en occuper. La physique, conçue par les Grecs comme philosophie de la nature, a vu son domaine se rétrécir progressivement. Et de nos jours l'on n'entend plus guère par là que l'étude des phénomènes de la nature inorganique, fondée sur l'observation et l'expérience et formulée en lois fixes à l'aide des mathématiques. On distingue depuis peu deux parties : la physique des masses (mécanique, mouvement et équilibre de la matière pondérable, des corps solides, liquides et gazeux ; statique et dynamique, gravitation, acoustique, météorologie) et la physique de l'éther (phénomènes de la matière impondérable ou éther et ses relations avec la masse : électricité, galvanisme, magnétisme, optique et chaleur) (cf. mes *Enigmes*, chap. XII). Dans toutes ces sections de la physique le monisme est aujourd'hui admis unanimement et toute explication dualiste à jamais rejetée.

2. **Chimie moniste** (Physique des atomes). — Le domaine immense de la chimie, laquelle présente une importance si grande pour la connaissance moniste de la nature et pour la vie pratique, n'est en réalité qu'un fragment de celui de la physique. Mais si celle-ci ne s'occupe plus aujourd'hui que des formes de l'énergie dans la nature inorganique, et ce quantitativement, la chimie cherche précisément à déterminer les différences qualitatives des corps pondérables. Classificatrice, elle distingue 70 à 80 éléments dont les rapports intimes sont de mieux en mieux connus et dont l'origine commune (*prothyl*) semble très probable (cf. le radium et l'hélium). Les rapports fixes dans les combinaisons chimiques, déterminés par les procédés de l'analyse et de la synthèse, et surtout la loi (1808) des proportions simples et multiples, ont conduit à déterminer le poids atomique de chaque élément et à édifier la théorie atomique moderne (Voir les *Enigmes de l'Univers*, chap. XII).

L'hypothèse des atomes est nécessaire à la chimie comme celle des molécules à la physique. Le dynamisme est dans l'erreur lorsqu'il croit pouvoir s'en passer et remplacer les atomes matériels par la représentation de points de force immatériels et inétendus. Des deux côtés d'ailleurs le monisme est accepté à l'unanimité.

3. **Mathématique moniste** (Physique abstraite). — Le but final de toute recherche est pour les sciences de la nature modernes la détermination exacte de tous les phénomènes en mesure et en nombre, c'est-à-dire la formule mathématique. Comme le grand Laplace a fondé mathématiquement tout son système de l'Univers, on voulu prétendre récemment qu'une « intelligence laplacienne » idéale capable de tout concevoir

saurait enfermer dans une gigantesque formule mathématique tout le passé, le présent et l'avenir de l'Univers. Kant avait déjà exprimé cette exagération : « Toute science n'est science véritable qu'autant qu'elle est accessible à la mathématique. » Et à cette erreur il en avait ajouté une autre : que les formules fondamentales (nécessaires et générales) mathématiques appartiennent *a priori* à la raison pure de l'homme et existent indépendamment de toute expérience *a posteriori*. Par contre John Stuart Mill et d'autres ont montré que les concepts mathématiques proviennent comme les autres par abstraction de l'expérience. Et notre « phylogénie de la raison » a démontré l'exactitude de ce point de vue. Il ne faut pas oublier en outre que la mathématique ne tient compte que des rapports quantitatifs, mais non des rapports qualitatifs. D'ailleurs Kant lui-même a vu que la mathématique ne vaut que pour l'exactitude formelle qu'elle tire de certaines prémisses, mais non pour ces prémisses mêmes. Quand donc nous jugeons physiologiquement et phylogénétiquement l'activité d'ordre mathématique du phronéma, nous arrivons à cette conviction que cette « science exacte fondamentale » n'est accessible qu'au monisme pur et exclut tout dualisme. La haute considération dont jouit la mathématique comme science exacte est fondée surtout sur sa certitude formelle et sur la possibilité d'exprimer sans faire de fautes en chiffres et en mesures les rapports de grandeur de l'espace et du temps.

4. **Astronomie moniste** (physique du monde). — L'astronomie est l'une des sciences les plus vieilles et les plus anciennement élaborées grâce aux mathématiques. L'observation des planètes et des éclipses était déjà familière aux Chinois, aux Chaldéens et aux Egyptiens plusieurs milliers d'années avant Jésus-Christ. Et le Christ même, quoique fils de Dieu, avait de ces découvertes cosmologiques aussi peu d'idée que des systèmes édifiés par les grands philosophes grecs 300 à 600 ans avant sa naissance. En 1543 Copernic détruisit le système géocentrique ; en 1866 Newton fonda le système héliocentrique et lui donna par sa théorie de la gravitation une base mathématique. Enfin Kant puis Laplace fondèrent la cosmogonie à base moniste. Depuis, les astronomes ne parlent plus d'une activité créatrice divine. En outre l'astrophysique et l'astrochimie nous ont fait connaître ces temps derniers les rapports physiques et la constitution chimique

des corps célestes et démontrent définitivement le monisme de l'Univers.

5. **Géologie moniste.** — L'histoire de la terre au sens large, ainsi qu'on l'enseigne de nos jours dans les universités, est devenue vers la fin du XVIIIe siècle une science autonome. Mais ce n'est que depuis 1830, après qu'eurent été démontrés la continuité de l'évolution de la terre et le principe de l'actualité, qu'elle anéantit « l'histoire de la création » naguère maîtresse. La section la plus ancienne de cette science est la minéralogie à cause de l'intérêt pratique des minéraux et des minerais. Mais ce n'est que vers la fin du Moyen-Age qu'on s'intéressa aux fossiles, au XVIIIe siècle qu'on en comprit la signification, en tant que « médailles de la création », et au commencement du XIXe que la paléontologie acquit une existence propre. Depuis, d'autres branches de la géologie se sont développées, telle la cristallographie. Toutes les sections de la géologie, et surtout la géogénie ou histoire de l'évolution de la terre, sont maintenant des sciences monistes.

6. **Biologie moniste.** — Dans les cinq sciences énumérées jusqu'ici, pour autant qu'elles concernent la nature inorganique, le monisme pur avait déjà été admis dès la première moitié du XIXe siècle. On n'y parlait plus de la « sagesse et de la toute-puissance du Créateur ». Mais il en a été tout autrement des sciences dont il sera question maintenant, qui s'occupent de la nature organique, parce qu'on n'a pas réussi encore à en expliquer tous les phénomènes physiquement ni à les formuler mathématiquement. D'où la conception du vitalisme qui divise la science en deux tronçons : la science de la nature (physique au sens large) et la science de l'esprit (métaphysique). Dans la première seule régneraient les « lois naturelles » fixes et éternelles, et dans l'autre la « liberté » de l'esprit et du « surnaturel ». Tel est le cas pour la biologie au sens large du mot (en y comprenant l'Anthropologie et toutes les sciences de l'homme). Nous avons précisément tenté ici de réfuter le vitalisme sous toutes ses formes et de démontrer la valeur du monisme et du mécanisme pour tous les domaines de la science des êtres vivants.

7. **Anthropologie moniste.** — Au sens le plus large du mot, l'anthropologie comprend toute la science de l'homme, de

même que la zoologie toute la science des animaux. Et comme je considère (depuis 1866) toute l'anthropologie comme une partie de la zoologie, le monisme vaut pour elle *a fortiori*. Pourtant le point de vue moniste n'est encore accepté pour l'anthropologie que par bien peu de savants. On limite d'ordinaire son domaine à l'histoire naturelle de l'homme qui comprendrait l'anatomie et la physiologie, puis l'embryologie, la préhistoire et une partie de la psychologie humaine. Par contre les anthropologistes officiels (p. ex. les sociétés allemandes d'anthropologie) en excluent la phylogénie et la majeure partie de la psychologie ainsi que les sciences de l'esprit dites d'ordinaire métaphysique. A mon sens, il n'y a pas lieu de séparer ainsi ces sciences et dans toutes, en tout cas, doit régner le point de vue moniste.

8. **Psychologie moniste.** — La place de la psychologie parmi les sciences est encore le sujet de maintes discussions, tant parmi les spécialistes que dans le grand public. La plupart pensent encore que la psyché est immortelle et que c'est un être immatériel autonome dont par suite l'étude doit se faire à part, et même en dehors des autres sciences. Mais les progrès de la psychologie comparée et génétique, de l'anatomie et de la physiologie du cerveau ont établi que la psychologie n'est qu'une branche de la physiologie du cerveau et par suite de la biologie. L'âme humaine est la fonction physiologique du phronéma. Comme j'ai longuement exposé tout ceci dans les chapitres VI-XI de mes *Enigmes* et dans mon *Anthropogénie* je n'y insisterai ici pas davantage.

9. **Linguistique moniste.** — La science du langage partage le sort de sa sœur la psychologie et peut être considérée soit du point de vue moniste, soit du point de vue dualiste : et ce dernier cas est le plus fréquent. D'après les doctrines anciennes, dualistes et métaphysiques, la langue est une propriété exclusive de l'homme, un cadeau de la divinité ou une invention de l'homme social même. Mais pendant le XIXe siècle s'est peu à peu fait jour cette conviction moniste et d'ordre physiologique que le langage est une fonction de l'organisme qui s'est développée historiquement au cours des siècles. On a constaté que les animaux supérieurs communiquent leurs idées, leurs sentiments et leurs désirs au moyen d'attouchements, de signes, de chants, etc., qui

constituent un langage véritable. L'ontogénie du langage a montré que le développement progressif du langage chez l'enfant est, conformément à la loi fondamentale biogénétique, une récapitulation de ce processus phylogénétique; la linguistique comparée, que les différentes familles de langues se sont formées polyphylétiquement, indépendamment les unes des autres; la physiologie expérimentale et la pathologie cérébrale qu'un centre spécial est le laboratoire où s'élabore le langage articulé.

10. **Histoire moniste.** — L'histoire elle aussi, tout comme la linguistique et la psychologie, est encore soumise aux deux directions philosophiques. On n'appelle le plus souvent ainsi, par anthropocentrisme, que l'histoire de l'homme, des peuples et des états, de la civilisation, des mœurs, etc. Ainsi l'on oppose l'histoire à la nature : à l'une, le domaine des phénomènes moraux (à but préétabli), à l'autre les lois naturelles (sans but préétabli). Comme si la cosmogénie et la géologie, l'ontogénie et la phylogénie n'étaient pas des sciences historiques! Bien que cette conception anthropocentrique de l'histoire domine encore nos universités, grâce à l'entente de l'État et de l'Église, elle ne tardera pas cependant à être bientôt repoussée par la philosophie moniste, qui consiste à rattacher l'histoire de l'homme à celle des autres Mammifères, des Vertébrés et de toute la nature.

11. **Médecine moniste.** — C'est la première des sciences pratiques ou appliquées. Et toute l'histoire de la médecine n'est que celle de la lutte entre la connaissance moniste de la nature et la théorie dualiste ou de la Révélation. A l'origine, la médecine était entre les mains des prêtres et pendant des siècles elle resta, sous l'influence de doctrines mystiques et superstitieuse, intimement liée aux dogmes religieux. Sans doute les grands médecins de l'antiquité avaient déjà sérieusement essayé de mettre à la base du traitement des malades la connaissance anatomique et physiologique de l'organisme humain. (Cf. les chap. II et III des *Enigmes*). Mais il y eut un recul marqué pendant le Moyen-Age au profit des croyances miraculeuses et superstitieuses. On ne vit plus de nouveau dans les maladies que des « esprits maléficients » qu'il s'agissait d' « exorciser ». Les « cures miraculeuses » qui chassaient ces démons sont encore admises de nos jours par bien des personnes, même cultivées. (Cf. les grands péle-

rinages de Lourdes et autres). Et c'est dans cette catégorie qu'on rangera les cures par le magnétisme et autres charlataneries. Seul le progrès rapide des sciences naturelles au XIXe siècle et surtout de la biologie ont permis de repousser peu à peu la médecine empirique. La pathologie et la thérapeutique sont maintenant fondées sur les méthodes de la physique et la chimie et sur une connaissance approfondie de l'organisme humain. La maladie n'est plus pour nous un « être » spécial, un méchant esprit ou un démon : mais c'est un trouble nuisible de l'activité vitale normale. La pathologie n'est qu'une branche de la physiologie. Elle recherche les modifications qui se font dans les tissus et les cellules sous certaines conditions dangereuses. Lorsque les causes de ces modifications sont des poisons ou des corps étrangers ayant pénétré dans l'organisme (p. ex. des Bactéries, des Amibes), la thérapeutique les éloigne afin de ramener l'équilibre normal des fonctions.

12. Psychiâtrie moniste (science de la médecine de l'âme). — La science des maladies de l'âme n'est sans doute qu'une branche de la médecine; elle est à celle-ci ce qu'est la psychologie à la physiologie. Elle mérite pourtant, en tant que psychopathologie d'être considérée à part, à cause de son intérêt tant pratique que théorique. Le dualisme, qui a dominé l'idée qu'on se faisait de la vie psychique depuis les temps les plus reculés jusqu'à ce jour, a conduit à regarder les maladies de l'esprit comme des phénomènes tout à fait spéciaux, soit en les personnifiant sous forme d'esprits et de démons, soit en les regardant comme des phénomènes dynamiques énigmatiques affectant la psyché mystique. Ces erreurs dualistes, aujourd'hui encore fort répandues, ont conduit à de terribles erreurs dans le traitement des malheureux atteints de maladies mentales et ont eu les suites les plus tristes quant à leur catégorisation sociale et juridique. Ces ridicules représentations ont perdu aujourd'hui leur force grâce aux progrès de la psychiâtrie, qui sait que toutes les maladies de l'intelligence sont le résultat de désordres du cerveau, et notamment de l'écorce grise. Comme nous avons appelé *phronéma* cet organe central de l'esprit, nous pouvons dire plus brièvement : la psychiâtrie est la pathologie et la thérapeutique du phronéma. Dans beaucoup de formes de psychose il a été possible de définir anatomiquement et chimiquement les très légères modifications éprouvées par les cellules phronétales (neurones). Ces découvertes de l'anatomie et de la physiologie du phronéma présentent ce grand intérêt philosophique qu'elles jettent une vive lumière sur notre conception moniste de la vie psychique en général. Comme la plupart des psychoses (entre 60 et 90 pour cent) sont héréditaires et que les anormalités du phronéma viennent d'ordinaire au malade de ses ancêtres (par adaptations erronées), elles constituent d'excellents exemples d'hérédité progressive, d'hérédité des qualités acquises.

13. **Hygiène moniste.** — Voici des milliers d'années déjà qu'en avançant en civilisation les barbares ont commencé à prendre soin de leur santé et de leur force corporelles. L'hygiène était fort développée (bains, gymmastique, etc.), dans l'antiquité classique et en partie liée à des cérémonies religieuses. Les ruines d'aqueducs et de thermes de la Grèce et de Rome nous font entrevoir quelle importance on attribuait à la pureté de l'eau. Le Moyen Age chrétien marque ici aussi un recul considérable. Comme le christianisme n'estime que peu la vie terrestre, il enseigna autant à mépriser la civilisation que la nature, et comme le corps de l'homme n'était que le cachot transitoire de son âme, il n'estimait pas qu'on prît soin (cf. le chapitre XIX de mes *Enigmes*). Les épidémies qui emportèrent au Moyen âge des millions d'êtres humains (peste, variole noire, etc.), étaient traitées par des prières, des processions et autres procédés superstitieux. C'est peu à peu seulement, avec la disparition progressive des croyances dualistes que l'homme civilisé utilisa les connaissances physiologiques et anatomiques acquises pour consacrer ses efforts à l'amélioration de l'hygiène. On peut donc faire gloire au monisme de tout cet ensemble de mesures d'assainissement, de prophylaxie, de propreté, etc., qui sont l'un des éléments importants de la civilisation supérieure. L'hygiène moderne n'attend rien de la Providence divine.

14. **Technologie moniste.** — L'étonnant progrès de la technique au XIXe siècle, le siècle du machinisme, est la conséquence directe des progrès accomplis dans la connaissance de la nature. Tous les avantages, toutes les jouissances que notre civilisation doit à la technique proviennent des découvertes en physique et en chimie. Rappelons-nous seulement l'importance des machines à

vapeur et de l'électro-technique, les progrès dans l'exploitation minière et agricole, etc. Si l'industrie et le commerce mondial ont acquis un tel essor, c'est grâce à l'application pratique de connaissances naturelles empiriques. Les sciences de l'esprit et les spéculations métaphysiques n'y ont aucune part. Aussi s'explique-t-on aisément que toutes les sciences technologiques présentent un caractère purement moniste, tout comme leurs sources, la physique et la chimie.

15. **Pédagogie moniste.** — La formation scientifique de la jeunesse est l'un des devoirs les plus importants des sociétés civilisées. Car les représentations imposées à l'esprit dès le jeune âge persistent, et dirigent souvent toute la pensée et la conduite pendant l'âge mûr. Aussi la lutte entre les deux points de vue philosophiques présente-t-elle ici une grande signification pratique. Jusqu'ici les prêtres ont été presque les seuls maîtres de ce domaine. Même dans l'antiquité, les efforts de quelques philosophes monistes furent annihilés par l'autorité de Platon et d'Aristote, dont ensuite la Papauté se servit pour imposer ses dogmes religieux et éthiques propres. La Réforme ne diminua que peu cette domination de l'Eglise sur l'Ecole. D'ailleurs en cette matière l'Etat donne la main à cet autre pouvoir conservateur qu'est l'Eglise. Notre point de vue moniste a donc affaire ici à double partie. Il ne prendra racine dans l'Ecole que lorsqu'elle sera séparée de l'Eglise et que la reconnaissance de la raison pure sera devenue la base de la conception de l'Univers. (Cf. pour les détails, le chapitre XIX de mes *Enigmes*).

16. **Ethique moniste.** — Comme nous avons traité de la morale dans notre XVIII° chapitre, il suffit de rappeler l'opposition entre les exigences de la raison pure moniste et les demandes de la raison pratique dualiste. Elle s'exprime le plus nettement dans l'antinomie des doctrines kantiennes. Mais son dogme de l'impératif catégorique a été réfuté par l'ethnographie et la psychologie comparées, comme l'a été sa doctrine du libre arbitre par la physiologie et la phylogénie. La fondation métaphysique de la morale sur le libre arbitre et sur la conscience morale *a priori* doit donc être remplacée par une éthique physiologique fondée sur une psychologie moniste et les lois naturelles de la biologie, principalement sur la doctrine de l'évolution.

17. Sociologie moniste. — La grande importance acquise ces temps derniers par la sociologie se fonde sur ses rapports intimes avec l'anthropologie et la psychologie théoriques d'une part, avec la politique et la jurisprudence de l'autre. Au sens le plus large du mot, la sociologie humaine se rattache à la sociologie animale. La vie de famille, le mariage, l'élève des petits chez les Mammifères, la formation de troupeaux chez les animaux de proie et les ruminants, les troupes de Singes sociaux conduisent aux hordes et aux sociétés inférieurs des Sauvages et des Barbares; puis de là on monte aux sociétés organisées des peuples civilisés. L'histoire des associations se rattache aux règles sociales qui gouvernent les rapports des unions grandes et petites. Notre sociologie dynamiste (comme l'a nommé Lester Ward) est moniste en ce qu'elle ramène biologiquement les règles sociales aux lois naturelles de l'hérédité et de l'adaptation. Cependant les préjugés dualistes règnent encore dans nombre de cercles savants, ainsi que l'a montré abondamment Max Nordau dans ses *Mensonges conventionnels*.

18. Politique moniste. — La politique se rattache intimement à la sociologie d'une part et de l'autre à la science du droit. En tant que politique *interne*, elle détermine l'organisation de l'Etat; en tant qu'*externe*, les relations de chaque Etat avec les autres. Dans les deux cas, c'est la raison pure qui devrait, d'après notre point de vue moniste, avoir la haute main et régler les rapports des citoyens entre eux et vis-à-vis de la société qu'ils constituent. Mais nous sommes loin encore de ce but idéal. Dans la politique extérieure règne l'égoïsme brutal, chaque nation ne pensant qu'à ses avantages et dépensant le meilleur de ces biens à des armements. Et quant à la politique intérieure, elle est encore enchaînée par les préjugés barbares du Moyen-Age. Les partis perdent leur temps en luttes inutiles, alors que la forme même du gouvernement n'importe guère: « Que la constitution soit monarchique ou républicaine, aristocratique ou démocratique, ce sont là des questions secondaires à côté de cette grande question : l'Etat moderne, dans un pays civilisé, doit-il être ecclésiastique ou laïque? doit-il être théocratique, régi par des articles de foi antirationnels, par l'arbitraire cléricalisme, ou bien doit-il être nomocratique, régi par une loi raisonnable et un droit civil? » (*Enigmes*, p. 10; Cf. en outre la série *Natur und Staat*. Iéna 1903).

19. Jurisprudence moniste. — Ici encore règnent les principes dualistes transmis du Moyen-Age et de l'Antiquité après fusion avec les dogmes de l'Eglise. « La loi et les droits s'héritent comme une maladie éternelle. Du droit qui est né avec nous il n'est jamais question ». Le dualisme de la doctrine kantienne possède ici une très grande influence : les idées erronées sur les trois dogmes centraux déterminent les lois et la science du droit ainsi que les jugements des juristes et des hommes d'Etat. Sans compter que nos codes abritent avec amour des restes barbares d'un autre âge, dus en partie à l'influence religieuse. Aussi peut-on lire à chaque instant dans les journaux des arrêts rendus par nos tribunaux en dépit de la raison. Il n'y a d'amélioration à attendre que de l'extension des études anthropologiques et psychologiques, qui rapprocheront les juristes de la vie réelle.

20. **Théologie moniste.** — A la tête des quatre vénérables facultés des nos Universités se trouve depuis des siècles la théologie en tant que « science de Dieu et de la religion ». Et ceci n'est pas seulement une survivance formelle. En réalité l'Eglise dirige toujours encore en Allemagne le droit, la politique, l'éthique, la pédagogie où toujours Dieu se découvre sous forme d'un Etre Suprême quelconque. Au lieu que les grandes religions d'Orient, Buddhisme, Brahmanisme et Confucianisme, sont en leur principe athées, c'est pourquoi Schopenhauer leur décernait le premier rang parmi les religions, les trois grandes religions méditerranéennes, au contraire ont pour croyance centrale celle en un Dieu personnel, c'est-à dire un homme idéalisé. Mais qu'il n'y ait pas de *preuves* de l'existence d'un tel Dieu, c'est ce que Kant avait déjà démontré, bien qu'il se soit ensuite servi du subterfuge de la raison pratique pour rétablir cet article de foi. Il va de soi que toute la théologie, surtout la dogmatique, est pénétrée profondément du point de vue dualiste. Mais il n'en est plus de même dans la théologie théorique, ou science comparée des religions. Elle étudie l'origine, l'évolution et la signification des religions en se basant sur le point de vue moniste de l'anthropologie, de l'ethnologie, de la psychologie et de l'histoire. Quant à l'idée religieuse, le monisme la transforme en panthéisme, au sens de Spinoza et de Gœthe : *Deus sive Natura*. Ainsi le monisme est le lien entre la religion et la science (cf. le chapitre XVIII de mes *Enigmes*).

Antinomie des Sciences. — La revue rapide que nous venons de faire des vingt disciplines principales de la science et de leurs rapports avec le monisme montre qu'il existe encore des contradictions en ces matières et que nous sommes encore loin d'une solution uniforme et rationnelle des plus grands problèmes intellectuels. Ces contradictions reposent d'une part sur une antinomie réelle de la raison, que Kant a bien comprise, sur la lutte entre les représentations qui fait que l'esprit se prouve tour à tour la thèse et l'antithèse. Mais elle est surtout un résultat de l'évolution même des diverses sciences. Chacune d'elles entraîne à sa suite une lourde masse de préjugés et de dogmes qui datent de la barbarie et des premiers débuts de la civilisation et de la raison ; ce sont là des représentations *fossiles* et qui encombrent encore la théologie, le droit, la politique, l'éthique, la psychologie et l'anthropologie. En sorte qu'on peut répartir ces vingt disciplines en trois catégories : *a)* les disciplines rationnelles et purement monistes ; *b)* les disciplines mi-monistes, mi-dogmatiques ; *c)* les disciplines dogmatiques, principalement dualistes.

Sciences rationnelles et sciences dogmatiques. — Parmi les sciences rationnelles et purement monistes, dont les représentants ont définitivement rejeté tout compromis dualiste, je rangerai : 1° la physique ; 2° la chimie ; 3° la mathématique ; 4° l'astronomie ; 5° la géologie ; — puis 6° la médecine ; 7° l'hygiène ; 8° la technologie. Par contre, on rencontre des oscillations entre le monisme pur et le dualisme pur chez la majeure partie des représentants des sciences suivantes : 9° la biologie (au sens large) ; 10° l'anthropologie ; 11° la psychologie ; 12° la linguistique ; 13° l'histoire, puis 14° la psychiâtrie ; 15° la pédagogie et 16° l'éthique. Ces quatre dernières disciplines sont une transition vers celles d'ordre purement dogmatique qui sont : 17° la sociologie ; 18° la politique ; 19° le droit et 20° la théologie, où les survivances d'époques passées jouent encore un rôle considérable et dont les représentants sont bourrés de préjugés. En un sens, la libération de la raison était plus grande au début du XIXe siècle qu'au début du XXe.

Corrélation des sciences. — Cette classification des principales disciplines scientifiques dans leurs rapports avec la philosophie ou « science du général » n'est comme de juste qu'un essai provisoire, ainsi que tout arrangement de ce genre. Il est surtout difficile à établir parce que les diverses sciences ont entre elles des rapports variables, qui se sont modifiés au cours de leurs transformations historiques. Je ne tenais ici qu'à montrer qu'une grande partie de la science, surtout les sciences exactes à base mathématique, sont maintenant acquises au monisme qui gagne de jour en jour dans les disciplines semi-dogmatiques et finira, nous l'espérons, par se rendre maître aussi des quatre dernières : sociologie et politique, droit et théologie. Car le but dernier de toutes les sciences ne saurait être que l'unité de leurs principes, leur *fondation harmonique sur la raison pure.*

Les Facultés. — La transformation radicale occasionnée par l'introduction, au XIX° siècle, de la méthode des sciences naturelles dans toutes les branches du savoir, a entraîné un remaniement des facultés. Le nombre des disciplines enseignées a doublé en un siècle. Et cette augmentation n'a pas porté seulement sur les sciences naturelles proprement dites mais aussi sur les « sciences de l'esprit » qui se rattachent aux premières par application de la méthode génétique : psychologie, linguistique, histoire, pédagogie, etc.

Aussi la répartition des chaires dans les diverses facultés est-elle vieillie. Les trois premières facultés, théologie, droit et médecine traitent en majeure partie de sciences appliquées, alors que la quatrième, *ordo amplissimus philosophorum*, comprend toutes les disciplines théoriques. Récemment, on a fondé deux facultés nouvelles dans quelques universités, celle des sciences naturelles et celle des sciences politiques. Mais il est certaines branches, comme l'histoire et la linguistique, qui chevauchent sur plusieurs autres. L'évolution historique des diverses sciences a fait que certaines d'entre elles qui sont proches par leur nature sont séparées dans l'enseignement. Ainsi l'anatomie et la physiologie de l'homme sont enseignées dans la faculté de médecine, mais celles des plantes et des animaux, dans la faculté de philosophie.

Réforme de l'enseignement. — La conviction que tout notre système d'enseignement doit être refondu se rencontre dans tous les Etats civilisés. Ceci vaut pour les écoles supérieures comme pour les écoles primaires, les académies et les universités. Le combat principiel entre deux directions opposées prend ici des proportions considérables. Les gouvernements, conservateurs par essence, tentent de maintenir les traditions scolastiques du Moyen âge et se fondent pour cela sur les théories dogmatiques du droit et de la théologie. D'autre part, les représentants de la « raison pure » s'efforcent de se libérer de ces chaînes et d'ouvrir aux méthodes empiriques et critiques des sciences naturelles et de la médecine l'accès des sciences de l'esprit. L'antagonisme entre les deux parties est encore exacerbé par leurs tendances sociologiques différentes. Les humanistes libéraux donnent pour but à l'évolution générale « la liberté et l'instruction pour tous », dans la conviction que le libre développement des qualités personnelles de chaque individu est la meilleure garantie d'une vie heureuse. Mais de ceci les gouvernements se moquent bien : ils ne regardent les citoyens, d'après leur activité spéciale, que comme des vis et des outils de la grande machine étatiste. Les « dix mille d'en haut » ne pensent qu'à leur bien propre et veulent conserver pour eux l'instruction supérieure. La raison pure cependant considère l'Etat non comme un but, mais comme un moyen en vue du bien-être complet de tous les citoyens. Chacun de ceux-ci, quelle que soit sa condition, doit avoir la possibilité d'acquérir l'instruction supérieure et d'utiliser ses talents. C'est pourquoi l'enseignement devra donner une vue générale de toutes les conditions de vie de l'homme. Chacun doit pouvoir acquérir les éléments des sciences de la nature, non seulement de la physique et de la chimie, mais aussi de la biologie et de l'anthropologie. Par contre, il faut restreindre l'enseignement philologique et classique au profit de la civilisation moderne tout entière. Chaque étudiant ne devrait, pendant le premier semestre de ses études, ne s'occuper que de philosophie et de sciences naturelles (au sens large du mot) et ne commencer qu'alors ses études spéciales.

Harmonie du monisme. — Dans les considérations finales de mes *Enigmes de l'Univers*, j'ai insisté sur l'opposition entre notre monisme moderne et le dualisme traditionnel, mais en même temps j'ai montré comment les réconcilier : « ce contraste brutal s'atténue jusqu'à un certain degré quand on réfléchit avec clarté et logique. Il peut même se résoudre en une heureuse harmonie. Une pensée parfaitement conséquente avec elle-même, l'application uniforme des grands principes à *l'ensemble tout entier* du Cosmos, à la nature organique aussi bien qu'à l'inorganique, rapprocheront l'un de l'autre les deux antipodes du théisme et du panthéisme, du vitalisme et du mécanisme, jusqu'à les faire se toucher. Mais il est vrai qu'une pensée conséquente avec elle-même demeure un phénomène rare ».

Cette conviction conciliatrice des contradictoires s'est affermie en moi davantage chaque année ; de plus en plus je suis persuadé que le dualisme de Kant et de l'école métaphysique régnante doit céder la place au monisme de Gœthe et à la tendance panthéiste. Par là, nous ne perdons aucun idéal. Au contraire, notre philosophie réaliste nous enseigne que chaque idéal est profondément enraciné dans la nature humaine. Ce monde idéal continue d'être l'objet de l'art et de la poésie, et réjouit notre vie sentimentale. Mais, le monde réel ne peut être connu en vérité comme objet de la science que par *l'expérience et la pensée de la raison pure*. « Vérité et poésie » s'unissent ainsi dans l'harmonie parfaite du monisme.

TABLEAU XXI

Disciplines principales des sciences pures (théoriques) dans leur rapport avec la philosophie moniste et la philosophie dualiste.

SCIENCE	OBJET	MONISME	DUALISME
1. Physique.........	Mécanique de la masse et de l'éther.	Admis par tous.	Exclu complètement.
2. Chimie...........	Physique des atomes et de leurs combinaisons.	»	»
3. Mathématique.....	Physique des grandeurs abstraites (nombres et mesures).	»	»
4. Astronomie......	Physique de l'Univers.	»	»
5. Géologie (au sens large)........	Physique de la terre (géographie, géognie, minéralogie).	»	»
6. Biologie..........	Physique des organismes (au sens large).	Admis en majeure partie.	Affirmé par les vitalistes.
7. Anthropologie. ...	Physique de l'homme (au sens large).	Admis en partie.	Affirmé par les anthropistes.
8. Psychologie.	Physique du phronéma. Psychologie comparée.	Admis par la plupart des physiologistes.	Affirmé par la plupart des psychologues spécialistes.
9. Linguistique......	Physique, histoire et physiologie du langage.	Admis presque généralement.	Admis par quelques philologues.
10. Histoire..........	Histoire des hommes primitifs, histoire de la civilisation, histoire des peuples.	Admis en partie.	Affirmé par beaucoup d'historiens spécialistes.

TABLEAU XXII

Disciplines principales des sciences appliquées (pratiques) dans leur rapport avec la philosophie moniste et la philosophie dualiste.

SCIENCE	OBJET	MONISME	DUALISME
11. Médecine	Pathologie et thérapeutique de l'organisme.	Admis presque généralement.	Affirmé par les théologiens et les spiritistes.
12. Psychiâtrie	Pathologie et thérapeutique du phronéma.	Admis par la plupart des médecins.	Affirmé par quelques aliénistes et les spiritistes.
13. Hygiène	Conservation de l'organisme sain et prophylaxie des maladies.	Admis par tous.	Exclu complètement.
14. Technologie	Science des machines, industrie, commerce, science des communications.	»	»
15. Pédagogie	Instruction rationnelle, formation égale du corps et de l'esprit.	Admis par les anthropologues et tous les professeurs raisonnables.	Ordonné presque partout par l'Etat et l'Eglise.
16. Ethique	Science des règles de l'arrangement de la vie, des habitudes, de l'adaptation.	Admis par la biologie moderne comme une partie de la psychologie pratique.	Ordonné comme conséquence du libre arbitre.
17. Sociologie	Science des règles de l'association (famille, commune).	Admis par la biologie moderne.	Ordonné le plus souvent par la métaphysique.
18. Politique	Science des règles de l'arrangement de l'Etat et de l'économie.	Admis par beaucoup de naturalistes et quelques hommes d'Etat.	Ordonné par la plupart des hommes d'Etat et des politiciens.
19. Droit	Science des règles de l'arrangement juridique.	Admis par beaucoup de biologistes et quelques juristes.	Affirmé par la majorité des juristes.
20. Théologie	Science des religions et science de Dieu	Admis par le panthéisme et la philosophie de la nature.	Ordonné par les théologiens et admis par les masses.

TABLE DES CHAPITRES

TABLE DES TABLEAUX

Imprimerie de Poissy. — Lejay Fils et Lemoro.

www.ingramcontent.com/pod-product-compliance
Ingram Content Group UK Ltd.
Pitfield, Milton Keynes, MK11 3LW, UK
UKHW020300230726
13925UKWH00001B/138

9 782013 562720